D1668692

Digital ProLine

Das Profihandbuch zur Sony α700

Frank Exner

DATA BECKER

Copyright	© DATA BECKER GmbH & Co. KG Merowingerstr. 30 40223 Düsseldorf
E-Mail	buch@databecker.de
Produktmanagement	Lothar Schlömer
Textmanagement	Jutta Brunemann
Umschlaggestaltung	Inhouse-Agentur DATA BECKER
Textbearbeitung und Gestaltung	Astrid Stähr
Produktionsleitung	Claudia Lötschert
Druck	Media-Print, Paderborn

ISBN 978-3-8158-2643-0

Wichtige Hinweise

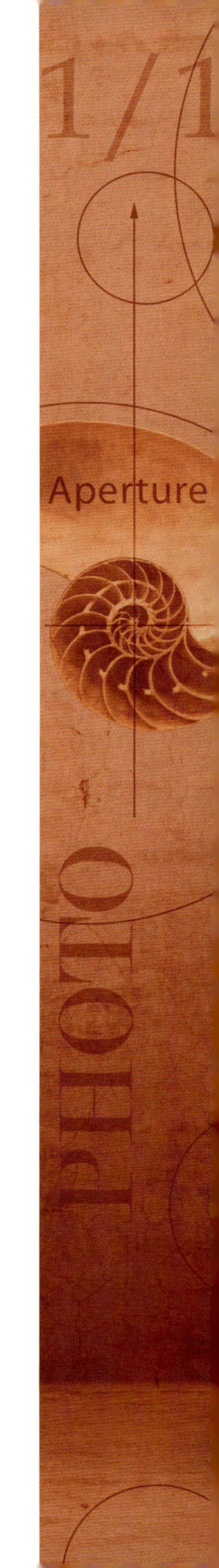

1/1
Aperture
PHOTO

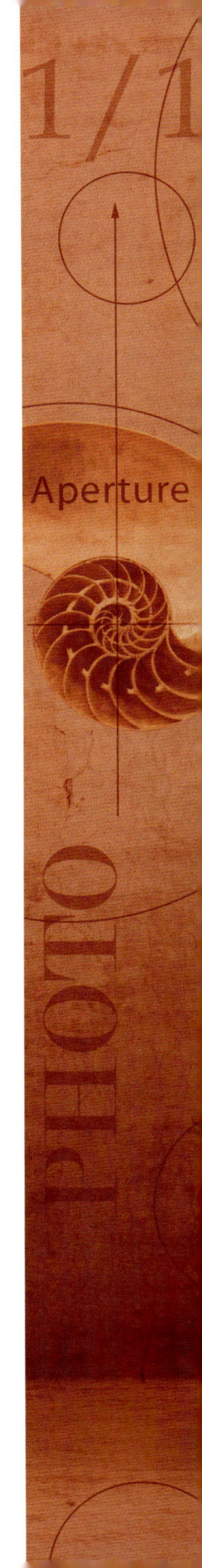

1/1
Aperture
PHOTO

Einleitung

Sony ist es mit der α700 gelungen, am DSLR-Markt eine hochwertige Kamera mit semiprofessionellen Ambitionen zu positionieren. Der neue Exmor-Sensor mit hoher Auflösung und niedrigem Rauschen setzt ein Zeichen in diesem Segment. Weitere Features auf hohem Niveau wie der Super SteadyShot, das staub- und spritzwasserfeste Gehäuse aus Aluminium, die Sensorreinigung und das brillante Display zeichnen u. a. diese hervorragende Kamera aus.

Sony nutzt mit der α700 weiter das A-Bajonett von Minolta. Mit diesem Objektivanschluss erschließt sich Ihnen auch ein riesiger Gebrauchtobjektivmarkt. Aber auch Sonys eigenes Objektivprogramm hat einen stattlichen Umfang erreicht und wird permanent ausgebaut.

Sie werden begeistert sein von den Möglichkeiten, die sich mit Ihrer neuen Kamera auftun. Allein zum „Knipsen“ ist die α700 zu schade. Es gilt also, sich intensiv mit der Kameratechnik vertraut zu machen, um letztendlich bessere und kreativere Aufnahmen hervorzubringen. Auch fehlen nicht die Tipps zu vielen, zum Teil kleinen Helfern wie Stativ, Fernbedienung, Blitzgeräten etc. Denn erst diese unterstützen Sie dabei, das Gesamterlebnis Fotografie so richtig abzurunden. Um das Maximum aus der Kamera herauszuholen, gehört es zudem dazu, sich mit dem Rohdatenformat der α700 zu beschäftigen. Sie werden erstaunt sein, welche Möglichkeiten darin liegen.

Hierfür soll Ihnen dieses Buch als Hilfe und Lernmittel dienen. Es werden diverse Workshops und Tipps aus der Praxis leicht nachvollziehbar beschrieben. Das notwendige technische Hintergrundwissen zur α700 kommt dabei ebenfalls nicht zu kurz.

Ergänzend zu diesem Buch sollten Sie sich die beiden von Sony mitgelieferten Bedienungsanleitungen zurechtlegen. Es wurde zwar auf eine leicht verständliche Beschreibung Wert gelegt, aber die Bedienungsanleitungen konnten und sollten hier nicht nochmals zitiert werden.

Wenn Sie durch dieses Buch zu neuen Projekten mit noch nicht gekannten Möglichkeiten inspiriert werden, dann hat das Buch das erreicht, was es sollte.

Gern höre ich Ihre Meinungen zu diesem Buch und würde mich über Rückmeldungen freuen. Sie erreichen mich unter *info@frank-exner.com*.

Mit besten Grüßen
Ihr Frank Exner

1

Technische Details der α700

Sony versorgt mit der α700 den semiprofessionellen Markt. Funktionsumfang und Design wurden zur Vorgängerin, der α100, wesentlich erweitert. Zur Zielgruppe der α700 gehören ambitionierte Amateure ebenso wie professionelle Fotografen. Ein Rundblick soll Eindrücke zu vielen Funktionen und Besonderheiten geben. Entdecken Sie die faszinierende Technik dieser robusten und fortschrittlichen Kamera.

1.1 Der zweite Streich – die α700

Mit der zweiten digitalen Spiegelreflexkamera, der α700, beweist Sony, dass es dem Elektronikriesen ernst ist. Das Alpha-System scheint nun langsam aufzublühen und sich weiterzuentwickeln. Sony hat die Erfahrung mit der Vorgängerin, der α100, sowie der Minolta- bzw. Konica Minolta-Serie (Dynax 5D, 7D) in die neue α700 einfließen lassen.

Die 12,24 Megapixel Auflösung des Exmor-CMOS-Sensors, der gehäuseintegrierte Verwacklungsschutz Super SteadyShot und der weiterentwickelte Image-Prozessor BIONZ – mit erstklassiger Bildqualität und verbesserter Rauschunterdrückung – sind nur einige der Eigenschaften der α700.

▲ *Die α700 in der Frontdarstellung.*

Da die α700 abwärtskompatibel zum Minolta- bzw. Konica Minolta-System ist, eröffnet sich ihr ein großes Potenzial an guten und sehr hochwertigen Objektiven und entsprechendem Zubehör.

Einigen Fotografen war die α100 sicher etwas zu klein. Die α700 ist nun erwachsener geworden, ist aber immer noch kompakt und mit 690 g gut zu handhaben – eine Eigenschaft, die vor allem den Anwendern entgegenkommt, die die Kamera ständig dabeihaben wollen.

Die Profiliga

Die α700 besitzt Merkmale, die meist nur in der Profiliga zu finden sind. So bietet sie Ihnen volle RAW-Unterstützung, eine hohe Serienbildgeschwindigkeit von etwa 5 Bildern/Sekunde, das Eye-Start-System, ein brillantes 3-Zoll-LCD-Display mit 921.000 Pixeln und ein sehr helles Sucherbild. Die ohnehin schon hohe Autofokusgeschwindigkeit der Vorgängermodelle konnte nochmals stark gesteigert werden. Das neue Autofokusmodul mit Dual-Kreuzsensor verhilft der α700 zu einem extrem treffsicheren Autofokus. Das stabile Gehäuse der α700 besteht nun aus einer Magnesiumlegierung und ist zudem mit Silikondichtungen geschützt gegen Staub und Spritzwasser.

Ein genialer Zug ist den Sony-Ingenieuren mit dem neuen Quick Navi gelungen. Über eine Funktionstaste haben Sie nun die Möglichkeit, Änderungen direkt auf dem Display der α700 vorzunehmen. Den Weg über das Menüsystem können Sie sich so sparen, was der Ergonomie entgegenkommt und die Bedienung schneller macht.

▲ *Neu ist ebenfalls, dass über die Funktionstaste Fn nun direkt in der Statusanzeige Einstellungen verändert werden können. Funktionen, die über Schalter verändert werden müssen oder auf die man keinen Einfluss hat, werden grau dargestellt und können auch nicht angewählt werden.*

Wie im Profibereich üblich können Sie nun auch einen Vertikalhandgriff für die α700 erwerben. Dieser verbessert die Bedienung bei Aufnahmen im Hochformat. Aber auch Fotografen mit recht großen Händen werden ihn zu schätzen wissen. Drei Speicherplätze stehen Ihnen für die individuelle Programmierung zur Verfügung. Sie können so Ihre bevorzugten Einstellungen speichern und haben sie jederzeit schnell wieder zur Verfügung.

Weltklasse-Objektive

Die Profiambitionen von Sony für das Alpha-System werden auch darin deutlich, dass zunächst drei erstklassige Zeiss-Objektive die High-End-Objektivpalette komplettieren. Dabei handelt es sich um das AF F1,4/85 ZA Planar T*, das AF F1,8/135 ZA Sonnar T* und das AF F3,5-4,5/16-80 DT Vario-Sonnar T*. Die überragende Bildqualität von Zeiss-Objektiven ist weltbekannt und lässt sicher einige Fotografen anderer Kamerasysteme neidvoll zur α700 blicken.

Zudem wurde ein neues Objektiv der Profi-G-Serie vorgestellt. Das AF F4,5-5,6/70-300 G SSM besitzt einen eigenen Ultraschallmotor (**S**uper **S**onic Wave **M**otor), was die Geschwindigkeit verbessert. Vor allem aber ist die Geräuschlosigkeit beim Fokussieren hervorzuheben. Insider erwarten ferner noch ein weiteres G-Objektiv. Es wird sich voraussichtlich um das AF F2,8/24-70 G SSM handeln. Zudem sind von Sonys Seite weitere hochwertige Objektive in Planung.

▲ *Das derzeit von Sony lieferbare Zubehörangebot ist schon beeindruckend. Wer hier nicht fündig wird, hat immer noch die Möglichkeit, bei Fremdherstellern nach gewünschten Objektiven Ausschau zu halten. Sony ist aber bemüht, eventuelle Lücken zu schließen, und beobachtet sehr genau den Markt. Zukünftig ist also noch einiges zu erwarten (Foto: Sony).*

Die Aufsteiger

Besaßen Sie vorher eine Dynax 7D oder die α100, werden Sie sofort merken, dass das Bedienkonzept ähnlich ist und Sie sich schnell zurechtfinden werden. Neben der Quick-Navi-Bedienung ist die Menüführung und Bedienung weitestgehend gleich geblieben. Sie profitieren aber von einer höheren Sensorauflösung, von einem wesentlich verbesserten LCD-Display und einem noch leistungsfähigeren Bildstabilisator, der nun bis zu 4 Blenden Verwacklungsschutz bietet. Action- und Sportfotografie mit schnell bewegten Objekten werden Ihnen aufgrund des verbesserten Autofokus nun noch mehr Vergnügen bereiten.

▲ *Die beiden Vorgänger der α700: Dynax 7D und α100.*

Die Umsteiger

Für alle, die von einer kompakten Digitalkamera auf die α700 umgestiegen sind, wird sich vieles zum Guten wenden. Sie werden sich allerdings umgewöhnen müssen. Vorbei sind die Zeiten der merklichen Auslöseverzögerungen. Besaß Ihre Kamera einen elektronischen Sucher oder gar nur ein LCD-Display als Sucher? Dann werden Sie begeistert sein vom glasklaren Blick durch den Sucher der α700. Die Schärfe im manuellen Modus und die Schärfentiefe können Sie nun visuell bestens kontrollieren.

Sollte Ihre vorherige Kamera der Dimage-Serie entstammen, werden Sie sich leicht an die neue gewöhnen, da vieles ähnlich ist. Das Gleiche gilt für analoge Umsteiger von der Dynax 7 oder Dynax 9. Auch hier sind Menüstruktur und Bedienung ähnlich zur α700. Für Umsteiger bedeutet die Umstellung auf Digital ansonsten schon einiges mehr, wie z. B. den Wegfall des analogen Films und die Bildbearbeitung mit dem Computer. Sie werden aber nach kurzer Eingewöhnung begeistert sein von den vielen Möglichkeiten der Digitalfotografie.

Bevor Sie dieses Profihandbuch studieren, sollten Sie vorab je nach Wissensstand die mitgelieferte Bedienungsanleitung zumindest überflogen haben, da Grundlegendes nicht nochmals wiederholt wird.

1.2 Die Technik der α700 im Detail

Das Gehäuse

Das Gehäuse der α700 besteht größtenteils aus einer Magnesiumlegierung, was die α700 zu einem robusten Arbeitspferd macht. Die Haptik ist sehr angenehm und hochwertig.

Das Objektivbajonett ist aus Metall, wie man es von hochwertigen Kameras gewohnt ist, da in der Regel mit mehreren Objektiven und den entspre-

Das Magnesiumgehäuse der α700, das für hohe Stabilität sorgt. ▶

chenden Objektivwechseln gearbeitet wird, was bei einem Kunststoffbajonett zu erhöhtem Verschleiß führen kann.

Die Rückansicht des Gehäuses wurde sehr ergonomisch aufgebaut. Alle Bedienelemente liegen dort, wo man sie vermuten würde, und lassen sich intuitiv bedienen. Doppelbelegungen von Tasten oder viele Untermenüs wurden weitgehend vermieden. Das Gehäuse liegt sehr gut in der Hand.

▲ *Die Einstellräder sind mit dem Zeigefinger und Daumen leicht zu bedienen. Sie spüren deutlich mehr „Grip" als beim Einstellrad der α100.*

Vor dem Auslöser befindet sich ein mit dem Zeigefinger leicht zu bedienendes Einstellrad, mit dem z. B. im Blendenprioritätsmodus (A) die Blende bzw. im Verschlusszeitenprioritätsmodus (S) die Zeiten einzustellen sind.

Mit dem Blendenprioritätsmodus lässt sich die Blende vorwählen, die passenden Verschlusszeiten werden dann von der Kamera ausgewählt. So hat der Fotograf die Kontrolle über die Schärfentiefe, die eine wesentliche Rolle bei der Bildgestaltung spielt. Im Gegensatz zur α100 finden Sie nun auch ein zweites Einstellrad vor, was die Bedienung vor allem im manuellen Modus erleichtert. Hier kann man nun z. B. die Blende mit dem vorderen Einstellrad und mit dem hinteren die Belichtungszeit verändern.

Das LCD-Display ist weiter verbessert worden. Gegenüber der α100 ist es noch schärfer und brillanter geworden. Zudem ist das Display von 2,5 auf 3 Zoll vergrößert worden. Hiermit ist die Überprüfung der Aufnahmen weitaus besser möglich, zumal Sony dem Display noch eine Antireflexschicht mitgegeben hat. So kann man das Display z. B. auch bei stärkerem Sonnenlicht gut ablesen, was bei den Modellen Dynax 5D und 7D schon etwas erschwert war. Die Display-Helligkeit lässt sich in elf Stufen einstellen.

Alpha 100

Alpha 700

▲ *Ein größeres Gehäuse und ein größeres hochauflösendes Display heben die α700 sofort auch optisch von der α100 ab.*

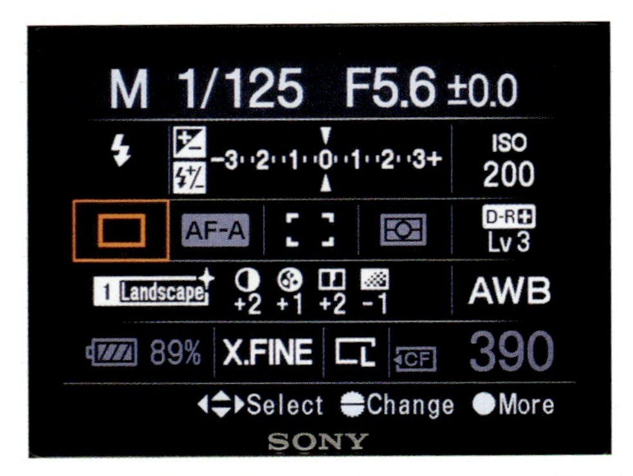

▲ *Das sehr brillante Display der α700 ist nun über die Funktionstaste gleich als Navigationsmenü verwendbar. Leichter kann man eine Kamera kaum bedienen.*

Wenn man länger mit einer Kamera arbeitet, kann es vorkommen, dass man sich eine Taste wünscht, die man frei mit einer oft benutzten Funktion belegen kann. Auch hieran haben die Sony-Ingenieure gedacht.

Die Taste C kann von Ihnen relativ frei programmiert werden. Standardmäßig hat die Taste die Funktion zur Auswahl des Kreativmodus.

▲ *Ebenfalls neu: die C-Taste für benutzerdefinierte Funktionen.*

Fast alle Tasten, die sich an der α700 befinden, können z. B. mit ihrer Funktion ebenfalls auf die C-Taste gelegt werden. Interessant ist sicher auch die Möglichkeit, die Taste mit der Funktion zur Überprüfung der Schärfentiefe zu belegen. Sie ersparen sich so das Umgreifen der Kamera. Im Wiedergabemodus können Sie über die Taste C das Histogramm Ihrer Aufnahme aufrufen.

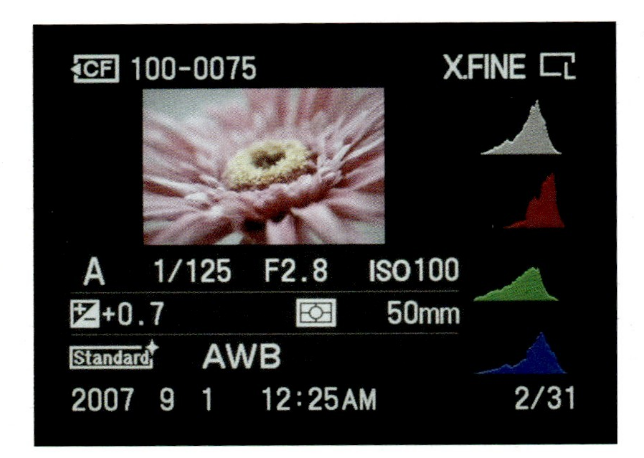

▲ *Im Wiedergabemodus gelangen Sie mit der Taste C zur Histogrammansicht mit Daten zur Aufnahme.*

Der α700-Sensor

Die α700 hat als Herzstück den neuen Exmor-CMOS-Bildsensor im APS-C-Format (23,5 x 15,6 mm) aus dem Hause Sony eingebaut bekommen. Das APS-Format (**A**dvanced **P**hoto **S**ystem) wurde 1996 von Kodak für den analogen Markt entwickelt, konnte sich dort aber nie richtig durchsetzen.

▲ *Sonys neuer Exmor-Sensor.*

Da die Größe der heutzutage oft in DSLR-Kameras eingesetzten Bildsensoren in etwa dem APS-C-Format entspricht, spricht man häufig vom APS-C-Format-Sensor. Das Seitenverhältnis des Sensors beträgt 3:2 und ist damit bestens für den Druck geeignet. Eine DIN-A4-Seite z. B. entspricht ebenfalls dem Seitenverhältnis von 3:2 (297 x 210 mm). So ist ein randloser Druck ohne Beschnitt des Bildes möglich.

▲ *Das Licht gelangt durch das Objektiv auf den Schwingspiegel und wird von hier durch die Mattscheibe ins Pentaprisma und von dort in den Sucher zum Auge geführt. Ein Teil des Lichts wird durch den halb durchlässigen Schwingspiegel über einen Hilfsspiegel zum Sensor für die Belichtungsmessung geleitet. Klappt der Schwingspiegel hoch und wird der Verschluss geöffnet, fällt das Licht auf den Exmor-Sensor (Basisgrafik: Sony).*

Effektiv sind auf der Sensorfläche 4.288 x 2.856 Pixel untergebracht. Damit spielt die α700 in der 12-Millionen-Pixel-Klasse. Der exakte Brennweitenumrechnungsfaktor (Cropfaktor) beträgt 1,53. Wenn man sich darüber klar wird, dass 12 Millionen Pixel auf einer Fläche von 3,7 cm² unterzubringen sind, erahnt man schon den technologischen Aufwand, der dahintersteckt. Im Gegensatz zu Kompaktdigitalkameras ist die Packungsdichte aber noch relativ großzügig gewählt, was besonders dem Rauschverhalten zugutekommt. Teilweise besitzen Kompaktkameras eine Packungsdichte, die dem Siebenfachen der Packungsdichte der α700 entspricht. Starkes Rauschen bei höheren ISO-Werten ist damit vorprogrammiert.

Neue Technik gegen Rauschen und optimale Bildqualität

Im Gegensatz zum CCD-Bildsensor wie bei der α100 hat ein CMOS-Bildsensor mit jedem Pixel auch einen Verstärker integriert, der die Ladungen direkt in Spannungen umwandelt. Der Analog-digital-Wandler kann von jedem Pixel direkt angesprochen werden. Das heißt, es findet eine parallele Auslesung der Daten statt, was im Gegensatz zum seriellen Auslesen eines CCD-Sensors Geschwindigkeitsvorteile bietet. Außerdem tritt der Blooming-Effekt deutlich weniger auf, da keine Ladungen verschoben werden müssen. Auf der anderen Seite muss auf dem Chip wesentlich mehr Elektronik untergebracht werden. Das Rauschen fällt im Allgemeinen höher aus als bei CCD-Bildsensoren. Die Lichtausbeute ist auf CCD-Bildsensoren höher, da nur wenige lichtunempfindliche Bauteile auf der Chipoberfläche vorhanden sind, was auch zu einer besseren Dynamik beiträgt. Prinzipiell kann aber nicht gesagt werden, welches System nun grundsätzlich besser oder schlechter ist. Sony entgegnet dem Problem des Rauschens, indem bereits vor dem Analog-digital-Wandler die erste Rauschminderung durchgeführt wird. Die zweite Rauschminderungsstufe greift dann nach dem Analog-digital-Wandler. Zusätzlich kommt ein Drei-Schicht-Tiefpassfilter zum Einsatz. Feine Details sollen so erhalten bleiben, wohingegen Farbartefakte und Moiré-Effekte unterdrückt werden.

Lebensdauer des Sensors

Da der Sensor keine bewegten Teile besitzt, ist er zunächst einmal (mechanisch) verschleißfrei, solange er im angegebenen Betriebsbereich eingesetzt wird. Alterungserscheinungen können aber z. B. bei zu starker Wärmezufuhr, zu starkem Lichteinfall (Fotografieren in die Sonne) oder unzulässigen Spannungswerten auftreten. Dabei summieren sich diese Einflüsse, je länger und stärker sie einwirken. Sie sollten also Ihre α700 nicht unnötiger Wärmestrahlung aussetzen. Im Auto können z. B. bei extremer Sonneneinstrahlung schnell sehr hohe Temperaturen entstehen. Lassen Sie dann Ihre Kamera ungeschützt liegen, riskieren Sie unnötige Dauerschäden. Ebenfalls sollten Sie nicht direkt in die Mittagssonne oder in sehr starke Lampen fotografieren, was übrigens auch sehr schädlich für die Augen sein kann.

Prinzipiell ist die Lebensdauer der α700 von den mechanischen Komponenten wie dem Verschluss abhängig und nicht vom Sensor.

In diesen Fällen erschienen das Bild auf dem Monitor in der Livevorschau und auch die gespeicherten Bilder verzerrt und die Farben waren unnatürlich. Andere Hersteller hatten ähnliche Probleme und mussten die Chips austauschen. Diese Ausfälle scheinen aber komplett behoben zu sein. Die Hersteller scheinen aus diesen Problemen gelernt zu haben, denn mit der α100 z. B. kam es in diesem Zusammenhang bisher zu keinerlei Problemen.

▲ *Bildvorschau eines defekten Sensors.*

Leider kam es in der Vergangenheit zu Problemen mit Sony-CCD-Bildsensoren bei einigen Minolta-Kompaktkameras der Dimage-Serie.

Defekte einzelne Pixel, Hotpixel und Deadpixel können in diesem Zusammenhang ebenfalls erwähnt werden.

Brennweitenfaktor bzw. Cropfaktor

Die Abmessungen des Exmor-Bildsensors der α700 von 23,5 x 15,6 mm sind deutlich kleiner als die des üblichen Kleinbildformats. Die Größe des Kleinbildformats beträgt 36 x 24 mm und ist um den Faktor 1,5 größer als das Format des Bildsensors der α700. Dieser Faktor wird auch Cropfaktor bzw. Brennweitenfaktor genannt. Ein Objektiv mit der Brennweite von 100 mm besitzt an der α700 die gleiche Bildwirkung wie ein 150-mm-Objektiv an einer Kleinbildkamera. Man erhält quasi einen Bildausschnitt des Kleinbildformats. Was sich hier als Vorteil für die Naturfotografen darstellt, die sich nach längeren Brennweiten sehnen, ist im Weitwinkelbereich wiederum ein Nachteil. Hier müssen extreme Weitwinkelobjektive für einen Ausgleich sorgen.

DT AF F3,5-5,6/16-105

DT AF F4-5,6/55-200

DT AF F3,5-6,3/18-250

Zusammen mit der α700 wurden drei neue DT-Objektive für das APS-C-Format vorgestellt.

Sony bietet extra für die Bildsensorgröße der α700 entwickelte Objektive an. Diese Objektive können aufgrund des kleinen Aufnahmeformats extrem kompakt und kostengünstig hergestellt werden. An einer Kamera mit Kleinbildformat sind sie allerdings nicht einsetzbar. Erkennbar sind diese Objektive an der Zusatzbezeichnung DT.

Die Bayer-Matrix (Bayer-Pattern)

Die meisten eingesetzten Bildsensoren arbeiten nach dem Prinzip der Bayer-Matrix (eine Ausnahme sind die Foveon X3 Direkt-Bildsensoren), so auch der Sensor der α700. Das Patent stammt aus dem Jahr 1975 von Bryck E. Bayer (Kodak).

Wie entsteht nun das Bild? Die einzelnen Sensorpixel können nur Helligkeitswerte registrieren und geben dabei mehr oder weniger viel Strom ab. Um aber aus diesen Werten Farbinformationen zu erhalten, erhält jeder Pixelsensor einen Farbfilter. Er registriert dann nicht mehr das gesamte Farbspektrum, sondern nur noch das Licht, das durch den Filter zu ihm gelangt.

Der gesamte Sensor erhält also eine Farbfiltermatrix mit den Filtergrundfarben Rot, Grün und Blau. Durch Interpolation der einzelnen Lichtpixelwerte benachbarter Pixel wird nun die tatsächliche Farbe berechnet (geschätzt). Diese Aufgabe übernimmt der neue Bildprozessor BIONZ.

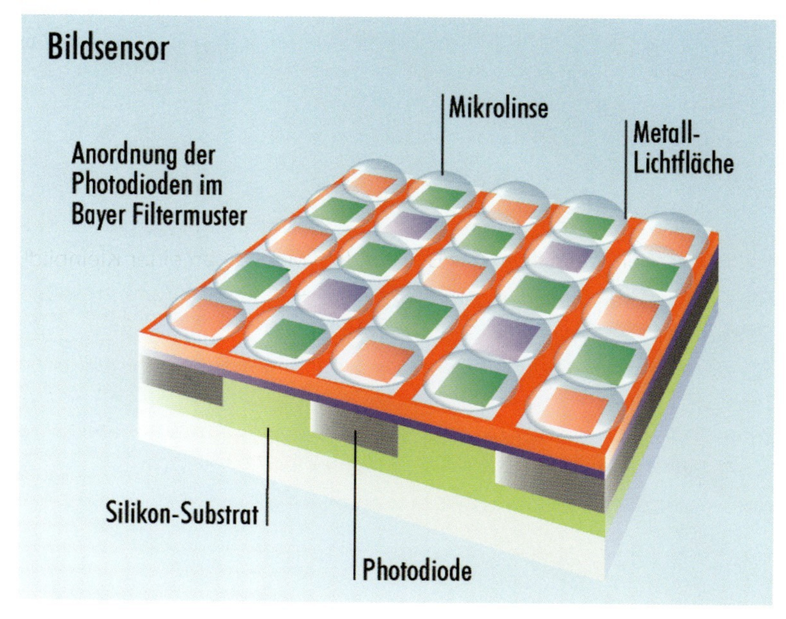

Bayer-Matrix.

Mit dem Wissen darum, dass das menschliche Auge besonders auf die Farbe Grün sensibilisiert ist, besitzt die Matrix ca. 50 % Grün-, 25 % Rot- und 25 % Blaufilter, also bedeutend mehr Grünfilter. Unsere Netzhaut ist weitaus besser mit grün- als mit rot- oder blausensitiven Rezeptoren ausgestattet. Das macht unsere Netzhaut besonders sensibel für den grünen Spektralanteil des sichtbaren Lichts, Fehler würden sofort sichtbar.

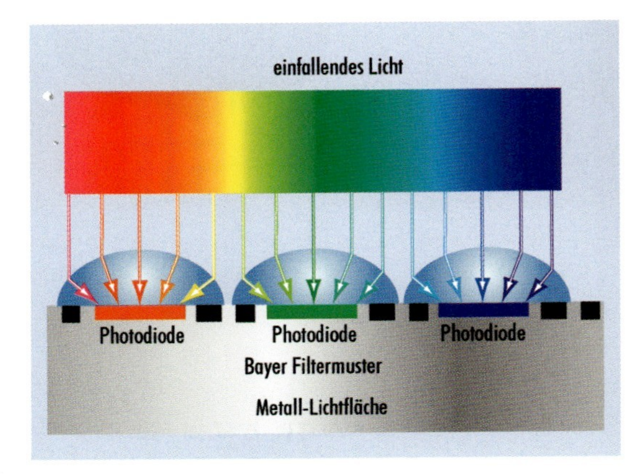

Blooming

Der Blooming-Effekt (ausblühen, überblenden) tritt immer dann auf, wenn die Ladungskapazität einzelner Pixelsensoren durch zu viel Ladung bzw. zu viel Licht überschritten wird. Die überschüssige Ladung wird dabei an die Nachbarzelle weitergegeben, wodurch bei entsprechender Beleuchtungsstärke ein „Ausblühen" ganzer Bildteile entsteht, was sich in überstrahlten Flächen ohne Zeichnung widerspiegelt.

Der BIONZ-Chip für optimale Bildverarbeitung

Schon in der α100 sorgte der Bildverarbeitungsprozessor unter dem Namen BIONZ für die Umsetzung der Signale des Sensors. Für die α700 wurde er weiterentwickelt. Seine Aufgaben bestehen in der weiteren Minderung des Rauschens der Rohdaten des Exmor-Sensors, in der Bildverarbeitung und Kompression der Bilddaten. Er ist verantwortlich für die Bildqualität, für natürliche Farben, feine Tonwertabstufungen.

▲ *BIONZ-Chip: verantwortlich für die Bilddatenverarbeitung der α700 (Foto: Sony).*

RAW-Aufnahmen am Stück

Die α700 bewältigt nun 18 RAW-Aufnahmen am Stück. Danach benötigt die Kamera einen Augenblick, bis die Daten teilweise auf der Speicherkarte gespeichert sind, da der Pufferspeicher komplett gefüllt wurde.

▲ *Links eine in die Jahre gekommene langsame Speicherkarte, rechts eine Speicherkarte neuster Generation mit erheblich höherem Datendurchsatz. Verwenden Sie an der α700 möglichst schnelle Speicherkarten. Vor allem wenn Sie im RAW- bzw. im Extrafein-Modus arbeiten, sollten Sie aufgrund der hohen Datenmengen mindestens 120x-Speicherkarten einsetzen. Ansonsten wird das Arbeiten zur Geduldsprobe.*

Die Pufferspeichergröße der α700 beträgt 384 MByte. Ist im Pufferspeicher wieder Platz für zumindest ein RAW-Bild, steht er erneut für weitere Aufnahmen zur Verfügung. Speichert man das JPEG-Format zusätzlich zum RAW-Format, sind es noch zwölf Aufnahmen bis zur Zwischenpause.

Fast unbegrenzt ist hingegen die Anzahl von Aufnahmen im *Fein*-Modus. Hier schafft es die Kamera, die Daten so schnell zu komprimieren, dass die Menge der Bilder hintereinander nur durch die Speicherkartengröße begrenzt ist.

Um die vorher genannten Werte zu erreichen, sind aber in jedem Fall schnelle Speicherkarten notwendig, da langsame Karten die α700 erheblich ausbremsen können. Weitere Infos zu Speicherkarten erhalten Sie in Kapitel 9.7.

Das Highlight: Super SteadyShot, der gehäuseinterne Bildstabilisator

▲ *Der Verwacklungsschutz der α700 basiert auf der Bewegungskompensation durch einen beweglichen Sensor. Dieser kann vertikale und horizontale Gegenbewegungen durchführen (Foto: Sony).*

Der gehäuseeigene Verwacklungsschutz (Super SteadyShot), früher auch bekannt als AntiShake-System, entwickelt von der Firma Minolta, grenzt die α700 scharf von der Konkurrenz ab. Lediglich Pentax hat im DSLR-Bereich zurzeit ein ähnliches System auf dem Markt.

▲ *Der Super SteadyShot kann in den meisten Situationen angeschaltet bleiben und unterstützt den Fotografen darin, verwacklungsfreie Aufnahmen zu erhalten.*

Hierzu wurde der Sensor schwingend aufgehängt. Zwei Sensoren erkennen die Bewegungsrichtung und Beschleunigung beim Verwackeln.

Der Mikrocomputer der α700 errechnet die notwendige Gegenbewegung und verschiebt den Bildsensor entsprechend. Auf diese Weise werden Verwacklungen ausgeglichen, die beim üblichen Fotografieren mit freier Hand auftreten.

Der große Vorteil dieses Systems ist, dass so gut wie alle zu verwendenden Objektive an der α700 nun praktisch über einen Verwacklungsschutz verfügen. Man kommt dadurch selbst mit älteren Objektiven in den Genuss des Verwacklungsschutzsystems. Systeme anderer Hersteller besitzen einzelne Objektive mit Bildstabilisator. Das heißt, jedes einzelne Objektiv muss mit einem separaten Bildstabilisator ausgerüstet werden.

▲ *CMOS-Unit bestückt mit piezoelektrischen Elementen für schnelle Gegenbewegungen des Sensorträgers (Foto: Sony).*

▼ *Aufnahmen wie diese werden dank Super SteadyShot leichter möglich, hier bei 500 mm Brennweite und 1/30 Sekunde Belichtungszeit.*

Dieser Aufwand macht diese Objektive nicht gerade billig und muss jedes Mal erneut mitbezahlt werden.

Üblicherweise gilt unter Fotografen diese Faustformel für Freihandaufnahmen, ohne zu verwackeln:

$$\text{Belichtungszeit} = \frac{1}{\text{Brennweite}} * \text{Sekunde}$$

Das heißt, arbeitet man z. B. mit einer Brennweite von 200 mm, darf die Belichtungszeit für eine verwacklungsfreie Aufnahme maximal 1/200 Sekunde betragen. Längere Belichtungszeiten führen zum Verwackeln, was sich in unscharfen Bildern niederschlägt.

Der Super SteadyShot der α700 bringt nun bis zu 4 Blenden an „Verwacklungsvorteil" gegenüber Systemen ohne Super SteadyShot. Somit könnte man die Formel wie folgt umschreiben:

$$\text{Belichtungszeit} = \frac{1}{\text{Brennweite}} * \frac{1}{8} \text{ Sekunde}$$

Das bedeutet, mit obigem 200-mm-Objektiv wären nun Belichtungszeiten mit 1/25 Sekunde möglich, ohne zu verwackeln. Voraussetzung ist dabei aber schon, dass man die Kamera wie üblich recht ruhig hält und den Auslöser nicht durchreißt, sondern langsam und gleichmäßig durchdrückt.

Welche Möglichkeiten sich da auftun, ist auf den ersten Blick vielleicht noch nicht richtig zu erkennen. Hat man aber erst einmal mit dem Antiverwacklungssystem Bekanntschaft gemacht, möchte man es nicht mehr missen. Denken Sie nur an Aufnahmen in Gebäuden, in denen Blitzlicht verboten ist. Wo Kollegen anderer Kamerasysteme schon dabei sind, die ISO-Zahl hochzudrehen, und damit stärkeres Rauschen in Kauf nehmen müssen, kann man problemlos noch ohne Veränderung des ISO-Wertes freihändig arbeiten.

Es sind nun auch Makroaufnahmen ohne störendes Stativ möglich. Die ständig den Platz wechselnde Libelle kann man nun viel besser verfolgen, und auch ohne Stativ gelingen scharfe Aufnahmen, sollte sie sich doch einmal für einen Augenblick setzen.

Wie stark der Super SteadyShot arbeitet, kann man in der Sucheranzeige erkennen. Hierzu wird ein Diagramm mit bis zu fünf Balken angezeigt. Je mehr dieser Balken leuchtet, umso unruhiger ist das Bild. Entsprechend stark muss der Bildstabilisator arbeiten. Nach Möglichkeit sollten Sie einen Augenblick warten, bis möglichst wenige Balken aufleuchten, um ein optimales Ergebnis zu erhalten. Es kann nützlich sein, des Öfteren auf dieses Diagramm zu achten. Sie können mit dieser Art Feedback gut trainieren, die Kamera besonders ruhig zu halten.

Wann sollten Sie den Stabilisator abschalten?

Grundsätzlich sollten Sie den Super SteadyShot-Schalter auf der Stellung ON belassen, um optimale Bildergebnisse zu erzielen.

Benutzen Sie allerdings ein Dreibeinstativ, um z. B. mit starken Teleobjektiven arbeiten zu können oder auch um eine ideale Bildgestaltung oder Ähnliches durchführen zu können, sollten Sie den Super SteadyShot abschalten (Stellung OFF). Hier kann es unter Umständen sogar zu Verschlechterungen der Abbildungen kommen, da die Elektronik für Freihandaufnahmen optimiert wurde. Eventuelle Erschütterungen oder Bewegungen am Stativ

▾ *Diese Aufnahme entstand ebenfalls aus der Hand bei 1/80 Sekunde Belichtungszeit und 500 mm Brennweite.*

wertet die Kamera daher nicht im richtigen Maße aus, was zu Überreaktionen des Systems führen kann. Abhängig vom verwendeten Stativ, eingesetzten Objektiv, von den Verschlusszeiten etc. kann es dann sogar zu recht verwackelten Aufnahmen kommen.

▲ *Beim Arbeiten mit Stativ kann der Super SteadyShot abgeschaltet werden.*

Sind Sie auf eine extrem Strom sparende Arbeitsweise der Kamera angewiesen, sollten Sie ebenfalls den Super SteadyShot abschalten, um eine Verlängerung der Akku-Laufzeit zu erreichen.

Wo sind die Grenzen des Antiverwacklungssystems?

Wie zuvor beschrieben ist der Super SteadyShot für typische Verwacklungen bei Freihandaufnahmen optimiert worden. Hier liegen dann auch die Grenzen. Kommt man zudem mit den Belichtungszeiten in Richtung ¼ Sekunde und länger, wird die Wirkung des Bildstabilisators geringer. Erzielt man hier nicht die gewünschte Bildschärfe, muss ein Stativ benutzt werden.

Einschränkungen im Makrobereich
Eine weitere Einschränkung ergibt sich im Nah- und Makrobereich. Aufgrund der minimalen Schärfentiefe in diesem Bereich machen sich schon geringste Bewegungen nach vorn oder nach hinten bemerkbar. Dies kann der Super SteadyShot nicht ausgleichen, da er nur in horizontaler und vertikaler Richtung wirkt.

Scharfe Fotos dank Spiegelvorauslösung

Beim Arbeiten mit Stativ und Teleobjektiven ist es möglich, dass selbst der Spiegelschlag, also das Hochklappen des Spiegels während der Aufnahme in der Kamera, Schwingungen verursacht. Diese können sich besonders mit langen Brennweiten ab ca. 200 mm und kürzeren Verschlusszeiten in unscharfen Bildern niederschlagen. Die α700 besitzt hierfür eine sogenannte Spiegelvorauslösung, die den Spiegel zwei Sekunden vor der eigentlichen Aufnahme hochklappt. In dieser Zeit haben sich eventuelle Schwingungen durch den Spiegel abgebaut.

▲ *Nach dem Betätigen der Taste DRIVE können Sie die Spiegelvorauslösung einstellen.*

Um die Spiegelvorauslösung zu aktivieren, drücken Sie die DRIVE-Taste, wählen im Menü mit dem Multiwahlschalter die Funktion *2-s-Selbstausl.* und bestätigen dies mit dem halben Durchdrücken des Auslösers bzw. durch Betätigen der DRIVE-Taste.

Weitere Hinweise zur Spiegelvorauslösung finden Sie auf Seite 239.

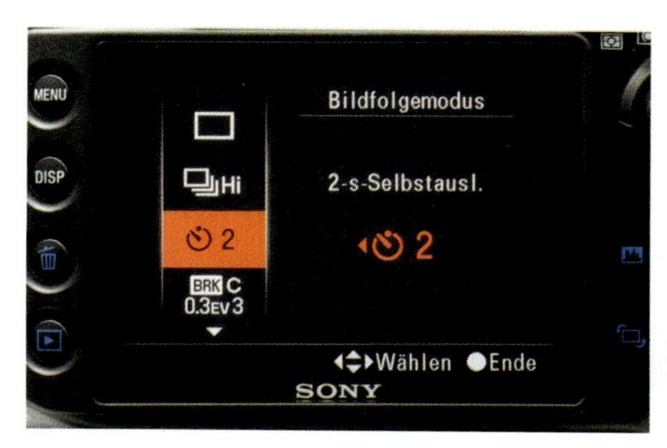

▲ *Menü zur Einstellung der Bildfolge: Neben der Funktion 2-s-Selbstausl., die der Spiegelvorauslösung entspricht, steht über die gleiche Option der 10-Sekunden-Selbstauslöser zur Verfügung. Wählbar ist dieser durch Hoch- und Runterdrücken am Multiwahlschalter. Der Spiegel wird hier aber nicht zuvor ausgelöst.*

Sucher und Verschluss

Im Gegensatz zu Kompaktkameras sieht man bei DSLR-Kameras direkt durch das Objektiv. Das hat entscheidende Vorteile. Während Sucher- bzw. Kompaktkameras das Sucherbild nicht so darstellen, wie es letztendlich auf den Film bzw. den Bildsensor fällt, sieht man bei einer Spiegelreflexkamera genau die spätere Abbildung (parallaxenfreie Abbildung). Außerdem erhalten Sie die Möglichkeit, die Schärfe und die Schärfentiefe unmittelbar zu kontrollieren.

Das Licht gelangt hierbei durch das Objektiv über einen klappbaren Spiegel zum Sucher und nach dem Auslösen auf den Bildsensor. Digitale Kompaktkameras besitzen keinen Spiegel. Hier gelangt das Licht permanent zum Bildsensor. So ist es möglich, dass man auf dem LCD-Monitor eine Vorschau erhält und schon vor dem Auslösen das Bildergebnis beurteilen kann. Einige andere Hersteller bieten auch an DSLR-Kameras diese Vorschaufunktion an. Diese ist aber meist recht unhandlich ausgeführt. Zukünftig kann aber auch an Sony-Kameras mit diesem Live-View-System gerechnet werden.

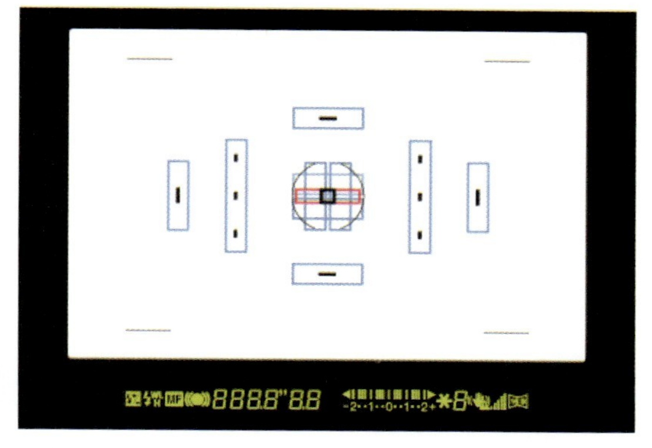

▲ *Suchereinblick, hier rot hervorgehoben der hochempfindliche Sensor für Objektive mit Blenden ab F2.8 und größer.*

Vorteile optischer Sucher

Der Nachteil bei Kompaktkameras ist, dass der Sucher ebenfalls auf elektronischer Basis funktionieren muss, da er die Daten vom Bildsensor erhält. Die heutigen elektronischen Sucher sind leider in Auflösung und Helligkeit nicht vergleichbar mit den optischen Suchern, wie sie die α700 besitzt. Eine Beurteilung der Schärfe und der Schärfentiefe ist mit elektronischen Suchern nur sehr eingeschränkt möglich. Zudem muss das darzustellende Bild erst berechnet werden, was eine gewisse Zeit in Anspruch nimmt und meist zu Verzögerungen führt.

Anders das Konzept z. B. der Olympus D-SLR E-330: Hier wird über einen halb durchlässigen Spiegel das Sucherbild auf einen zusätzlichen CCD-Sensor übertragen und ist sofort auf dem Display sichtbar. Der Nachteil dieses Systems ist die Sucherhelligkeit. Diese ist bedeutend geringer als bei der α700. Außerdem ist keine Belichtungs-

▲ *Der Sucher der α700 gibt 95 % des Bildfelds wieder.*

vorschau auf den Weißabgleich und eine eventuelle Falschbelichtung möglich. Die Kamera bietet dafür einen zweiten Modus an. Hier wird auf dem Display eine echte Belichtungsvorschau (ähnlich der von Kompaktkameras) möglich.

Diese Funktion wiederum bedingt andere Einschränkungen. Nun stehen der optische Sucher sowie der Autofokus nicht mehr zur Verfügung. Außerdem vergeht bis zum Auslösen etwa 1 Sekunde, da der Verschluss geschlossen und der Spiegel in Ruhestellung bewegt werden muss, um die Belichtungsmessung durchführen zu können.

Die α700 ist mit einem hochwertigen Glas-Pentaprismensucher ausgestattet, der ein sehr helles und klares Sucherbild bietet. Dieser ist auch dafür verantwortlich, dass man ein seitenrichtiges und aufrecht stehendes Bild sieht. 95 % der späteren Abbildung werden im Sucher dargestellt. Um mit einem Normalobjektiv von 50 mm ungefähr die Sichtweise zu erhalten, die man ohne Kamera gewohnt ist, wird das Sucherbild 0,9-fach vergrößert (bezogen auf ein 50-mm-Objektiv bei Unendlich).

Verantwortlich für die brillante Sucherdarstellung ist ebenfalls die sphärische Mikrowaben-Sucherscheibe (Spherical Acute Matte). Sechseckige Mikrolinsen sorgen für die sehr genaue Lichtführung. Bewirkt wird damit eine leichte Fokussierung ohne Autofokus. Unschärfekreise werden regelrecht zu Unschärferingen.

Da die Kamera, während Sie durch den Sucher schauen, die Belichtungsmessung und im Autofokusmodus auch die Scharfstellung durchführt, muss das Licht zusätzlich noch den entsprechenden CCD-Sensoren zugeführt werden. Hier bedient man sich eines halb durchlässigen Spiegels, um das Licht dann über einen weiteren Hilfsspiegel weiterzuleiten. Neben der Suchermuschel befindet sich die Möglichkeit, einen Dioptrienausgleich einzustellen.

Weitsichtige Fotografen drehen das Einstellrad in Richtung Plus (nach unten), kurzsichtige in Richtung Minus (nach oben). Sollte die Augenmuschel angesetzt sein, müssen Sie diese zunächst abnehmen, um die Richtungsmarkierung sehen zu können.

▲ *Einstellrad zum Dioptrienausgleich. Für stärkeren Ausgleich können auch Sonys Korrekturlinsen auf den Sucher aufgesetzt werden.*

Der Hochgeschwindigkeitsverschluss

Das Licht darf zur korrekten Belichtung nur eine ganz bestimmte Zeit auf den Bildsensor fallen. Hierbei bedient man sich zweier Jalousien, die sich in einem genau berechneten Abstand nacheinander über den Sensor bewegen. Die erste Jalousie öffnet den Verschluss, die zweite fährt hinterher und schließt ihn wieder.

Die α700 besitzt einen vertikal ablaufenden, elektronisch gesteuerten Schlitzverschluss. Mit diesem sind Belichtungszeiten von 1/8000 Sekunde bis zu 30 Sekunden automatisch möglich. Im Bulb-Modus kann er auch manuell geöffnet werden.

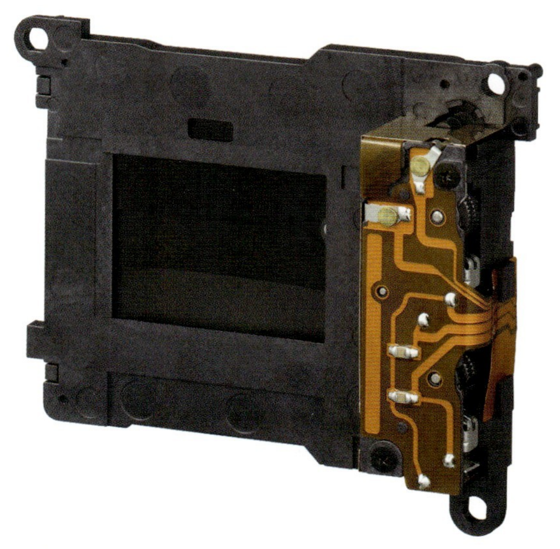

▲ *Der Verschluss der α700 ist nun für 100.000 Auslösungen ausgelegt (Foto: Sony).*

Blitzsynchronisationszeit

Sollte ein Blitzgerät zum Einsatz kommen, ergibt sich eine Besonderheit. Ist die Belichtungszeit so gering, dass der Verschluss nicht mehr komplett geöffnet ist, sondern nur noch ein Streifen über den Sensor fährt, hat der Blitz keine Chance mehr, den kompletten Sensor auszuleuchten. Seine Leuchtdauer beträgt nur ca. 1/10000 Sekunde und wäre damit wesentlich zu kurz. Die Belichtungszeit, in der der Verschluss gerade noch komplett geöffnet ist, nennt man Blitzsynchronisationszeit. Diese beträgt bei der α700 1/200 Sekunde und bei abgeschaltetem Super SteadyShot 1/250 Sekunde. Hier ist für das interne Blitzgerät der α700 Schluss.

Mithilfe eines Tricks können jedoch auch kürzere Belichtungszeiten mit Blitzlicht durchgeführt werden (siehe High-Speed-Blitzsynchronisation, Seite 210). Hierbei muss der Blitz mit einer Form von Stroboskopblitzen die komplette Schlitzablaufdauer leuchten. Die beiden Sony-Programmblitzgeräte HVL-F36AM und HVL-F56AM sind hierzu in der Lage.

Optimales Einstellen des LCD-Displays

Um auch bei Sonnenschein und anderen ungünstigen Lichtverhältnissen das Display vernünftig ablesen zu können, bietet die α700 die Möglichkeit, die Helligkeit des Displays den Umgebungsbedingungen anzupassen.

In dunkler Umgebung benötigt man eine möglichst geringe Helligkeit des Displays, wohingegen man bei Sonnenschein die maximale Helligkeit benötigt, um noch etwas auf dem Display erkennen zu können.

▲ *Sind alle Abstufungen gut zu erkennen, ist das Display richtig eingestellt. Lediglich die beiden am weitesten rechts bzw. links befindlichen weißen Felder lassen sich in allen Helligkeitsstufen optisch nicht voneinander trennen. Ein Firmware-Update könnte diesen kleinen Schönheitsfehler beheben.*

Im Einstellungsmenü unter dem Menüpunkt *LCD-Helligkeit* können Sie hierzu die Helligkeit in elf Stufen einstellen. Links bedeutet weniger hell, rechts wird die Helligkeit erhöht. Ein Kontrastmuster hilft hierbei, ein Optimum zu finden. Am sinnvollsten stellen Sie die Helligkeit des LCD-Displays so ein, dass alle Grauwerte in ihrer Differenzierung gut zu erkennen sind.

Sony hat auch hier wieder an einer leichteren Bedienbarkeit gearbeitet. Sie können nun auch die Helligkeitseinstellung über die DISP-Taste erreichen. Halten Sie diese dazu etwas länger gedrückt.

▲ *Schnellverstellmöglichkeit für die Display-Helligkeit. Halten Sie dazu die DISP-Taste etwa zwei Sekunden gedrückt, bis die Skala erscheint.*

Dateiformate gezielt wählen

Zur Speicherung der Bilddaten bedient sich die α700 standardmäßig des Dateiformats JPEG.

Das JPEG-Format

Die **J**oint **P**hotographic **E**xperts **G**roup (JPEG) entwickelte 1992 ein Dateiformat, das eine verlustfreie und auch verlustbehaftete Kompression von Bildern erlaubt. Bis heute wird dieses Dateiformat bei den meisten Kameras eingesetzt, um die Bilddaten, meist in unterschiedlich starker Kompression, zu speichern.

Bei jeder Aufnahme komprimiert die Kamera hierbei das Bild. Vorab führt sie den Weißabgleich durch, stellt den Kontrast ein etc. Die Komprimierungsstärke und damit der Verlust an Informationen ist dabei von der Einstellung im Aufnahmemenü (1) *Qualität* abhängig. Standardmäßig ist hier *Fein* eingestellt. Die Komprimierung beträgt hier etwa 70 %. An der α700 stehen Ihnen nun zusätzlich zwei Möglichkeiten mit unterschiedlichen Komprimierungsstufen zur Verfügung. Mit *Extrafein* erreichen Sie eine Komprimierung von 40 % und im Standardmodus von etwa 80 %.

	Standard	Fein	Extrafein	cRAW	cRAW+JPEG	RAW	RAW+JPEG
L:12M	4	5,9	11	13,4	19,3	19,7	25,6
M:6.4M	2,5	3,6	6,4	-	17	-	23,3
S:3.0M	1,7	2,3	3,8	-	15,7	-	22

▲ *In dieser Tabelle sind die Dateigrößen (MByte) der einstellbaren Dateiformate und Auflösungen zu sehen (ungefähre Werte, im Modus 16:9 werden die Bilddateien im JPEG-Modus entsprechend kleiner).*

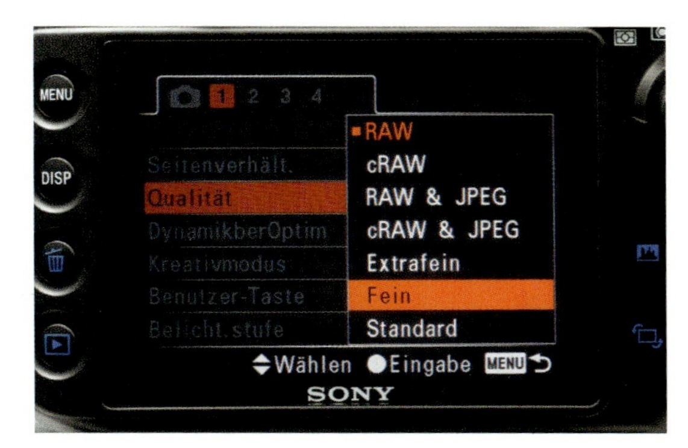

▲ *Menü zur Wahl des Dateiformats. Im cRAW & JPEG-Modus bzw. im RAW & JPEG-Modus werden die JPEG-Dateien in der Komprimierungsstufe Fein zusätzlich zu den Rohdaten der Kamera auf der Speicherkarte gespeichert.*

Ebenfalls im Aufnahmememenü (1) können Sie die Bildgröße einstellen. Bildgröße bedeutet hier, mit welcher Anzahl von Pixeln die Aufnahme durchgeführt werden soll. L bedeutet 4.272 x 2.848 Pixel, das sind etwa 12,2 Millionen Pixel, M bedeutet 3.104 x 2.064 Pixel, also 6,4 Millionen Pixel, und schließlich bringt S als kleinste Auflösung 2.128 x 1.424 Pixel auf das Bild, was einer Auflösung von 3 Millionen Pixeln entspricht.

Generell sollten Sie mit der höchsten Auflösung, die auch der Standardeinstellung entspricht, fotografieren. Ebenfalls sollten Sie die Einstellung auf *Fein* belassen. Die Dateigröße von etwa 5,9 MByte sollte bei den heutigen Preisen für Speicherkarten kein Problem mehr darstellen, vielleicht mit Ausnahme von unvorhergesehenen Fällen, in denen z. B. eine weitere Speicherkarte vergessen wurde.

Die Komprimierung der Bilder ist später am Computer mit geeigneten Programmen immer noch möglich. Andersherum ist es nicht möglich, die Informationen, die durch die Komprimierung verloren gingen, wiederherzustellen. Wenn Sie auf der sicheren Seite sein wollen, dann nutzen Sie hingegen das Extrafein-Format. Die Komprimierung ist hier gegenüber der Fein-Einstellung wesentlich geringer. Allerdings müssen Sie dann mit einer Dateigröße von etwa 11 MByte leben und können im Vergleich zum Fein-Format nur die Hälfte der Bilder auf der Speicherkarte unterbringen.

▲ *Im Menü Bildgröße können Sie die Pixelmenge festlegen.*

Das RAW-Format

Besitzen Sie genügend große Speicherkarten und ausreichend Platz auf der heimischen Computerfestplatte, sollten Sie die Option *RAW & JEPG* ins Auge fassen. RAW ist praktisch das Rohformat der Sensorbilddateien, und Sie haben hier alle Möglichkeiten, das letzte Quäntchen an Qualität aus den Bildern herauszuholen.

RAW

▲ *Überstrahlungen lassen sich im RAW-Konverter im RAW-Format in begrenztem Maße noch korrigieren. Im RAW-Bild ist nach der Korrektur im Gefieder weit mehr Zeichnung vorhanden als im JPEG-Bild, das nicht weiter verbessert werden kann. Nutzen Sie also in komplizierten Belichtungssituationen möglichst das RAW-Format.*

Es ist z. B. möglich, den Weißabgleich auch nachträglich zu verändern. Das bedingt aber eine Nachbearbeitung mit speziellen RAW-Konvertern und ist vergleichbar mit der Dunkelkammer der Analogfotografen. Denken Sie im Moment noch nicht daran, sich mit derart komplexen Arbeiten zu beschäftigen, haben Sie doch die Möglichkeit, später einmal die Bilddateien zu bearbeiten. Parallel wird ja das JPEG-Format mit abgespeichert, das der Option *Fein* entspricht. Dieses können Sie dann nach Ihren Wünschen schnell bearbeiten, ausdrucken, drucken lassen oder per E-Mail verschicken und haben immer noch die Original-RAW-Datei für zukünftiges Bearbeiten zur Verfügung.

RAW-Dateien verlustfrei verkleinern

Mit der α700 hat Sony das cRAW-Format eingeführt. Bei Dateigrößen um die 20 MByte ist das eine willkommene Möglichkeit, das steigende Speichervolumen zumindest etwas einzudämmen. Auf

Aus cRAW-Format ins JPEG-Format entwickelt.

Aus RAW-Format ins JPEG-Format entwickelt.

▲ *Kein Unterschied feststellbar. Wenn Sie im Rohformat der α700 fotografieren, nutzen Sie ruhig das komprimierte cRAW-Format. Dieses arbeitet nahezu verlustfrei und spart erheblich Speicherplatz und Übertragungszeit der Dateien zum PC.*

60–70 % der ursprünglichen Dateigröße wird so die cRAW-Datei komprimiert – und das nahezu verlustfrei. Im praktischen Einsatz konnte kein Unterschied zwischen cRAW und RAW festgestellt werden.

Diverse getestete RAW-Konverter, darunter Adobe Lightroom und natürlich Sonys Image Data Converter, konnten problemlos mit den komprimierten Dateien umgehen, sodass von dieser Seite her keine Einschränkungen zu erwarten sind. Die entwickelten Dateien aus cRAW und RAW lagen später im JPEG-Format bei der Speicherbelegung recht eng beieinander, sodass auch von dieser Seite her von einer nahezu verlustfreien Komprimierung ausgegangen werden kann.

Die α700 fernsteuern

Sony liefert mit der α700 eine Fernsteuerungssoftware mit.

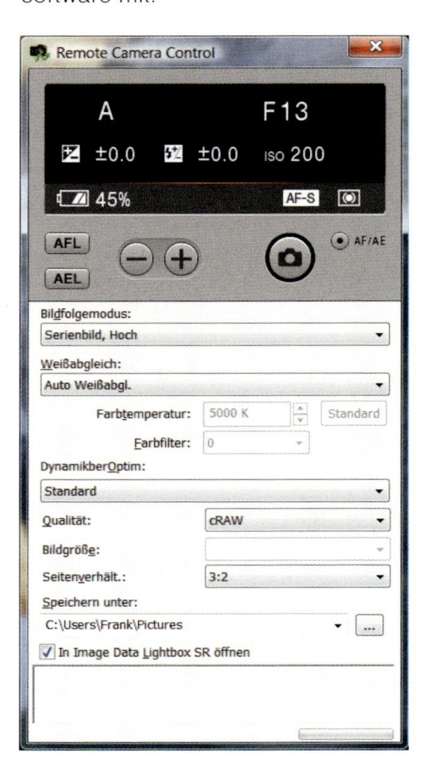

Mit der Software Remote Camera Control sind Sie in der Lage, die α700 fernzusteuern.

Über diese Software stehen Ihnen sehr viele Funktionen der Kamera direkt auf dem PC zur Verfügung.

Die Bilder können sofort in ein vorher definiertes Verzeichnis geladen werden. Wenn Sie es wünschen, öffnet sich auch gleich der Sony RAW-Konverter Image Data Lightbox SR.

Lassen Sie sich nicht irritieren. Der Steckplatz Remote ist für eine Kabelfernbedienung vorgesehen. Für die Software Remote Camera Control benötigen Sie den USB-Anschluss rechts daneben.

Weitere Informationen erhalten Sie in Kapitel 7.

Perfekte Präsentation mit HDMI-Fernsehern

Die α700 verfügt über einen Ausgang, den Sie direkt mit Ihrem HDMI-fähigen Fernseher verbinden können.

Eine Präsentation der Fotos auf einem Fernseher war bisher nur mit starken Qualitätseinbußen möglich. Standardfernsehgeräte besitzen eine Auflösung im VGA-Bereich, also etwa 768 x 576 Pixel. Mit HDMI-Geräten erreichen Sie hingegen Auflösungen von 1.920 x 1.080 Pixel.

▲ *Besitzen Sie ein HDMI-fähiges Fernsehgerät, können Sie Ihre α700 direkt mit diesem verbinden.*

Diese Auflösung ist zwar weitaus höher als die von Standardfernsehgeräten, aber immer noch weitaus geringer als die Auflösung der α700 selbst im niedrigsten Qualitätsmodus.

Sie brauchen sich aber keine Gedanken um die Auflösung zu machen. Die α700 stellt automatisch die richtige Auflösung am Ausgang bereit. Sie benötigen zur Verbindung Ihrer α700 mit einem HDMI-fähigen Gerät die nicht mitgelieferten Kabel VMC-15MHD (1,5 m) oder VMC-30MHD (3 m).

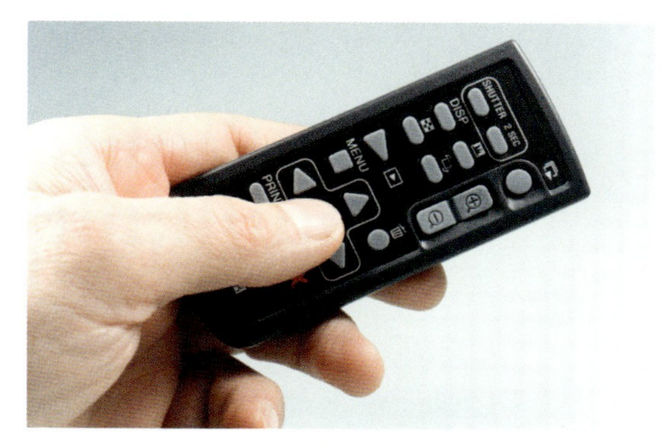

▲ *Mit der mitgelieferten Fernbedienung können Sie die Präsentation am Fernseher an der α700 steuern. Die Tasten SHUTTER und 2 SEC sind hierbei ohne Funktion.*

Aufgrund der Breitbilddarstellung mit einem Seitenverhältnis von 16:9 werden die Standardbilder der α700 nicht optimal dargestellt. Besser ist es, vor der Aufnahme in diesem Fall das Seitenverhältnis 16:9 zu wählen. Die JPEG-Bilder werden nun in diesem Format gespeichert. RAW- und cRAW-Bilder werden weiterhin im Format 3:2 gespeichert. Kompatible Software wie der Image Data Converter können die Information aber auswerten und die Bilder entsprechend darstellen.

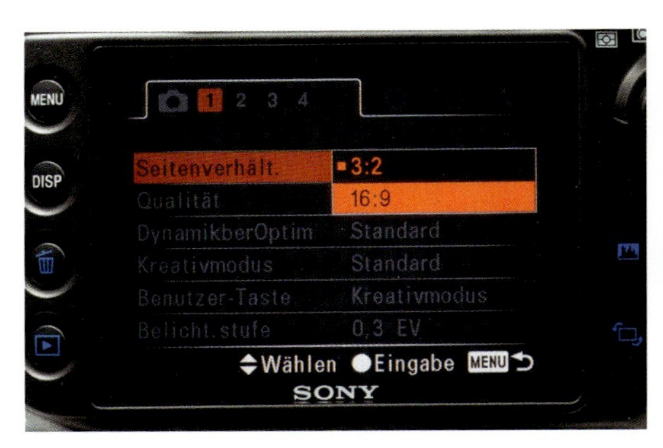

▲ *Für die optimale Darstellung sollten Sie die Bilder im 16:9-Format aufgenommen haben. Stellen Sie dazu im Aufnahmemenü (1) den Standardwert 3:2 auf 16:9.*

Achten Sie, wenn Sie Bilder für eine Präsentation im 16:9-Format aufnehmen wollen, auch auf den begrenzten Aufnahmebereich. Im Sucher sehen Sie die Begrenzung rechts und links oben bzw. unten. Bildbestandteile außerhalb dieser Begrenzung werden später nicht sichtbar sein (Ausnahme: das RAW- bzw. cRAW-Format).

Wollen Sie während Ihrer Präsentation auch gleich Fotos ausdrucken, ist das ebenfalls möglich. Schließen Sie hierzu noch zusätzlich einen Drucker an den USB-Anschluss der α700 an. Per Fernbedienung können Sie nun mit der Taste PRINT das gerade am Fernsehgerät betrachtete Bild ausdrucken.

Dies funktioniert aber nur mit der Verbindung über das HDMI-Kabel. Die Verbindung mit dem mitgelieferten Videokabel bietet diese Funktionalität nicht.

Mehr Flexibilität beim Speichern

Speicherplatz ist bei einer digitalen Kamera immer ein Thema. Sony geht mit der Doppelslot-Lösung hier einen Schritt in die richtige Richtung.

▲ *Zwei Slots stehen nun für die Aufnahme von Speicherkarten bereit.*

An der α100 war die Nutzung des eigenen Speicherkartenformats Memory Stick Duo nur über einen Adapter möglich. Diese Möglichkeit besteht an der α700 natürlich weiterhin, aber Sie können nun auch den eigens für den Memory Stick Duo verbauten Slot verwenden. So besteht die Möglichkeit, stets zwei Speicherkarten direkt in der Kamera dabeizuhaben. Genutzt werden kann immer nur eine der beiden Karten. Das heißt, Sie müssen die Speicherkartenwahl im Menü vornehmen. Auf dem Display der α700 wird dann der entsprechend genutzte Slot dargestellt.

Vielleicht haben Sie auch schon versucht, die Slotwahl über das Quick-Navi-System vorzunehmen. Praktisch wäre es, aber leider ist dies nicht möglich. Ein Firmware-Update könnte hier für mehr Komfort sorgen. Praktisch wäre es auch, wenn man die Karten parallel nutzen könnte, z. B. dass man auf der einen Karte die Rohdaten und auf der anderen die JPEG-Dateien speichern könnte.

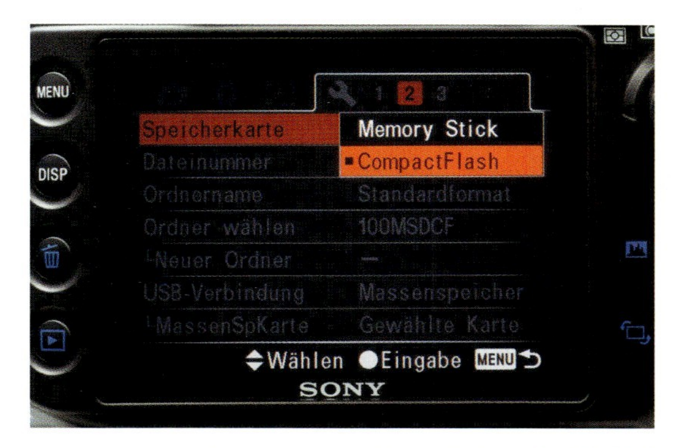

▲ *Leider ist es nur über das Menü möglich, den Speicherkartenslot zu wählen. In zeitkritischen Situationen wünscht man sich die Bedienungsmöglichkeit über das Quick-Navi-System.*

Umsteiger von der α100 sollten in der ersten Zeit, bis man sich daran gewöhnt hat, darauf achten, dass die CompactFlash-Speicherkarte an der α700 genau umgekehrt eingeführt werden muss, also mit der Labelseite zum Fotografen hin.

Benutzerdefinierte Einstellungen (Custom Settings) helfen, Strom zu sparen

Viele Funktionen der α700 benötigen zum Betrieb relativ viel Strom. Hierzu zählen die Belichtungsmessung, der Autofokus und vor allem das LCD-Display.

> **Besonderheit: Stromsparfunktion bei angeschlossenem Fernseher**
>
> Unabhängig von der Wahl der Zeit im Menü *Strom sparen* schaltet die α700 nach 30 Minuten in den Stromsparmodus. Anders ist es bei der Nutzung eines HDMI-Kabels zur Präsentation von Bildern auf einem HDMI-Fernsehgerät. Hier schaltet die α700 auch nach 30 Minuten nicht in den Stromsparmodus. Schalten Sie also hier bei Nichtbenutzung die α700 aus, wenn Sie die Akku-Ladung erhalten wollen.

Um die Akku-Laufzeit zu erhöhen, kann man im Einstellungsmenü (1) *Strom sparen* die Standardeinstellung von drei Minuten auf eine Minute ändern. Sollte die α700 dann innerhalb einer Minute keine Aktivitäten feststellen können, schaltet sie in den Ruhezustand. Nach bereits fünf Sekunden ohne Aktivität schaltet sich zuvor der LCD-Monitor standardmäßig ab. Die α700 wird aus diesem Ruhemodus durch leichtes Antippen des Auslösers oder einer beliebigen Taste in Sekundenbruchteilen aus dem Schlaf gerissen.

Pflege und Handling der Akkus

In der α700 kommt ein Lithium-Ionen-Akku zum Einsatz. Dieser Akku-Typ ist im Moment Stand der Technik. Sehr gute Eigenschaften wie z. B. hohe Energiedichte, sehr geringe Selbstentladung und das Fehlen des Memory-Effekts zeichnen diese Akkus aus. Zudem handelt es sich um einen Info-Lithium-Akku, der Informationen zum Ladezustand an die α700 weitergibt.

▲ *Der neue InfoLithium-Akku der α700 gibt jederzeit Informationen zum genauen Ladezustand des Akkus aus.*

Die α700 kann nur mit Akkus des Typs NP-FM500H betrieben werden. Der Akku besitzt eine Spannung von 7,2 V mit einer Kapazität von 11,8 Wh. Ein Einsatz von LR6- bzw. AA-Akkus oder Batterien ist nicht möglich. Auch können die Akkus der älteren Geräte (Dynax 5D, Dynax 7D) nicht benutzt werden, da sie eine andere Bauform besitzen. Besaßen Sie vorher eine Sony-Kompaktkamera mit der Akku-Sorte NP-FM50 oder NP-FM30, können Sie diese leider auch nicht in der α700 verwenden.

Selbst der fast baugleiche Akku der α100 kann an der α700 nicht verwendet werden. Andersherum ist die Nutzung aber möglich. Das heißt, Sie können den NP-FM500H auch an der Sony α100 einsetzen. Eine Auswertung des Ladezustands ist indessen mit der α100 auch hier nicht möglich.

NP-FM55H NP-FM500H

▲ *Links der Akku der α100 und rechts der Akku der α700. Die gekennzeichnete Aussparung fehlt dem NP-FM55H. Damit kann er nicht an der α700 verwendet werden.*

Die Aufladung der Akkus sollte stets bei einer Temperatur von 10–30 °C stattfinden, da sonst eventuell nicht die gesamte Kapazität erreicht wird. Die Akkus brauchen vor erneutem Laden nicht entleert zu werden, wie es bei älteren Akku-Typen, zum Beispiel **Ni**ckel-**M**etall**h**ydrid (NiMH), notwendig war. Daher sollten Sie ruhig vor jedem längeren Fotoausflug mit der α700 den Akku laden. Lediglich bei Erstbenutzung empfiehlt es sich, den Akku zwei- bis dreimal komplett zu laden und zu entladen, um so schnell die gesamte Kapazität zur Verfügung zu haben.

Akku-Lebensdauer verbessern

Als Akku-Lebensdauer kann man mit ca. 500 Ladezyklen rechnen. Danach ist der Akku meist noch nutzbar. Die Kapazität wird aber erheblich absinken. Mindestens einen Ersatz-Akku sollten Sie sich für den professionellen Einsatz anschaffen. So sind Sie trotz der langen Akku-Laufzeit von ca. 550 bis 700 Bildern (je nach Einsatzzweck) bei längeren Fotoausflügen auf der sicheren Seite und haben stets einen geladenen Ersatz-Akku dabei.

Sollten Sie die α700 bzw. einen Ersatz-Akku über längere Zeit nicht nutzen, kann es zu Tiefentladungen kommen, die den Akku schädigen können. Aus diesem Grund sollte der Akku regelmäßig, spätestens alle vier bis sechs Monate, für einige Zeit auf ca. 60 % aufgeladen werden. Zu tiefe und zu hohe Temperaturen können den Akku ebenfalls schädigen bzw. die Kapazität beeinträchtigen.

▲ *Die gelbe LED des Ladegerätes leuchtet so lange, bis der Ladevorgang abgeschlossen ist.*

Im Winter, bei Minustemperaturen, sollten Sie den Akku am Körper transportieren. Am besten nehmen Sie die α700 komplett unter Ihre Jacke und holen sie nur zum Fotografieren heraus. Liegt der Akku bzw. die α700 in der prallen Sonne, können Temperaturen entstehen, die im Akku chemische Reaktionen auslösen, was zu dauerhaften Schäden führen kann.

Hochformathandgriff für mehr Akku-Power

Für die intensive Nutzung der α700 bietet Sony einen Hochformathandgriff an. Mit diesem können

Sie dann zwei Akkus gleichzeitig an der α700 einsetzen. Zuerst wird hierbei immer der schwächere Akku entladen und dann erst der zweite. Somit haben Sie die Möglichkeit, den dann entladenen Akku aufzuladen und mit dem zweiten weiter zu fotografieren. In Kapitel 9.8 werden der Hochformatgriff und seine weiteren Vorteile vorgestellt.

Akkus von Drittanbietern

Immer wieder hört man von Billig-Akkus oder günstigsten Plagiaten, die u. a. im Internet angeboten werden. Hier wird häufig aus Kostengründen auf bestimmte Schutzmechanismen wie den Überspannungs- und den Kurzschlussschutz verzichtet. Überhitzungen und sogar das Austreten von Säure – mit entsprechenden Folgeschäden – könnten die Konsequenz sein. Hier ist also höchste Vorsicht geboten. Nicht wenige dieser Akkus sind gefährlich.

Des Weiteren ist es die Frage, ob die Kapazitätsangaben, meist höher als die Originalkapazität, wirklich realistische Werte sind. Auch wurde in unterschiedlichen Foren berichtet, dass Fremd-Akkus nach wenigen Lade- und Entladezyklen sehr viel weniger Energie lieferten oder gar ganz den Dienst quittierten, was auf eine sehr schlechte Zyklenfestigkeit schließen lässt. Andererseits können kompatible Akkus von seriösen Herstellern durchaus mit dem Original zumindest mithalten. In diesem Zusammenhang kann z. B. die Firma Ansmann genannt werden.

Zweifacher Staubschutz

Staub auf dem Sensor ist ärgerlich. Gerade wenn Sie stark abblenden und homogene Flächen foto-

▲ *Sonys Antistaubsystem soll unschöne Flecken durch Staub auf dem Sensor verhindern oder zumindest die Wahrscheinlichkeit, dass sich Staub auf den Sensor setzt, verringern.*

grafieren, zeigen sich auf den Aufnahmen Flecken, die durch Staub auf dem Sensor hervorgerufen werden. Sony geht mit einem zweifachen System gegen diesen Staub vor.

Zum einen befindet sich vor dem Sensor ein Tiefpassfilter, der statisch geladen ist und dafür sorgt, dass Staub abgestoßen wird. Zum anderen nutzt Sony die schwingende Aufhängung des Bildsensors, um nach jedem Ausschalten der Kamera mittels hochfrequenter Schwingungen den Staub abzuschütteln.

Stützbatterie für Echtzeituhr

Als Stützbatterie für die Echtzeituhr hat Sony eine Lithium-Zelle (BT901) verbaut. Diese kann nur durch den Service gewechselt werden.

In diesem Zusammenhang muss auch gleichzeitig der Batteriehalter BH3001 gewechselt werden.

▲ *Die Stützbatterie für die Echtzeituhr der α700 sitzt direkt hinter der hinteren Gehäusewand. Diese sollten Sie nur durch eine autorisierte Fachwerkstatt wechseln lassen.*

Funktionseinheiten der Alpha 700 - vorn

▲ *Abbildung mit freundlicher Genehmigung von Sony.*

1 Optisches Glaspentaprisma: Es sorgt dafür, dass das Bild seitenrichtig und aufrecht stehend in den Sucher eingespiegelt wird.

2 Exmor-CMOS-Sensor: 12,2 Megapixel sorgen für detailreiche Aufnahmen, mit 4.272 x 2.848 Pixeln.

3 Super SteadyShot: Der interne Bildstabilisator sorgt für 2,5 bis 4 Blenden Gewinn, wenn es um verwacklungsfreie Aufnahmen geht.

4 Schwingspiegel: teildurchlässiger Spiegel, der einen Teil des Lichts für die Fokussierung und die Belichtung und den anderen Teil für das Motiv auf der Mattscheibe liefert. Während der Belichtungszeit wird der Spiegel nach oben geklappt.

5 Verschlussmotor: Er sorgt für die richtige Öffnungszeit des Verschlusses und für die hohe Serienbildgeschwindigkeit von 5 Bildern/Sekunde.

6 Bewegungssensor: Er arbeitet im Zusammenhang mit dem Super SteadyShot.

Funktionseinheiten der Alpha 700 - hinten

▲ *Abbildung mit freundlicher Genehmigung von Sony.*

7 BIONZ-Bildprozessor: Er ist verantwortlich für die Bildverarbeitung. Kompression, Weißabgleich, Schärfung, Tonwertkorrektur sind nur einige seiner Aufgaben.

8 Doppelkartenslot: zur parallelen Aufnahme von CompactFlash- und Memory Stick Duo-Speicherkarten.

9 Batterie: Lithium-Batterie zur Energiebereitstellung für die Echtzeituhr. Diese ist nur durch den Service wechselbar.

1.3 Was leisten die Kit-Objektive?

An dieser Stelle soll kurz auf die Qualität der Kit-Objektive eingegangen werden. Sony liefert die α700 in drei unterschiedlichen Bundles aus: zusammen mit dem AF F3,5-5,6/18-70, dem AF F3,5-5,6/16-105 und dem Zeiss-Objektiv AF F3,5-4,5/16-80 - allesamt DT-Objektive, die nur an einer Kamera mit APS-C-Chipgröße wie der α700 arbeiten. Der Einsatz im Analogbereich sowie an eventuell zukünftig produzierten Vollformatkameras ist nur eingeschränkt - bei starker Randabschattung - möglich.

Sony DT 3,5-5,6/18-70mm Makro

Das günstigste Kit-Set der α700 wird mit dem Sony-Objektiv DT 3,5-5,6/18-70 Makro angeboten. Aufseiten von Sony wurde natürlich darauf Wert gelegt, möglichst günstige Allround-Objektive mit der α700 im Set ausliefern zu können.

▲ *Kit-Objektiv DT 3,5-5,6/18-70 - ein für den Preis gutes Objektiv in der Abbildungsleistung.*

Das Objektiv deckt einen Brennweitenbereich bezogen auf das Kleinbildformat von 27 bis 105 mm ab und kann damit als Allrounder oder „Immer-drauf-Objektiv" bezeichnet werden. Vom Weitwinkel bis in den leichten Telebereich sind Sie hiermit bestens ausgerüstet. Selbst eingeschränkte Makrofähigkeiten besitzt dieses Objektiv. Sie können an das Objekt der Begierde bis zu 38 cm herangehen, was dann einen Abbildungsmaßstab von 1:4 ergibt.

Natürlich wird niemand für den sehr günstigen Preis des Objektivs ein Hochleistungsgerät erwarten, aber die Leistung des Objektivs kann sich durchaus sehen lassen. Bereits ein Abblenden von Blende F3.5 auf F4 bringt sehr ordentliche Ergebnisse. Bei 18 mm Brennweite zeigt sich eine leicht tonnenförmige Verzeichnung, die ab 35 mm so gut wie nicht mehr vorhanden ist. Im Bereich von 35 bis 70 mm ist das Objektiv sogar bei Blende F3.5 uneingeschränkt zu empfehlen. Die Verarbeitung und die mechanischen Eigenschaften konnten gegenüber der Vorgängerversion verbessert werden.

Sony DT 3,5-5,6/16-105

Einen größeren Brennweitenspielraum erschließen Sie sich mit dem Sony DT 3,5-5,6/16-105. Der Bildwinkel bezogen auf das Kleinbildformat beträgt hier 24 – 157 mm.

▲ *Kit-Objektiv Sony DT 3,5-5,6/16-105.*

Allerdings muss dieser Komfort auch erkauft werden. Etwa 400 Euro mehr müssen Sie hier investieren. Die Frage ist, ob sich der Mehrpreis lohnt. Ist Ihnen der größere Brennweitenbereich wichtig, um z. B. extreme Weitwinkelaufnahmen anzufertigen und bis in den leichten Telebereich vorzudringen, kann das Objektiv sicher empfohlen werden. Von der optischen Leistung her ist das Objektiv mit dem günstigen DT 3,5-5,6/18-70 in etwa vergleichbar. Die Randabdunklung fällt allerdings recht hoch aus und auch die Verzeichnung ist stärker. Beim Auflösungsvermögen hingegen schneidet das DT 3,5-5,6/16-105 insgesamt gesehen etwas besser ab. Auch bei der Verarbeitungsqualität verzeichnet das DT 3,5-5,6/16-105 Vorteile.

▲ *Kit-Objektiv Vario-Sonnar DT 3,5-4,5/16-80.*

Sony/Carl Zeiss Vario-Sonnar DT 3,5-4,5/16-80

Noch einmal 300 Euro müssen Sie mehr investieren, wollen Sie Zeiss-Qualität Ihr Eigen nennen. Das Zeiss-Objektiv hat gegenüber den beiden anderen Kit-Objektiven eindeutig die Nase vorn. In Teildis-

▼ *Diese Aufnahme entstand mit dem DT 3,5-4,5/16-80 bei 50 mm Brennweite und Blende 9. Die Belichtungszeit betrug 1/320 Sekunde.*

ziplinen kommt mal das eine und mal das andere an das Zeiss heran. Insgesamt ist es aber doch das bessere Allround-Objektiv, was indessen auch seinen Preis hat. Konstruktionsbedingt werden Sie im Weitwinkelbereich bei 16 mm eine tonnenförmige Verzeichnung feststellen. Auch die Randabdunklung ist hier verhältnismäßig stark ausgeprägt. In den weiteren Brennweitenbereichen ist die Verzeichnung hingegen kaum merklich. Das Gleiche gilt für die Randabdunklung.

Für maximale Leistung blenden Sie hier wenn möglich auf Blende 8 ab. Die Leistung im Bereich Schärfe kann als sehr gut für ein Zoomobjektiv gewertet werden - insgesamt natürlich nicht ganz Festbrennweitenqualität, aber recht nah dran.

1.4 Wichtige Bedienelemente kurz erklärt

Zu den wichtigsten Bedienelementen gehören das Quick-Navi-System mit der Funktionstaste Fn, das Moduswahlrad, die Einstellräder, der Multiwahlschalter und natürlich der Auslöseknopf.

▲ *Wichtige Bedienelemente der α700, Rückansicht.*

Quick Navi

Der innovative Schnellzugriff nach Betätigen der Funktionstaste Fn auf dem Display hilft uns Fotografen dabei, die Kamera noch einfacher zu bedienen. Ein weiteres Funktionswahlrad konnte damit entfallen und die Wahl der Funktionen ist intuitiv möglich.

▲ *Nach Betätigen der Fn-Taste wird das Quick Navi aktiviert. Mit dem Multiwahlschalter können Sie dann das entsprechende Feld auswählen und verändern. Alternativ können auch die beiden Einstellräder verwendet werden.*

Einstellungsmöglichkeiten, die nicht per Quick Navi einstellbar sind, wie die Speicherkartenwahl oder Blende und Verschlusszeit, sind nach Drücken der Fn-Taste grau dargestellt. Nutzen Sie die vergrößerte Anzeige, die über die Taste DISP erreichbar ist, stehen weitere Funktionen nicht zur Verfügung. Dies ist einfach dadurch begründet, dass hier der Platz fehlt und ein Scrollen des Display-Bildes nicht vorgesehen ist.

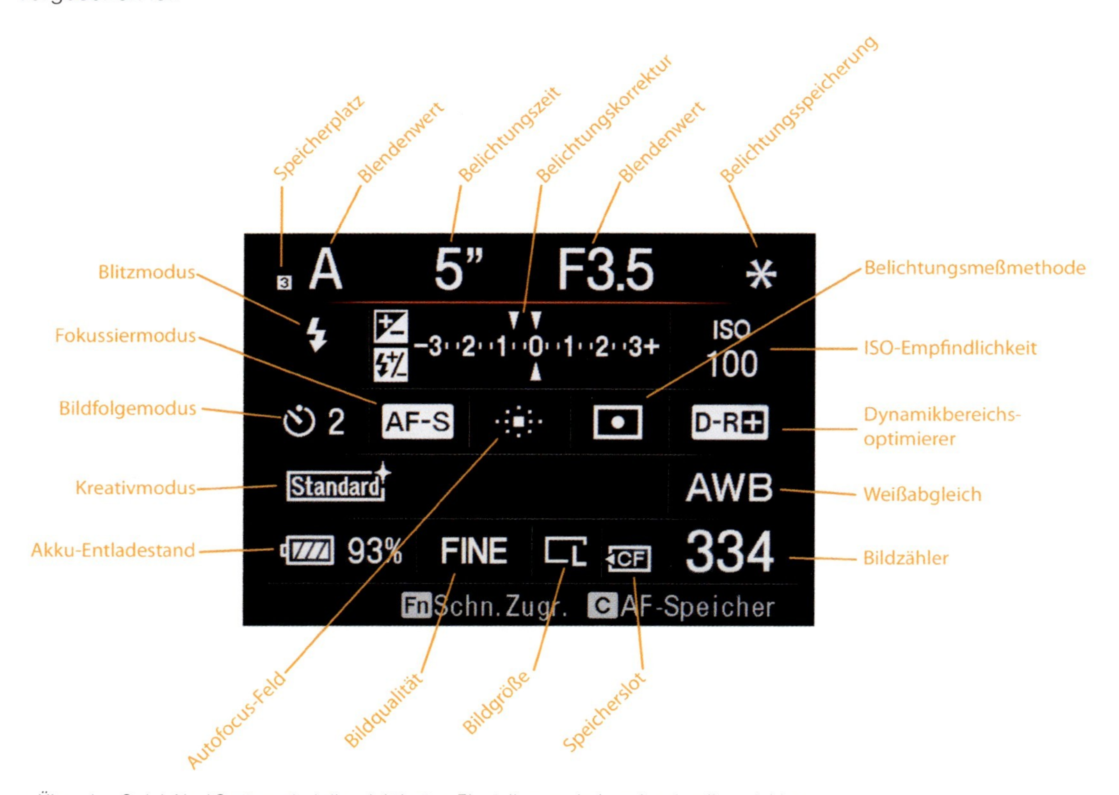

▲ *Über das Quick-Navi-System sind die wichtigsten Einstellungen jederzeit schnell erreichbar.*

Moduswahlrad

Nicht über das Quick Navi erreichbar sind die Optionen des Moduswahlrads. Bevor Sie mit dem Fotografieren beginnen, prüfen Sie hier den eingestellten Modus.

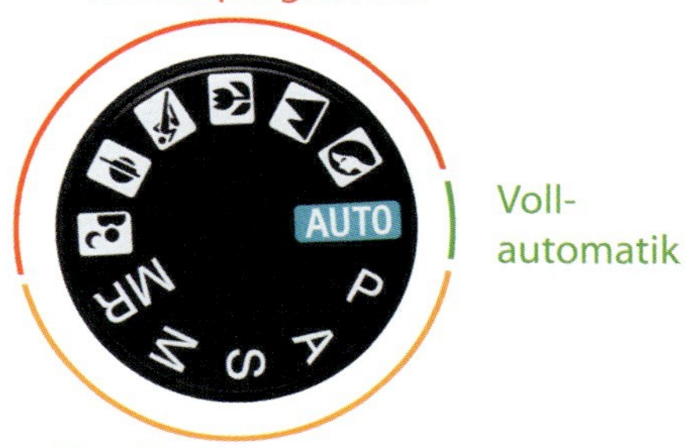

Über das Moduswahlrad sind die Vollautomatik-, die Kreativ- sowie die sechs Szenenwahlprogramme wählbar. Die Option MR dient der Speicherung von bis zu drei selbst definierten Einstellungen an der α700. Die Vollautomatik sowie die Szenenprogramme sind vorrangig für α-Fotografieanfänger oder sehr spontane Aufnahmegelegenheiten gedacht. Der Umstieg auf die Kreativprogramme kann sich für Sie aber lohnen. Es bedarf zwar etwas Einarbeitungszeit, aber die Mühe wird sich bezahlt machen. Anspruchsvolle Aufnahmen mit maximaler Einflussnahme durch den Fotografen werden erst so möglich.

Die Einstellräder

Wie es sich für eine semiprofessionelle Kamera gehört, besitzt nun auch die α700 zwei Einstellräder.

Die Einstellräder dienen der Verstellung der Blende bzw. der Belichtungszeit, abhängig vom gewählten Programm. Wenn im Blendenprioritätsmodus gearbeitet wird, dann stellt hier das hintere bzw. das vordere Funktionsrad wohl das meistgenutzte Bedienelement dar, um die Blende entsprechend den Wünschen des Fotografen einzustellen.

Zusätzlich können Sie die Einstellräder auch in den Menüs zur Links- bzw. Rechtsauswahl, je nach Drehrichtung, benutzen.

Der Multiwahlschalter

Der Multiwahlschalter dient vorrangig der Steuerung bzw. der Bewegung in den Menüs.

▲ *Bedienelemente der α700, Vorderseite.*

Die Mitteltaste dient der Bestätigung der gewählten Einstellung, sollten Sie sich in einem Auswahlpunkt befinden. Außerdem kann mit ihr im Aufnahmemodus der Spot-Autofokus gewählt werden. Dieser ist aktiv, solange die Taste gedrückt bleibt. Die α700 schaltet in diesem Fall den Autofokusmodus S hinzu, wenn man sich im Modus C oder A befindet.

Im Wiedergabemodus können Sie neben den Einstellrädern auch den Multiwahlschalter dazu nutzen, von einem Bild zum anderen zu wechseln.

1.5 Tipps und Tricks zu optimalen Einstellungen

Die α700 ist bereits im Auslieferungszustand für viele Einsatzzwecke richtig voreingestellt und somit sofort einsetzbar. Alle notwendigen Schritte zum Bereitmachen der Kamera erfahren Sie in der mitgelieferten Bedienungsanleitung „Bitte zuerst lesen". Einen Überblick über die momentanen Einstellungen können Sie sich verschaffen, indem Sie die Menü-Taste drücken und dann durch Benutzen des Multiwahlschalters die einzelnen Menüs anwählen. Die meisten Einstellungen sind aber jederzeit über das Display einzusehen.

Sprachwahl

Es kann in Einzelfällen vorkommen, dass die Kamera mit einer anderen Spracheinstellung als Deutsch ausgeliefert wurde. In diesem Fall gehen Sie wie folgt vor:

▲ *Menü zur Sprachwahl.*

Wählen Sie das Menü über die Menü-Taste und springen Sie dann mittels Multiwahlschalters zum Einstellungsmenü (1). Im Unterpunkt *Sprache* können Sie nun die entsprechende Auswahl treffen.

Bevormundung abschalten

Eine sinnvolle Funktion ist sicher auch die Möglichkeit, die Kamera erst auslösen zu lassen, wenn der Autofokus die Schärfe bestätigen kann.

▲ *Unter diesem Menüpunkt kann man die Bevormundung zur Auslösung abschalten.*

Viele Fotografen möchten aber selbst entscheiden, wann die Kamera auslöst. Denn nicht immer muss ein scharfer Fokus gewünscht sein. Gerade in der Actionfotografie sind meist Bilderserien notwendig, die aber mit der Standardeinstellung nur eingeschränkt möglich wären. Die Kamera würde jedes Mal abwarten, bis die Schärfe bestätigt wird, und erst dann auslösen. Im Extremfall wird die Schärfe – aufgrund der schnellen Bewegung des Motivs – zu keiner Zeit durch die Kamera bestätigt und Sie stehen ohne Bilder da.

Bei Fremdobjektiven Vorblitz-TTL einstellen

Besitzen Sie das Objektiv eines Fremdherstellers (ausgenommen Minolta bzw. Konica Minolta) und handelt es sich um ein Objektiv ohne die Kennzeichnung D, sollten Sie im Aufnahmemenü (2) unter *Blitzkontrolle* von *ADI-Blitz* auf *Vorblitz-TTL* umschalten. Benutzen Sie den internen oder auch einen externen Blitz, kann es sonst zu Fehlbelichtungen, meist Unterbelichtungen, kommen.

▲ *Bei Fremdobjektiven ohne D-Funktion sollte im Blitzmodus Vorblitz-TTL eingestellt werden.*

Wenn die Signaltöne stören

In der Standardeinstellung quittiert die α700 einige Funktionen mit einem Signalton. Zum einen wirkt dies sehr unprofessionell und zum anderen stört es auch in vielen Situationen, zum Beispiel in der Konzert- oder Tierfotografie. Über das Einstellungsmenü (3) lässt sich der Signalton jedoch leicht abschalten. Eine Bestätigung, dass der Autofokus die Schärfe gefunden hat, erhalten Sie weiterhin durch ein kurzes Aufleuchten des entsprechenden Messfelds und über die leuchtende Fokusanzeige im Sucher.

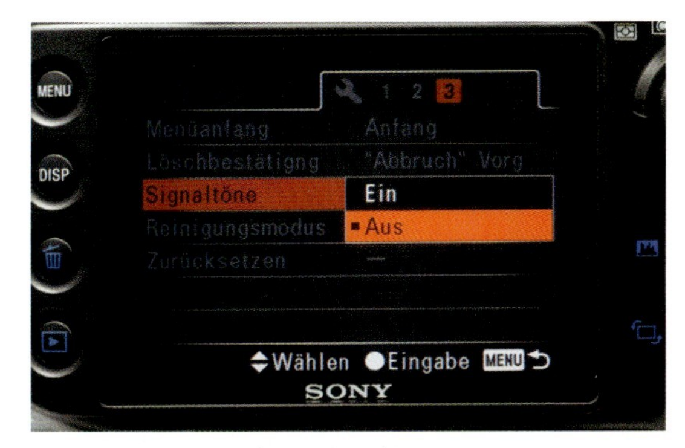

▲ *Menü zum Abschalten des Signaltons.*

ISO-Einstellung optimieren

Von Haus aus ist die α700 auf Auto-ISO eingestellt, d. h., sie wählt je nach eingestelltem Programm ISO-Werte zwischen ISO 200 und 800.

Da das Rauschen mit dem ISO-Wert steigt, sollten Sie die Einstellung nicht unbedingt der Kamera überlassen. Die α700 tendiert zwar zur Wahl eines möglichst geringen ISO-Wertes, jede Situation kann sie aber nicht vorausahnen und so den ISO-Wert optimieren. Das sollte der Fotograf selbst vornehmen.

Die Einstellung des ISO-Wertes erreicht man über die ISO-Taste auf dem Gehäuse der α700. Hier stellen Sie zunächst einen ISO-Wert von ISO 200 ein und passen ihn wenn nötig den Bedingungen an.

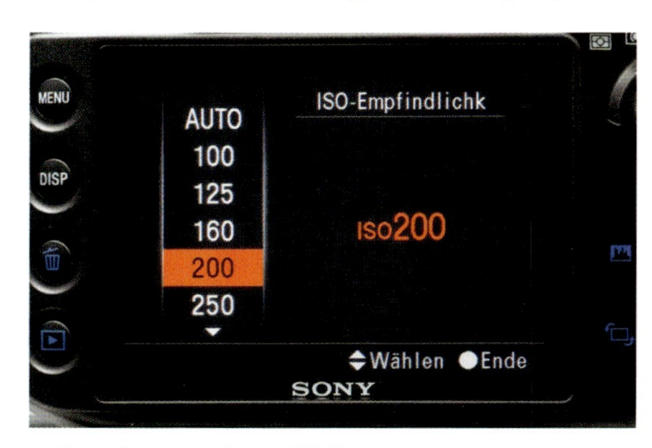

▲ *Einstellungsmenü zum ISO-Wert.*

Die α700 erreicht bei ISO 200 ihr Maximum an Dynamikumfang. Bei leicht gemindertem Dynamikumfang können Sie das Rauschen nochmals etwas reduzieren, wenn Sie ISO 100 wählen. Mehr zum ISO-Wert erfahren Sie ab Seite 135.

Grundeinstellungen gezielt zurücksetzen

Die α700 bietet mehrere Möglichkeiten, Einstellungen gezielt zurückzusetzen:

- bei Umschaltung in den Automatikmodus
- bei Szenenwahl
- bei Rückstellung der Aufnahmefunktionen im Aufnahmemenü
- bei Rückstellung der Benutzereingaben im Benutzermenü
- bei Rückstellung der Kamerahauptfunktionen im Einstellungsmenü

Umschalten in den Automatikmodus

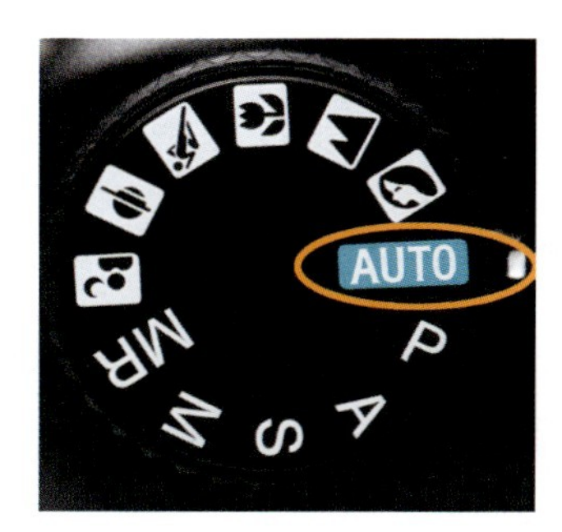

Vorgenommene Änderungen werden teilweise beim Umschalten in den Automatikmodus zurückgesetzt. Wichtig zu erwähnen ist hier die Umschaltung auf Auto-ISO, die Wahl des großen Autofokusmessfelds und der Mehrfeldmessung sowie die Rückschaltung auf Einzelbildmodus.

Die Blitzkontrolle wird auf ADI-Messung zurückgesetzt (siehe hierzu den Abschnitt „Bei Fremdobjektiven Vorblitz-TTL einstellen" weiter oben).

Umschalten auf Szenenwahl

Wählen Sie eines der sechs Szenenprogramme der α700, stellt die α700 passend zu den einzelnen Programmen Einstellungen um. Die Umstellungen ähneln der Umschaltung auf den Automatikmodus. Jedes Szenenprogramm besitzt aber auch einige individuelle Einstellungen.

Beispielsweise wird im Sportaktionsmodus auf Serienbild und AF-C geschaltet. Im Makromodus hingegen wird der AF-S gewählt. Der Autofokusbereich wird auf das große Autofokusmessfeld geändert und die Mehrfeldmessung wird aktiviert.

Rückstellung der Aufnahmefunktionen

Speziell für die Rückstellung der Aufnahmefunktionen, die über das Funktionsrad erreichbar sind, wurde diese Funktion entwickelt. Die Einstellungen werden wie folgt zurückgesetzt:

- Auto-ISO
- Automatischer Weißabgleich (AWB)
- Weißabgleich-Festwert wird auf Tageslicht +/-0 eingestellt.
- Farbtemperatur/CC-Filter wird auf 5.500 Kelvin und +/-0 CC-Filter eingestellt.
- DRO wird auf Standard gesetzt.
- Kontrast/Schärfe/Sättigung werden auf 0 gesetzt.
- Der Blitzmodus schaltet auf Blitzautomatik und +/-0 für die Blitzbelichtungskorrektur.
- Die Mehrfeldmessung wird eingeschaltet.
- Der Bildfolgemodus wird auf Einzelbild geschaltet.
- Die Belichtungskorrektur wird auf 0 gesetzt.
- Die Taste C erhält die Funktion Kreativmodus.
- ISO-Auto min. wird auf ISO 200 und ISO-Auto max. auf ISO 800 gesetzt.
- Die Langzeitrauschunterdrückung wird aktiviert und die zusätzliche Rauschminderung für ISO-Werte ab 1600 wird auf Normal gesetzt.
- Das AF-Hilfslicht wird aktiviert.
- Die Qualität verändert sich auf Fein und die Bildgröße auf 12M. Das Seitenverhältnis wird auf 3:2 gesetzt.

Rückstellen des Benutzermenüs

Auch das Benutzermenü können Sie auf die Grundwerte zurücksetzen:

- Die Rote-Augen-Reduzierung wird abgeschaltet.
- Die Belichtungskorrektureinstellung wird auf *Umlicht & Blitz* gestellt.
- Die Reihenfolge für Reihenaufnahmen wird auf *0 → - → +* festgelegt.
- Die Bildkontrolle wird für 2 Sekunden aktiviert.
- Die Display-Abschaltung, wenn Sie durch den Sucher schauen, wird aktiviert.
- Die Display-Informationen drehen sich automatisch mit, wenn Sie im Hochformat arbeiten.
- Ebenfalls wird, wenn Sie im Hochformat arbeiten, die Information im Bild gespeichert, dass das

Bild am PC automatisch gedreht wird, sobald Sie es betrachten.

Zurücksetzen sämtlicher Hauptfunktionen

Noch weiter geht der Reset im Einstellungsmenü. Benutzen Sie diese Funktion, werden fast alle Einstellungsmöglichkeiten auf die Vorgabewerte zurückgesetzt. Verschont bleiben hier nur die vorgenommenen Veränderungen in den Optionen:

- **D**igital **P**rint **O**rder **F**ormat (DPOF)
- Wahl des Videoausgangs
- Datum und Zeiteinstellungen
- Wahl des Standardordners für die Bilddateispeicherung
- Speicherkartenwahl

Dateinamen und Ordner

Möchten Sie Ihre Aufnahmen nach einem eigenen System strukturiert speichern lassen, besitzt die α700 hierfür zwei Optionen.

Zunächst kann im Einstellungsmenü (2) gewählt werden, ob der Dateiname fortlaufend nummeriert werden soll, auch wenn die Speicherkarte bzw. der Speicherordner gewechselt wurde, oder ob jeweils die Nummerierung neu beginnen soll.

Im Normalfall ist eine Neunummerierung wenig sinnvoll, da es sonst zu Speicherkonflikten beim Übertragen der Dateien auf den Computer kommen kann, wenn der Dateiname bereits vorhanden ist.

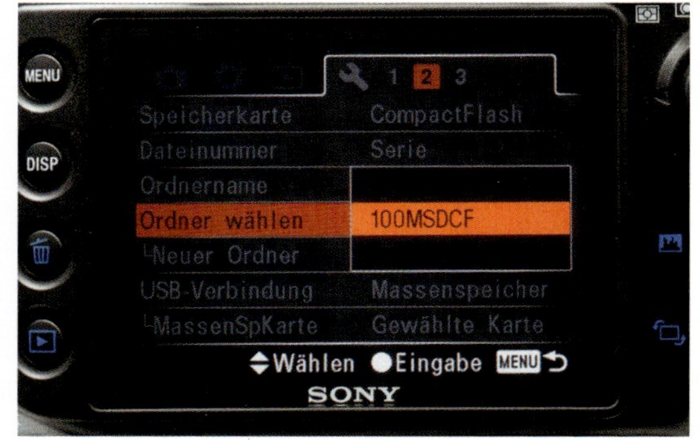

▲ *Sind mehrere Ordner angelegt worden, können Sie hier eine Auswahl treffen.*

Für die Ordner stehen zwei Optionen zur Wahl. Im Normalfall wird immer derselbe Ordner zum Abspeichern der Bilder gewählt. Über die Option *Ordnername* haben Sie aber die Möglichkeit, einen Datumsordner zu wählen.

Für jeden Tag, an dem Aufnahmen mit der α700 gemacht werden, wird ein separater Ordner eingerichtet, in den die Dateien entsprechend einsortiert werden. Da das Datum zu jedem Bild mitgespeichert wird und die gängigen Bildbearbeitungsprogramme die Sortierung nach Datum erlauben, kann auch hierauf in den meisten Fällen verzichtet werden.

Zusätzlich kann über die Option *Neuer Ordner* ein neuer Ordner angelegt werden. Dabei wird die Nummer im Ordnernamen um eins höher gesetzt als beim vorhergehenden Ordner. Über *Ordner wählen* kann dieser Ordner dann zum Speichern gewählt werden.

1.6 Tipps zu ausgewählten Individualfunktionen der α700

Die Struktur zur Bedienung der α700 lässt sich sehr einfach und intuitiv erfassen. Schon nach recht kurzer Zeit ist man mit den wichtigsten Funktionen vertraut. Zudem lässt sich die α700 an die Belange des Fotografen anpassen. Hierfür stehen unter anderem drei Benutzermenüs zur Verfügung. Im Folgenden geht es um ein paar Empfehlungen, die die Bedienung noch weiter erleichtern können.

Aufnahmemenü (2), Blitzkontrolle

Grundsätzlich kann die Standardoption *ADI-Blitz* beibehalten werden. Erhält man aber unter- oder überbelichtete Bilder durch Nutzung älterer Fremdobjektive, sollte auf *Vorblitz-TTL* umgeschaltet werden. Bei älteren Minolta- bzw. Konica Minolta-Objektiven und dem Zwillings- bzw. Ringblitz wird automatisch auf *Vorblitz-TTL* umgeschaltet.

Einstellung	Wirkung
ADI-Blitz	Die Entfernung zum Motiv wird in die Blitzlichtberechnung einbezogen. Ein sehr ausgewogenes Belichtungsergebnis kann erwartet werden.
Vorblitz-TTL	Die Berechnung der Blitzlichtmenge erfolgt ohne Einbeziehung der Entfernung zum Motiv. Zum Beispiel kann es bei stark reflektierenden Flächen zu Fehlbelichtungen kommen.
Manuell Blitz	Sie können die Blitzleistung selbst bestimmen. Wählen Sie diese im Menüpunkt *Blitzstufe*. Mit externen Blitzgeräten und bei Blitzautomatik steht der Menüpunkt nicht zur Verfügung.

Sollten Bouncer oder Streuscheiben eingesetzt werden, schaltet man ebenfalls auf *Vorblitz-TTL*. Das Gleiche gilt für belichtungszeitverlängernde Filter und Nahlinsen. Bei der Einstellung für den Blitz gibt es eine kleine Einschränkung. Und zwar kann bei Nutzung eines externen Blitzgerätes die Option *Manuell Blitz* nicht gewählt werden. Es ist nicht ganz klar, warum dies von Sony so vorgegeben wurde. Zumindest am großen Blitz, dem HVL-F56AM, können Sie trotzdem die Blitzleistung manuell einstellen.

Aufnahmemenü (3), AF-Hilfslicht

Die α700 besitzt zur Unterstützung des Autofokus die Möglichkeit, ein integriertes Hilfslicht zu nutzen. Hierbei wird ein rotes Muster auf das Motiv projiziert. Haben Sie einen externen Blitz auf dem Blitzschuh der α700, wird dessen Hilfslicht eingeschaltet.

Ist diese Unterstützung nicht gewünscht, kann sie abgeschaltet werden.

Einstellung	Wirkung
Ein	Das Hilfslicht wird über den internen Blitz bereitgestellt. Ist ein externer Blitz vorhanden, wird das Hilfslicht dieses Blitzes genutzt.
Aus	Das Hilfslicht wird nicht genutzt.

Langzeit-RM

Um das Rauschen bei längeren Belichtungszeiten als 1 Sekunde zu vermindern, nimmt die α700 zusätzlich ein Dunkelbild gleicher Belichtungszeit auf. Softwaretechnisch wird dieses Bild dann vom tatsächlichen Bild abgezogen. Diese Einstellung ist recht effektiv und sollte in den meisten Fällen beibehalten werden. Ausnahmen werden in Kapitel 3 näher betrachtet. Darauf achten sollten Sie in dem Zusammenhang, dass im Menü *Bildfolge* nicht die Serienbild- bzw. Serienreihenaufnahmefunktion ausgewählt wurde, da hier die Rauschminderung inaktiv ist.

Einstellung	Wirkung
Ein	Die Rauschminderung ist ab 1 Sekunde Belichtungszeit aktiv.
Aus	Rauschminderung inaktiv.

Hohe ISO-RM

Sony hat an der α700 eine zusätzliche Rauschminderung eingeführt. Ab ISO 1600 wird das Rauschen schon recht auffällig. Hier greift die neue Rauschminderung, die auch auf RAW- bzw. cRAW-Dateien wirkt.

Beachten Sie, dass, wenn Sie die Option *Hoch* wählen, die Serienbildgeschwindigkeit merklich sinkt. Es sind dann nur noch etwa 3,5 Bilder/Sekunde möglich.

Einstellung	Wirkung
Hoch	Stärkste Rauschminderung. Eingeschränkte Serienbildgeschwindigkeit bei max. 3,5 Bildern/Sekunde.
Normal	Rauschminderung gemäßigt.
Niedrig	Rauschminderung greift am schwächsten ein.

ISO-Wert stets überprüfen

Vor jeder Kameranutzung empfiehlt sich die Überprüfung des eingestellten ISO-Wertes. Hat man bei der letzten Fototour eventuell einen sehr hohen ISO-Wert wie ISO 800 oder 1600 eingestellt, weil die Lichtbedingungen keine niedrigen Werte zuließen, würde man sich nun vielleicht ärgern. Denn falls mehr Licht zur Verfügung steht, reichen kleine ISO-Werte aus, was das Bildrauschen verringert.

Benutzermenü (1), Eye-Start-AF

In der Standardeinstellung wird, sobald Sie durch den Sucher sehen, der Autofokus aktiviert. Das gilt natürlich nur, wenn eine Autofokusbetriebsart gewählt wurde. Im manuellen Fokusbetrieb hat die Eye-Start-Automatik nur die Funktion, die Belichtungszeit- bzw. Blendeneinstellung zu aktivieren. Gleiches können Sie aber auch durch halbes Durchdrücken des Auslösers erreichen.

Wenn Sie Ihre α700 mit dem Tragegurt um den Hals haben, fokussiert die α700 permanent – bei eingestellter Funktion. Richtig sinnvoll ist diese Funktion erst mit einem Griffsensor. Denn dann beginnt die Kamera erst zu arbeiten, wenn sie Aktivität vor dem Sucher feststellt und gleichzeitig die Kamera in der Hand gehalten wird. Leider musste Sony den Griffsensor für die europäische Produktion weglassen, da er aus nickelhaltigem Metall bestand. Nickel kann zu Unverträglichkeiten mit der Haut führen. Überlegen Sie also, ob Sie diese Funktion benötigen, denn sie verbraucht zusätzlich Strom.

▲ *Nur noch Attrappe. Der eigentliche Griffsensor ist nicht vorhanden.*

Einstellung	Wirkung
Ein	Die Kamera fokussiert, sobald sie Aktivität vor dem Sucher feststellt.
Aus	Die Automatik ist ohne Funktion.

AF-Rahmenanz.

Die Beleuchtung des jeweils scharf gestellten Messfelds ist standardmäßig auf 0,3 Sekunden gesetzt. Da dies doch recht kurz ist, wird hier empfohlen, die Einstellung auf 0,6 Sekunden zu erhöhen. Die Anzeige kann auch abgeschaltet werden. In diesem Fall werden weiterhin beim Betätigen des Multiwahlschalters die entsprechenden Messfelder beleuchtet.

Einstellung	Wirkung
0,6 s Anzeige	Das Messfeld erscheint 0,6 Sekunden in der Farbe Rot.
0,3 s Anzeige	Das Messfeld erscheint 0,3 Sekunden in der Farbe Rot.
Anzeige aus	Das scharf stellende Messfeld wird nur dann beleuchtet, wenn der Multiwahlschalter betätigt wird.

Benutzermenü (2), Ausl. O. Obj.

Die α700 besitzt eine Auslösesperre, falls kein Objektiv angesetzt wurde. Damit wird verhindert, dass der Sensor bei zufälligem Auslösen während des Objektivwechsels mit der Umgebung in Kontakt kommt. Dabei könnten sich Staubpartikel auf dem Sensor festsetzen.

In einigen Fällen kann es aber notwendig werden, diese Sperre aufzuheben, z. B. wenn Adapter zum Einsatz kommen, die die Datenübermittlung nicht unterstützen. Hat man die Sperre deaktiviert, können nun auch Teleskope oder Objektive in Umkehrstellung genutzt werden.

Einstellung	Wirkung
Aktivieren	Ist kein Objektiv an der α700 angeschlossen, wird das Auslösen verhindert.
Deaktivieren	Sobald der Auslöser voll durchgedrückt wird, löst die Kamera aus.

Benutzermenü (3), Sofortwiedergabe

Die Kamera ist so voreingestellt, dass nach der Aufnahme für 2 Sekunden das Bild auf dem Display erscheint. Um sich einen ersten Eindruck von der Aufnahme zu verschaffen, ist dies meist zu kurz. Es wird empfohlen, hier die maximal möglichen 10 Sekunden einzustellen. Unterbrochen werden kann die Anzeige ja jederzeit durch Antippen des Auslösers.

Trotz der Einstellung auf automatisches Drehen bei Hochformataufnahmen wird bei der Sofortwiedergabe das Bild nicht gedreht, was auch sinnvoll ist, da man die Kamera ja bereits im Hochformat hält und so die Aufnahme besser überprüfen kann.

Einstellung	Wirkung
10 Sekunden	Das Bild wird 10 Sekunden dargestellt.
5 Sekunden	Das Bild wird 5 Sekunden dargestellt.
2 Sekunden	Das Bild wird 2 Sekunden dargestellt.
Aus	Es erfolgt keine Sofortwiedergabe.

Während der Sofortwiedergabe kann durch Drücken der Papierkorb-Taste das Bild gleich wieder gelöscht werden.

Einstellungsmenü (1), LCD-Helligkeit

Je nach Umgebungshelligkeit kann es notwendig werden, die Helligkeit des LCD-Displays anzupassen. Im Normalfall kann man trotz des brillanten Displays die Helligkeit auf Maximum (+5) einstellen, um auch bei starkem Sonnenschein das Display gut ablesen zu können.

Nur im Dunkeln ist es notwendig, die Helligkeit zu reduzieren, da es sonst zu Blendungen kommen kann.

Um eine möglichst exakte Übereinstimmung mit den Bilddateien zu erhalten, wählen Sie den Wert -1 bis -2.

Strom sparen

Die α700 verfügt über eine sehr effiziente Stromsparfunktion. Diese schaltet die α700 nahezu komplett ab, sobald die eingestellte Zeit ohne Benutzung der α700 abgelaufen ist.

Vergessen Sie z. B. aus Versehen, die α700 über Nacht abzuschalten, wird sich der Akku über Nacht so gut wie nicht weiter entladen. Da die α700 sehr schnell wieder aus diesem Stand-by-Modus erwacht, kann der Standardwert von drei Minuten ruhig eingestellt bleiben.

Einstellung	Wirkung
30 Minuten	Die α700 schaltet nach 30 Minuten in den Stromsparmodus.
10 Minuten	Die α700 schaltet nach 10 Minuten in den Stromsparmodus.
5 Minuten	Die α700 schaltet nach 5 Minuten in den Stromsparmodus.
3 Minuten	Die α700 schaltet nach 3 Minuten in den Stromsparmodus.
1 Minute	Die α700 schaltet nach 1 Minute in den Stromsparmodus.

Einstellungsmenü (2), USB-Verbindung

Sollten Sie die Möglichkeit nutzen, die Datenübertragung per USB-Kabel direkt von der α700 zum Computer bzw. Drucker durchzuführen, müssen Sie zwei Optionen beachten.

Die Standardeinstellung *Massenspeicher* ist für das Kopieren der Bilddateien die richtige Einstellung. Die α700 verhält sich wie ein Wechseldatenträger und wird vom Computer als solcher erkannt.

Möchten Sie hingegen mit der α700 direkt auf einem PictBridge-kompatiblen Drucker ausdrucken, verwenden Sie die Einstellung *PTP*.

PictBridge

Bei PictBridge handelt es sich um einen Standard, der es erlaubt, direkt von der Kamera auf einem Drucker zu drucken. Der Standard existiert seit 2003 und ist herstellerunabhängig. Der Umweg über den Computer und die Bildbearbeitung bzw. -verwaltung ist hier nicht notwendig. Unter *http://www.cipa.jp/pictbridge/* kann eine Liste mit kompatiblen Druckermodellen eingesehen werden.

Zu beachten ist allerdings, dass RAW-Dateien nicht ausgedruckt werden können.

Möchten Sie die Direktsteuersoftware Remote Camera Control verwenden, stellen Sie die dritte Option *Remote PC* ein. Diese sorgt dafür, dass Sie die α700 bequem vom eigenen PC aus bedienen und auslösen können.

Einstellung	Wirkung
Mass Storage	Modus zum Kopieren der Bilddateien auf den Computer per USB-Kabel. Auch wichtig bei der Durchführung eines Updates.
PTP	Einstellung zum direkten Drucken auf einem PictBridge-kompatiblen Drucker.
Remote PC	Diese Einstellung benötigen Sie, um die Verbindung mit der beiliegenden Software Remote Camera Control herzustellen.

MassenSpKarte

Da Sie an der α700 zwei Speicherkartenslots nutzen können, ist diese Option wichtig. Wenn Sie also beide Kartenslots öfter parallel verwenden und auf beiden Karten Bilddateien speichern, stellen Sie *Beide Karten* ein.

Einen Sinn ergibt die Option aber nur, wenn Sie die USB-Verbindung mit der α700 nutzen. Beide Karten werden nun als getrennte Laufwerke auf dem PC angezeigt. Mit der Option *Gewählte Karte* wird nur die momentan an der α700 eingestellte Karte auf dem PC dargestellt.

Einstellung	Wirkung
Beide Karten	Am PC werden beide eingelegten Speicherkarten angezeigt.
Gewählte Karte	Es wird nur die momentan aktive Speicherkarte am PC angezeigt.

Einstellungsmenü (3), Menüanfang

Das Menüsystem der α700 ist mit seinen 13 Untermenüs doch recht umfangreich ausgefallen. Und gerade wenn man viel mit der Kamera experimentiert oder oft ein bestimmtes Menü wählt, kann die Option *Zurück* von Vorteil sein.

Einstellung	Wirkung
Anfang	Nach Betätigen der Menü-Taste zeigt die α700 immer den Anfangsmenüpunkt (Einstellungsmenü (1) bzw. das Wiedergabemenü (1)) an.
Zurück	Beim Betätigen der Menü-Taste erscheint der zuvor genutzte Menüpunkt.

1.7 Oft genutzte Einstellungen speichern

Die α700 bietet Ihnen drei Speicherplätze (Register) zur Ablage individueller Einstellungen. Dies ist sehr praktisch – können Sie sich so doch sehr viel Arbeit ersparen und oft genutzte Konfigurationen jederzeit schnell wieder laden.

Definieren Sie sich z. B. einen Speicherplatz für Konzertaufnahmen, einen für Sport- und Actionaufnahmen und einen für Makroaufnahmen. Viele andere Einstellungsvarianten sind denkbar. Es liegt hier an Ihnen zu entscheiden, was Sie oft benötigen und wo Ihre Vorlieben sind. Aus insgesamt 28 Optionen können Sie sich eine eigene Zusammenstellung kreieren. Je nach Stellung des Moduswahlrads werden dabei sinnvollerweise teilweise unterschiedliche Werte gespeichert (z. B. im Blendenprioritätsmodus). Hier wird der Blendenwert mitgespeichert, wohingegen im Verschlusszeitenprioritätsmodus die Belichtungszeit gespeichert wird. Im manuellen Belichtungsmodus werden beide Werte gespeichert.

Belegung eines Speicherplatzes

Stellen Sie zunächst die α700 so ein, wie Sie es wünschen und wie Sie später die Kamera wieder nutzen möchten.

Drücken Sie im Aufnahmemodus die Menü-Taste.

3

Um die vorgenommenen Einstellungen einem der drei Speicherplätze zuzuordnen, wählen Sie im Aufnahmemenü (4) die Option *Speichern*.

Danach werden Sie nach dem Speicherplatz (Register) gefragt, den Sie für die momentanen Einstellungen nutzen möchten.

Wählen Sie hier mit dem Multiwahlschalter den entsprechenden Speicherplatz aus.

▲ *Wahl des Registers.*

Nachdem Sie durch Drücken des Multiwahlschalters den Vorgang quittiert haben, sind die Einstellungen nun im gewählten Register gespeichert und können jederzeit wieder abgerufen werden.

Abruf der Registerinformationen

Ist nun der Moment gekommen, in dem Sie die Einstellungen gern wieder nutzen möchten, stellen Sie das Moduswahlrad auf den Modus MR ein.

Die α700 fragt nun nach dem Registerplatz, der geladen werden soll.

▲ *Nachdem Sie den Moduswahlschalter auf MR gestellt haben, können Sie einen der drei Speicherplätze abrufen.*

Vorschläge für die Speicherbelegung

Nachfolgend sollen einige Empfehlungen für die Speicherplatzbelegung gegeben werden. Diese können natürlich individuell verändert werden. Auch müssen die Vorschläge nicht das Optimum in der jeweiligen Situation darstellen.

Sehen Sie sie mehr als Anhaltswerte. So werden Sie schnell zu guten Ergebnissen gelangen (siehe Bild auf der gegenüberliegenden Seite).

Empfehlung für Konzertfotografie

- Blendenprioritätsmodus, um die Blende vorwählen zu können
- Serienbildmodus
- Spot-Autofokusfeld
- Spotmesskreis
- ISO 800–3200
- RAW- oder cRAW-Format bzw. Fein-Format
- Super SteadyShot an

Empfehlung für Sportfotografie

- Verschlusszeitenprioritätsmodus, um die Belichtungszeit vorwählen zu können
- Serienbildmodus
- Großes Autofokusfeld
- Spotmesskreis (oder Mehrfeldmessung)
- ISO 400–1600
- RAW- oder cRAW-Format bzw. Fein-Format
- Super SteadyShot an

Empfehlung für Makrofotografie

- Blendenprioritätsmodus, um die Blende vorwählen zu können
- Einzelbildmodus
- Großes Autofokusfeld
- Integralmessung (oder Spotmesskreis)
- ISO 100–800
- RAW- oder cRAW-Format bzw. Fein-Format
- Super SteadyShot an (auf Stativ aus).

▾ *Drei Vorschläge zur Belegung der Register.*

Konzertfotografie

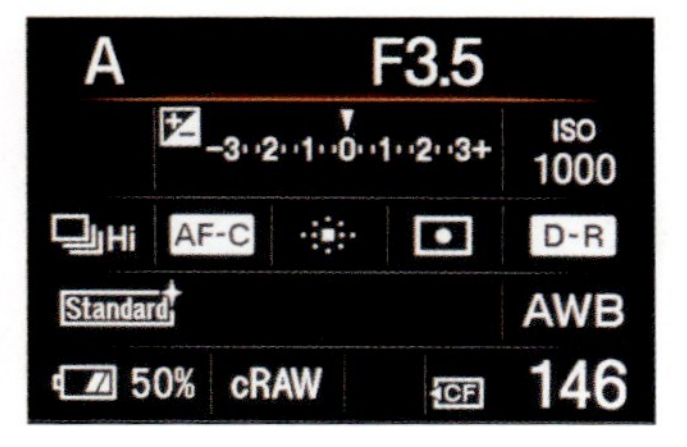

Sportfotografie

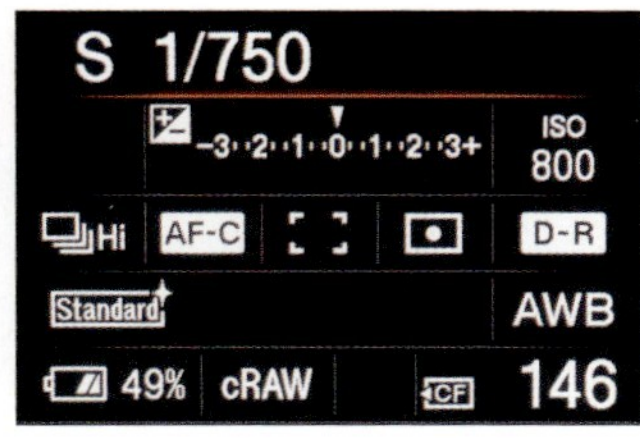

Makrofotografie

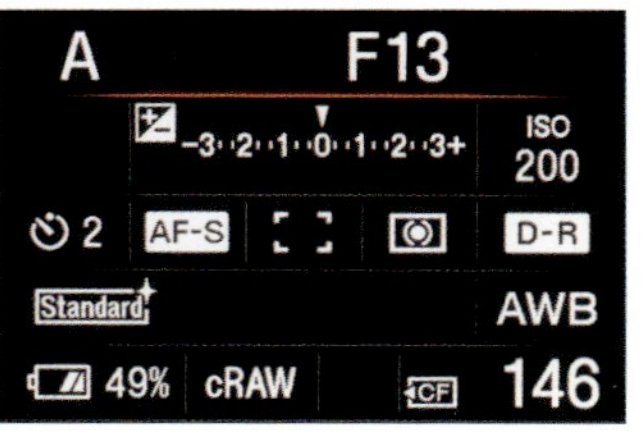

2

Automatisches Scharfstellen: das Autofokussystem

Die α700 bietet neben dem standardmäßig eingestellten Autofokus mit dem „großen" Autofokusmessfeld noch zwei weitere Modi. Wann welche Einstellung in der jeweils aktuellen Situation sinnvoll ist und welche Vor- bzw. Nachteile sich ergeben, wird in diesem Kapitel näher beleuchtet.

2.1 Technik der Scharfstellung der α700

Die automatische Scharfstellung (Autofokus genannt) der α700 ist ein äußerst leistungsfähiges und ausgeklügeltes System, das sehr schnell und treffsicher den gewünschten Schärfepunkt findet. Hierzu arbeiten elf Sensoren, davon ein Zweifachsensor, der als Doppelkreuz ausgebildet ist, nebst Auswertungselektronik in der Kamera.

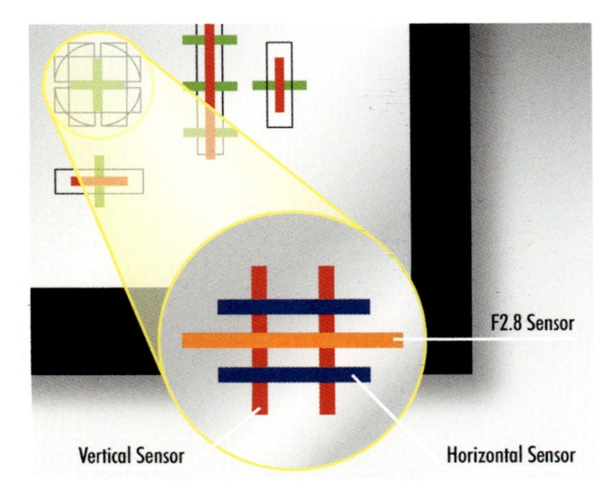

▲ *Doppelkreuzsensor mit zusätzlichem Sensor für lichtstarke Objektive für noch mehr Treffsicherheit.*

Der Doppelkreuzsensor ist zugleich sensibilisiert für horizontale und vertikale Strukturen, was das Scharfstellen in den üblichsten Situationen erlaubt. Der Hauptspiegel des Spiegelreflexsystems ist halb durchlässig ausgebildet und lässt so genügend Lichtstrahlen hindurch, die über einen Hilfsspiegel der Auswertungssensorik zugeführt werden. Aus den dann vorhandenen Daten wird in der Zentral-

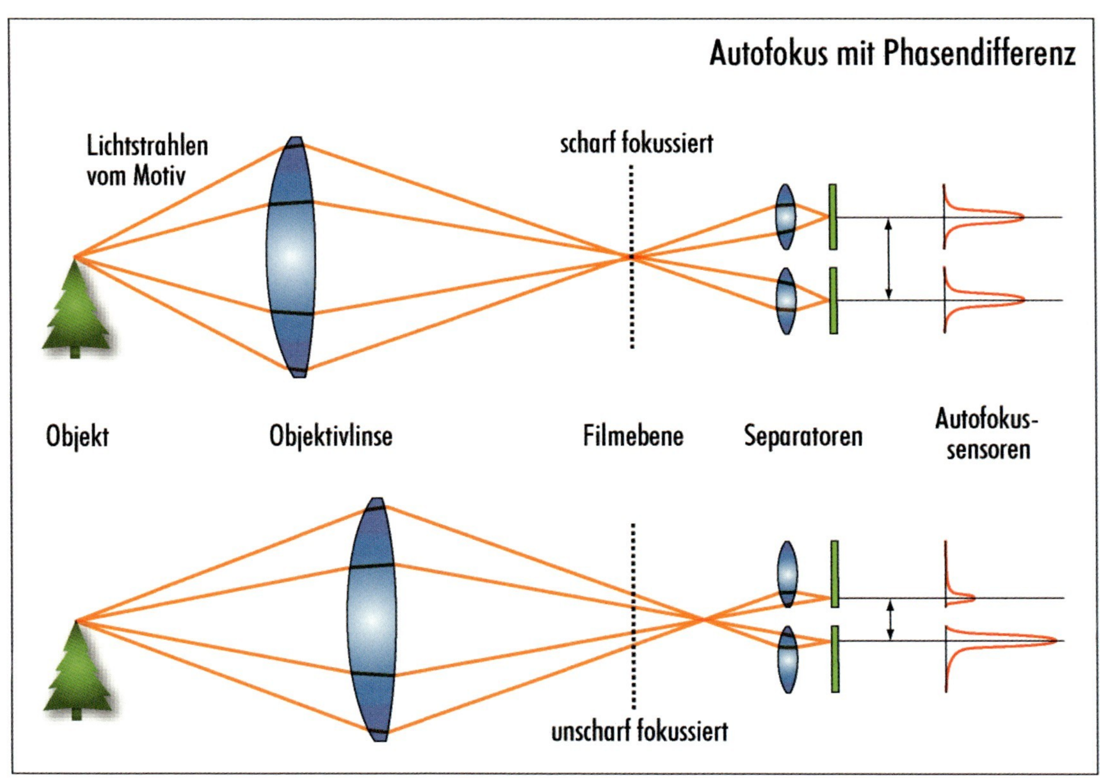

▲ *Phasendifferenz zum Scharfstellen.*

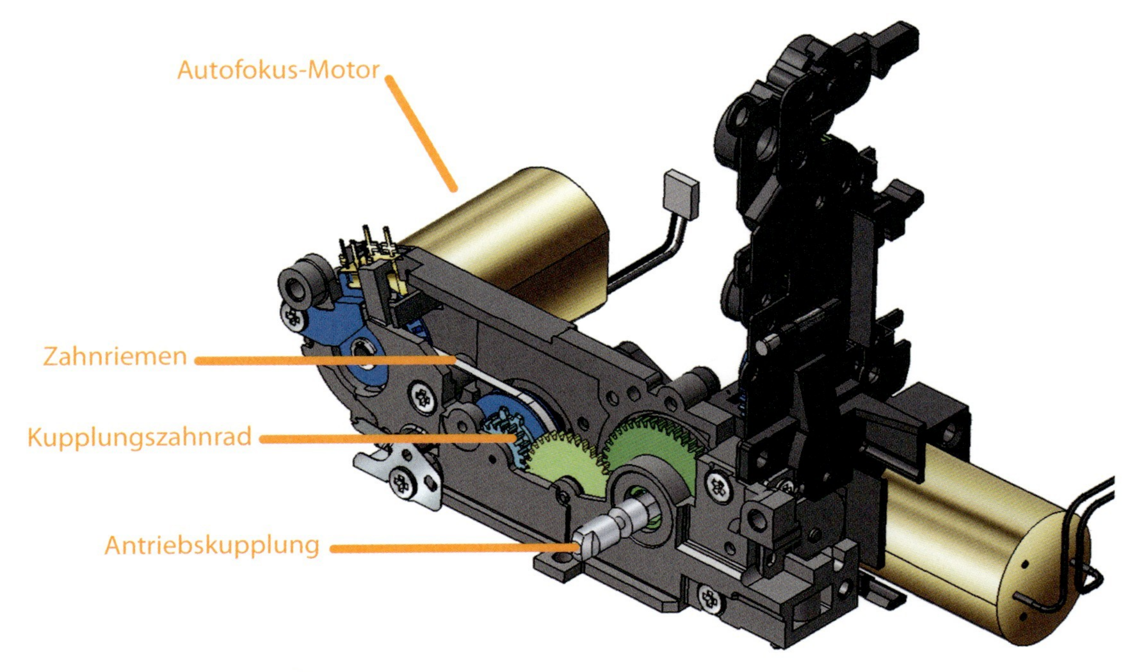

▲ *Autofokusmotoreinheit der α700.*

einheit des Computers in wenigen Millisekunden die Fokussierung berechnet, und das Objektiv wird über den Autofokusmotor scharf gestellt. Bei eingestelltem Schärfesignal ertönt ein Laut, um die Schärfe zu bestätigen.

Der Autofokus benötigt genügend Helligkeit

Je nach Objektiv arbeitet der Autofokus noch mit Objektivlichtstärken bis ca. F6.7 (in Ausnahmefällen sogar bis F8, wie bei dem eigens dafür optimierten Spiegelteleobjektiv AF F8/500 von Sony). Ältere Telekonverter-Objektiv-Kombinationen (z. B. 2x-Konverter + AF F4/300-Objektiv) erlauben ebenfalls noch das automatische Scharfstellen. Die Geschwindigkeit des Autofokus ist dabei aber sehr gering. Hier sollte sinnvollerweise von Hand scharf gestellt werden.

Die Autofokusmessung an sich beruht auf dem Phasenvergleichsverfahren. Teilbilder werden untereinander verglichen und die Phasendifferenz wird ermittelt. Die Auswertungselektronik vergleicht die Informationen mit einem Referenzsignal und berechnet daraus die Steueranweisung für den Autofokusmotor. Dieses Autofokussystem wird als passives System bezeichnet – im Gegensatz zu aktiven Systemen wie Ultraschallentfernungsmessungen. Hier wird die Entfernung durch Aussendung und Empfang von Schallwellen berechnet.

Dagegen funktioniert das passive System durch Auswertung von Kontrastunterschieden im Motiv. Voraussetzung für diese Methode ist genügend Helligkeit für einen entsprechenden Kontrast, der ausreichend ist, damit die Kamera auswertbare Informationen erhält. Zu wenig Licht oder kontrastlose Flächen bringen den Autofokus der α700 an seine Grenzen. In starker Dunkelheit funktioniert der Autofokus dann nicht mehr. Die Grenzen liegen für den Autofokus bei den Belichtungswerten 0 und 18 (ISO 100). Die α700 besitzt für solche Fälle ein

Hilfslicht, das infrarotes Licht ausstrahlt. Die dabei entstehenden Kontraste erlauben das Scharfstellen selbst auf sonst kontrastlosen Flächen.

Autofokusfunktionalität im Dunkeln nutzen

Das eingebaute Autofokushilfslicht der α700 unterstützt die Kamera im Entfernungsbereich von etwa 1–7 m Motivabstand.

▲ *AF-Hilfslicht der α700. Infrarot-LEDs projizieren ein Muster auf das Motiv, um den Autofokus dabei zu unterstützen, scharf zu stellen. Das Hilfslicht wird ebenfalls zur Anzeige eines laufenden Countdowns des 10-Sekunden-Selbstauslösers genutzt.*

Bei Objektivbrennweiten ab 300 mm kann es dazu kommen, dass die Scharfstellung mittels AF-Hilfslicht weniger gut funktioniert.

Haben Sie den Nachführ-AF eingestellt bzw. eines der lokalen AF-Messfelder (außer dem mittleren Feld) gewählt, schaltet sich das AF-Hilfslicht nicht zu.

Reicht die Reichweite des α700-eigenen AF-Hilfslichts nicht aus, können Sie auch die Programmblitze zur Autofokusunterstützung einsetzen.

Diese besitzen ebenfalls ein AF-Hilfslicht mit infrarotem Licht. Die Reichweite beträgt bei dem Programmblitz HVL-F36AM ca. 7 m, die des großen Bruders HVL-F56AM immerhin ca. 10 m. Diese Werte hängen aber stark vom eingesetzten Objektiv und dessen Lichtstärke ab. Da die Programmblitze ein größeres Muster projizieren als das AF-Hilfslicht der α700, gibt es hier keine Einschränkung bei der Wahl der AF-Messfelder.

▲ *Programmblitz mit aktivem Hilfslicht, hier das Programmblitzgerät HVL-F36AM.*

Als Alternative zu den vorgenannten Möglichkeiten kann man sich auch mit einer kleinen Taschenlampe oder einer LED-Lampe, die besonders Strom sparend arbeitet, behelfen.

AF-Hilfslicht abschalten

Möchte man das AF-Hilfslicht der α700 bzw. einen aufgesetzten Programmblitz nicht zur Autofokusunterstützung einsetzen, kann man im Aufnahmemenü (3) das AF-Hilfslicht auch abschalten. Ist der Nachführautofokus bzw. die manuelle Fokussierung gewählt worden, wird das AF-Hilfslicht ohnehin abgeschaltet.

Nach dem Einschalten der Kamera führt diese eine Objektivkalibrierung durch. Dafür fährt sie einmalig bis zum Unendlichanschlag des Objektivs und bleibt dort stehen. Sollten Sie Objektive mit Fokusbegrenzern besitzen, ist es ratsam, diese beim Einschalten der Kamera auf Unendlich zu stellen, um den Kalibriervorgang nicht zu stören.

Der Autofokusmotor sitzt bei der α700 im Gehäuse. Die Linsengruppen werden über ein Kupplungselement bewegt. Bei anderen Herstellern sind die Motoren im Objektiv angeordnet, was den Vorteil hat, dass jedes Objektiv einen optimal angepassten Motor erhalten kann. Andererseits steigen die Herstellungskosten für die Objektive durch die zusätzlichen Motoren an. Sony hat hier das von Minolta über Jahrzehnte bewährte System übernommen und belässt den Autofokusmotor in der Kamera.

Eine Ausnahme bilden die SSM-Objektive (**S**uper **S**onic Wave **M**otor) von Sony. Hier ist das Objektiv selbst mit einem Ultraschallmotor bestückt. Die α700 kuppelt in diesem Fall den eigenen Motor zum Objektiv hin aus und schaltet ihn ab. Die Fokussiergeschwindigkeit wird hiermit noch einmal verbessert. Vor allem aber ist die Geräuscharmut beim Scharfstellen derartiger Objektive hervorzuheben.

Der große Messbereich des Autofokus mit den neun Sensoren lässt sich einfach handhaben. Der Auslöser wird leicht angedrückt. Die Elektronik beginnt sofort damit, den Schärfepunkt zu suchen, und bestätigt ihn mit dem Signalton bzw. mit dem roten Aufleuchten der Markierung des Sensors, der die Schärfe erkennt.

▲ *Autofokusbegrenzer. Beim Einschalten der α700 sollte dieser auf Full stehen, um den Kalibrierungsvorgang nicht zu beeinträchtigen.*

Die Schärfe wird im Modus Einzelbild-AF so lange gespeichert, wie der Auslöser gehalten wird. Dies ist besonders wichtig für die Komposition des Bildes. Zwar sind die Sensoren im Goldenen Schnitt angeordnet und unterstützen damit schon den Fotografen bei der Bildgestaltung, durch die Speicherung der Schärfe ist aber eine freie Platzierung des „scharfen Bildinhalts“ durch Kameraverschiebung möglich. Lässt man die Auslösetaste wieder los,

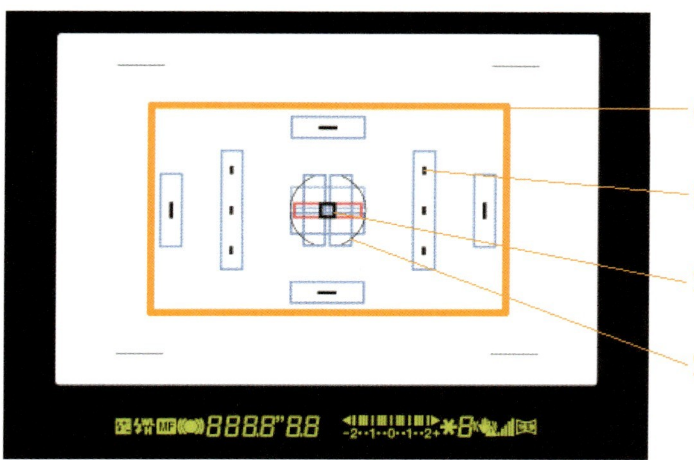

▲ *Messfelder im Sucher.*

wird die Schärfespeicherung aufgehoben, und man kann von Neuem beginnen. Im Modus Nachführ-AF wird bei halb gedrücktem Auslöser die Schärfe nachgeführt.

Autofokussignal abschalten

Der Signalton ist in einigen Situationen störend und kann im Einstellungsmenü (3) *Signaltöne* abgeschaltet werden. Die Tonsignale werden dann allerdings komplett abgeschaltet. Haben Sie Nachführ-AF eingestellt, ertönt ohnehin kein Signal bei gefundenem Fokus.

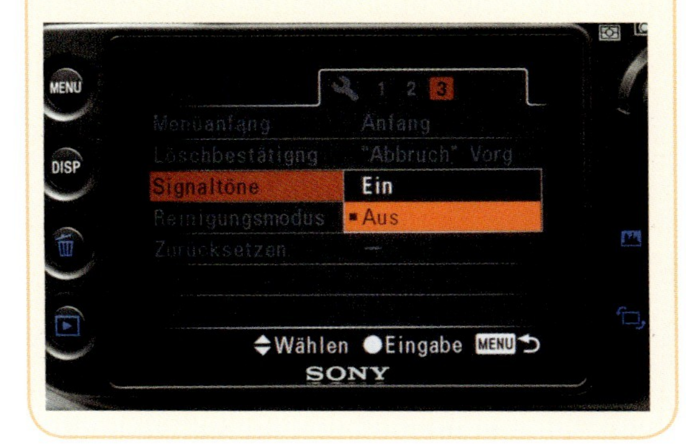

Einige Teleobjektive (z. B. das AF F2,8/300 APO) besitzen einstellbare Anschläge, um den Fokussierweg einzuschränken. Der Motor muss hier aufgrund der langen Fokussierwege nicht jeweils bis zum Endanschlag fahren, sondern ist auf einen zuvor eingestellten Weg begrenzt. Das spart in Situationen, in denen der Schärfebereich vorher begrenzt und absehbar ist, eine Menge Fokussierzeit.

Fokusgeschwindigkeit

Die Ingenieure konnten die Autofokusgeschwindigkeit gegenüber dem Vorgänger, der α100, noch einmal steigern. Eigene Tests ergaben, dass mit einem 300-mm-Objektiv ein Fahrzeug, das sich auf den Fotografen zu bewegt, mit einer Geschwindigkeit bis ca. 120 km/h scharf gestellt werden kann. Der AF-Motor der α700 ist zudem erheblich stärker als der der α100. Lange Brennweiten auch mit schweren Linsen bewegt er problemlos schnell.

▲ *Hier wurde die Autofokusgeschwindigkeit getestet. Der Autofokus hatte bis etwa 120 km/h keine Probleme damit, das Fahrzeug scharf zu stellen.*

Die pfiffige Augenkontrolle

Schaut man bei der α700 durch den Sucher, beginnt der Autofokus dank Eye-Start-System sofort zu arbeiten – eine bekannte Funktion von der α100 und ihren digitalen wie analogen Vorgängern aus dem Konica Minolta- bzw. Minolta-System. Die Kamera erwacht somit umgehend aus dem Ruhezustand und ist bereit zum Auslösen.

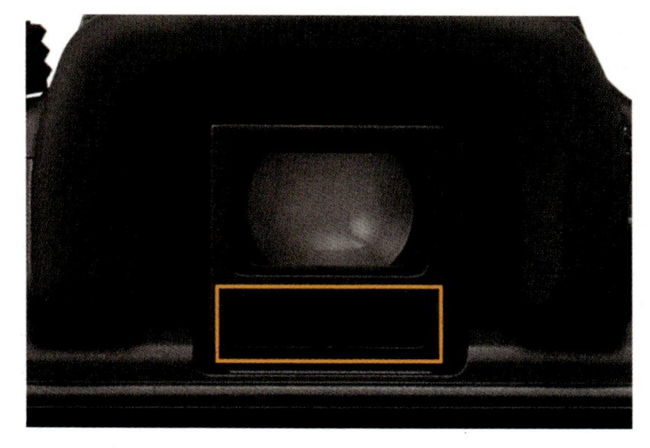

▲ *Eye-Start-Infrarotsystem.*

Möchte man verhindern, dass z. B. eine abgelegte Kamera unbeabsichtigt durch zu nahe kommende Gegenstände von der Eye-Start-Automatik eingeschaltet wird, kann im Benutzermenü (1) die Funktion abgeschaltet werden. Das Abschalten wird ebenfalls notwendig, wenn die Okularabdeckung am Sucher angebracht wird, um ein Einfallen von Licht in den Sucher zu verhindern, z. B. bei Langzeitbelichtungen und Arbeiten mit dem Stativ ohne Durchschauen zum Verdecken des Suchers.

Eye-Start-System aktivieren
Nähert man sich dem Sucher der α700, wird über die Entfernungsmessung eines Infrarotsenders/-empfängers die Eye-Start-Automatik aktiviert. Das heißt, der Autofokus und die Belichtungsmessung beginnen zu arbeiten und das eventuell auf Stand-by stehende Display wird eingeschaltet. Die notwendige Entfernung zum Einschalten beträgt ca. 3 cm. Die Sensorik ist ebenfalls für das Abschalten des Monitors der α700 zuständig.

Die α700 besitzt gegenüber Modellen, die für den Markt außerhalb Europas hergestellt werden, keinen Griffsensor. Dieser musste hier weggelassen werden, da Nickel im verwendeten Material zu Allergien führen kann und daher in Europa nicht zulässig ist.

Automatik-AF-Modus, der Allrounder

Im Automatik-AF-Modus (AF-A) werden beim Andrücken des Auslösers die AF-Sensoren ausgewertet, um festzustellen, ob sich ein Objekt bewegt oder ob es sich um ein bewegungsloses Objekt handelt.

Bei bewegungslosen Objekten stellt die α700 scharf und speichert diesen Schärfepunkt. Dynamische Objekte werden verfolgt. Die Schärfe wird hier nicht gespeichert, sondern nachgeführt. Der Automatik-AF-Modus ist eine Kombination aus Einzelbild-AF-Modus und Nachführ-AF-Modus. Bewegt sich ein Objekt nachträglich aus dem bewegungslosen Zustand, schaltet die α700 nicht automatisch in den Nachführmodus. Hier muss der Auslöser kurz losgelassen werden. Bei erneutem Andrücken gelangt man dann in den Nachführmodus.

Diese Lösung hat einen Sinn. Denn möchte man, nachdem die Schärfe gespeichert wurde, die Kamera verschieben, um eine andere Bildkomposition zu wählen, würde die Kamera dies nicht von einem sich bewegenden Objekt unterscheiden können.

Andererseits bleibt die Kamera im Nachführmodus, auch wenn sich ein Objekt plötzlich nicht mehr bewegt. Eine kurz darauf folgende Bewegung des Objekts ist in diesem Fall sehr wahrscheinlich. Der Automatik-AF-Modus ist die Standardeinstellung bei der α700.

AF-C-Modus für schnelle Bewegungen

Im Nachführ-AF-Modus (AF-C) folgt der Autofokus der Objektbewegung oder auch der Abstandsänderung, sollte man sich selbst bewegen.

Dieser Modus wurde speziell für sich schnell bewegende Objekte entwickelt. Die Schärfe wird permanent nachgeregelt und sogar vorausberechnet, solange der Auslöser angedrückt ist. Vorausberechnet deshalb, weil doch einige Zeit vom Auslösen bis zum Öffnen des Verschlusses vergeht. In dieser Zeit könnte sich das Objekt weiterbewegt haben. Gerade bei Objekten, die sich auf den Fotografen zu bewegen, macht sich dies bemerkbar.

Die α700 weist zwar durch Aufleuchten des Schärfepunkts auf die durch sie bestätigte Schärfe hin, nur wird dies in solchen Situationen immer nur kurz der Fall sein.

Das akustische Schärfebestätigungssignal ist in diesem Modus abgeschaltet. Ohnehin hat man in diesen Situationen mehr mit dem Objekt zu tun, um es wie gewünscht im Sucher einzufangen.

Man kann sich hier ruhig auf die α700 verlassen. Es empfiehlt sich, den Serienbildmodus einzuschalten. Sie erhalten so sicher eine gute Auswahl an scharfen Bildern. Zuvor sollten Sie aber im Aufnahmemenü (3) den Punkt *Priorität* ändern, da sonst nur ein Auslösen bei bestätigter Schärfe durch die Kamera möglich ist.

Wählen Sie anstatt der Standardeinstellung *AF* jetzt *Auslösen*. Nun können Sie selbst entscheiden, wann ausgelöst werden soll. Dass der Nachführ-AF aktiv ist, wird über zwei Klammern um den Fokuspunkt im Sucher dargestellt.

▲ *Beispiel, in dem der Nachführmodus gefordert ist.*

AF-S-Modus für unbewegte Motive

Der sogenannte statische Autofokus ist ideal für unbewegte Motive. Ist also die Nachführung der Schärfe nicht notwendig oder auch nicht gewünscht, wählt man mit dem Fokussiermodushebel die Position S aus.

▲ *Die Wahl des statischen Autofokus ist sinnvoll für unbewegte Objekte.*

Ideal ist dieser Modus z. B. für Reproaufnahmen oder im Makromodus. Wurde der Schärfepunkt durch die Kamera gefunden, wird er gespeichert. Erst wenn der Auslöser wieder losgelassen wird, beginnt die Suche nach der Schärfe von Neuem.

▲ *Ein Fall für den statischen Autofokus.*

Feinarbeit mit der DMF-Funktion

Direct **M**anual **F**ocus (DMF) bietet Ihnen die Möglichkeit, die Schärfe nach dem Scharfstellen durch den Autofokus der α700 zu korrigieren.

▲ *Haben Sie die DMF-Funktion aktiviert, wird nach dem Fokussieren die Getriebestange (siehe Pfeil) ausgekuppelt. Ein manuelles Scharfstellen ist dann am Objektiv möglich.*

Fotografieren Sie also ein statisches Motiv und stellen per Autofokus scharf, haben Sie nun die Möglichkeit, von Hand am Fokussierring des Objektivs nachzuregeln. Hierzu ist es wichtig, den Fokussierring erst nach erfolgter Schärfebestätigung der α700 zu benutzen. Sie hören nach dem Fokussiervorgang ein leises Geräusch, was das Entkuppeln des AF-Motors der α700 andeutet. Jetzt können Sie entsprechend eingreifen. Eine erneute Schärfebestätigung durch die α700 ist nun nicht mehr zu erwarten. Die α700 zeigt im Sucher über den Fokuspunkt die bestätigte Schärfe an, auch wenn das eventuell nun nicht mehr der Fall ist. Lassen Sie sich hierdurch also nicht verwirren.

Um diese interessante Funktion nutzen zu können, stellen Sie im Aufnahmemenü (3) *AF-A Setup* die

Funktion *DMF* ein. DMF funktioniert nur im Automatik-AF-Modus. Das heißt, Sie müssen den Fokussiermodushebel auf A stellen.

▲ *Menüpunkt zur Auswahl des DMF-Modus. Die Stellung A am Fokussiermodushebel wird so mit der DMF-Funktion belegt.*

DMF in allen AF-Modi nutzen

Prinzipiell können Sie generell auch die AF/MF-Taste nutzen, um zuerst die Kamera scharf stellen zu lassen und dann manuell nachzufokussieren. Solange Sie die AF/MF-Taste in einem der AF-Modi gedrückt halten, wird der AF-Motor der α700 ausgekuppelt. Lassen Sie die Taste los, beginnt die α700 wieder mit dem Fokussiervorgang, wenn er durch halbes Drücken der Auslösetaste bzw. durch die Eye-Start-Funktion ausgelöst wird.

Da es hier um das Auskuppeln der AF-Getriebestange geht, ist die DMF-Funktion an der α700 sinnvoll für die allermeisten Objektive des Sony-Lieferprogramms bzw. die Konica Minolta- bzw. Minolta-Objektive für das AF-A-Bajonett. Allerdings gibt es momentan zwei Ausnahmen (das AF F2,8/70-200 G SSM und das AF F2,8/300 G SSM). Diese beiden Objektive verfügen über eigene AF-Motoren. Hierdurch können Sie unabhängig von der Kamera manuell jederzeit in den Fokussiervorgang eingreifen und eine Feineinstellung vornehmen.

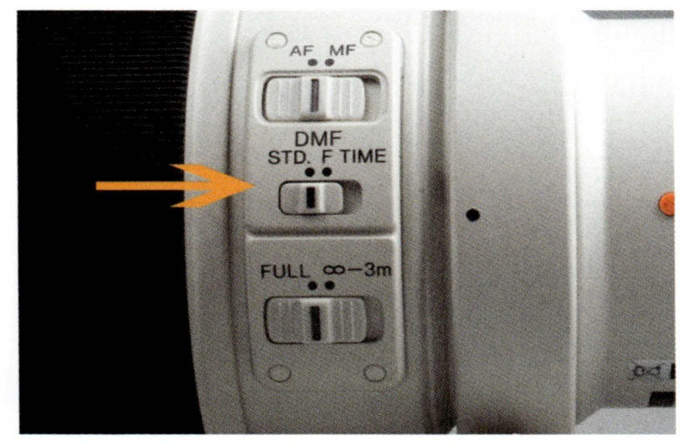

▲ *Im STD-Modus steht DMF im Automatik-AF- und Einzelbild-AF-Modus zur Verfügung. Wählen Sie F Time, können Sie DMF auch im Nachführ-AF-Modus verwenden. Zudem können Sie im F Time-Modus jederzeit manuell eingreifen.*

Die älteren xi- und Powerzoom-Objektive der Minolta-Serie unterstützen die DMF-Funktion nicht. Hier geschieht die manuelle Fokussierung motorisch über den Multifunktionsring.

Von Hand zum Ziel – manuelles Scharfstellen

Es gibt immer wieder genügend Situationen, in denen Sie trotz des sehr guten Autofokussystems der α700 manuell ins Geschehen eingreifen sollten, um optimaler den Fokus zu finden. Es kommt sogar vor, dass ein Scharfstellen überhaupt nur manuell möglich ist. Denken Sie hierbei z. B. an kontrastlose Motive. Gerade im Bereich der Makrofotografie ist es oft vorteilhafter, manuell zu fokussieren. Die Schärfentiefe ist hier teilweise so gering, dass es sinnvoller ist, den Fokus von Hand festzulegen. Hier ist die feinfühlige Hand des Fotografen gefragt, um die Schärfe visuell treffsicherer und schneller als jede Automatik zu finden. Der Fokussierweg ist hier minimal. Kleinste Veränderungen am Drehring des Objektivs reichen aus, um den Schärfebereich zu verlassen.

Die α700 verfügt über eine Taste zum einfachen Umschalten zwischen manuellem und automatischem Fokussieren. Befinden Sie sich im manu-

▲ *Stellen Sie den Fokussiermodushebel auf MF, um die manuelle Kontrolle über die Scharfstellung zu übernehmen.*

ellen Modus, können Sie sich durch Drücken der AF/MF-Taste durch den Autofokus unterstützen lassen. Sobald scharf gestellt wurde, wird die Schärfe gespeichert. Lassen Sie die Taste wieder los, schaltet die α700 wieder zurück in den manuellen Modus und ein manuelles Feinjustieren wird möglich. Im Benutzermenü (1) können Sie die AF/MF-Taste zum Schalter umprogrammieren. Aus dem MF-Modus gelangen Sie so in den AF-S-Modus. Um die AF/MF-Taste wie zuvor beschrieben nutzen zu können, ist die Standardeinstellung *AF/MF Steuerg* im Benutzermenü (1) zur AF/MF-Taste Voraussetzung.

▲ *Durch Drücken der AF/MF-Taste ist es möglich, vom manuellen in den automatischen (und umgekehrt) Fokusbetrieb zu gelangen. Zudem kann die Taste im Benutzermenü (1) zur Fokusspeichertaste umprogrammiert werden.*

▼ *Im Makrobereich ist der MF-Modus meist erste Wahl.*

Auch beim manuellen Scharfstellen bleiben die AF-Sensoren in Betrieb. In der Sucheranzeige wird bei scharfen Abbildungen das Schärfesignal angezeigt.

Geschwindigkeit des Autofokussystems bremsen

Die α700 verfügt über ein überaus schnelles Autofokussystem. Es gibt Situationen, in denen ist es einfach zu schnell.

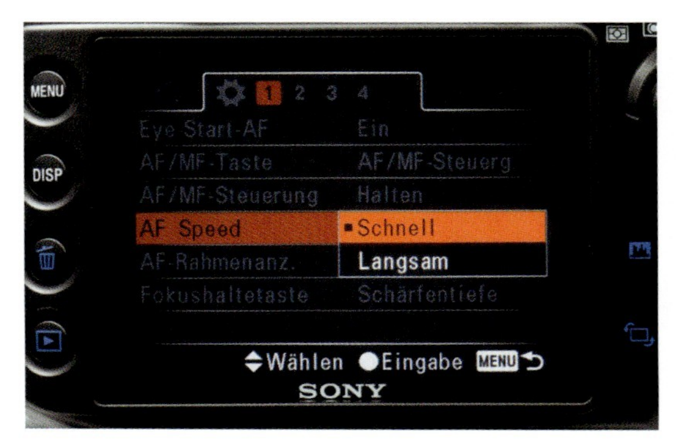

▲ *Option zur Beeinflussung der Autofokusgeschwindigkeit.*

Hierfür bietet die α700 eine Option zum Verlangsamen des Autofokusmotors. Bei Tests mit der α700 (Firmware V2.0) konnte auch mit Objektiven mit langen Getriebegängen wie Makroobjektiven kein erheblicher Unterschied bei der Geschwindigkeit festgestellt werden. So bleibt weiterhin als Alternative zum schnellen Autofokus der α700 nur die Möglichkeit, manuell scharf zu stellen.

Sport- und Actionaufnahmen mit dem Nachführmodus

Sportaufnahmen sind meist Bilder sich bewegender Motive. Je schneller sich die Sportler bewegen, umso schwieriger wird es, das Geschehen ausreichend scharf aufzunehmen. Dabei spielt der Abbildungsmaßstab eine entscheidende Rolle.

Ein etwas entfernt fahrender schneller Sportwagen ändert seine Abbildungsgröße so gut wie nicht. Dagegen ist es für den Autofokus schwieriger, einen in Richtung des Fotografen laufenden Jogger mit einem Teleobjektiv zu verfolgen.

▲ *Ein Fall für den Nachführmodus.*

Tests ergaben, dass ein Fahrzeug, das sich dem Fotografen in Aufnahmerichtung nähert, bis zu einer Geschwindigkeit von 120 km/h mit einem 300-mm-Objektiv den Autofokus nicht überfordert.

Für Sportaufnahmen sollten Sie also den Nachführ-AF-Modus (AF-C) einschalten. Zudem ist es sinnvoll, im Aufnahmemenü (3) die Einstellung *Priorität* auf *Auslösen* umzustellen. Damit wird gewährleistet, dass die Kamera nicht wartet, bis sie die Schärfe bestätigen kann, und dann erst auslöst.

Die α700 wird auslösen, wenn man den Auslöser komplett durchdrückt. Dies führt dazu, dass auch

▲ *Auch diese Aufnahme entstand mit automatischer Nachführung des Autofokus im AF-C-Modus. Zusätzlich wurde die Kamera mitgeschwenkt, um einen dynamischen Effekt zu erzielen (Foto: Monique Exner).*

unscharfe Aufnahmen entstehen, was aber bei schnellen Motiven in Kauf genommen werden muss.

Als Nächstes stellen Sie den Blendenprioritätsmodus ein, der für die Sportfotografie erste Wahl ist. Sie haben so die Kontrolle über die Schärfentiefe und können sie in diesem Fall gezielt vergrößern, um die Ausbeute an scharfen Aufnahmen zu erhöhen. Der Bewegungsbereich des Motivs für scharfe Aufnahmen wird so vergrößert.

Die ISO-Einstellung können Sie notfalls bis ISO 6400 erhöhen, um die Verschlusszeiten zu verkürzen. Erhalten Sie also trotz eingeschaltetem Super SteadyShot verwackelte Aufnahmen, sollten Sie diese Option wählen. Es wird allerdings empfohlen, auf maximal ISO 1600 bis 2000 umzuschalten, da ansonsten das Rauschen in den Aufnahmen als störend empfunden werden könnte. Nun ist noch der Serienbildmodus über die DRIVE-Taste zu aktivieren.

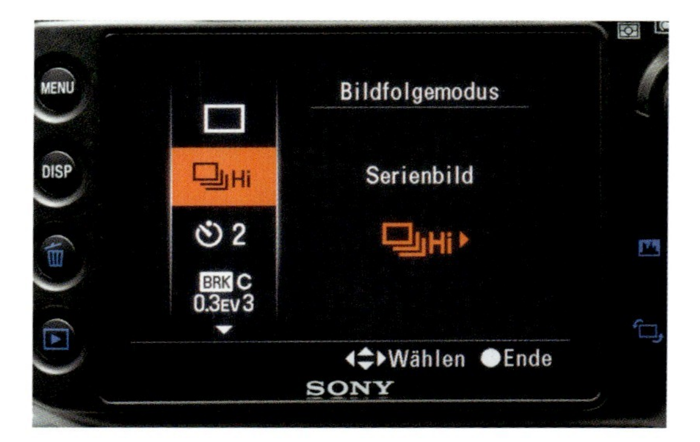

▲ *Wichtig für Sport- und Actionaufnahmen: der Serienbildmodus. Hiermit sind bis zu fünf Bilder pro Sekunde möglich.*

▲ *Die besten Ergebnisse erreicht man, wenn man den Auslöser durchgedrückt hält und entsprechende Serien anfertigt. Später kann man die Aufnahmen nach gut gelungenen Bildern sichten und aussortieren.*

Kommt es zu einer aufnahmewürdigen Situation, drückt man den Auslöser komplett durch und hält ihn gedrückt. Durch die entstehenden Bildserien erzielt man mit Sicherheit eine Menge unscharfer Aufnahmen, die Wahrscheinlichkeit, dass scharfe Bilder dabei sind, ist aber hoch.

Empfohlene Einstellungen für die Sportfotografie mit der α700

- Auslösepriorität sollte eingestellt werden, siehe Aufnahmemenü (3).
- Die Schärfentiefe sollte maximiert werden, am besten arbeitet man im Blendenprioritätsmodus und wählt die gewünschte Blende vor.
- Die ISO-Einstellung sollte je nach Helligkeit bis auf ISO 800 angehoben werden, um ausreichend kurze Verschlusszeiten zu erhalten.
- Der Serienbildmodus sollte aktiviert werden.
- Der Super SteadyShot sollte aktiviert sein.
- Für sehr lange Aufnahmesequenzen empfiehlt sich der Einsatz schneller Speicherkarten, vor allem im RAW- und cRAW-Modus.
- Kommt es zu einer aufnahmewürdigen Situation, drückt man den Auslöser komplett durch und hält ihn gedrückt.

▲ *Actionfotografie fordert die Kamera besonders. Ein schneller Serienbildmodus und ein treffsicherer Autofokus sind besonders wichtig (Foto: Peter Hadamczik-Trapp).*

Automatische oder manuelle Messfeldwahl

Im Automatikmodus überlässt man der Kamera die Wahl des Messfelds. Sie wird dabei vorrangig das Messfeld für die Erkennung des Hauptmotivs benutzen, das im Bereich des dichtesten Objekts liegt. Das ist auch der Normalfall. Denn meist befindet sich das Hauptobjekt im Vordergrund. Dabei sind die Sensoren so angeordnet, dass sich das Hauptobjekt nicht zwangsläufig im mittleren Bereich befinden muss, was der Bildgestaltung entgegenkommt. Bei eingestellter Mehrzonenbelichtungsmessung geht der Bereich um den aktiven Sensor besonders hoch bewertet in die Belichtungsmessung ein. Das garantiert eine optimale Belichtung des Hauptobjekts.

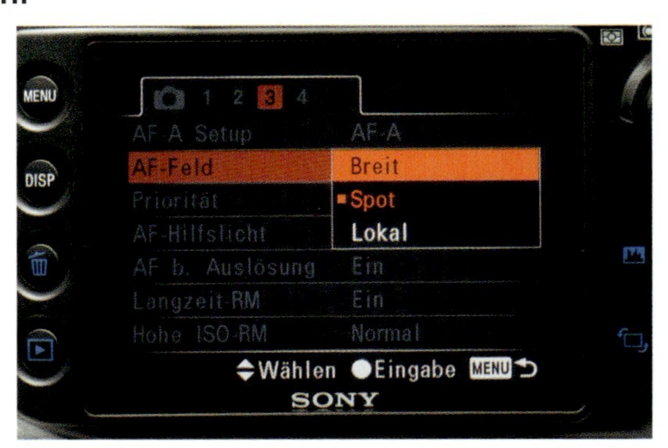

▲ *Die automatische Messfeldwahl, das große Autofokusmessfeld, überlässt der Kamera die Entscheidung darüber, welches Messfeld zum Scharfstellen verwendet wird.*

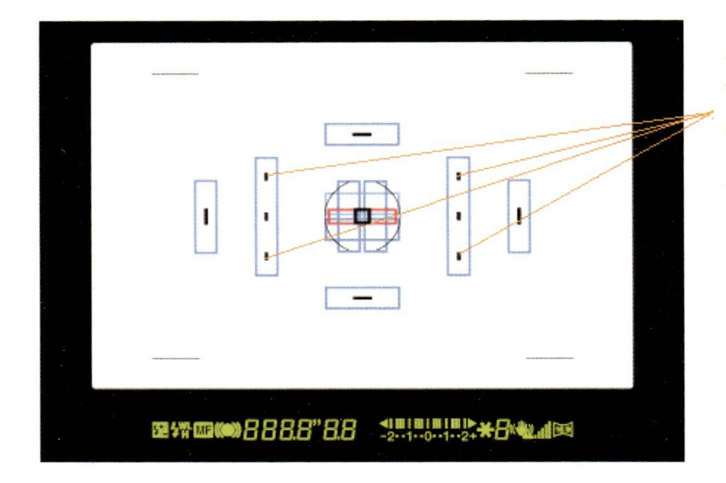

Autofokusfelder, die für das Platzieren im Goldenen Schnitt nützlich sind.

Für durchschnittliche Anwendungen ist die automatische Messfeldwahl sehr gut geeignet. Natürlich gibt es aber auch Situationen, in denen man der Kamera diese Entscheidung gern abnehmen möchte – eben wenn sich beispielsweise das Hauptobjekt nicht im Vordergrund, sondern im Hintergrund befindet.

Die einzelnen Messfelder können Sie mit dem Multiwahlschalter wählen, sobald Sie als *AF-Feld*-Modus *Lokal* gewählt haben.

Alle elf Sensoren können hier einzeln ausgewählt werden. Besonders bietet sich die Auswahl der im Goldenen Schnitt liegenden vier Sensoren an.

▼ *Mit dem entsprechenden AF-Sensor können auch Motive wie dieses exakt scharf gestellt werden. Der Einsatz des großen Autofokusmessfelds hätte hier auf die Tür scharf gestellt.*

Das Hauptobjekt kann nun zur Erhöhung der Bildwirkung exakt ausgerichtet werden.

Der gewählte Sensor wird dazu rot aufleuchten, wenn Schärfe erzielt wurde, und wird außerdem im Monitor abgebildet.

Es kann vorkommen, dass bei großem AF-Messfeld (*Breit*) die Schärfe von der α700 nicht dort gefunden wird, wo Sie es sich wünschen. In diesem Fall können Sie recht einfach den zentralen Spot-AF-Sensor zur Hilfe nehmen. Drücken Sie dazu den Multiwahlschalter, und die α700 verwendet nun den gewünschten Spot-AF-Sensor.

▲ *Ist das große AF-Messfeld gewählt worden, kann ohne Umwege mit dem Multiwahlschalter in den AF-Spot-Modus geschaltet werden.*

Die Besonderheit des mittleren AF-Messfelds

Der mittlere Sensor besteht aus vier Sensoren und ist als Doppelkreuz ausgebildet. Er ist damit bestens für horizontale und vertikale Kontraste gerüstet, während die anderen zehn Sensoren nur in eine Richtung wirken. Es ist damit das leistungsfähigste Messfeld der α700. Über die Spot-AF-Taste kann der Kreuzsensor direkt angewählt werden. Ab einer Lichtstärke des Objektivs von F5.6 verwendet die α700 ohnehin ausschließlich den Kreuzsensor.

2.2 Der neue 11-Punkt-AF-Sensor in der Praxis

Wenn man sich die vielen Diskussionen in unterschiedlichen Bildergalerien im Internet bezüglich der Bildschärfe anschaut, wird deutlich, wie wichtig dieses Thema ist. Sitzt sie an der falschen Stelle, ist der Schärfentiefebereich zu klein bzw. zu groß oder ist eventuell gar keine Schärfe im Bild vorhanden, werden die Gemüter entsprechend stark bewegt.

In vielen Bereichen wird die hoch entwickelte Autofokussteuerung der α700 gute Ergebnisse erzielen. Will man aber ernsthafter in die Fotografie einsteigen, wird man die Bevormundung durch Automatiken möglichst bald umgehen wollen. Denn eines wird wohl auch in Zukunft keine Kamera beherrschen: vorhersehen, was der Fotograf in der jeweiligen Motivsituation für ein Ergebnis erwartet. Aufgrund einer großen Datenbank mit Fotografenwissen kann sie es vermuten und entsprechende Vorschläge für die einzelnen Einstellungen unterbreiten, mehr aber eben nicht.

Praktische Tipps zum Autofokus

- Stark reflektierende Flächen oder Motive mit extremer Helligkeit stellen für den Autofokus Schwierigkeiten dar. Hier fokussiert man besser manuell.
- Beim Einsatz von Filtern sollte man auf hochwertige Qualität achten, da nur mit diesen ein einwandfreier Autofokusbetrieb gewährleistet ist.

- Einige Objektive drehen beim Fokussieren die Frontlinse, was den Einsatz von zirkularen Polfiltern notwendig macht.
- Blinkt die Scharfstellungsanzeige im Sucher, kann die Kamera nicht selbst scharf stellen. Eventuell ist ein kontrastloses oder ein (zu) regelmäßiges Motiv vorhanden. Oder man befindet sich mit der α700 zu dicht am Motiv (siehe Naheinstellgrenze, Seite 297). Es kann auch sein, dass die Helligkeit für die Kamera nicht ausreicht, um selbst scharf zu stellen.
- Das Fokussieren durch eine saubere Glasscheibe ist möglich. Auf die Glasscheibe selbst kann nicht automatisch scharf gestellt werden, wenn keine Kontraste (wie z. B. Lichtreflexe) vorhanden sind.

Fokusprobleme mit den Zeilensensoren umgehen

Die α700 verwendet neben dem Doppelkreuzsensor zehn weitere Sensoren. Diese sind hingegen als Zeilensensoren ausgebildet. Während der zentrale Doppelkreuzsensor vertikale wie auch horizontale Strukturen erkennen kann, kann ein Zeilensensor nur entweder horizontale oder vertikale Kontraste erkennen.

Die vier linken und rechten Sensoren sind senkrecht angeordnet. Sie haben es schwer mit ebenfalls in senkrechter Richtung verlaufenden Kontrastlinien. Die beiden oberhalb des Kreuzsensors befindlichen Sensoren sind hingegen horizontal ausgerichtet, was somit Schwierigkeiten bei horizontalen Kontrastlinien hervorruft.

Treten in der Praxis hier einmal Probleme auf, haben Sie die Möglichkeit, die Kamera um 90° zu drehen. Die Messung dürfte dann keine Schwierigkeiten mehr bereiten. Die zweite Möglichkeit besteht darin, den Doppelkreuzsensor zu nutzen. Wählen Sie dazu das zentrale Messfeld aus und messen Sie die betreffende Stelle an. Nun speichern Sie die Schärfe durch die halb niedergedrückte Auslösetaste. Verschwenken Sie dann die Kamera wieder zurück zum ursprünglichen Motivausschnitt und lösen Sie aus.

Was beeinflusst die Schärfe?

Oft hört man, dass für eine ordentliche Bildschärfe vor allem ein möglichst hochwertiges, kostspieliges Objektiv nötig sei. Sicher ist das verwendete Objektiv ein großer Einflussfaktor auf die Schärfe – aber eben nur einer. Zudem gibt es genügend Beispiele

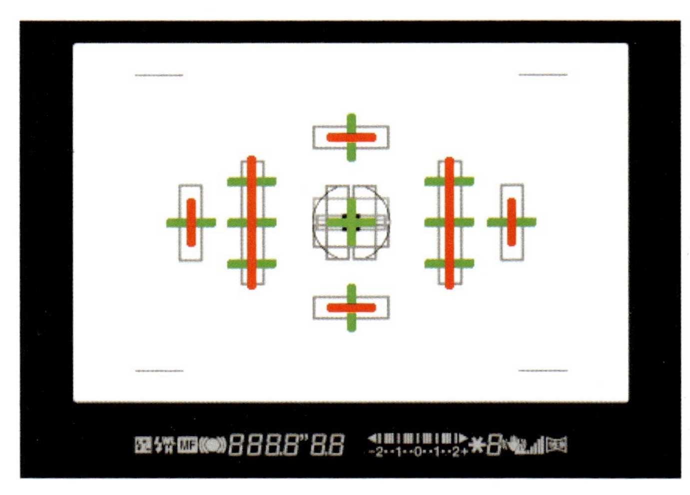

▲ *Bis auf den zentralen Doppelkreuzsensor erkennen die Sensoren nur horizontale oder vertikale Linien.*

für kostengünstige Objektive mit guter Schärfeleistung, was im Übrigen auch für das Kit-Objektiv AF F3,5-5,6/18-70 gilt. Vergleiche mit dem wesentlich teureren Objektiv AF F3,5-4,5/16-80 zeigten keine extremen Unterschiede in der Abbildungsleistung, besonders auch im Bereich der Schärfe.

Natürlich gibt es aber noch weit mehr Faktoren, die die Schärfe im Bild beeinflussen. Hier nur eine kleine Auswahl:

- Verwacklungsunschärfe,
- Bewegungsunschärfe,
- beschlagene oder unsaubere Linsen,
- minderwertige Filter,
- nicht korrekt gelagerte Sensoren,
- streulichtempfindliches Objektiv,
- falsche Fokussierung etc.

Verlieren Sie nicht den Mut bei unscharfen Bildern

Man sieht, dass eine gelungene, scharfe Aufnahme von vielen Faktoren und nicht zuletzt auch vom Fotografen abhängt. Aber man sollte sich damit trösten, dass selbst Profifotografen bei ihrer Arbeit mit entsprechendem Ausschuss leben müssen. Ja gerade bei den Profis ist der Ausschuss oft besonders hoch.

Es macht also nichts, wenn der Hobbyfotograf zunächst nicht immer die gewünschte Schärfe auf den Bildern sehen wird. Übung und das entsprechende Wissen um die Schärfe machen auch hier den Meister.

Im Folgenden werden wir uns den wichtigsten Problemfällen widmen.

2.3 Den Schärfeproblemen begegnen

In diesem Abschnitt sollen einige gängige Schärfeprobleme besprochen und wichtige Tipps zu deren Behebung gegeben werden.

Verwacklungsunschärfe

Die richtige Kamerahaltung und das gleichmäßige, sanfte Drücken des Auslösers sind hier entscheidend. Hat man die Kamera nicht fest im Griff oder reißt den Auslöser nur durch, entstehen schnell verwackelte Fotos. Der Super SteadyShot kann hier mindernd eingreifen. Er ist aber keine Garantie für verwacklungsfreie Fotos. Mehr Informationen über den Super SteadyShot gibt es auf Seite 19. Wenn es die Situation zulässt, sollten Sie nicht auf ein Stativ verzichten. In diesem Fall sollte der Super SteadyShot abgeschaltet werden, und es ist auch sinnvoll, einen Fernauslöser bzw. den 2-Sekunden-Selbstauslöser (Spiegelvorauslösung) zu nutzen, um ein Verwackeln durch das Drücken des Auslösers zu vermeiden.

▲ *Die richtige Kamerahaltung hilft, Verwacklungen zu vermeiden.*

Eine weitere Möglichkeit besteht darin, durch Erhöhung des ISO-Wertes die notwendige Belichtungszeit zu verkürzen. Je kürzer die Belichtungszeit, umso geringer ist das Risiko, zu verwackeln. Weitere Informationen zur verwacklungsfreien Belichtungszeit erhalten Sie ebenfalls auf Seite 19.

Lichtstarke Objektive sind ebenfalls sehr nützlich, um die Belichtungszeit zu verkürzen. Mit einer entsprechend weit geöffneten Blende (z. B. F1.4) können Sie auch bei schlechten Lichtverhältnissen verwacklungsfrei fotografieren. Bedenken sollten Sie hier aber die recht geringe Schärfentiefe aufgenommener Motive in der Nähe der Kamera.

Verwacklungen vermeiden
Eine alte Methode, verwackelte Bilder zu vermeiden, ist das kurze Luftanhalten während des Auslösens. So werden zumindest eventuelle Verwacklungen durch die Atmung ausgeschlossen.

Bewegungsunschärfe

Bewegungsunschärfe kann durchaus auch im Bild gewünscht sein. Dynamische Vorgänge können so z. B. hervorgehoben werden. Möchte man aber Bewegungsunschärfe vermeiden, muss die Belichtungszeit so kurz sein, dass sich das Motiv bzw. der Fotograf in dieser Zeit entsprechend wenig bewegt. Die Belichtungszeit ist also möglichst gering zu halten. Folgende Möglichkeiten, um dies zu erreichen, stehen zur Wahl. Sie können natürlich auch in Kombination zum Einsatz kommen:

- Sie sollten den Verschlusszeitenprioritätsmodus wählen, um eine möglichst geringe Verschlusszeit vorwählen zu können. Die notwendige Blende wird hierbei durch die Kamera gesteuert.
- Alternativ kann der Sportaktionsmodus gewählt werden. Auch hier versucht die Kamera, eine möglichst kurze Belichtungszeit einzustellen.
- Durch Erhöhung des ISO-Wertes ist ebenfalls eine Reduzierung der Belichtungszeit möglich. Sie sollten aber aufgrund des recht hohen Rauschens Werte über ISO 1000 vermeiden. Erhöht man den ISO-Wert von ISO 100 auf ISO 400, erreicht man eine Reduzierung der Belichtungszeit um den Faktor 4 (1/20 Sekunde bei ISO 100 entspricht 1/80 Sekunde bei ISO 400).
- Auch mit einem lichtstarken Objektiv kann die Belichtungszeit durch Öffnen der Blende verringert werden.
- Nutzen Sie das RAW- oder cRAW-Format, können Sie durch gewolltes Unterbelichten um bis zu 2 EV die Belichtungszeit weiter verringern. Im RAW-Konverter wird dieser Wert wieder ausgeglichen. Die Belichtungszeit wird so nochmals geviertelt (bei -2 EV).

▲ *Ungewollte Bewegungsunschärfe. Die Belichtungszeit von 1/50 Sekunde war hier zu lang, um Schärfe ins Bild zu bringen.*

▲ *Beispiel einer durch Mitziehen provozierten Bewegungsunschärfe im Hintergrund, die die Dynamik im Bild verstärken soll.*

2.4 Bewegte Motive optimal aufnehmen

Sich schnell bewegende Objekte optimal abzulichten, stellt für Kamera und Mensch eine besondere Herausforderung dar. Die Bedeutung von „schnell" ist hier natürlich relativ. Denn ein weit entferntes Fahrzeug mit einem Weitwinkelobjektiv aufzunehmen, ist weitaus leichter, als einen vorbeifliegenden Vogel mit einem starken Teleobjektiv zu fotografieren. Natürlich gehört immer etwas Glück, aber vor allem auch Beharrlichkeit dazu, eine gelungene Aufnahme zu erreichen. Im Nachfolgenden sollen aber einige Einstellungsvarianten und Tipps für bessere Voraussetzungen sorgen.

Sich schnell bewegende Motive im Freien

Bevor man sich auf den Weg in die Natur macht, sollte die Kamera gut vorbereitet sein. Auch das notwendige Zubehör sollte nicht vergessen werden. Dies ist besonders wichtig, wenn man einen relativ langen Anfahrtsweg auf sich nimmt, um zu seinen Fotogebieten zu gelangen. Für Tagesausflüge sollte ein Akku für die α700 ausreichen, da mit ihm ca. 600 bis 700 Bilder aufgenommen werden können. Schaden kann es natürlich nicht, einen zweiten, voll aufgeladenen Akku dabeizuhaben.

▲ *Fliegende Bienen erfordern sehr kurze Belichtungszeiten, um Schärfe ins Bild zu bringen. Diese Aufnahme entstand bei 1/640 Sekunde und offener Blende.*

Für diesen doch recht anspruchsvollen Bereich der Fotografie sollten Sie das RAW- bzw. cRAW-Format nutzen. So haben Sie später noch alle Möglichkeiten der Bildbearbeitung offen und können ein Maximum an Qualität gewinnen. Die Verwendung des RAW-Formats macht entsprechend große Speicherkarten erforderlich. Rechnen können Sie mit einem Speicherbedarf von etwa 50 Bildern im RAW- bzw. 70 Bildern im cRAW-Format je GByte. Verwenden Sie die Option *RAW & JPEG*, bringen Sie auf einer 1-GByte-Speicherkarte nur noch ca. 40 Bilder (*cRAW & JPEG* 50 Bilder) unter. Bei der Berechnung des Speicherbedarfs können Sie aber das Löschen nicht gelungener Aufnahmen in einer ruhigen Minute mit einplanen, sodass sich der Speicherbedarf etwas reduziert. ISO 100–200 sind eine gute Wahl, wenn Sonnenschein und somit genügend Licht vorhanden ist. Ist es bedeckt, kann ISO 400–

◄ *Ohne störende Elemente im Hintergrund kommt der Autofokus besonders gut klar und kann wie hier das Objekt gut verfolgen.*

Diese Aufnahme entstand mit einem 180-mm-Makroobjektiv. Trotz ISO 200 und Sonnenschein reichte das Licht bei einer Belichtungszeit von 1/320 Sekunde gerade für Blende 11. Etwas mehr Schärfentiefe wäre hier wünschenswert gewesen, um auch den linken Flügel scharf abbilden zu können.

800 notwendig werden. In Ausnahmefällen kann ISO 1600 zum Einsatz kommen, wobei hier das Rauschen schon sehr deutlich wird.

Blendenprioritätsmodus für sich schnell bewegende Motive

Im Blendenprioritätsmodus ermittelt die Kamera die notwendige Belichtungszeit zur vom Fotografen eingestellten Blende. Dieser Modus kann auch für bewegte Motive sinnvoll sein und wird auch sonst zum großen Teil von Fotografen bevorzugt. So arbeitet man hier vorrangig mit Offenblende und blendet nur weiter ab, wenn genügend Licht vorhanden ist, womit die Schärfentiefe vergrößert werden kann.

Da kurze Belichtungszeiten benötigt werden und die Länge vom Fotografen festgelegt werden sollte, kommt sinnvollerweise der Verschlusszeitenprioritätsmodus zum Einsatz. Die notwendigen Blendenwerte steuert die α700 passend dazu. Als Belichtungszeit stellen Sie je nach Motiv und Motivgeschwindigkeit zwischen 1/500 und 1/1500 Sekunde ein. Für den Belichtungsmodus sollte Spotmessung, bei recht formatfüllenden Aufnahmen Mehrfeldmessung eingestellt werden.

Besonders wichtig ist die Einstellung des Serienbildmodus. Hier reicht es, den Auslöser durchzudrücken und gedrückt zu halten. In diesem Modus schafft die α700 bis zu fünf Aufnahmen pro Sekunde und hält das im RAW-Modus mindestens 18 Aufnahmen lang durch. Danach benötigt sie eine kleine Pause, um den Zwischenspeicher auf die Speicherkarte zu übertragen. Dieser Wert ist abhängig vom Bildinhalt und von der verwendeten Speicherkarte. Schnelle Speicherkarten wie die SanDisk Extreme IV oder die Sony 300x tragen erheblich zur Speichergeschwindigkeit bei. Zehn Aufnahmen hintereinander sind so keine Seltenheit, was in den meisten Situationen ausreichen sollte.

Für sich schnell bewegende Motive ist es sinnvoll, die Auslösepriorität auf Auslösen zu setzen. Im anderen Fall löst die Kamera nur aus, wenn der Autofokus die Schärfe 100-prozentig bestätigen kann.

▲ *Die Aufnahme der auffliegenden Enten forderte den Autofokus recht stark. Eine Serie von Aufnahmen ist in solchen Fällen sinnvoll, um zumindest ein paar gelungene Fotos mit nach Hause nehmen zu können.*

2.5 Hilfe bei falsch gelagertem Sensor

Backfokus und Frontfokus sind beides oft besprochene Begriffe in bekannten Internetforen. Leider traten tatsächlich vereinzelt Probleme mit Vorgängermodellen der α700 auf. Trotz korrekter Scharfstellung der Kamera lag auf den Aufnahmen die Schärfe entweder vor der eingestellten Schärfeebene (Frontfokus) oder dahinter (Backfokus). Andere Hersteller waren ebenfalls betroffen.

Da dieses Problem vorrangig bei Aufnahmen mit geringer Schärfentiefe auftritt, ist der Fehler meist nicht sofort zu erkennen. Im Folgenden wird eine Methode beschrieben, mit der man herausfinden kann, ob die eigene α700 eventuell betroffen ist.

Voraussetzung für den Test

Zunächst muss dafür Sorge getragen werden, dass Unschärfe durch Verwacklungen ausgeschlossen wird. Das heißt, ein Dreibeinstativ ist die erste Voraussetzung für den Test. Der Super SteadyShot sollte ausgeschaltet werden, da er auf dem Stativ weniger sinnvoll ist und im Gegenteil sogar im Extremfall minimale Verwacklungen verursachen kann. Auch bietet es sich an, einen Kabelauslöser zu verwenden, um Verschiebungen bzw. Verwacklungen zu vermeiden. Die Einstellung der Spiegelvorauslösung mit dem gekoppelten 2-Sekunden-Selbstauslöser ist aber ebenfalls möglich (Bildfolgetaste drücken, um in das entsprechende Menü zu gelangen). Um Einflüsse durch Wind ausschließen zu können, führen Sie den Test am besten in windgeschützten Räumen durch. Wollen Sie den Test mit größeren Brennweiten durchführen, ist es notwendig, genügend Platz zur Verfügung zu haben, um die Mindestentfernung zum Scharfstellen des Objektivs einhalten zu können. Als Motiv zum Abfotografieren eignen sich z. B. drei oder mehr Videohüllen oder Bücher.

Kameraeinstellungen

Um optimale Testbedingungen zu schaffen, stellen Sie folgende Optionen an der α700 ein:

Wählen Sie den Blendenprioritätsmodus, um eine möglichst große Blende einstellen zu können. Die notwendige Belichtungszeit errechnet die Kamera.

2

Über das vordere oder hintere Einstellrad wählen Sie nun die größtmögliche Blende (kleiner Blendenwert, z. B. F1.7) aus.

Als ISO-Wert sollten Sie ISO 100 wählen, um Unschärfe durch Bildrauschen auszuschließen.

Als Fokussiermodus wählen Sie den Spot-AF aus.

5

Als Dateiformat stellen Sie JPEG-Extrafein bzw. RAW oder cRAW ein, um Reserven bei der Überprüfung der Schärfe zu haben.

Über die DRIVE-Taste gelangen Sie in das Menü zur Auswahl der Spiegelvorauslösung (*2-s-Selbstausl.*).

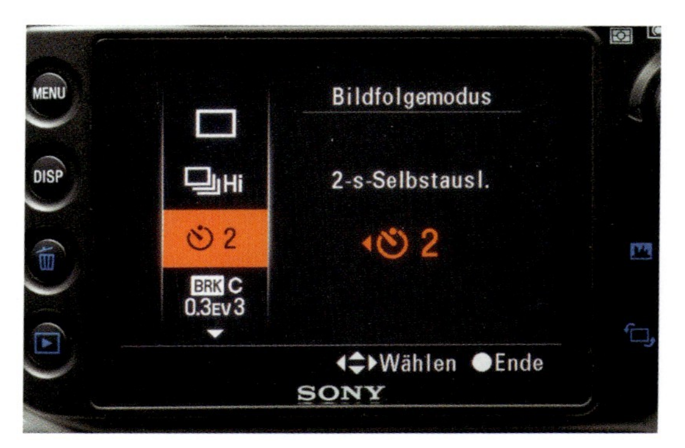

▲ *Durch die Wahl der Spiegelvorauslösung kann Verwacklungsunschärfe vermieden werden. Die Spiegelvorauslösung verbirgt sich hinter der 2-Sekunden-Selbstauslöser-Funktion.*

Motivwahl und Kameraausrichtung

Bewährt haben sich Videohüllen oder die Rücken von Büchern. Diese sollten über eine plane Fläche und ein kontrastreiches, differenzierbares Motiv verfügen (siehe Bild auf der nächsten Seite).

Die Kamera setzen Sie auf ein Stativ und richten sie parallel zum Objekt aus. Das Spotmessfeld muss auf die mittlere Videohülle zeigen.

Es darf keine Überschneidung mit einer zweiten Hülle auftreten. Zudem muss eine Stelle angemessen werden, an der ausreichend Kontrast vorhanden ist. Auf eine nur einfarbige Fläche würde vermutlich nicht exakt scharf gestellt werden.

Die Beleuchtung der Videohüllen sollte möglichst gleichmäßig und ausgewogen sein.

▲ *Testaufbau.*

Nutzen Sie die Nahdistanz zum Scharfstellen des Objektivs aus und gehen Sie möglichst dicht an das Motiv heran. Sie erreichen so einen geringen Schärfentiefebereich und können Abweichungen besser erkennen.

Es wurde berichtet, dass teilweise Back- bzw. Frontfokus auch erst ab etwa 2–3 m Entfernung zum Motiv sichtbar wurden. Um dies zu überprüfen, fertigen Sie auch in diesem Abstand Testfotos an.

Die Videohüllen stellen Sie so auf, dass sich in der Tiefe eine Abstufung ergibt. Beginnen sollten Sie mit etwa 5 mm. Später kann dieser Wert wenn nötig noch verringert werden.

Die Motivaufnahme

Wichtig bei diesem Test ist es, nicht nur eine Aufnahme zu machen. Bevor Sie die Kamera aufgrund eines nicht richtig durchgeführten Tests zum Service schicken, sollten Sie sich vergewissern, den Test gewissenhaft und mit mehreren Aufnahmen durchgeführt zu haben. Gehen Sie am besten wie folgt vor:

Fertigen Sie mindestens eine Testreihe aus je drei Aufnahmen an.

Jede Aufnahme sollte dabei aus der Unschärfe heraus erneut auf die mittlere Videohülle scharf gestellt werden.

Eine Testreihe mit manueller Scharfstellung kann die Testreihe ergänzen und Aufschluss über einen eventuell nicht richtig funktionierenden Autofokus geben.

Da am Kameradisplay geringe Schärfenunterschiede nicht zu erkennen sind, sollten Sie den Testaufbau unverändert lassen und die Bilder zunächst am Computermonitor auswerten. Sollte der Test wiederholt werden müssen, ersparen Sie sich einen erneuten Aufbau.

Auswertung der Testaufnahmen

Am günstigsten ist die Auswertung der Aufnahmen im 100 %-Zoommodus des Bildbearbeitungsprogramms. Stellen Sie nun fest, dass nicht die mittlere, sondern eine andere Videohülle scharf abgebildet wurde, muss ein dejustierter Sensor bzw. ein defektes Objektiv vermutet werden.

▲ *Die in der Mitte scharf gestellte Videohülle ist tatsächlich scharf, während die etwas weiter vorn bzw. hinten aufgestellten Hüllen merklich unschärfer erscheinen. Dies bestätigt, dass der Sensor richtig justiert ist – hier an der Naheinstellgrenze mit einem 50-mm-Objektiv bei Blende F1.7.*

Ist noch ein weiteres Objektiv vorhanden, sollten Sie den Test nochmals mit diesem Objektiv durchführen. Tritt der Fehler auch hier auf, lässt sich daraus schließen, dass es sich um einen falsch eingestellten Sensor handelt. Andernfalls liegt es am Objektiv, das zum Service geschickt werden sollte.

Bei der Auswertung ist darauf zu achten, dass die Fokusprobleme an einem lichtstarken Objektiv mit großer Blendenöffnung wesentlich besser zu erkennen sind als mit einem Telezoomobjektiv mit einer Anfangsblende von z. B. F5.6 bzw. einem Weitwinkelobjektiv.

Der Schärfentiefebereich ist hier bereits bei voll geöffneter Blende zu groß, um den Test vernünftig durchführen zu können. Andererseits spielt hier ein leicht dejustierter Sensor auch eine untergeordnete Rolle, da die Schärfentiefedifferenz vielleicht 2 oder 5 mm beträgt und in diesen Fällen so gut wie nicht auffällt.

▲ *Auch hier ist nicht die mittlere Hülle scharf. Da die etwas weiter hinten stehende Hülle rechts scharf ist, wird Backfokus vermutet.*

▲ *Nicht die mittlere Hülle ist scharf abgebildet, sondern die links etwas weiter vorstehende Hülle. Hier muss ein Frontfokusproblem vermutet werden.*

Weitere Möglichkeiten zum Testen

Eine weitere Möglichkeit, auf Fokusprobleme hin zu testen, ist das Abfotografieren eines Fokustestbildes. Dieses kann z. B. unter *http://www.focustestchart.com/* von Tim Jackson heruntergeladen werden. Eine ausführliche (englische) Beschreibung ist im PDF-Dokument ebenfalls enthalten.

Dadurch, dass das Testbild aber im 45°-Winkel abfotografiert werden muss, ergibt sich hierdurch schon eine Ungenauigkeit. Zur Beurteilung eines eventuellen Fokusfehlers ist daher der vorhergehende Test sinnvoller (siehe Bild auf der gegenüberliegenden Seite).

Anlaufpunkt für den Service

Sollte es doch einmal notwendig werden, die Kamera bzw. Objektive zum Service zu schicken, sind nachfolgend die entsprechenden Adressen angegeben:

AVC Audio-Video-Communication Service GmbH
Emil-Hoffmann-Str.19A
50996 Köln/Rodenkirchen
Tel.: +49 22 36 38 38-0
Fax: +49 22 36 38 38-99
E-Mail: *Koeln@avc.de*

Firma Geissler (Herbert Geissler Service)
Lichtensteinstraße 75
72770 Reutlingen
Tel.: +49 70 72 92 97-0
Fax: +49 70 72 20 69
E-Mail: *info@geissler-service.de*

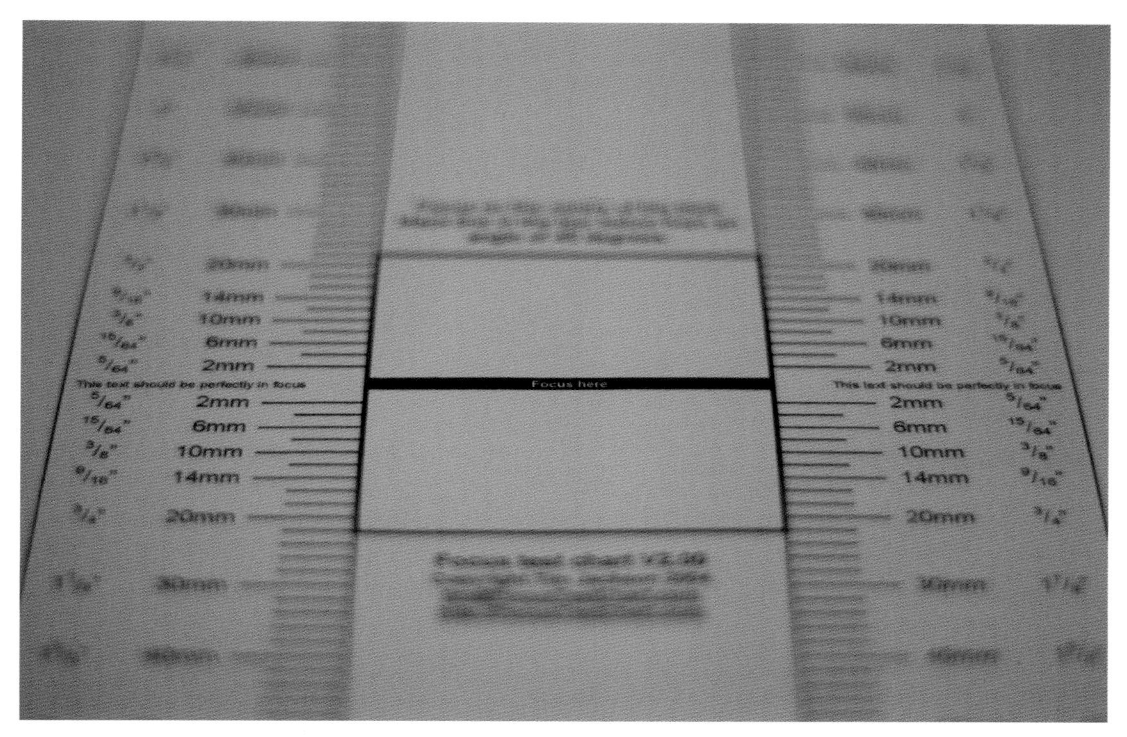

▲ *Testbild zur Untersuchung auf Back- bzw. Frontfokus. Hier im Winkel von etwa 45° mit einem 50-mm-Objektiv bei Blende F1.7 aufgenommen. Ein Fokusfehler ist nicht zu erkennen. Die Schärfe liegt genau im optimalen Bereich.*

Für Kameras und Objektive der Firma Minolta bzw. Konica Minolta ist folgender Servicestützpunkt zuständig:

Runtime Contract GmbH
Senator-Helmken-Straße 1
28197 Bremen
Tel.: +49 4 21 52 62 80
Fax: +49 4 21 52 62 81 11

Möchte man sich darüber informieren, ob eventuell aufgetretene Probleme bereits bekannt sind und ob es schnelle, unkomplizierte Lösungen gibt, kann man dies in folgenden Internetforen tun:

- *http://www.sony-foto-forum.de*
- *http://www.minolta-forum.de*
- *http://www.sonyuserforum.de*

2.6 Objektiveigenschaften und Zubehör für mehr Schärfe

Streulichtblenden immer verwenden

Passende Streulichtblenden (oft auch etwas unglücklich als Gegenlichtblende oder GeLi bezeichnet) sollten am Objektiv prinzipiell verwendet werden. Sie schließen so eine Kontrastminderung durch einfallendes Streulicht in die Frontlinse aus. Auch der erreichbare Schärfeeindruck des Objektivs kann hierdurch beeinträchtigt werden. Zudem werden unschöne Lichtreflexe auf ein Minimum reduziert. Fotografiert man ohnehin in die Richtung einer Lichtquelle, wird die Streulichtblende unverzichtbar. Hier kann auch schon mal bei zu

▲ Drei Streulichtblenden aus dem Lieferprogramm von Sony (von links: für AF F3,5-4,5/18-70, AF F3,5-4,5/16-80 und AF F2,8/70-200). Streulichtblenden sollte man prinzipiell benutzen. Man verhindert so Lichtschleier und unscharf wirkende Bilder. An der Streulichtblende des AF F2,8/70-200, die doch schon einige Ausmaße hat, ist praktischerweise eine Öffnung zur Bedienung für Polfilter vorhanden.

▲ Neben der Verhinderung von unerwünschten Reflexionen sorgt die Streulichtblende auch für einen besseren Kontrast im Bild (links mit und rechts ohne Streulichtblende).

starker Einstrahlung die Hand als zusätzliche Abschattungsmöglichkeit genutzt werden. Fotografiert man aber direkt in die Sonne, hat die Streulichtblende keinerlei Wirkung mehr. Ein nicht zu unterschätzender Vorteil ist zudem der Schutz der Frontlinse.

Passende Streulichtblende
Tulpenförmige Streulichtblenden sind speziell für Objektive konstruiert, die eine feststehende Frontlinse besitzen. Achten Sie unbedingt darauf, dass die Streulichtblende für das vorhandene Objektiv vorgesehen ist. Ansonsten müssen Sie mit Randabschattungen auf den Bildern rechnen.

Blende optimieren

Nach Möglichkeit sollte man 1 bis 2 Blendenstufen abblenden, um die Maximalleistung des Objektivs zu erreichen. Dies gilt für die meisten Objektive am Markt. Eine Handvoll Objektive wie das Sigma F4/100-300mm oder die Objektive der Minolta-G-Serie sind bereits bei voller Blendenöffnung in Abbildungsleistung und Schärfe sehr gut. Dies schlägt sich natürlich auch im Preis nieder. Bemerkenswerterweise erreicht das Kit-Objektiv AF F3,5-5,6/18-70 bereits um 1 Stufe abgeblendet sehr gute Werte. Die Blende lässt sich am besten im Blendenprioritätsmodus vorwählen. Mit dem hinteren oder vorderen Einstellrad wird sie eingestellt.

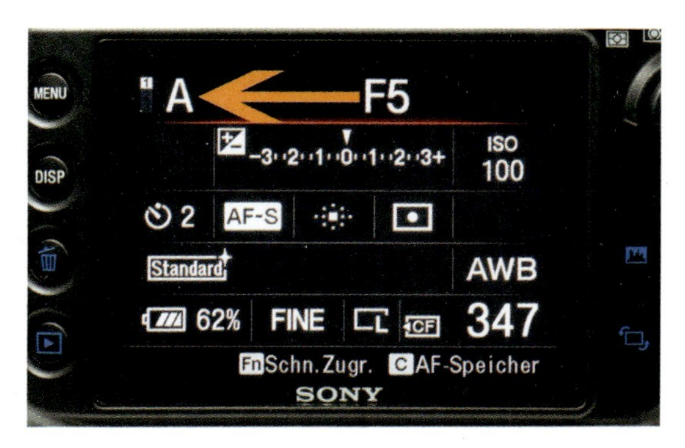

In der anderen Richtung nimmt die Abbildungsleistung bei zu starkem Abblenden ebenfalls ab. Im Allgemeinen kann man sagen, dass ab Blende 16 eine Leistungsverschlechterung zu bemerken ist. Dieser Wert hängt aber vom Objektiv ab und kann variieren.

Sind Superzooms sinnvoll?

Die Werbung verspricht herausragende Leistungen und einen enormen Brennweitenbereich von z. B. 18 bis 200 mm oder sogar 300 mm. Doch derartige Objektivkonstruktionen können immer nur einen Kompromiss darstellen. Meist fällt auch die Lichtstärke derartiger Objektive nicht gerade stark aus.

Wenn Sie nun noch mindestens zweimal abblenden müssen, um die bestmögliche Leistung zu erzielen, landen Sie schnell bei Blende 8 oder noch schlechter. Im Telebereich ist dann verwacklungsfreies Fotografieren meist nur noch mit Stativ möglich. Sicher sind diese Objektive in der Anschaffung auch recht günstig, aber man sollte, sofern es das Budget hergibt, höherwertige Objektive in die Kaufüberlegung mit einbeziehen.

Schärfe durch Stativ

Für den ambitionierten Fotografen gehört es einfach dazu: das stabile Stativ. Das sorgfältige Komponieren eines Bildes wird erst mithilfe eines Stativs möglich, und auch für die Schärfe im Bild ist es in vielen Situationen unumgänglich. Für den flexiblen Einsatz bieten sich Einbeinstative an. Bewegte Motive lassen sich so besser verfolgen als mit einem Dreibeinstativ. Verwacklungen in horizontaler Richtung sind aber nicht ausgeschlossen, und auch für die Bildgestaltung ist es nicht immer ideal. Hier spielt das Dreibeinstativ seine Stärken aus.

◂ *Um die Abbildungsleistung der Objektive auszuschöpfen, sollte man abblenden. Hierfür bietet sich der Blendenprioritätsmodus an, zu erkennen am A links oben im Display.*

Ohne Stativ wäre diese Aufnahme nicht denkbar gewesen. Mit Stativ konnte aber die Schärfeebene exakt gewählt und der Bildaufbau in Ruhe gestaltet werden.

Schärfe durch Super SteadyShot

Der Einsatz eines Stativs ist leider nicht immer möglich. Auch die Flexibilität wird eingeschränkt. An manchen Orten besteht sogar Stativverbot oder es bietet sich einfach nicht an, mit einem Stativ zu großes Aufsehen zu erregen. Mit dem Super SteadyShot besitzen Sie in der α700 einen Bildstabilisator für praktisch alle an der α700 verwendbaren Objektive. Dieser kann immer eingeschaltet bleiben, nur beim Einsatz eines Dreibeinstativs sollte man ihn abschalten, da er hier nicht benötigt wird und eher nachteilig wirken kann.

Der Super SteadyShot wirkt unterstützend bei Freihandaufnahmen, um Verwacklungen zu vermeiden.

Mehr Informationen zum Super SteadyShot erhalten Sie auf Seite 19.

Schärfe durch Fernbedienung

Vielleicht vermutet man es nicht sofort, aber auch bei Aufnahmen mit Stativ kann das Durchdrücken am Auslöser zu geringen Verwacklungen führen, die dann gerade bei langen Brennweiten sichtbar werden.

Sony liefert mit der α700 eine IR-Funkfernbedienung aus, die Sie nutzen sollten. Nachteilig ist hier allerdings, dass der Taster *2 sec* nur die 2-Sekunden-Selbstauslösung aktiviert, nicht jedoch die Spiegelvorauslösung.

Alternativ bietet Sony zwei Kabelfernbedienungen an, die sich nur durch die Kabellänge (0,5 bzw. 5 m) unterscheiden. Die längere von beiden verschafft einem mehr Bewegungsfreiheit.

Diese beiden Fernauslöser sind übrigens mit den baugleichen Konica Minolta- bzw. Minolta-Fernauslösern identisch.

▲ *Kabelfernauslösung zur Vermeidung von Verwacklungen.*

Vorhergesehene Schärfe: Prädikationsautofokus

Die prädikative Schärfenachführung soll helfen, auch sich bewegende Motive scharf stellen zu können. Dabei wird die Objektbewegung in der Zeit vom Auslösen bis zur Verschlussöffnung vorausberechnet. Der Prädikationsautofokus entspricht der Einstellung *AF-C* im Menü *AF-Modus*. Weitere Informationen zur Schärfenachführung gibt es auf Seite 63.

2.7 Scharfstellen unter schwierigen Bedingungen

Immer wieder ergeben sich Situationen, in denen der Autofokus Probleme beim Scharfstellen hat. Beispielsweise kontrastarme Motive oder Motive mit gleichmäßigen Strukturen sind für den Autofokus aufgrund seiner Funktionsweise problematisch.

Zu wenig Licht oder ein nicht im Bereich eines Autofokusmessfelds befindliches Objekt sind weitere Problemfelder, die nachfolgend beleuchtet werden.

Wenig Licht und trotzdem scharf

Obwohl der Autofokus der α700 einen weiten Funktionsbereich besitzt und sehr lichtempfindlich ist, stößt man im Dunkeln an seine Grenzen. Selbst für uns Menschen ist es schwierig, mit unseren „hoch entwickelten" Augen in der Dunkelheit die Schärfe richtig einzuschätzen.

> **Zentrales Autofokusmessfeld**
>
> Da das zentrale Messfeld besonders lichtempfindlich ist, bietet es sich an, in schwierigen Lichtsituationen nur noch dieses zur Scharfstellung zu nutzen. Entweder wählen Sie nach Drücken der Funktionstaste Fn das auf dem Display der α700 befindliche AF-Feld-Piktogramm und stellen den Spot-AF permanent an oder Sie drücken den Multiwahlschalter für gelegentliche Benutzung.

▲ *Steht nur wenig Licht zur Verfügung und befindet man sich im Makrobereich, kann eine Taschenlampe hilfreich sein, um erstens Stimmung ins Bild zu bringen und zweitens dabei zu helfen, den genauen Fokus zu finden.*

Die Schärfespeicherung der α700 erlaubt das Speichern der Schärfe anvisierter heller Punkte. Wenn sich diese im gewünschten Schärfebereich befinden, kann bei erfolgreichem Scharfstellen diese Funktion genutzt werden. Die Kamera wird dann entsprechend geschwenkt und ausgelöst. Dazu sollte der statische Autofokus (AF-S) eingeschaltet werden.

Internes AF-Hilfslicht zur Unterstützung bei der Scharfstellung

Reicht das Licht zum Scharfstellen nicht mehr aus, bedient sich die α700 des AF-Hilfslichts und projiziert ein rotes Muster auf das Motiv. Leider ist die Reichweite begrenzt, sodass hier nur mit Erfolgen zu rechnen ist, wenn sich das Objekt nicht zu weit entfernt befindet. Bei Nutzung eines externen Blitzes an der α700 kann dessen Hilfslicht genutzt werden, um den Autofokus zu unterstützen. Der Vorteil liegt in dem größeren Projektionsmuster und der besseren Reichweite.

Deaktiviertes AF-Hilfslicht

Falls das AF-Hilfslicht bei Dunkelheit an der α700 nicht funktioniert, wenn man den Auslöser halb durchdrückt, sollten Sie im Aufnahmemenü (3) nachschauen, ob es eventuell deaktiviert wurde. Ein deaktiviertes AF-Hilfslicht kann sinnvoll sein, wenn auch diese recht dezent wirkenden Rotlichtimpulse nicht gewünscht sind.

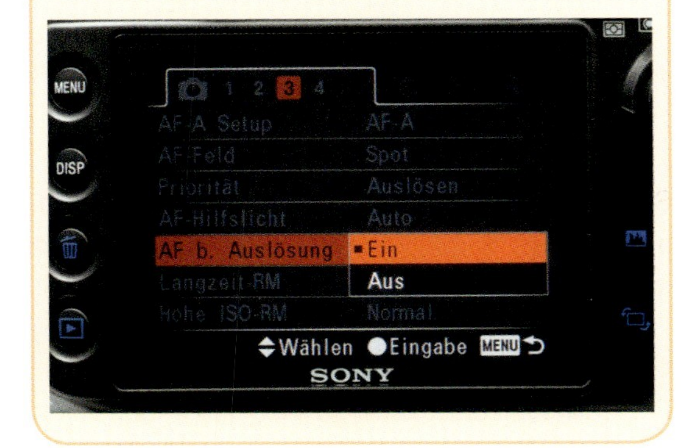

Weit entfernte Objekte scharf stellen

Selbst das AF-Hilfslicht des großen externen Blitzes, des HVL-F56AM, reicht sicher nur für etwa 10 m aus, um den Autofokus im Dunkeln zu unterstützen. Ab dieser Entfernung sind stärkere Leuchtmittel notwendig. Die Lichtstrahlen stark bündelnde Taschenlampen oder ein Laserpointer können helfen, auch über größere Distanzen den Autofokus mit ausreichend Licht zu unterstützen.

Außermittige Objekte korrekt scharf stellen

In der Standardeinstellung ist bei der α700 der große Autofokusbereich voreingestellt. Die Kamera ermittelt nun selbstständig, welches der elf Messfelder Priorität bekommt und den Schärfepunkt festlegen darf. Für Schnappschüsse und recht plane Motive mit nur einer Schärfeebene ist diese Messart sicher geeignet.

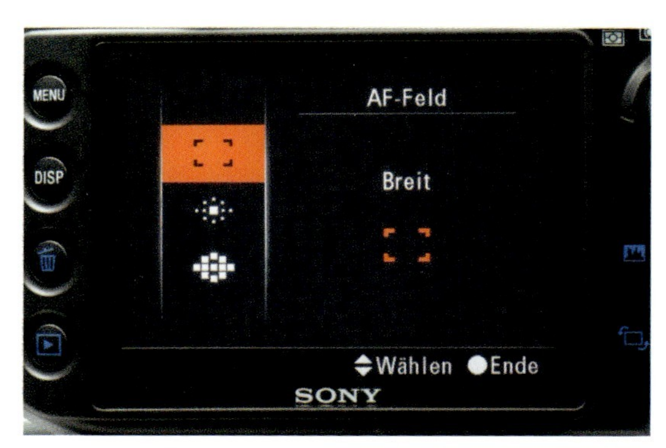

▲ *Im Menü AF-Feld hat man die Wahl zwischen dem großen AF-Messfeld, dem Spot-AF und der Messfeldauswahl über den Multiwahlschalter.*

Steigt man aber ernsthafter in die Fotografie ein, möchte man selbst bestimmen, welches Messfeld genutzt werden und wo die Schärfe liegen soll. Ambitionierte Fotografen nutzen aus diesem Grund meist das zentrale Messfeld, hier Spot-AF genannt. Dieses Messfeld ist zudem als Doppelkreuzsensor ausgelegt, der für horizontale und vertikale Strukturen gleichermaßen sensibilisiert und zudem lichtempfindlicher als die anderen Sensoren ist. Aber auch hier gibt es Grenzen. Kontrastlose Flächen geben dem zentralen Sensor keine Chance zur Scharfstellung. Hier kann man versuchen, ein kontrastreiches Objekt in der Schärfeebene zu finden, dieses anzumessen und dann zum eigentlichen Motiv zurückzuschwenken. Kameraverschiebungen sind ebenfalls nützlich, wenn es darum geht, das Objekt in eine Position nach den Regeln des Goldenen Schnitts zu stellen. Im Folgenden wird gezeigt, wie man dies am besten bewerkstelligt.

Kameraverschiebung bei außermittigen Motiven

Zunächst sollte im Menü *AF-Feld*, erreichbar über die Funktionstaste Fn, der Spotautofokus gewählt werden. Alternativ können Sie den Multiwahlschalter drücken. Wenn Sie sich aber auf eine saubere Bildkomposition konzentrieren möchten, ist es besser, das Spot-AF-Feld fest einzustellen. Wählen Sie als Autofokusmodus AF-A oder besser AF-S, um eine Schärfenachführung zu verhindern.

Variante A

Als Erstes schwenken Sie die Kamera so, dass das bildwichtige Element vom zentralen AF-Messfeld erfasst wird.

▲ *Zunächst stellen Sie mittels des zentralen AF-Messfelds das Objekt, in diesem Fall die Eidechse, scharf.*

▲ *Im letzten Schritt verschiebt man die Kamera so, dass die gewünschte Objektposition erreicht wird.*

Der Auslöser wird dann halb durchgedrückt. Nun ist der Schärfepunkt gespeichert.

AEL-Taste einstellen

Die AEL-Taste kann im Benutzermenü (2) so eingestellt werden, dass der Belichtungswert bis zum erneuten Drücken der Taste gespeichert wird. Man erspart sich das permanente Drücken der Taste, bis die Bildkomposition beendet ist.

▲ *AEL-Taste zur Belichtungsspeicherung (das Sternchen rechts oben leuchtet auf, sobald die Belichtung gespeichert ist). Das Drücken der Taste ist beim Kameraschwenk wichtig, um Fehlbelichtungen des Hauptobjekts zu verhindern.*

Bei gedrücktem Auslöser wird nun zusätzlich noch die AEL-Taste gedrückt, um die Belichtungswerte zu speichern. Andernfalls kann es, insbesondere bei gewähltem Belichtungsmodus Spot, zu Fehlbelichtungen durch die Kameraverschiebung kommen. Nun verschiebt man die Kamera zur gewünschten Position, um zum Beispiel den Goldenen Schnitt anwenden zu können, und drückt den Auslöser voll durch.

Variante B

Die α700 verfügt über eine weitere Funktion, die in solchen Fällen das Arbeiten erleichtert. Gerade auch der Einsteiger, der sich nicht noch neben der Motivsuche bzw. -verfolgung mit diversen Tasten auseinandersetzen möchte, kann die AEL-Taste entsprechend umprogrammieren. Besonders auch wenn man im Normalfall die Mehrfeld- oder Integralmessung nutzt, kann diese Funktion sinnvoll sein. Hierzu wählen Sie im Benutzermenü (2) beim Menüpunkt *AEL-Taste* die Funktion *AEL Umschalt.* Dies bewirkt bei einmaligem Drücken der AEL-Taste die Spotbelichtungsmessung und die

Speicherung dieses Wertes bis zum nochmaligen Drücken der Taste. Die Voraussetzungen für eine ideale Belichtung des bildwichtigen Objekts sind so gegeben.

▲ *Durch Wahl von AEL Umschalt wird die AEL-Taste zum Schalter für vorübergehende Spotbelichtungsmessung.*

1

Mit dem zentralen Messfeld wird wie zuvor die Schärfe der bildwichtigen Motivpartie angemessen und durch halbes Durchdrücken des Auslösers gespeichert. Nun drückt man einmal kurz die zuvor umprogrammierte AEL-Taste. Damit ist die Belichtung im Spotmesskreis der α700 gespeichert.

▲ *Der Schwan wird mit dem Spotmessfeld angemessen. Bei entsprechend umprogrammierter AEL-Taste wird gleichzeitig auf Spotbelichtungsmessung umgeschaltet, was in diesem Beispiel auch sehr praktisch ist. Mehrfeld- und Integralmessung hätten hier Schwierigkeiten gehabt, den Schwan richtig zu belichten.*

2

Nun folgt die Kameraverschiebung entsprechend den eigenen Wünschen. Danach kann der Auslöser durchgedrückt werden.

▼ *Die einmal gedrückte, auf AEL Umschalt umprogrammierte AEL-Taste lässt dem Fotografen Zeit, in Ruhe das Bild durch Kameraverschiebung zu gestalten.*

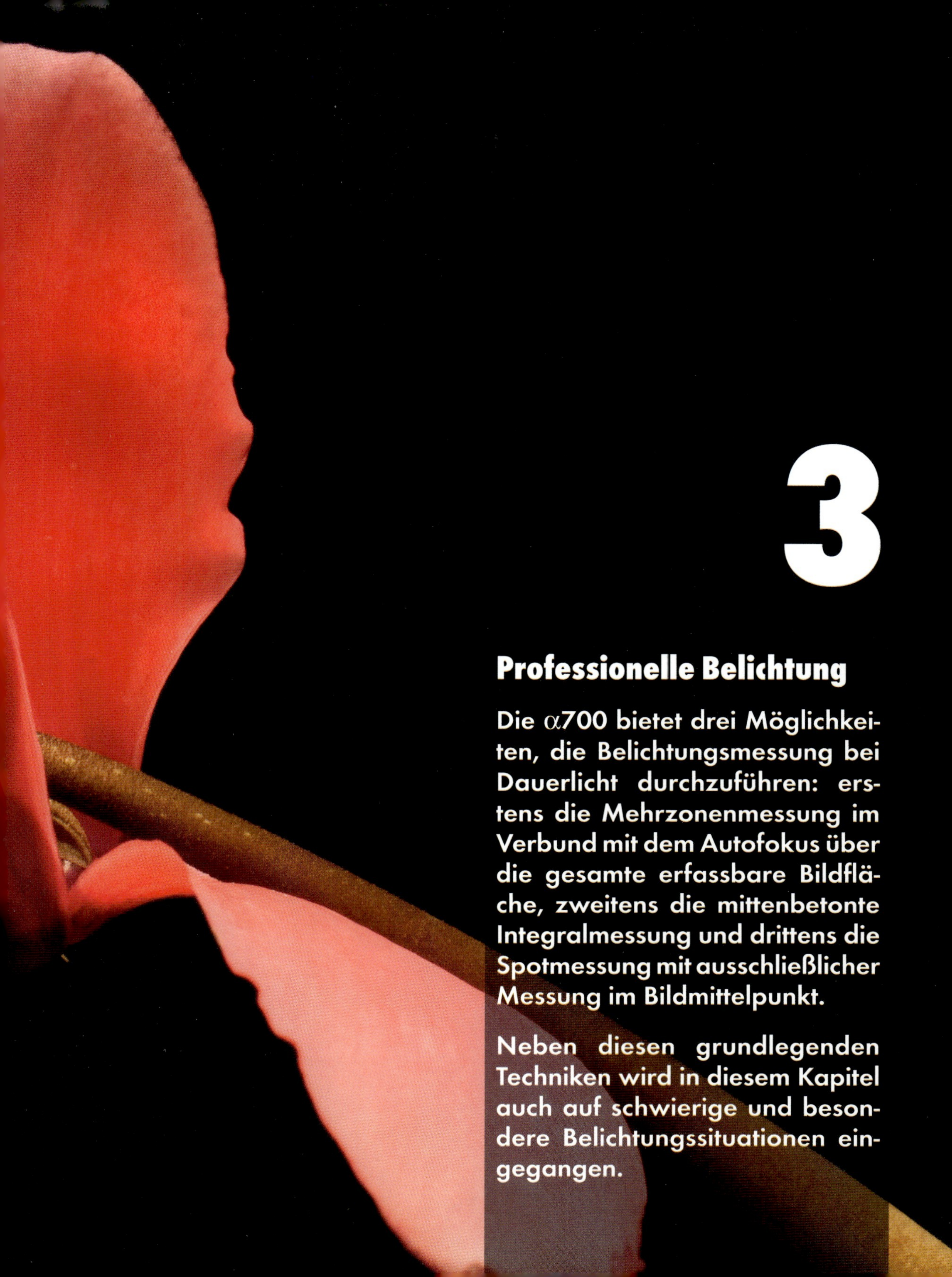

3

Professionelle Belichtung

Die α700 bietet drei Möglichkeiten, die Belichtungsmessung bei Dauerlicht durchzuführen: erstens die Mehrzonenmessung im Verbund mit dem Autofokus über die gesamte erfassbare Bildfläche, zweitens die mittenbetonte Integralmessung und drittens die Spotmessung mit ausschließlicher Messung im Bildmittelpunkt.

Neben diesen grundlegenden Techniken wird in diesem Kapitel auch auf schwierige und besondere Belichtungssituationen eingegangen.

3.1 Messmodi im Detail

Aufgabe der Belichtungsmessung ist es, die richtige Belichtungszeit anhand der Reflexionseigenschaften des Motivs und der zur Verfügung stehenden Lichtmenge so zu ermitteln, dass alle bildwichtigen Details optimal auf dem Sensor abgebildet werden.

Befindet sich die α700 im Belichtungsautomatikmodus, verwendet sie die Mehrzonenmessung. Mit ihr wird man vor allem kurz nach dem Einstieg in die Spiegelreflextechnik vorrangig arbeiten, bietet sie doch für die meisten allgemeinen Anwendungsfälle die ideale Belichtungsmessung. Hat man dann schon etwas Erfahrung gesammelt, wird man bald merken, dass es Situationen gibt, die andere Wege zur optimalen Belichtung erfordern. Vor allem bei harten Kontrasten bzw. starken Unterschieden zwischen den hellsten und dunkelsten Bildinhalten kann es zu Informationsverlusten kommen, die sich in Schatten und Lichtern ohne Zeichnung bemerkbar machen. Musste man bei analogen Filmen hierauf nicht so stark achten, ist es im digitalen Bereich umso wichtiger, da der Dynamikumfang teilweise geringer ist.

Überblick über die Messmethoden der α700

Die Standardeinstellung der α700 ist die Mehrfeldmessung. Hier wird das gesamte Bildfeld mithilfe von 40 Wabensegmenten ausgewertet. Als Optio-

▼ *Gerade mit Landschaftsaufnahmen wie dieser kommt die Mehrfeldmessung sehr gut klar. Das gesamte Sucherbild wird zur Belichtungsmessung herangezogen und ein Mittelwert wird berechnet.*

nen kann man die mittenbetonte Integralmessung und die Spotmessung wählen. Die Integralmessung wertet vorrangig den mittleren Bildbereich aus, lässt aber das Umfeld mit in die Berechnung einfließen. Die Spotmessung misst das Licht nur im Spotmesskreis in der Mitte des Bildes. Alle drei Messmethoden werden in den nachfolgenden Abschnitten ausführlich erläutert. Wählen können Sie die Belichtungsmodi über den Messmodushebel der α700.

Der Allrounder: Mehrzonenmessung

Die Mehrzonenmessung der α700 bedient sich der 39 bienenwabenförmigen Elemente plus Hintergrundsegment. Die Mehrzonenmessung ist zudem mit dem Autofokussystem der α700 gekoppelt. Segmente in dem Bereich des AF-Messfelds, bei dem die α700 die Schärfe bestätigen kann, fließen bei der Berechnung der optimalen Belichtung mit einer höheren Priorität ein.

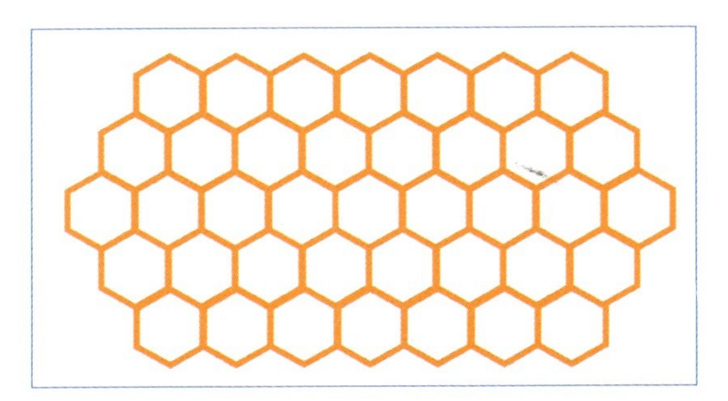

▲ *Wabenanordnung für die Mehrfeldmessung. Das 40. Wabenelement ist der Hintergrund.*

Die Verteilung der Helligkeit und die Werte des Autofokus werden mittels Fuzzylogik ausgewertet. Dabei werden auch der Abbildungsmaßstab des Hauptmotivs und die Entfernung ausgewertet. Die Fuzzylogik kennt nicht nur die Werte Ja (1) und Nein (0) der zweiwertigen Logik (Boolesche Logik), sondern wertet „feinfühliger" aus. Sie kennt also auch Werte wie „ein wenig" oder „stark". Menschliches Wissen und Überlegungen können so zur Auswertung herangezogen werden.

Fuzzy

„Fuzzy" (sprich: Fazi) bedeutet verschwommen oder unscharf. Der Informatiker Lotfi Zadeh benannte 1965 seine Theorie der Mengenlehre „fuzzy set theory". In der Fotografie bedeutet das z. B., dass die Elektronik nicht nur schwarz und weiß erkennt, sondern zwischen Grautönen differenzieren kann. Mit diesen Daten wird eine hinterlegte Datenbank abgefragt und z. B. der Kontrast eingestellt.

Die α700 kann sich über diese Logik eines großen Fotografenwissens bedienen. Typische Situationen können so mit der von der Kamera vorgeschlagenen Belichtungszeit und Blende in den meisten Fällen auch durch den Anfänger gut gemeistert werden. Da aber die Fotografie auch ein kreatives Arbeitsfeld ist und bestimmte Situationen einfach nicht erkannt werden können, gibt es hier natürlich auch Grenzen.

Boolesche Logik

Die Boolesche Logik wurde im 19. Jahrhundert durch George Boole entwickelt. Mit ihr können die Zustände Ein (1) und Aus (0) verknüpft werden. Dabei kommen Operationen wie UND, ODER, NICHT etc. zum Einsatz. Auch unsere heutigen Computer bedienen sich dieser Logik, um Rechenoperationen auszuführen.

Selbst wenn Sie manuell scharf stellen, werden die Entfernungsdaten mit ausgewertet, da die Daten vom Objektiv bereitgestellt und ausgewertet werden können. Dies wird durch den Kupplungsmechanismus zwischen Gehäuse und Objektiv ermöglicht. Die Entfernungsdaten werden weiterhin elektronisch übermittelt und können ausgewertet werden. Die Entfernung wird dabei durch die D-Serien-Objektive und Konverter direkt übermittelt. Außerdem besitzt die α700 eine Objektivdatenbank, mit deren Hilfe die Kamera auch die Entfernung anhand der Umdrehungen der Autofokuswelle ermitteln kann. Die Mehrzonenmessung kann als Standardeinstellung voreingestellt bleiben. Solange Sie also Szenen fotografieren, die keine übermäßigen Kontraste wie Spitzlichter oder starke Schatten aufweisen, ist die Mehrfeldmessung ideal.

Tendenz zur Unterbelichtung

Die α700 tendiert in bestimmten Situationen zur Unterbelichtung. Helle Bereiche im Foto bleiben hierbei erhalten, andererseits sind dann in Schattenbereichen so gut wie keine Zeichnungen mehr zu erkennen. Vermutlich wurde dies durch Sony mit dem Wissen darum, dass aus hellen Bildpartien ohne Zeichnung keine Informationen mehr gewonnen werden können, entsprechend in der Firmware umgesetzt. Dunklen Bildpartien hingegen kann man per Bildbearbeitung noch Informationen entlocken und aufhellend eingreifen. Ein Ansteigen des Rauschens in diesen Bereichen muss man indessen mit einkalkulieren.

Auch für Schnappschüsse ideal

Haben Sie wenig Zeit, sich auf die Situation oder auf die Kamera zu konzentrieren, bietet sich auch hier die Mehrfeldmessung an. Wählen Sie nun noch das Programm P, ist man für solche Gelegenheiten gut gerüstet und kann mit einer hohen Wahrscheinlichkeit auf ausreichend gut verwertbare Bildergebnisse vertrauen.

Im Zweifelsfall: mittenbetonte Integralmessung

Es kann vorkommen, dass man andere Vorstellungen als die Kameraelektronik besitzt und auf die hoch entwickelten Computervorschläge der Mehrzonenmessung verzichten möchte. Hierfür bietet sich dann u. a. die mittenbetonte Integralmessung an.

◂ *Bei eingestellter Mehrfeldmessung erhalten die Bildbereiche, auf die scharf gestellt wurde, im Hinblick auf die Belichtung eine höhere Priorität. Hier ist sehr schön zu sehen, dass der Turm, auf den fokussiert wurde, ausgeglichener belichtet wurde als der Vordergrund.*

▲ *Der sich im Bildzentrum befindliche Pilz ist ein typisches Einsatzgebiet für die mittenbetonte Integralmessung. Die Außenbereiche gehen weniger stark in die Belichtungsmessung ein.*

Auch verfügen viele ältere Kameras über diese Messmethode, sodass Umsteiger mit Erfahrung mit der Integralmessung hier einen leichten Einstieg finden. Die mittigen Messwaben haben hierbei eine Gewichtung von 80 % auf das Messergebnis. Man erhält so in den meisten Fällen eine auf das Hauptobjekt bezogene korrekte Belichtung. Wichtig ist hierbei, dass sich das Hauptobjekt auch in der Bildmitte befindet.

Im Spezialfall: Spotmessung

Eine Spezialität ist die Spotmessung. Hier wird nur das zentrale Wabenmessfeld zur Belichtungsmessung genutzt. Im Sucher befindet sich dazu zentral ein Messkreis mit 4 mm Durchmesser. Für die Belichtungsmessung wird nur dieser kleine Kreisinhalt herangezogen. Der Fotograf muss entscheiden, welcher Bildbestandteil wichtig für die Belichtungsmessung ist.

▼ *In diesem Fall wurde der vordere Blütenstand des Kaktus per Spotmessung angemessen. Der sich ergebende Belichtungswert wurde mittels AEL-Taste gespeichert, und daraufhin wurde die Kamera so ausgerichtet, dass der Blütenstand im Goldenen Schnitt liegt.*

Der zu messende Bildwinkel ist vom eingesetzten Objektiv abhängig (siehe Abbildung). Starke Motivkontraste wie bei Gegenlichtaufnahmen lassen sich am besten mit der Spotmessung meistern.

Objekte ausmessen

Gut können Sie auch die Spotmessung zum Ausmessen von Objekten einsetzen, um z. B. den Kontrastumfang zu ermitteln. Hierzu wird im Motiv die hellste und die dunkelste Stelle angemessen. Aus dem Verhältnis der sich ergebenden Blendenwerte können Sie den Kontrastumfang ermitteln. Beispielsweise ergibt die Messung an der dunkelsten Stelle von Blende 2.8 und an der hellsten Stelle von 16 einen Kontrastumfang von 5 Blendenstufen. Die α700 ist in der Lage, etwa 9 Blendenstufen darzustellen. Ist der Kontrastumfang größer als 9, wird in den hellen bzw. dunklen Bereichen keine Zeichnung (Details) mehr vorhanden sein. Hier hilft dann z. B. das Aufhellen von Schatten oder das Abschatten zu heller Motivpartien. Im nächsten Abschnitt wird eine weitere Möglichkeit beschrieben, wie Sie mit zu großen Kontrasten umgehen können.

Für die Bildgestaltung ist das mittig sitzende Messfeld meist nicht ideal. Man kann aber über die AEL-Taste die Belichtung speichern und dann die Kamera entsprechend verschieben, um einen günstigeren Bildausschnitt zu erhalten. Man misst hierzu das Motiv an und drückt dann die AEL-Taste.

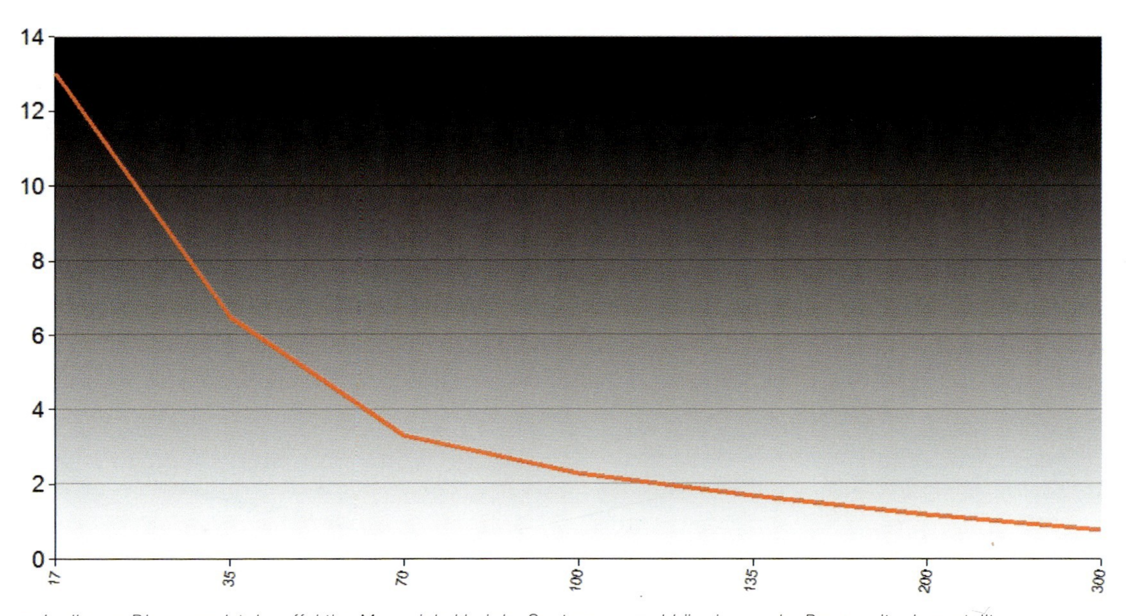

▲ *In diesem Diagramm ist der effektive Messwinkel bei der Spotmessung abhängig von der Brennweite dargestellt.*

Diese hält man gedrückt. Die Belichtung ist nun gespeichert, und man kann die Bildgestaltung durch beliebige Kameraverschiebungen vornehmen.

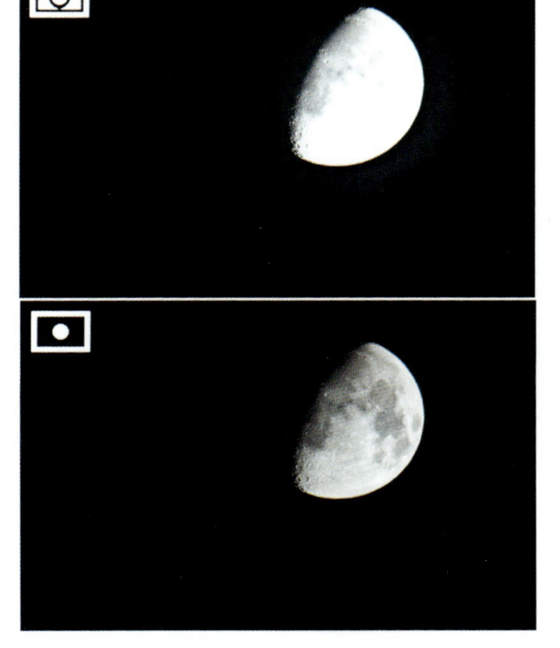

▲ *In der Abbildung oben wurde der Mond mit der Mehrfeldmessung aufgenommen und überstrahlt. Unten wurde per Spotmessung der Mond angemessen, die Belichtungswerte per AEL-Taste gespeichert und die Kamera geschwenkt.*

Belichtungsdaten speichern

Was zuvor über die Belichtungsspeicherung für die Spotmessung geschrieben wurde, trifft auch auf die anderen beiden Messarten (Mehrzonenmessung und mittenbetonte Integralmessung) zu. Generell kann man über die AEL-Taste die Belichtungswerte speichern.

Wird die Taste losgelassen, werden die Daten aus dem Speicher gelöscht. Über das Benutzermenü (2) kann die AEL-Taste so programmiert werden, dass man die Taste nicht ständig gedrückt halten muss.

Die Umprogrammierung bewirkt, dass ein einmaliges Drücken der AEL-Taste die Speicherung bis zum nochmaligen Drücken erhält. Die Speicherung erkennt man auf dem LCD-Monitor durch das Zeichen ✱ rechts oben.

▲ *Die AEL-Taste dient unter anderem zur Speicherung der Belichtungsdaten.*

Im Blitzmodus funktioniert die AEL-Taste nicht als Belichtungsspeicherung, sondern wird als Option zum Einschalten der Langzeitsynchronisation (siehe Seite 130) verwendet.

Die Spotmessung für zwischendurch

Im Benutzermenü (2) besteht zudem noch die Möglichkeit, die AEL-Taste so zu programmieren, dass, während die Mehrfeld- bzw. Integralmessung eingestellt ist, einfach durch Drücken der AEL-Taste auf Spotmessung umgeschaltet werden kann.

Hierzu wählen Sie im Benutzermenü die Option *AEL Halten*, wobei die Taste AEL gehalten werden muss, bzw. *AEL Umschalten* – hier wird die Spotmessung so lange beibehalten, bis Sie die AEL-Taste nochmals drücken.

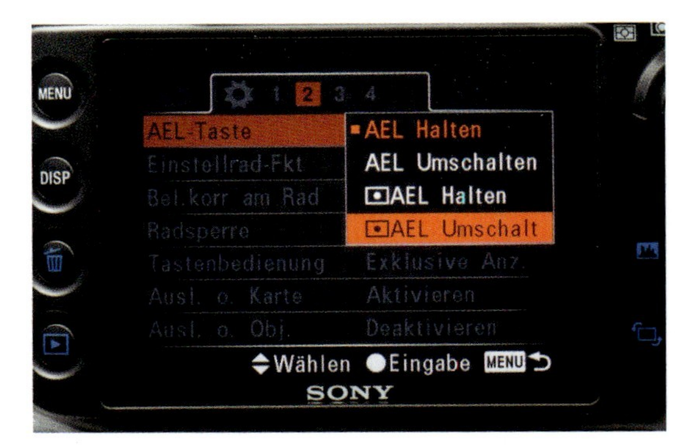

Menü zur Einstellung der AEL-Tastenfunktion.

Das Messergebnis wird auch hier im Speicher abgelegt, und man kann mit der Bildkomposition fortfahren.

Mit Programmverschiebung zu besseren Schnappschüssen (Programmshift)

Sollten Sie mit der vorgeschlagenen Belichtungseinstellung im P-Programm durch die Fuzzylogik nicht zufrieden sein, kann man jederzeit die Zeit-Blende-Kombination verschieben. Zum Beispiel ist es wichtig, bei Sportaufnahmen eine möglichst geringe Belichtungszeit zu erreichen, weil schnelle Bewegungen eingefroren werden sollen. Das heißt, möchten Sie z. B. eine kürzere Belichtungszeit wählen, drehen Sie am vorderen oder hinteren Einstellrad, bis der gewünschte Wert erreicht ist. Nun verschieben sich die Zeit-Blenden-Paare immer im richtigen Belichtungsverhältnis. Das Gleiche trifft natürlich auch mit einer anderen bevorzugten Blende zu. Bei Landschaftsaufnahmen möchten Sie so eventuell eine möglichst hohe Schärfentiefe erhalten.

Begrenzt wird die Verschiebefunktion durch die verfügbaren Blenden am Objektiv und die möglichen Belichtungszeiten der α700.

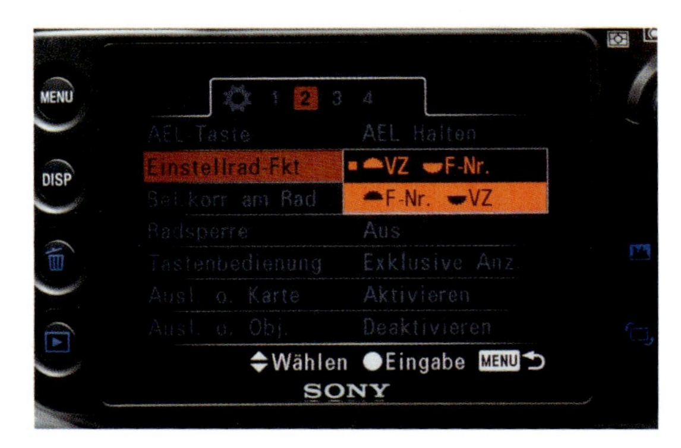

Menü zur Vertauschung der Funktion der Einstellräder.

Einstellräder zur Blenden- bzw. Belichtungszeitwahl.

Je nachdem, welches Einstellrad Sie drehen, erscheint im Display neben dem *P* für Programmwahl ein kleines *s* für Zeitverschiebung und ein *A* für Blendenverschiebung. In der Standardeinstellung gelangen Sie mit dem vorderen Einstellrad in den *Ps*-Modus und mit dem hinteren in den *PA*-Modus. Möchten Sie dies umkehren, können Sie das im Benutzermenü (2) im Punkt *Einstellrad-Fkt* tun.

Die Programmshift-Funktion bleibt auch nach dem Auslösen für die nächsten Aufnahmen vorhanden. Je nachdem, welche Funktion gewählt wurde, arbeitet die α700 dann mit Blenden- bzw. Zeitautomatik. Möchten Sie die Shift-Funktion deaktivieren und wieder der Kamera die komplette Steuerung überlassen, drehen Sie einmal am Moduswahlrad hin und zurück. Die Funktion wird ebenfalls zurückgesetzt, wenn sich der LCD-Monitor der α700 abgeschaltet hat.

Beim Einsatz eines Blitzgerätes ist die Funktion nicht verfügbar.

Weitere Möglichkeiten für die Einstellräder

Das Benutzermenü (2) offenbart im Menüpunkt *Bel.korr am Rad* eine zunächst unüberschaubare Vielfalt der Belegung der Funktionen für die Einstellräder.

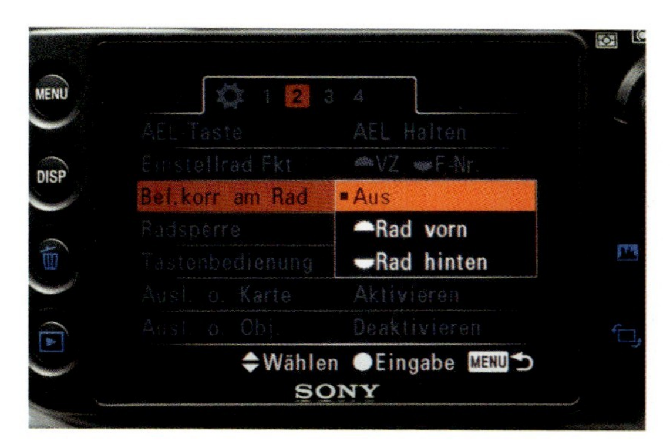

▲ *Eine recht einfach anmutende Auswahlmöglichkeit mit Auswirkungen auf alle vier Aufnahmemodi.*

Einen Sinn ergibt diese Einstellungsmöglichkeit vor allem im Blendenprioritäts- (A) und Verschlusszeitenprioritätsmodus (S). Denn in diesen beiden Modi sind das vordere und das hintere Einstellrad mit derselben Funktion belegt. Im Modus A können Sie mit beiden Rädern die Blende einstellen und im Modus S die Verschlusszeit. Benutzen Sie für diese Funktion vorrangig das gleiche Einstellrad, können Sie hier das unbenutzte Einstellrad mit der Funktion zur Belichtungskorrektur belegen. Sie ersparen sich so ein Drücken der Taste für die Belichtungskorrektur und können direkt die Werte ändern. Je nach Einstellung steht Ihnen diese Funktion dann auch im Modus P zur Verfügung.

Falls Sie oft im manuellen Modus arbeiten und bereits vor der Anschaffung der α700 eine andere Arbeitsweise gewohnt waren, ist sicher auch die Möglichkeit interessant, die Funktion der Einstellräder zu vertauschen. Hierzu wählen Sie die zweite Option im Menüpunkt *Einstellrad-Fkt*.

Über diese Funktion können auch in allen anderen Modi die Einstellungsmöglichkeiten umgekehrt werden.

Mit Belichtungsreihen auf der sicheren Seite

▲ *Nach Drücken der DRIVE-Taste erscheint das Menü zur Auswahl der Bildfolge und der Belichtungsreihen.*

In kritischen Situationen können Belichtungsreihen, also mehrere Aufnahmen mit unterschiedlichen Belichtungseinstellungen, nützlich sein. Die Wahrscheinlichkeit steigt, brauchbare Bildergebnisse zu erhalten. Die α700 kann drei bzw. fünf Aufnahmen hintereinander mit Belichtungsänderungen von 0,3/0,5 und 0,7 EV belichten.

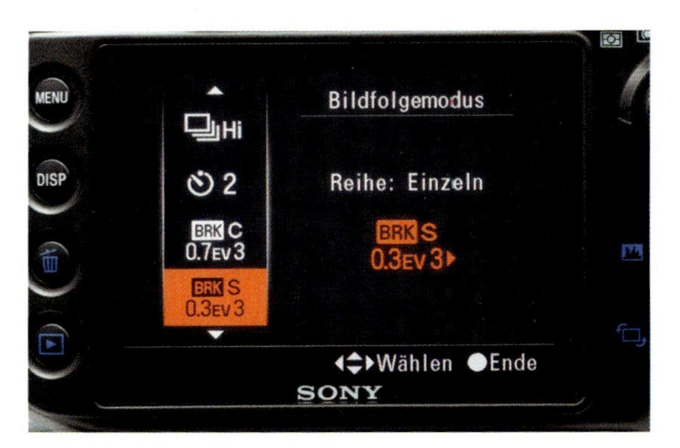

▲ *Im Menü Bildfolgemodus kann zwischen Serienbild- und Einzelbildbelichtungsreihe gewählt werden.*

Später können Sie sich dann im Bildbearbeitungsprogramm die Aufnahme aussuchen, die Ihrem persönlichen Geschmack am nächsten kommt.

Für automatische Belichtungsreihen gibt es zwei Möglichkeiten. Zum einen kann jede Aufnahme hintereinander von Hand ausgelöst werden. Hierfür stellen Sie *Reihe: Einzeln* ein. Andererseits gibt es die Möglichkeit, auch die Auslösung automatisch durchführen zu lassen. Hier wählen Sie *Reihe: Serie*. In diesem Modus halten Sie einfach die Auslösetaste gedrückt.

Die Belichtungsreihe wird mit maximaler Geschwindigkeit, also ca. fünf Bildern pro Sekunde, durchgeführt. Dies ist wichtig bei dynamischen Objekten, bei denen möglichst wenig Veränderung am Motiv gewünscht ist.

Lassen Sie im C-Modus während der Belichtungsreihe den Auslöser los, wird bei erneutem Drücken des Auslösers die Belichtungsreihe nicht fortgesetzt. Beim nächsten Drücken des Auslösers beginnt eine neue Belichtungsreihe.

Die Schärfe wird im C-Modus nur bei eingeschaltetem Nachführ-AF-C nachgeführt. Im automatischen AF-Modus (AF-A) und im statischen AF-Modus (AF-S) ist die Schärfe fixiert.

Möchten Sie später die Belichtungsreihe für DRI- oder HDR-Arbeiten weiterverwenden, ist es wichtig, dass die Belichtungsreihe möglichst einheitlich durchgeführt wird. Dies sollten Sie bei der Wahl des AF-Modus beachten. Die α700 benutzt für alle Aufnahmen der Reihe die gleichen Belichtungsausgangswerte, auch wenn sich zwischenzeitlich die Belichtungssituation geändert hat.

Beachten Sie weiterhin, dass bei Blitzbenutzung jedes Bild separat ausgelöst werden muss. Der C-Modus ist hier inaktiv.

Die Reihenfolge der Aufnahmen ist im Standardfall: normal → unterbelichtet → überbelichtet (→ unterbelichtet → überbelichtet). Möchten Sie die Reihenfolge ändern, können Sie dies im Benutzermenü (3) auf (unterbelichtet →) unterbelichtet → normal → überbelichtet (→ überbelichtet) ändern (siehe Bilder auf der gegenüberliegenden Seite).

3.2 Mehr Dynamik ins Bild bringen

Der Dynamikumfang definiert den Helligkeitsbereich, der im Bild dargestellt werden kann. Das Verhältnis aus der größtmöglich darstellbaren Helligkeit geteilt durch die kleinste mögliche Helligkeit beschreibt den Dynamik- oder auch Kontrastumfang.

$$D = I_{max} : I_{min}$$

Für die Fotografie ist das Verhältnis in Blendenstufen wichtig. Die Formel hierfür lautet:

$$D = \log_2 (I_{max} : I_{min})$$

Bezogen auf die Digitalfotografie entspricht 1 Bit einer Blendenstufe.

◂ Belichtungsreihe aus drei Aufnahmen: normal belichtet ...

▴ ... unterbelichtet ...

◂ ... überbelichtet.

> **Dynamiksteigerung durch Belichtungsreihen**
> Reicht in Grenzsituationen der Dynamikumfang nicht aus, um alle Bildinformationen darstellen zu können, ist es sinnvoll, Belichtungsreihen anzufertigen. Diese können dann z. B. mithilfe von Photoshop CS3 zu einem Bild zusammengefasst werden. Hierfür nutzt man die Funktion HDR im Menüpunkt *Datei/Automatisieren/Zu HDR zusammenfügen*. Das dabei entstehende hoch dynamische Bild besitzt nun 32 Bit, das, um es weiterverarbeiten zu können, auf 16 oder 8 Bit heruntergerechnet werden muss.

Aus dem Bildformat kann so schnell Rückschluss auf die maximal mögliche Dynamik gezogen werden. Theoretisch sind so mit dem JPEG-Format Dynamikumfänge von bis zu 8 Blenden und im RAW-Format bis zu 12 Blenden möglich. Diese Werte beziehen sich aber nur auf das Dateiformat. Die tatsächlich mögliche darstellbare Dynamik hängt noch stark von anderen Faktoren wie Sensor, Signalverarbeitung und Objektiv ab.

Während unser Auge die Helligkeit logarithmisch verarbeitet, d. h., es ist empfindlicher für dunklere Bereiche und weit weniger empfindlich für Helligkeit, kann der Sensor der α700 die Helligkeitswerte nur linear aufnehmen. Der Dynamikumfang ist daher bei der α700 weit geringer und liegt bei etwa 8 bis 9 Blenden, wohingegen unser Auge in Zusammenarbeit mit unserem Gehirn 15 bis 30 (mit Adaption) Blendenwerte darstellen kann.

▾ *Die Schatten im rechten Vordergrund lassen keine Zeichnung mehr erkennen. Hier reicht der Dynamikumfang nicht aus.*

▲ *Der zur Verfügung stehende Dynamikumfang beeinflusst die Bilddarstellung. Oben links 8 Bit, oben rechts 7 Bit, links unten 4 Bit, rechts unten 1 Bit.*

Ein TFT-Monitor liefert je nach Modell zwischen 8 und 11 Blenden. Bei der Auswahl eines solchen Monitors sollten Sie hier auf einen möglichst hohen Kontrastwert achten. Sehr gut sind Werte ab 1:1.000. Eingeschränkt wird man allerdings im Dynamikumfang bei Ausdrucken und Ausbelichtungen. Fotopapier z. B. liefert gerade mal 5 bis 6 Blenden, womit das JPEG-Format mit seinen 8 Blenden sicher ausreicht. Beamer können je nach Gerät 5 bis 8 Blenden darstellen.

Für Darstellungen im Internet sind 8-Bit-Formate ausreichend, da die gängigen Browser nur 8-Bit-Grafikformate wie JPEG und DNG anzeigen können.

Arbeiten Sie mit der α700 im JPEG-Format, wird schon durch das Dateiformat die Dynamik auf 8 Blenden eingeschränkt. Möchten Sie das letzte Quäntchen an Dynamik aus der α700 herausholen, sollten Sie im RAW- bzw. cRAW-Format arbeiten, das 12 Blenden darstellen kann.

Zunächst sollten Sie sich aber darüber im Klaren sein, dass nicht der Sensor bzw. das Dateiformat die Grenzen setzt, sondern dass das Ausgabegerät letztendlich über den Dynamikumfang entscheidet.

Dynamik der α700 optimieren

Die α700 besitzt zwei Optionen, um die Dynamik schon bei der Aufnahme zu optimieren. Hierfür analysiert die α700 die Aufnahmebedingungen und nimmt Korrekturen an Helligkeit und Kontrast vor. Diese Korrekturen beziehen sich aber nur auf das JPEG-Format. Das RAW-Format bleibt davon unberührt. Als Standardeinstellung ist die Option *D-R* voreingestellt. Hier werden der Kontrast und die Helligkeit angepasst. Als weitere Optionen stehen *D-R+* bzw. *D-R+ Lv 1* bis *5* zur Verfügung. Hier greift die Kamera noch weiter in die Bildbearbeitung ein und nimmt zusätzlich Veränderungen an den Farben vor. Zu beachten ist, dass die α700 bei eingestelltem Bildformat *RAW & JPEG* bzw. *cRAW & JPEG* die gewählten Optionen abschaltet und keine Korrekturen an den JPEG-Dateien durchführt.

Geringe Kontraste mit Dynamic Range Increase (DRI) verbessern

Um den Dynamikumfang der Bilder der α700 zu erhöhen, gibt es zwei Möglichkeiten, die unter dem Begriff **D**ynamic **R**ange **I**ncrease (DRI, Dynamikzunahme) zusammengefasst werden. Zum einen ist es das Exposure Blending (Belichtung mischen), bei dem es darum geht, mithilfe von Ebenen und Masken unterschiedlich belichteter Aufnahmen durch Überlagerung dynamikgesteigerte Bilder zu erhalten. Zum anderen wird das HDR-Verfahren (**H**igh **D**ynamic **R**ange, hohe Dynamikwerte) eingesetzt. Hier werden – ebenfalls aus einer Belichtungsreihe – hoch dynamische Bilder erzeugt, bei denen durch Tonemapping (Tonwertabbildung) Details in Lichtern und Schatten herausgearbeitet werden.

Voraussetzung für beide Verfahren sind mehrere Aufnahmen mit unterschiedlich langen Belichtungszeiten. Die Blende und die Brennweite sollten auf allen Aufnahmen identisch sein. Wichtig ist ein Stativ, denn kleinste Verwacklungen bzw. Kameraschwenks erkennen Sie später in einem unscharfen Gesamtbild wieder. Mithilfe der Spotmessung sollten zunächst die bildwichtigen Bereiche angemessen werden. Liegen die Helligkeitsunterschiede im Rahmen der durch die α700 unterstützten 0,7 bis 0,3 EV, kann direkt eine Belichtungsreihe durchgeführt werden. Die α700 liefert hierbei drei bzw. fünf Bilder pro Reihe. Nutzen Sie möglichst die Option mit fünf Bildern, um genügend Spielraum bei der anschließenden Bearbeitung zu haben.

Kontrastumfang ermitteln

Zunächst stellen Sie am Messmodushebel die Spotmessung ein. Mit dem Moduswahlrad stellen Sie A für den Blendenprioritätsmodus ein. Nun können Sie die größte Blende (kleinster Blendenwert) des Objektivs am Einstellrad einstellen.

Nun schwenken Sie die Kamera so, dass der Spotkreis im Sucher auf die hellste Stelle im Motiv zeigt. Kontrollieren Sie dann die angezeigte Verschlusszeit im Display bzw. Sucher. Blinkt eventuell die

Mehrere Belichtungsreihen

Sollte dies nicht ausreichen, kann man zwei oder auch mehrere Belichtungsreihen durch die α700 anfertigen lassen (hier am Beispiel von fünf Aufnahmen mit einem Belichtungsabstand von 0,7 EV). Hierzu verschieben Sie zunächst nach Drücken der Taste *Belichtung +/–* auf 1,3 EV in Richtung Minus (links) und fertigen eine Belichtungsreihe an. Danach wird auf +1,3 EV in Richtung Plus (rechts) verschoben und ebenfalls eine Belichtungsreihe angefertigt. Sie haben so zehn Aufnahmen zur weiteren Verarbeitung zur Hand.

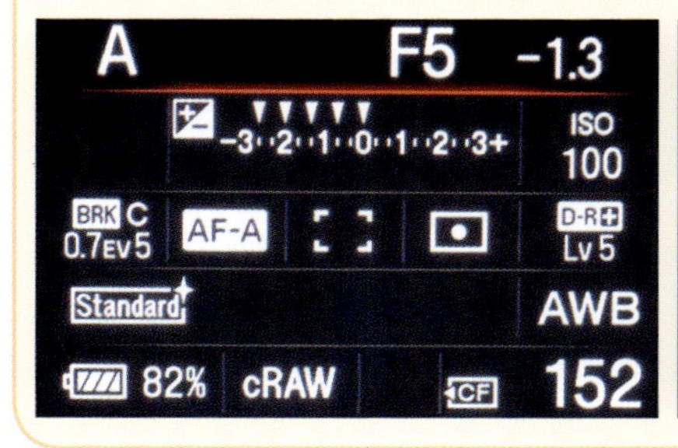

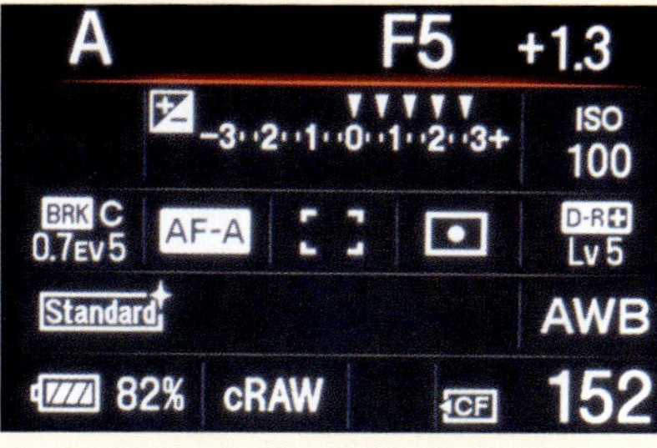

Mit mehreren Belichtungsreihen kann man einen größeren Dynamikumfang erreichen als mit den durch die α700 vorgegebenen maximal fünf Bildern.

8.000, muss entweder die Blendenzahl erhöht oder der ISO-Wert verringert werden. Notieren bzw. merken Sie sich die angezeigte Zeit.

Anschließend schwenken Sie die Kamera und zielen mit dem Spotkreis auf das dunkelste Motivelement. Die vorhergehenden Einstellungen müssen beibehalten werden.

Auswertung: Nun teilen Sie den Wert für die hellste Stelle im Motiv so lange durch 2, bis der Wert für die dunkelste Stelle erreicht ist. Hierbei können die Werte gerundet werden. Die Anzahl der möglichen Teilungen ergibt den Kontrastumfang des Motivs. Hierbei kann man sagen, dass sich bereits ab ca. vier Teilungen (Blenden) eine Bearbeitung mittels DRI anbietet, um den gesamten Kontrast im Bild darstellen zu können.

HDR mittels Full Dynamic Range Tools (FDRTools)

FDRTools stellt eine eigenständige professionelle Softwarezusammenstellung für die Erzeugung von HDRI- und LDRI- Bildern bereit.

Hierbei entsteht ein unansehnliches HDRI-Bild, das einen Kontrastumfang besitzt, den der Monitor bzw. Drucker nicht darstellen kann. Erst das Programm FDRCompressor fertigt aus dem HDRI-Bild ein darstellbares LDRI-Bild. Das Programm bietet zudem die Steuerung von Sättigung, Gamma, Kontrast und Kompressionsgrad vor der Ausgabe in eine 8- bzw. 16-Bit-TIF-Datei.

Belichtungsreihe anfertigen

Zunächst fertigen Sie eine Belichtungsreihe wie auf Seite 9 dargestellt an. Die Belichtungsreihe sollte dabei aus mindestens drei und maximal sieben Bildern bestehen. Ideal erscheinen vier bis fünf

▾ Belichtungsreihe des Beispiels von oben links bis unter rechts: -1,4 EV, -0,7 EV, ohne Korrektur, + 0,7 EV.

Aufnahmen, was aber abhängig vom vorhandenen Motivkontrast sein sollte. Den Weißabgleich sollten Sie manuell einstellen und die Belichtungsreihe mit der gleichen Farbtemperatur durchführen. Ab Seite 162 wird alles hierfür Notwendige zum Weißabgleich erläutert.

Bilder mit FDRTools zusammenführen

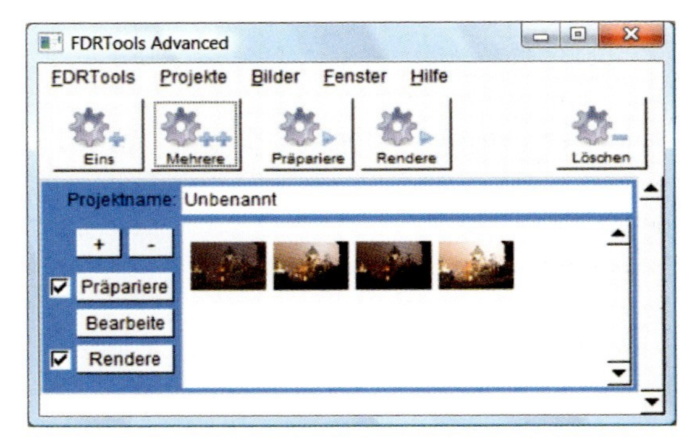

▲ *Zunächst werden die einzelnen Bilder eingelesen und zu einem Projekt zusammengeführt.*

Nach dem Start von FDRTools öffnen Sie die zuvor angelegte Belichtungsreihe über den Menüpunkt *Projekte/Erzeuge eins* oder mit der Tastenkombination [Umschalt]+[Strg]+[O]. Wenig später erscheinen die Bilder im Hauptmenü, und im Hintergrund öffnet sich ein weiteres Fenster mit dem Navigator. Nachdem Sie den Button *Bearbeite* Ihres Projekts gewählt haben, beginnt die Berechnung.

Im Navigator können Sie nun das entstandene Gesamtbild in zwei Ansichten betrachten. Im Menüpunkt *HDR Bildinspektor* können Sie das entstandene HDR-Bild betrachten, was aber weniger sinnvoll ist, da der Dynamikumfang nicht auf dem Monitor dargestellt werden kann. Im Bereich *Tonegemapptes Bild* hingegen können Sie sich schon einen ersten Überblick über das Endergebnis verschaffen, da hier bereits eine einfache Tonwertkomprimierung stattgefunden hat.

Sie haben nun im Hauptfenster über *Tone Mapping* zwei Möglichkeiten. Zum einen können weitere Parameter im *Compressor* und zum anderen im *Receptor* verändert werden.

Mit *Simplex* kann Einfluss auf die Helligkeit (Gamma) und die Farbsättigung (Suration) genommen werden. *Compressor* bietet die Möglichkeit, die Kompression und den Kontrast fein abzustimmen.

Über den Kompressionsgrad kann man festlegen, wie weit die Rechentiefe reicht. Je stärker komprimiert wird, umso mehr Rechenleistung wird dem Computer abverlangt.

Die Ergebnisse überzeugen aber durch sehr kontrastreiche und meist natürlich wirkende LDRI-Bilder.

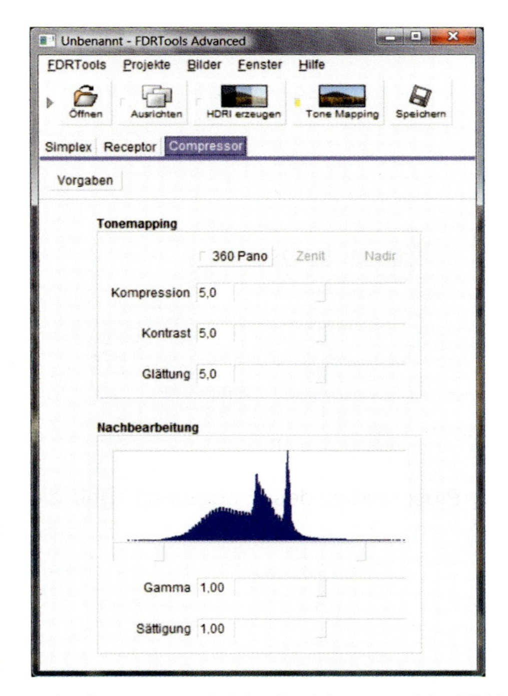

▲ *Im Compressor wird das hoch kontrastreiche Bild berechnet und auf dem Bildschirm ausgegeben.*

Möchten Sie das berechnete Bild auf dem Datenträger speichern, ist es wichtig, darauf zu achten, in welchem Modul man sich befindet.

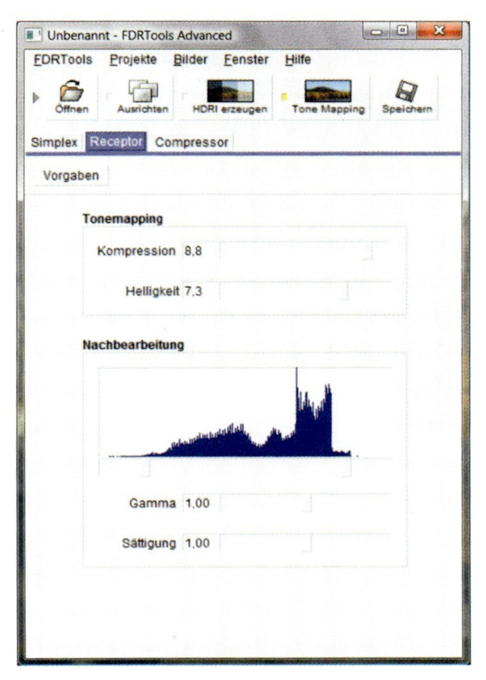

▲ *In der Standardversion steht nur der Receptor zur Verfügung, der weniger Möglichkeiten bietet als der Compressor.*

Für optimale Ergebnisse verwenden Sie möglichst eine Belichtungsreihe mit einem Belichtungsabstand von 2 EV im JPEG-Format. Im RAW- bzw. cRAW-Format sind Belichtungsabstände von 3 bis 4 möglich.

Zu den Pluspunkten des Programms zählt die Möglichkeit, auch leicht verwackelte oder bewegte Bilder zusammenzuführen. Verwenden Sie ein Farbmanagement, wird dies auch vom Programm unterschützt.

FDRTools von Andreas Schömann ist ein recht günstiges, aber doch professionelles Tool, um hoch kontrastreiche Bilder zu erzeugen. Es kann unter *http://www.fdrtools.com* zum Test und späteren Kauf heruntergeladen werden.

Für Photoshop CS3 steht ein Plug-in vom gleichen Autor mit ähnlichem Funktionsumfang zur Verfügung. Da hier zusätzlich das Programm Photoshop im Speicher gehalten werden muss, sollte der Computer mit einem schnellen Prozessor und mindestens 1 GByte an RAM-Speicher ausgestattet sein. Die Plug-in-Variante kann keine HDRI-Bilder erzeugen und ist damit auf die Photoshop-eigene Funktion angewiesen.

Einen kleinen Minuspunkt erhält das ansonsten sehr gute Programm. Im Moment ist es nicht möglich, RAW-Dateien der α700 mit FDRTools zu bearbeiten. Diese Funktion wird aber in kommenden Programmversionen vorhanden sein.

HDRI mit Photoshop

Photoshop CS3 bringt von Haus aus eine Funktion mit, um ein HDR-Bild zu erzeugen. Die HDR-Automatik ist über den Menüpunkt *Datei/Automatisieren/Zu HDR zusammenfügen* erreichbar. Im nächsten Schritt wählt man die Bilder aus, die zusammengefügt werden sollen. Die Berechnung erfolgt dann automatisch.

Weitere Alternativen

Es existieren weitere Alternativen zur HDRI-Erzeugung. So gibt es z. B. ein Freewareprogramm namens NoiseRemove, das unter *http://www.stoske.de/digicam/Programme/noiseremove.html* heruntergeladen werden kann.

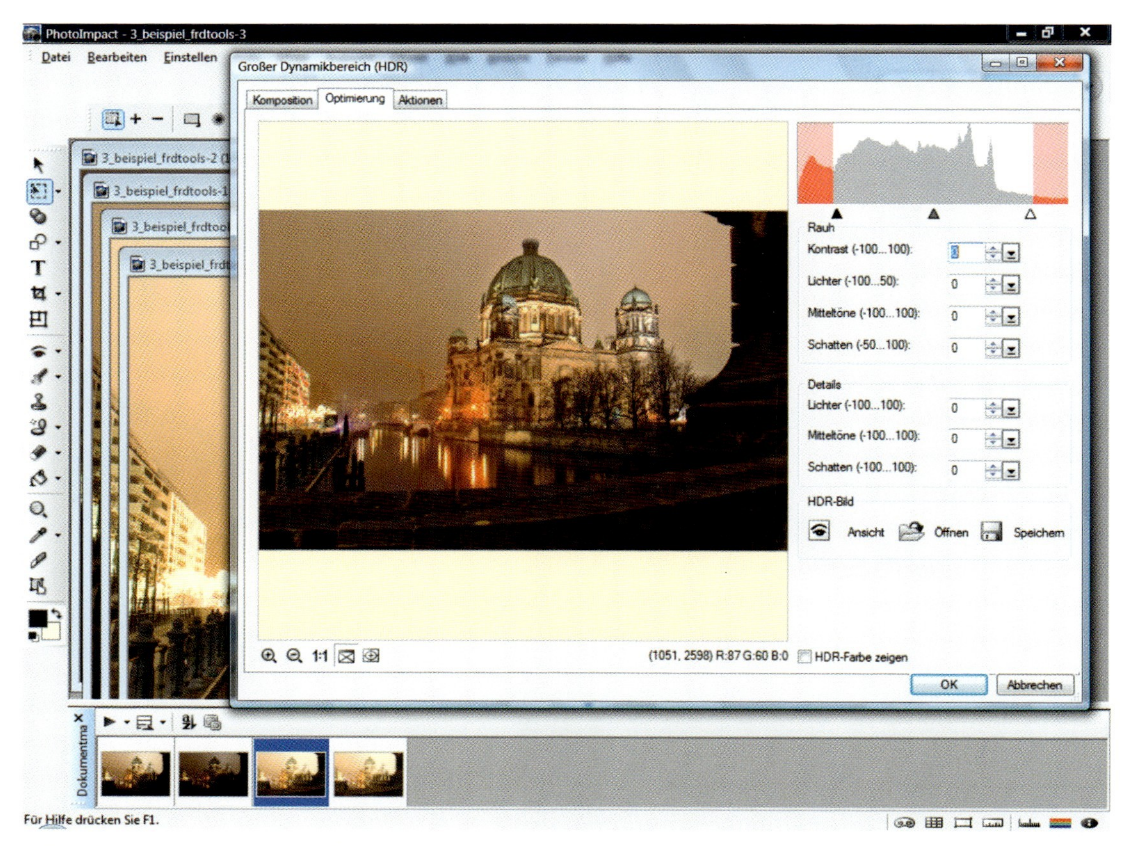

▲ *PhotoImpact stellt ebenfalls eine Funktion zur Dynamikerhöhung von Bildern bereit.*

Eine weitere Alternative ist FixFoto, das allerdings nicht ganz kostenfrei ist und mittels Plug-in maximal zwei Bilder verarbeiten kann. Recht kostengünstig ist auch PhotoImpact. In der Version 12 beherrscht das Programm ebenfalls die Zusammenführung von Bildern. Ein weiteres kostenpflichtiges Tool stellt Photomatix unter *http://www.hdrsoft.com/de/* bereit.

Nebeneffekt: vermindertes Rauschen

Als interessanter Nebeneffekt der Bildzusammenführung und Dynamikerhöhung ergibt sich ein vermindertes Bildrauschen. Da je Pixel nun mehrere Werte durch die Belichtungsreihe zur Verfügung stehen, kann man aus den Messungen einen Mittelwert errechnen und zur Reduzierung des Rauschens heranziehen. Der Signal-Rausch-Abstand vergrößert sich hierbei, was das Rauschen mindert. Mit einer entsprechenden Anzahl von Bildern können so qualitativ hochwertige Aufnahmen erzeugt werden, die sonst mit der eingesetzten Technik nicht möglich wären.

▲ *Ergebnis des DRI-Prozesses mit FDRTools. Der Dynamikumfang wurde wesentlich vergrößert.*

3.3 Was bringt der Dynamikbereich-Optimierer der α700?

Der Dynamikbereich-Optimierer (DRO) ist eine sehr brauchbare Funktion, mit der man ohne den Umweg über ein Bildbearbeitungsprogramm die Dynamik im Bild optimieren kann.

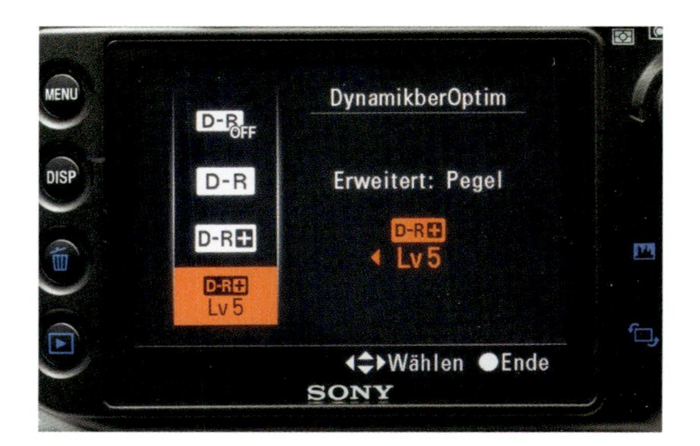

▲ *Der Dynamikbereich-Optimierer kann durch mehrere Level justiert werden.*

Der Dynamikbereich-Optimierer wurde gegenüber der Vorgängerin, der α100, erweitert und optimiert. Die α700 besitzt nun neben den bekannten Einstellungsmöglichkeiten *D-R Off*, *D-R* und *D-R+* weitere fünf Level zur Optimierung.

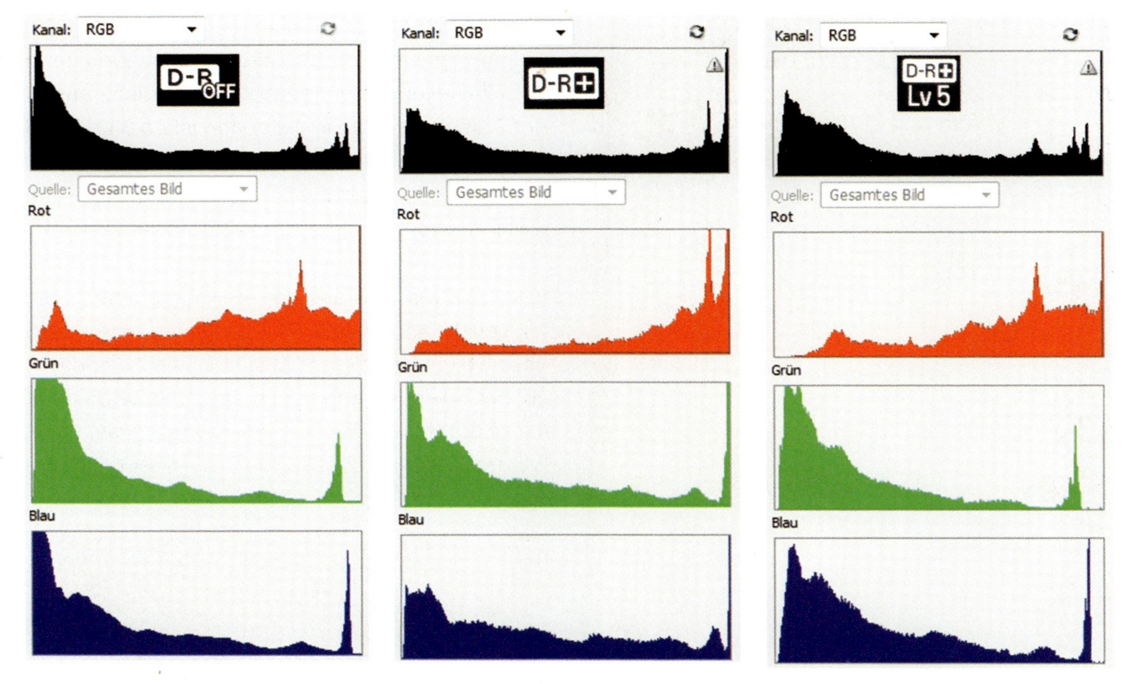

▲ *Die α700 nimmt je nach Einstellung verschieden starke Änderungen an der Gradationskurve vor. Die Unterschiede sind hier im Histogramm verdeutlicht worden. Links ohne Dynamikbereich-Optimierer, in der Mitte die Einstellung D-R+ und rechts wurde das Maximum der Korrekturmöglichkeiten dargestellt, D-R Lv 5.*

Während es bei der α100 noch Beschränkungen gab, arbeitet der Dynamikbereich-Optimierer der α700 nun in allen Belichtungsmodi. Einfluss auf das RAW-Format nimmt er hingegen nicht, was auch gut ist. Denn wer im RAW-Format arbeitet, möchte diese Optimierung ohnehin per Computer selbst durchführen. Zudem bietet die α700 ja auch die Möglichkeit, beide Formate (RAW und JPEG) parallel zu speichern, sodass so bereits direkt nach dem Fotografieren eine korrigierte Version und eine Version für die eigene Bearbeitung zur Verfügung stehen.

In der Standardeinstellung *D-R* ermittelt die α700 den Motivkontrast. Erkennt die Kamera ein kontrastarmes Motiv, wird der Kontrast leicht angehoben und im umgekehrten Fall abgesenkt. Eine weit stärker eingreifende Funktion verbirgt sich hinter dem Menüpunkt *D-R+*. Die Kontrastveränderungen wirken sich hier nicht auf das ganze Bild aus, sondern nur partiell auf bestimmte Zonen. Schattenbereiche werden aufgehellt, wobei keine Zeichnung in den hellen Bereichen verloren geht. Die Kamera entscheidet selbst über die Stärke der Optimierung.

Möchten Sie diese Entscheidung lieber selbst treffen, haben Sie die Wahl zwischen fünf Intensitätsstufen. Im Menüpunkt *DynamikberOptim* können Sie diese über die Optionswahl *Erweitert: Pegel* einstellen. Einen Sinn hat diese Einstellungsmöglichkeit z. B. bei höheren ISO-Werten ab etwa ISO 400. Das entstehende Rauschen in den korrigierten Bereichen kann hier bereits störend wirken. Wählen Sie in diesem Fall Werte von *Lv 3* und darunter.

▲ *Diese Aufnahme entstand bei ISO 400 im D-R-Level 5. Die Schatten (schwarzer Kreis) wurden merklich aufgehellt und lassen Zeichnung erkennen. Mit der automatischen Aufhellung der α700 wurde aber auch das Rauschen mit verstärkt, was hier besonders im Nachthimmelbereich auffällig wird. Verwenden Sie ab ISO 400 möglichst niedrige D-R-Level, um Rauschen zu verhindern.*

Im Serienbildmodus wird die Korrektur des ersten Bildes in den weiteren Aufnahmen übernommen und nicht jeweils neu berechnet.

Eine feine Sache ist weiterhin die Möglichkeit, zwei Arten von Serie aus optimierten Bildern anfertigen zu lassen.

Die Funktion der beiden Optionen ist im Handbuch leider etwas unglücklich formuliert worden. Die Kamera nimmt hierbei nicht drei unterschiedliche Aufnahmen auf, sondern berechnet entsprechend der Einstellung drei separate Ergebnisse aus einer Aufnahme. Als Einstelloption ist *Lo 3* und *Hi 3* wählbar. *Lo 3* bedeutet, dass die erste Aufnahme mit Level 1 des Dynamikbereich-Optimierers berechnet wird.

Des Weiteren wird aus der Aufnahme eine Kopie mit Level 2 und Level 3 berechnet und erzeugt, sodass Sie mit einmaligem Auslösen drei Aufnahmen auf der Speicherkarte haben. Das Gleiche passiert mit *Hi 3* mit dem Unterschied, dass diesmal Level 1, 3 und 5 verwendet werden. Das heißt, die Abstufung ist in diesem Fall höher.

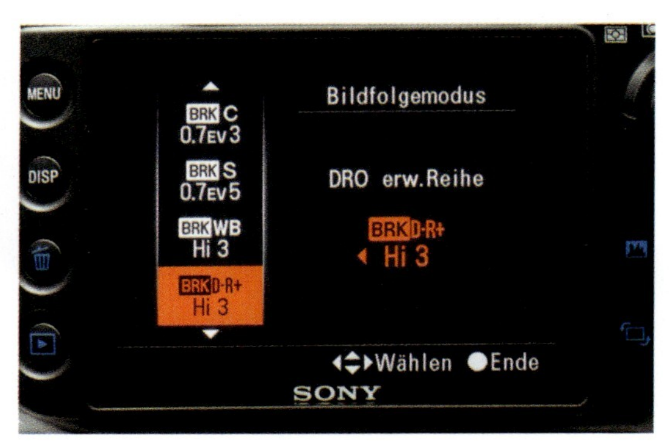

▲ *Nach Drücken der Bildfolgetaste und Herunterscrollen gelangen Sie zu den beiden Funktionen für DRO-Belichtungsreihen.*

DRO-Reihe mit RAW

Während der DRO-Reihe wird zu jedem der drei Bilder ein RAW-Bild erzeugt, das natürlich völlig identisch ist, da DRO nicht in das RAW-Format eingreift. Wundern Sie sich also nicht, wenn Sie bei gewähltem Format RAW- bzw. cRAW & JPEG nun sechs Aufnahmen nach jeder DRO-Reihe besitzen. Die überflüssigen zwei RAW-Dateien können Sie problemlos und Speicherplatz schaffend löschen.

Dynamikbereichs-Optimierer im Test

Dieses recht kontrastreiche Motiv wurde in sechs von acht möglichen D-R-Modi aufgenommen. Deutliche Effekte erzielen Sie mit den D-R-Leveln 1 bis 5.

3.4 Grenzen und Implikationen der Szenenwahlprogramme

Die α700 bietet Ihnen sechs Motivprogramme, mit denen Sie häufiger vorkommende Situationen vollautomatisch aufnehmen. Die Kamera wird hier anhand von Erfahrungswerten voreingestellt. Beeinflusst werden dabei die Wahl der Zeit-Blende-Kombination, des Autofokus, des ISO-Bereichs und vieler anderer Parameter.

Die Wahl der Bildqualität bleibt weiterhin dem Fotografen überlassen. Die Einstellungen im Aufnahmemenü (1) werden also - bis auf den Dynamikbereich-Optimierer - nicht durch die Motivprogramme verändert. Bei einigen anderen Kameraherstellern greifen die Programme derart stark ein, dass selbst hier eine Änderung nicht möglich ist und man von den Vorgaben abhängig ist.

Bis auf ein paar Ausnahmen ist die α700 hier flexibel und lässt diverse Veränderungen der Einstellungen zu. So sind die Szenenwahlprogramme durchaus auch von erfahrenen Fotografen sinnvoll einsetzbar. Haben Sie hier Veränderungen vorgenommen, werden diese jedoch nicht gespeichert und gehen nach Wahl eines anderen Programms verloren. Wichtige Parameter wie Belichtungszeit und Blende können nicht verändert werden. Die beiden Einstellräder sind somit hier ohne Funktion.

Der Dynamikbereich-Optimierer zur Erhöhung der Dynamik der α700 wird in den Motivprogrammen unterschiedlich eingestellt. In den beiden Nachtprogrammen wird er gänzlich abgeschaltet.

Als Farbraum ist in den Motivprogrammen nur sRGB vorgesehen. Eine Benutzung des Adobe RGB-Farbraums ist nicht möglich. Ohnehin wird die Option zur Auswahl des Kreativmodus abgeschaltet, da die Kamera in den Motivprogrammen eigene Bildstile einstellt.

Landschaftsprogramm

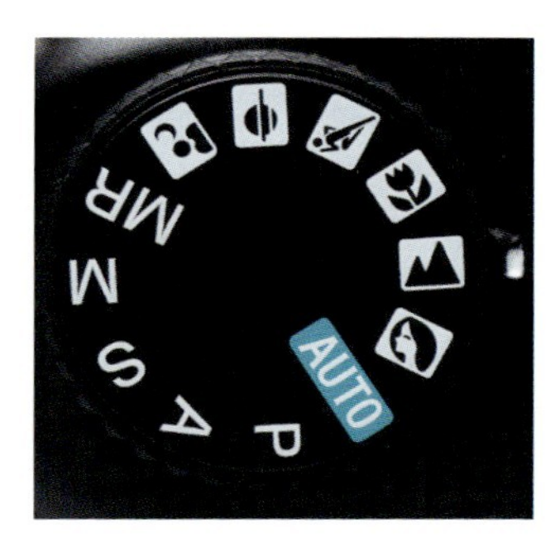

Bei Landschaftsaufnahmen ist meist eine möglichst große Schärfentiefe gewünscht. Das Programm versucht deshalb, die Schärfentiefe zu maximieren. Hierbei werden Objektivbrennweite und Objekthelligkeit ausgewertet und eine kleine Blende angesteuert.

Die α700 geht dabei nur so weit, dass ein Verwackeln durch zu lange Belichtungszeit verhindert wird. Ob der Bildstabilisator Super SteadyShot eingeschaltet ist oder nicht, spielt hierbei für die Kamera keine Rolle. Sie geht von einem nicht eingeschalteten Super SteadyShot aus.

Leider ist auch keine Verschiebung der Zeit-Blende-Kombination möglich, um eventuell selbst die Blende zur Schärfentiefevergrößerung zu verändern.

Folgende Einstellungen werden verändert:

- Farbsättigung, Kontrast und Schärfe werden um etwa eine Stufe erhöht.
- Der Weißabgleich wird etwas in Richtung kühlere Wiedergabe verschoben.
- Die Mehrfeldmessung und der Einzelbildmodus werden aktiviert.
- Als AF-Modus wird der automatische Modus AF-A gewählt.
- Der Dynamikbereich-Optimierer wird auf D-R+ eingestellt.

▲ *Im Landschaftsprogramm versucht die α700, die Blende abhängig von einer verwacklungsfreien Belichtungszeit möglichst weit zu schließen.*

- Das Programm wählt einen ISO-Bereich zwischen ISO 200 und ISO 800.

Blitz einklappen

Man sollte darauf achten, dass der Blitz der α700 eingeklappt ist, um nicht auszulösen. Erstens ist der eingebaute Blitz zu schwach, um eine Landschaftsszene ausleuchten zu können, und zweitens wäre die α700 eingeschränkt in der Wahl der Belichtungszeiten und müsste die Blende entsprechend anpassen.

Sonnenuntergangsprogramm

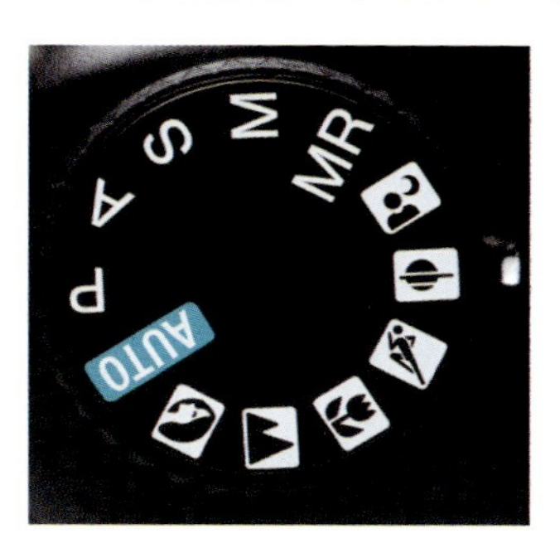

Dieses Programm ist abgestimmt auf die warme Farbwiedergabe von Sonnenuntergängen.

Folgende Einstellungen werden verändert:

- Kontrast und Farbsättigung werden um zwei Stufen erhöht.
- Der Weißabgleich tendiert stark zu einer wärmeren Farbdarstellung.
- Die Mehrfeldmessung und der Einzelbildmodus werden aktiviert.
- Als AF-Modus wird der automatische Modus AF-A gewählt.
- Der Dynamikbereich-Optimierer wird abgeschaltet.
- Das Programm wählt ISO-Werte im Bereich von ISO 200 bis ISO 800.

In die Sonne fotografieren

Vorsicht! Das Fotografieren direkt in die Sonne sollte man nur bei sehr tiefem Sonnenstand wagen, sonst können Schäden an Ihren Augen und der Kamera auftreten!

Aufnahme ohne Motivprogramm.

Aufnahme mit Sonnenuntergangsprogramm. Der Kontrast und die Farbsättigung wurden durch das Programm erhöht.

Nachtporträtprogramm

Dieses Programm wurde speziell dafür entwickelt, um Personen nachts unter Einbeziehung des Umfelds zu fotografieren. Im Normalfall würde die Kamera den Blitz zünden und die Belichtungszeit auf $^1/_{60}$ Sekunde bis $^1/_{200}$ Sekunde ($^1/_{250}$ Sekunde ohne Super SteadyShot) stellen. Damit würde der Hintergrund schwarz erscheinen.

▲ *Hier wurde im Nachtporträtprogramm gearbeitet. Das Restlicht des Hintergrunds wurde mit eingefangen. Im normalen Blitzmodus wäre der Hintergrund schwarz gewesen.*

Um nun den Hintergrund mit einzubeziehen, schaltet die Kamera auf Langzeitblitzsynchronisation um. Das heißt, nach dem Blitzen bleibt die Blende weiter geöffnet und bringt das Restlicht mit auf die Abbildung. Da hier Belichtungszeiten bis 2 Sekunden erreicht werden können, sollte sich das Motiv möglichst nicht bewegen, um keine Unschärfe ins Bild zu bringen. Der Bildstabilisator (Super SteadyShot) sollte ohnehin eingeschaltet sein.

Das Programm ist auch für Aufnahmen ohne Hauptmotive (wie Personen) im Vordergrund geeignet. Hierzu klappen Sie den Blitz ein. Spätestens hier sollten Sie nicht ohne Stativ fotografieren. Sie können so auf hohe ISO-Werte verzichten, was sich günstig auf das Rauschverhalten auswirkt.

Im Dunkeln gelangt der Autofokus irgendwann schließlich doch an seine Grenzen, und das eingebaute Hilfslicht kann den Autofokus nur bis zu wenigen Metern Entfernung unterstützen. Es bietet sich daher an, Nachtaufnahmen manuell scharf zu stellen. Es ist auch möglich, eine in der Nähe des Motivs befindliche Lichtquelle anzumessen, den Fokus zu speichern und die Kamera entsprechend zum eigentlichen Motiv zurückzuschwenken. Schwierig ist die Situation auch meist für die Belichtungsmessung, wenn z. B. vereinzelt helle Lichter im Motiv auftreten. Die Dynamik ist in solchen Fällen schwer abzubilden. Verwenden Sie in diesem Fall zusätzlich das RAW-Format, um ein Maximum bei der späteren Bildbearbeitung zur Verfügung zu haben.

Die Automatik arbeitet hier beim Blitzeinsatz im Bereich von ISO 200 bis ISO 800 und ohne Blitzeinsatz bis ISO 1600. Der Dynamikbereich-Optimierer ist auch hier abgeschaltet.

Sport- und Actionprogramm

Das Sport- und Actionprogramm ist der Spezialist für sich schnell bewegende Motive. Ein Objekt, das sich schnell bewegt, muss mit einer möglichst geringen Belichtungszeit aufgenommen werden, um scharf dargestellt zu werden.

Die α700 versucht hierbei, minimale Belichtungszeiten zu steuern, und setzt dabei ISO-Werte zwischen 200 und 800 und weit geöffnete Blenden ein, um die Zeiten zu optimieren.

Der Autofokus schaltet sich in den Nachführmodus AF-C und verfolgt so bei halb gedrücktem Auslöser das Motiv. Die Belichtungsdaten werden ebenfalls permanent angepasst.

Folgende Einstellungen werden verändert:

- Die Mehrfeldmessung und der Serienbildmodus werden aktiviert.
- Der AF-Modus wird auf AF-C für permanente Schärfenachführung gesetzt.
- Das Programm wählt einen ISO-Bereich zwischen ISO 200 und ISO 800.

Auch hier sollten Sie darauf achten, dass der eingebaute Blitz eingeklappt ist, wenn sich das Motiv außerhalb der Blitzreichweite befindet. Die Blitzreichweite ist abhängig von der durch das Programm gewählten Blende und verringert sich, je weiter die Blende geschlossen wird.

Die Blitzreichweite des eingebauten Blitzgerätes der α700 in Abhängigkeit von der eingestellten Blende:

Blende	Blitzreichweite
F2.8	bis 12,0 m
F4	bis 8,6 m
F5.6	bis 6,0 m

Möchten Sie die Belichtungszeit anpassen, ist dies hier nicht möglich. Sie sind auf die durch die Kamera berechnete Belichtungszeit angewiesen. Flexibler sind Sie im Verschlusszeitenprioritätsmodus (S). Hier kann die Belichtungszeit frei gewählt und so der Situation angepasst werden.

Tritt also im Bild ungewollte Bewegungsunschärfe auf, können Sie die Belichtungszeit weiter verkürzen. Um dynamische Effekte durch Bewegungsunschärfe zu erzielen, können Sie die Belichtungszeit dann natürlich auch verlängern.

▲ *Im Sport- und Actionprogramm wählte die Kamera in dieser Situation völlig richtig eine möglichst große Blende, um die Belichtungszeit so kurz wie möglich zu halten.*

Porträtprogramm

Das Porträtprogramm versucht, die Blendeneinstellung speziell für Porträts optimal einzustellen. Bei Porträts ist meist eine möglichst geringe Schärfentiefe gewünscht, die aber das gesamte Gesicht und nicht nur die Augen erfassen sollte.

▾ *Im Porträtprogramm wird der Hintergrund unscharf dargestellt und damit der oder die Porträtierte freigestellt (Brennweite 180 mm, F6.3, 1/160 Sekunde).*

Deshalb öffnet die α700 nicht generell komplett die Blende, sondern blendet abhängig von der Aufnahmeentfernung etwas ab. Es bietet sich an, ein leichtes Teleobjektiv ab 85 mm einzusetzen, wenn der Hintergrund möglichst unscharf erscheinen soll.

Die α700 muss die Blende ebenfalls weiter schließen, falls die Helligkeit entsprechend groß ist, um eine korrekte Belichtung zu garantieren. Sollte dies trotz der sehr kurzen möglichen Belichtungszeit von 1/8000 Sekunde der α700 einmal der Fall sein und die Schärfentiefe größer als gewünscht werden, bieten sich Neutralgraufilter (ND-Filter) an, um das einfallende Licht zu verringern. ND-Filter werden in unterschiedlichen Blendenstärken hergestellt und können so gezielt eingesetzt werden. Farbtöne eines Motivs werden durch den ND-Filter hierbei nicht beeinflusst.

Zudem können Sie in diesem Fall versuchen, manuell mit der Einstellung der ISO-Zahl auf ISO 100 die Kamera dazu zu bewegen, die Blende weiter zu öffnen. Der niedrigste durch die Kamera gewählte ISO-Wert ist ISO 200. Das Programm reduziert die Schärfe leicht und liefert relativ weiche Hauttöne. ISO 800 ist der Maximalwert, der durch die Kamera gewählt wird. Die Mehrfeldmessung und der Autofokusmodus AF-A sind voreingestellt.

Makroprogramm

Die α700 besitzt ein Programm zur Erleichterung von Aufnahmen im Nah- und Makrobereich. Gerade wenn Sie sich hier auf Neuland begeben, kann dieser Programmmodus hilfreich sein. Die Kamera wählt den statischen AF- und den Einzelbildmodus vor. Tests ergaben, dass die Funktion auf die Makrofähigkeiten der Kit-Objektive optimiert wurde.

Das Arbeiten mit „echten" Makroobjektiven wird durch die fehlende Möglichkeit der Blendenverstellung sehr eingeschränkt. Mit einem 180-mm- bzw. 50-mm-Makroobjektiv wählte die Kamera generell die größte verfügbare Blende, was im Makrobereich meist nicht sinnvoll ist, da die Schärfentiefe stark begrenzt wird.

Mehr Möglichkeiten haben Sie im Blendenprioritätsmodus (A). Hier können Sie die Blende frei wählen und so die Schärfentiefe gezielt beeinflussen.

Zusätzlich sollten Sie ein stabiles Stativ verwenden und – je größer der Abbildungsmaßstab wird – auch manuell scharf stellen. Die Schärfentiefe kann durch Drücken der Abblendtaste vor der Aufnahme geprüft werden.

Beachten sollte man, da der AF-Modus AF-S voreingestellt ist, dass man den Modus auf AF-A oder AF-C wechselt, falls es sich um bewegte Aufnahmen handelt. Diese Option wird nicht gespeichert und muss jeweils neu gewählt werden. Das Gleiche trifft auf die Mehrfeldmessung zu. Auch hier muss jedes Mal neu eingestellt werden, wenn Spot- oder Integralmessung gewünscht ist.

Die Kamera wählt ISO-Werte zwischen ISO 200 und ISO 800. Die Autofokusgeschwindigkeit wird nicht automatisch herabgesetzt. Wünschen Sie also eine reduzierte Autofokusgeschwindigkeit, können Sie dies im Benutzermenü (1) einstellen.

Die Vollautomatik (Auto)

Benötigen Sie eine „Point & Shoot"-Kamera – möchten Sie also nicht lange nachdenken und einfach drauflosknipsen –, kann man die α700 im Vollautomatikmodus benutzen. Gerade für Einsteiger scheint diese Möglichkeit interessant zu sein. Kommt es nicht auf die Bildgestaltung an und

◂ *Die obere Aufnahme entstand mit dem Motivprogramm Makro und dem Kit-Objektiv F3,5-4,5/16-80mm. Das Programm wählte nur Blende 4.5, obwohl bei der Belichtungszeit von 1/125 Sekunde und ISO 250 für eine kleinere Blende und damit mit einer Schärfentiefe, die auch den linken Bereich erfasst hätte, Reserven vorhanden gewesen wären. Die untere Abbildung entstand im Blendenprioritätsmodus (A), und zwar bei gewählter Blende 22.*

werden vorrangig Schnappschüsse eingefangen, können Sie hier durchaus brauchbare Ergebnisse erzielen.

Auch im Vollautomatikmodus ist die α700 recht flexibel. Sie können fast jede durch die Kamera vorgewählte Funktion frei verändern. Möchten Sie z. B. nicht, dass die α700 die ISO-Werte selbst einstellt, können Sie dies über das Menü, erreichbar mithilfe der ISO-Taste, einstellen. Der veränderte Wert bleibt auch nach der Aufnahme erhalten und muss nicht neu eingestellt werden. Schalten Sie aber die Kamera aus bzw. in ein anderes Motiv- oder Kreativprogramm um, muss die Einstellung erneut vorgenommen werden. Als Einschränkung kann über das Einstellrad kein Einfluss auf die Blende oder Belichtungszeit genommen werden. Möchten Sie hier eingreifen, ist die Programmautomatik (P) sinnvoller. Diese bietet fast die gleichen Automatikfunktionen wie die Vollautomatik, ist aber flexibler.

Die Kamera wählt in diesem Modus mindestens ISO 200 und maximal ISO 800. Diese beiden Grenzwerte sind wie in den Motivprogrammen nicht veränderbar.

Der Kreativität freien Lauf lassen

Die Kreativprogramme der α700 erlauben dem Fotografen eine freie Entfaltung und volle Kontrolle über alle relevanten Kamerafunktionen. Funktionen wie Bildstilwahl, ISO-Einstellung, Blenden- und Belichtungszeitenverschiebung sind hier ohne Einschränkungen möglich.

Programmautomatikmodus (P)

Die Programmautomatik ist neben der Vollautomatik ebenso gut für Schnappschüsse geeignet. Denken Sie z. B. an Kindergeburtstage oder andere Familienfeiern. Hier bleibt meist keine Zeit für aufwendige Bildgestaltung. Auch ändern sich ständig die Motive. Hierfür ist die Programmautomatik sehr gut geeignet.

Nach welchem Schema stellt nun die α700 die Blende und die Belichtungszeit ein? Zunächst versucht die Kamera abhängig vom Umgebungslicht und dem verwendeten Objektiv, eine Belichtungszeit einzustellen, die ein Verwackeln bei Aufnahmen aus freier Hand verhindert. Ein eingeschalteter Super SteadyShot hat hierauf keinen Einfluss, obwohl hierdurch weitaus längere Belichtungszeiten verwacklungsfrei gelingen sollten. Priorität hat, um ein Bildrauschen möglichst zu verhindern, die Einstellung ISO 200.

Reicht das Umgebungslicht aber nicht aus, wählt die α700 stufenlos bis ISO 800 die notwendige ISO-Einstellung. Höhere ISO-Werte sind in diesem Programmpunkt zwar anwählbar, was die Automatik in dieser Beziehung aber ausschaltet. Das heißt, ist erst einmal ISO 1600 eingestellt, bleibt die α700 auch dabei, bis der Wert manuell geändert wird. Selbst nach dem Aus-/Einschalten steht Ihnen der Wert wieder zur Verfügung. Zudem können bei der α700 im P-Modus die Grenzen für die ISO-Werte verändert werden, die im Auto-ISO-Modus gelten. Diese finden Sie im Kameramenü (2). Dies gilt auch für die im Folgenden beschriebenen Modi S und A.

Die Programmautomatik wählt Belichtungszeiten aus einem Bereich von 30 Sekunden bis 1/8000 Sekunde aus, die Blendenwahl ist vom verwendeten Objektiv abhängig. Hoch lichtstarke Objektive wie das AF F1,7/50mm werden in diesem Programm

▲ *Ein Schnappschuss, bei dem Schnelligkeit gefragt war. Die Programmautomatik (P) konnte die belichtungstechnisch relativ einfache Situation gut meistern.*

maximal bis Blende 2.0 aufgeblendet. Da die Abbildungsleistung ab dieser Blende etwas abfällt, wird vermutlich auf ein weiteres Öffnen der Blende seitens der Automatik verzichtet. Möchten Sie die Blende weiter öffnen, können Sie die Programmshift-Funktion (Programmverschiebung) verwenden.

Mithilfe der Einstellräder können Sie hier die von der Programmautomatik ermittelte Blende bzw. Belichtungszeit verändern. Die zugehörige Belichtungszeit bzw. Blende wird durch die Kamera eingestellt, sodass jederzeit eine korrekte Belichtung möglich ist. Beispielsweise möchten Sie – ausgehend von der durch die Kamera gewählten Zeit-Blende-Kombination $^1/_{1000}$ Sekunde und Blende 11 – die Blende auf den Wert 5.6 ändern, dann wählt die α700 passend die Belichtungszeit mit dem Wert $^1/_{3200}$ Sekunde. Analog kann die Belichtungszeit nach den Wünschen des Fotografen angepasst werden. Hier stellt dann die α700 die passende Blende bereit. Blendenwerte, die das Objektiv nicht besitzt, bzw. Belichtungszeiten, die die α700 nicht unterstützt, werden durch Blinken der Grenzwerte angezeigt. Die Programmverschiebung bleibt erhalten, solange *PA* bzw. *PS* im Sucher bzw. auf dem Display angezeigt wird. Verändert sich die Motivhelligkeit, bleibt die gewählte Blende bzw. Belichtungszeit erhalten.

Beachten Sie, dass die Programmshift-Funktion nicht bei ausgeklapptem Blitz oder bei Nutzung eines externen Blitzgerätes zur Verfügung steht. Die Einstellgrenzen bei extremer Helligkeit signalisiert die α700 mit dem Blinken der $^1/_{8000}$ Sekunde (Belichtungszeit) im Sucher bzw. auf dem Display. Die Kamera hat zuvor die Blende auf den kleinstmöglichen Wert eingestellt. Im Normalfall sollte diese Grenze nicht erreicht werden, es sei denn, man hat manuell höhere Werte als ISO 200 gewählt. Auf Seite 97 wird die Wahl der Blende und der Belichtungszeit mittels Fuzzylogik und „Expertenwissensdatenbank“ erläutert.

Blendenprioritätsmodus (A)

In diesem Modus haben Sie die Möglichkeit, die Blende (hohe Zahl = höhere Schärfentiefe und längere Belichtungszeit, niedrige Zahl = geringere

▲ *Beabsichtigt war bei diesem Motiv eine möglichst große Schärfentiefe, von den Pflanzen ganz vorn bis zu den Häusern hinten. Daher wurde mit dem AF F3,5-4,5/16-80-mm-Objektiv bei 16 mm auf Blende 11 abgeblendet, was zum gewünschten Ergebnis führte.*

Schärfentiefe und kürzere Belichtungszeit) über beide Einstellräder zu wählen. Dabei stellen das verwendete Objektiv und die damit verfügbaren Blenden den Grenzbereich dar. Blinken die 1/8000 Sekunde oder die 30 Sekunden im Sucher bzw. Display, sollten Sie die Blende verändern, um in den Steuerungsbereich der α700 zu gelangen. Weitere Informationen zur Blende und der damit verbundenen Schärfentiefe erhalten Sie auf Seite 235.

Viele Fotografen verwenden den Blendenprioritätsmodus, auch Zeitautomatik genannt, als Standardeinstellung an ihrer Kamera. Aufgrund von Erfahrungen kann meist abgeschätzt werden, wie weit sich die Schärfentiefe auf dem Bild erstrecken wird. Je nach gewünschtem Effekt wird die Blende vorgewählt und eventuell noch über die Schärfentiefetaste kontrolliert.

Auch ist es u. a. im Bereich der Makrofotografie, bei Produktaufnahmen oder auch im Porträtbereich wichtig, dass die Blende eingestellt bleibt, um mit einer konstanten Schärfentiefe arbeiten zu können. Einschränkungen bezüglich der Einstellungsmöglichkeiten bestehen in diesem Programmpunkt nicht. Wählt man aber die ISO-Automatik, stellt die

Kamera, abhängig von der jeweiligen Zeit-Blende-Kombination, Werte zwischen ISO 200 und ISO 800 ein. Dabei wählt sie vorrangig ISO 200 und stellt nur bei vorhandener Verwacklungsgefahr stufenlos bis ISO 800 passende Werte ein.

Verschlusszeitenprioritätsmodus (S)

Im Verschlusszeitenprioritätsmodus, auch Blendenautomatik genannt, wird die gewünschte Belichtungszeit voreingestellt. Die passende Blende stellt die α700 automatisch bereit. Zu empfehlen ist dieser Modus, wenn es wichtig ist, eine bestimmte Belichtungszeit einzuhalten.

Möchten Sie z. B. die Bewegung eines Sportwagens einfrieren, sind Belichtungszeiten von etwa 1/1000 Sekunde nötig. Nachdem Sie diese Belichtungszeit über das Einstellrad gewählt haben, ermittelt die α700 selbstständig die zugehörige Blende. Verändern sich die Lichtverhältnisse, passt die Kamera automatisch die Blende an, um jeweils korrekt zu belichten.

Da im Verhältnis zum Blendenprioritätsmodus ein wesentlich kleinerer Spielraum für die Kamera bleibt, durch die Wahl einer passenden Blende eine korrekte Belichtung zu erzielen, gelangt man hier schneller an die Grenzen des Steuerungsbereichs.

▾ *Fliegende Insekten verlangen nach extrem kurzen Belichtungszeiten. Diese Libelle wurde mit 1/2000 Sekunde Belichtungszeit aufgenommen.*

Hier müssen Sie also schneller damit rechnen, dass die gewünschte Belichtungszeit nach oben bzw. nach unten angepasst werden muss, da der nutzbare Blendenbereich erschöpft ist. Sie erkennen dies an der blinkenden Blendenzahl im Sucher bzw. auf dem Display. Natürlich bleibt auch noch die Möglichkeit, den ISO-Wert anzupassen. Um Rauschen zu vermeiden, sollten Sie maximal ISO 800 wählen. Die α700 wählt bei eingestellter ISO-Automatik ebenfalls nur Werte zwischen ISO 200 und 800.

Bei Verwendung eines Blitzes beschränkt sich die Wahl der Belichtungszeit auf den Bereich von 30 Sekunden bis 1/200 Sekunde (ohne Super SteadyShot 1/250 Sekunde). Im High-Speed-Synchronisationsmodus stehen Ihnen hingegen alle Belichtungszeiten der α700, also bis 1/8000 Sekunde, zur Verfügung – allerdings nur mit einem externen Blitzgerät.

Manuelle Belichtung (M)

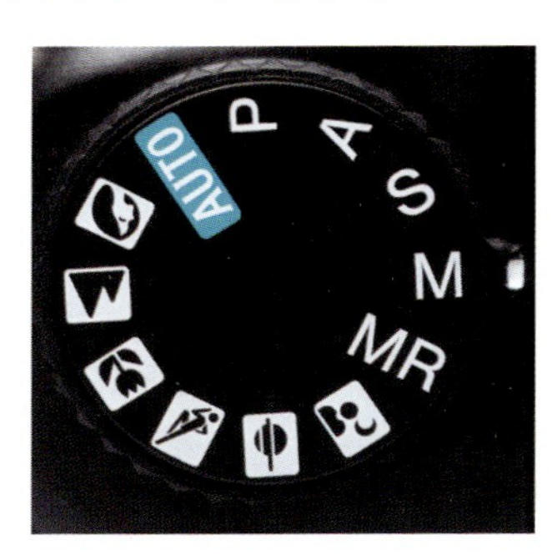

Völlige Freiheit für den Fotografen erhält man im manuellen Belichtungsmodus. Die Belichtungszeit und Blende können hier über die Einstellräder gewählt werden. Standard ist die Veränderung der Blende über das hintere Einstellrad und die der Belichtungszeit über das vordere Einstellrad. Im Benutzermenü (2) kann die Funktion vertauscht werden.

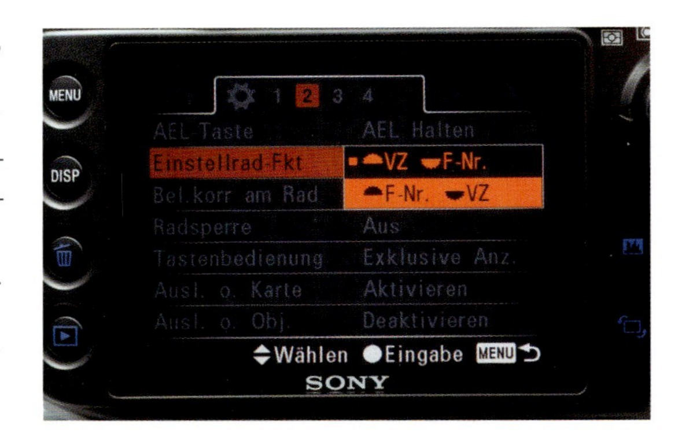

Sie haben in diesem Modus die Wahl zwischen allen möglichen Einstellungskombinationen von Blende und Belichtungszeit.

Benutzt wird dieser Modus vorrangig bei Nachtaufnahmen, astronomischen Aufnahmen oder auch für Panoramafotos, bei denen Blende und Belichtungszeit gleich bleiben sollten.

Verwacklungen vermeiden

Die Kameraverwacklungswarnung ist im manuellen Modus deaktiviert. Der Fotograf muss hier besonders darauf achten, dass eine entsprechend kurze Belichtungszeit, um freihändig verwacklungsfrei arbeiten zu können, eingehalten wird. Weitere Informationen finden Sie hierzu auf Seite 19. Hier sind auch die Möglichkeiten des Super SteadyShot beschrieben, um die verwacklungsfreien Belichtungszeiten verlängern zu können.

Die α700 bietet dem Fotografen aber selbst in diesem vollständig manuellen Modus Hilfestellung an. Der AEL-Taste kommt hier eine besondere Bedeutung zu. Solange Sie die AEL-Taste gedrückt halten, können Sie mit dem Einstellrad die Blende-Belichtungszeit-Kombination verschieben – wie man es von der Programmshift-Funktion kennt.

▲ *Hier wurde bei Blende 8 1/60 Sekunde lang belichtet. Die Einstellung erfolgte von Hand im manuellen Modus.*

Weiterhin steht auch die bekannte Funktion der AEL-Taste, die Belichtungsspeicherung, zur Verfügung. Das Drücken der AEL-Taste bewirkt dabei die Speicherung des aktuellen Belichtungswertes. Schwenken Sie nun die Kamera, wird permanent die Belichtungsdifferenz im Spotmesskreis zum gespeicherten Wert im Sucher bzw. LCD-Monitor angezeigt.

Weiterhin unterstützt die Kamera den Fotografen durch Anzeige der Abweichung zur von der Kamera gemessenen Belichtung. Bis +/-2 EV wird die Abweichung hierbei im Sucher angezeigt. Auf dem Display sind es +/- 3 EV. Liegt die Messung außerhalb dieses Bereichs, blinkt ein Pfeil auf der entsprechenden Seite – entweder links für Unterbelichtung oder rechts für Überbelichtung. Treffen Sie mit Ihrer Einstellung genau die Null, entspricht sie der ermittelten Belichtungsmessung der α700.

Die ISO-Automatik kann im manuellen Modus nicht eingestellt werden. Wählen Sie hier den ISO-Wert immer manuell.

Nur über den manuellen Modus erreichbar ist die Möglichkeit, Langzeitbelichtungen über 30 Sekunden durchzuführen. Hierzu erhöhen Sie mit dem Einstellrad so lange die Belichtungszeit, bis in der Anzeige *BULB* erscheint. Diese erscheint direkt nach den noch wählbaren 30 Sekunden. In diesem Modus bleibt der Verschluss so lange geöffnet, wie der Auslöser gedrückt gehalten wird.

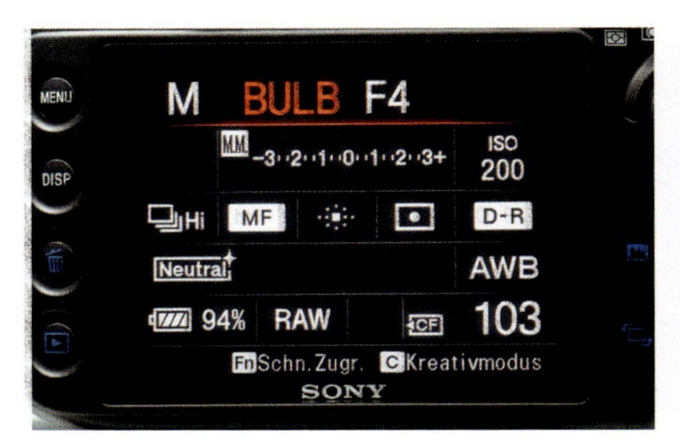

▲ *Nur im manuellen Modus wählbar. Hinter dem Bulb-Modus verbirgt sich die Möglichkeit, den Verschluss so lange zu öffnen, wie der Auslöser bzw. ein Fernauslöser gedrückt wird. Somit sind Aufnahmen mit Belichtungszeiten auch über 30 Sekunden möglich.*

▲ *Belichtungskorrekturskala mit Korrekturwerten von -3 EV bis +3 EV.*

Manuelle Belichtungskorrektur

Trotz der Möglichkeiten in Bildbearbeitungsprogrammen, gewisse Belichtungskorrekturen durchführen zu können, kann es durchaus sinnvoll sein, die Belichtung bereits für die Aufnahme anzupassen. In sehr hellen Bildpartien kann es zu Überstrahlungen ohne Bildinformationen und andersherum in Schattenbereichen zu schwarzen Bereichen ohne Tonwertunterschiede kommen. Außerdem kann der zu leichter Unterbelichtung neigenden Automatik bei größeren hellen Bereichen im Bild entgegengewirkt werden.

In allen Modi kann die Korrektur durchgeführt werden. Die Verstellung erfolgt in ⅓-EV-Schritten bis maximal 3 EV in beide Richtungen. Im Benutzermenü (1) können Sie zudem die Option *Belicht. stufe* auf 0,5 EV ändern.

Dann erfolgt die Verstellung in ½-EV-Schritten. Zur Verstellung drücken Sie die Taste +/–. Nun können Sie mit dem Einstellrad den gewünschten Wert einstellen.

Nachdem die Taste +/– nochmals gedrückt wurde, ist der Wert gespeichert. Im Blendenprioritätsmodus (A) ändert sich die Belichtungszeit und entsprechend im Verschlusszeitenprioritätsmodus (S) die Blende. In der Programmautomatik (P) ändert sich die Verschlusszeit.

Werte zurückstellen

Da der korrigierte Wert auch beim Ausschalten der Kamera und beim Wechsel in andere Programme erhalten bleibt (Ausnahme Szenenwahlprogramme), sollten Sie stets daran denken, den Wert zurückzustellen, wenn er nicht mehr benötigt wird, um Über- bzw. Unterbelichtungen zu vermeiden.

3.5 Professionelle Langzeitbelichtungen ohne Rauschen

Langzeitbelichtungen erschließen dem Fotografen sehr interessante Möglichkeiten. Werden die Nächte länger oder bleibt weniger Zeit, tagsüber zu fotografieren, bietet es sich an, auch mal im Dunkeln auf Fototour zu gehen. Hierbei wird nicht mehr das natürliche Licht genutzt, sondern so manche Kunstlichtquelle. Die α700 bringt hierfür alle Voraussetzung mit. Einzig der Faktor Rauschen muss im Auge behalten werden, da wie bei allen Kameras mit Bildsensoren auch bei der α700 das Rauschen mit der Verlängerung der Belichtungszeit zunimmt.

Verschlusszeiten bis 30 Sekunden kann die α700 ohne manuelles Zutun selbst realisieren. Belichtungszeiten darüber werden im Bulb-Modus mit manueller Zeitnahme und gedrücktem Auslöser durchgeführt. Dieser Modus ist nur in der manuellen Betriebsart (M) anwählbar. Der Verschluss bleibt so lange geöffnet, wie der Auslöser gedrückt gehalten wird. Wichtig für Langzeitaufnahmen sind ein stabiles Dreibeinstativ und ein Kabel- (RM-S1AM oder RM-L1AM) oder der mitgelieferte IR-Fernauslöser.

▲ *Der Kabelauslöser: wichtig für Langzeitbelichtungen über 30 Sekunden.*

▼ *Langzeitbelichtung bei 30 Sekunden Belichtungszeit.*

▲ *Diese Sternenspuraufnahme entstand mit manueller Belichtungseinstellung im Modus Bulb für Langzeitaufnahmen. Die Belichtungszeit betrug 15 Minuten. Es wurde Blende 6.3 eingestellt. Der Einsatz eines stabilen Stativs ist genauso wie der Kabelauslöser zwingend erforderlich.*

Ohne Kabelauslöser, der ja arretiert werden kann, ist es kein angenehmes Unterfangen, da der Auslöser permanent gedrückt gehalten werden muss. Der Kabelauslöser wird nach dem Zurückklappen der Kunststoffabdeckung Remote in die dreipolige Dose gesteckt.

Generell sollten Sie Langzeitbelichtungen nur mit komplett geladenem Akku durchführen. Der Stromverbrauch ist in dieser Betriebsart besonders hoch. Reicht die Akku-Ladung nicht mehr aus, schaltet die α700 während der Aufnahme die Kamera ab. Benutzen Sie wie empfohlen ein Stativ, sollten Sie den Super SteadyShot abschalten, da er in diesem speziellen Fall keine Wirkung zeigt und sich sogar negativ auswirken könnte.

Bei Aufnahmen über 1 Sekunde Belichtungszeit schalten Sie die Rauschverminderung aus (standardmäßig ist die Rauschminderung eingeschaltet). Die α700 macht sich hier die Dark Frame Subtraction zunutze. Wie erwähnt steigt das Rauschpotenzial mit der Länge der Belichtungszeit an. Die einzelnen Bildsensorpixel sind hierfür unterschiedlich stark empfindlich. Erkennbar sind diese Hotpixel als helle, farbige Punkte auf der Aufnahme. Je wärmer die Kamera, desto stärker tritt dieser Effekt auf.

Um dieses unschöne Rauschen zu mindern, führt die α700 nach der Aufnahme nochmals eine Belichtung des Sensors durch, nun aber mit geschlossenem Verschluss. Da die Hotpixel weitestgehend an den gleichen Stellen auftreten, kann die Kamera mit dieser und der zuvor durchgeführten Aufnahme ein finales Bild mit starker Reduzierung dieser Hotpixel berechnen und abspeichern.

Die Hotpixel werden quasi herausgerechnet. Die Dauer der zweiten Aufnahme entspricht der ersten, womit sich die Gesamtbelichtungszeit mit Rauschunterdrückung verdoppelt, was für die Zeitplanung bei längeren Belichtungszeiten wichtig ist. Sie erkennen, dass die α700 die Berechnung durchführt, an der Display-Anzeige *Verarbeitung*, die leider nicht abschaltbar ist.

Serienbildmodus ausschalten

Sie sollten unbedingt darauf achten, dass weder der Serienbild- noch der Serienbildreihenmodus eingeschaltet ist, da hier die Rauschminderung automatisch für diese Fälle deaktiviert wird.

▲ *Im Kameramenü (3) kann die Rauschverminderung der α700 für Aufnahmen über 1 Sekunde Belichtungszeit auch abgeschaltet werden.*

Um das Optimum bei Langzeitbelichtungen zu erreichen, sollte vorrangig mit ISO 100 bzw. 200 fotografiert werden. Denn je höher der ISO-Wert ist, umso mehr steigt auch das Rauschen an. Entsteht also die Frage, ob man nicht lieber den ISO-Wert erhöhen sollte, um die Belichtungszeit zu verkürzen, kann man sagen, dass dies in Bezug auf das Rauschen nicht sinnvoll ist. Die Signalverstärkung bei höheren ISO-Werten erzeugt deutlich mehr Rauschen als eine längere Belichtungszeit.

Außerdem ist es sinnvoll, Pausen zwischen den Aufnahmen zu lassen. Da auch die Kameratemperatur das Rauschen beeinflusst, sollten Sie nach Möglichkeit je nach Länge der Belichtungszeiten Pausen bis zu 10 Minuten einplanen, um eine Abkühlung der α700 zu gewährleisten.

Mit einem vollen Akku kann die α700 ca. 4 Stunden ohne Unterbrechung belichten, was natürlich nur von theoretischem Wert ist. Das auftretende Rauschen bestimmt hier die Grenzen.

Sucher abdecken

Am Kameragurt befindet sich eine Okularabdeckung. Benutzen Sie diese bei Langzeitbelichtungen und setzen Sie sie auf den Sucher auf.

Sie verhindern damit in den Sucher einfallendes Licht und damit eine eventuell überbelichtete Aufnahme.

Langzeitaufnahmen bei Tageslicht

Ebenfalls sehr interessant, aber auch recht anspruchsvoll sind Langzeitbelichtungen mit Tageslicht. Die Herausforderung dabei ist, trotz einer möglichst langen Verschlusszeit keine überbelichteten Bilder zu erhalten. ISO 100 sollten Sie hier schon mal voreinstellen. Des Weiteren bietet es sich an, das kameraeigene Rohdatenformat RAW (bzw. komprimiert cRAW) zu benutzen. Hier ist es später möglich, Aufnahmen mit bis zu 2 Blendenstufen Überbelichtung per Software zu korrigieren.

Um die gewünschten Belichtungszeiten einstellen zu können, wählen Sie den Verschlusszeitenprioritätsmodus (S) an der α700. Die Kamera wählt dann automatisch die zur Belichtung passende Blende aus und stellt diese ein.

Alternativ können Sie auch die Programmautomatik verwenden, wobei Sie dann über die Programmshift-Funktion die gewünschte Belichtungszeit einstellen können.

Neutralgraufilter

Gerade bei Tageslicht erreicht man relativ schnell die Grenzen, und die Einstellung der gewünschten Belichtungszeit würde zu einer zu starken Überbelichtung führen. Neutralgraufilter (ND) sind nun das Mittel der Wahl.

Die Farbwirkung des Bildes wird durch diese Filter nicht beeinträchtigt, aber – und das ist in diesem Fall wichtig – es wird das einfallende Licht gemindert, was längere Belichtungszeiten erfordert. Graufilter sind in den Dämpfungsgraden 2x, 4x, 8x und 64x verfügbar.

Wird die doppelte Belichtungszeit benötigt, setzen Sie einen 2x-Filter ein, für vierfache Belichtungszeit den 4x-Filter etc. Um unerwünschte Reflexe – hervorgerufen durch den Filter – zu vermeiden, empfiehlt sich der Einsatz einer Streulichtblende. Be-

▾ *Langzeitbelichtung mit 1 Sekunde Belichtungszeit, um bei diesem kleinen Wasserfall das Fließen des Wassers darzustellen.*

sonders wenn in Richtung Sonne fotografiert wird, treten diese unschönen Erscheinungen auf.

Für Aufnahmen mit starken Kontrasten im Bild, beispielsweise bei Strandaufnahmen, bei denen der Strand eine andere Belichtungszeit als der Himmel benötigt, kann der Einsatz von Grauverlaufsfiltern notwendig werden. Diese Filter besitzen eine hierfür entwickelte Lichtdämpfung, die in dem einen Bereich des Filters stärker als im anderen ist. Damit ist es möglich, auch hier Langzeitaufnahmen mit weichen, schleierartigen Wellen am Strand zu erzeugen und im Himmelbereich keine Überbelichtung zu erhalten.

Hochwertige Graufilter lassen sich guten Gewissens auch miteinander kombinieren. Die Verlängerungsfaktoren müssen Sie dann entsprechend multiplizieren.

Beim Kauf auf das Filtergewinde am Objektiv achten!

Da die Filter in den meisten Fällen in das Filtergewinde an der Objektivfrontseite geschraubt werden, muss vor dem Kauf ermittelt werden, welches Filtergewinde das Objektiv besitzt. Zum Beispiel ist für das Kit-Objektiv AF F3,5-5,6/18-70mm ein 55-mm-Filter notwendig. Eine weitere Möglichkeit besteht darin, größere Filter mit einem Adapter an einem kleineren Filtergewinde zu nutzen. Andersherum ist es nicht sinnvoll, einen kleineren Filter mit Adapter an einem größeren Filtergewinde einzusetzen, da es hier zu Randabschattungen kommen könnte. Bei speziellen Teleobjektiven wie dem AF F2,8/300-mm-Objektiv werden die Filter in eine hierfür konstruierte Filterschublade gesteckt und erfüllen so den gleichen Zweck.

3.6 Szenarien für perfekte ISO-Einstellungen

ISO steht für **I**nternational **S**tandards **O**rganization und ist eine internationale Norm. Der ISO 5800-Standard kombiniert die ASA- und DIN-Norm.

Was ISO-Werte bedeuten

ISO-Werte geben die Sensorempfindlichkeiten an. Übliche Werte sind hierbei ISO 50, 100, 200, 400, 800, 1600, 3200, 6400.

Kleine Werte stehen für geringe Empfindlichkeit, größere für höhere Empfindlichkeit in Bezug auf das Signal. Ein Schritt zum nächsten Wert entspricht der Verdopplung bzw. Halbierung der Empfindlichkeit. ISO 100 ist also halb so empfindlich wie ISO 200 etc.

Die α700 besitzt die Möglichkeit, Werte zwischen ISO 100 und ISO 6400 einzustellen. Die Spezialwerte Lo80 und Hi200, wie sie an Vorgängermodellen wählbar waren, existieren an der α700 nicht mehr. Hierfür wurden die Bildstile *Tief* und *Hell* eingeführt.

Ist in der analogen Fotografie für jede ISO-Empfindlichkeit ein separater Film notwendig, wird im Gegensatz dazu im digitalen Bereich der nächste ISO-Wert durch Signalverstärkung erreicht.

Dank der Einstellbarkeit des ISO-Wertes ist man wesentlich flexibler gegenüber der analogen Fotografie, bei der man stets von einem vordefinierten ISO-Wert bis zum Filmwechsel abhängig war. Die analogen Kameras Dynax 7 und 9 besaßen zwar die Möglichkeit, teilbelichtete Filme wieder einzulegen und genau bis zum letzten unbelichteten Foto vorzuspulen, was aber lange nicht an die Möglichkeiten der ISO-Einstellung von Digitalkameras heranreicht.

ISO oder ASA?
ASA, die Abkürzung für **A**merican **S**tandards **A**ssociation, wurde 1983 weltweit durch die ISO-Norm abgelöst. Eine wesentliche Änderung des Standards gab es damals aber nicht. ASA-Werte entsprechen somit den jetzigen ISO-Werten. Zum Beispiel wurde aus ASA 100 ISO 100. Diese Normen gelten genau genommen aber nur für Filmmaterial. Der Einheitlichkeit wegen geben Kamerahersteller die Empfindlichkeit der Kamera ebenfalls in ISO-Werten an, sodass man diese leicht vergleichen kann.

Das einfallende Licht wird in elektrische Signale umgewandelt, die dann entsprechend der gewählten ISO-Einstellung verstärkt werden. Je geringer das Signal bzw. je höher die gewählte ISO-Empfindlichkeit, umso stärker ist auch das Rauschen.

ISO-Wahl der α700 überlassen – ISO-Automatik

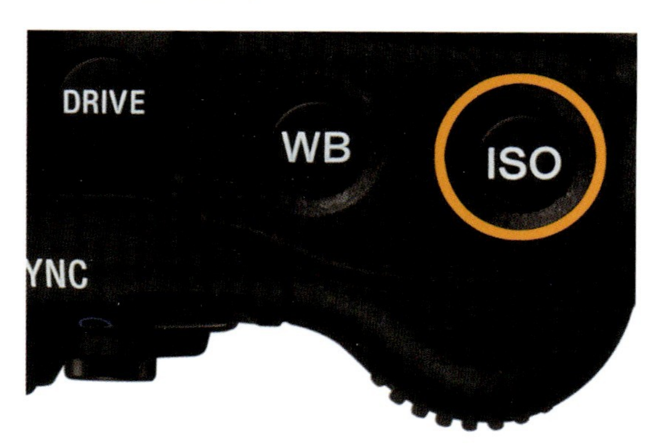

▲ *Über die ISO-Taste gelangen Sie ins ISO-Auswahlmenü. Alternativ können Sie auch über die Funktionstaste Fn und den Schnellzugriffsbildschirm das Menü erreichen.*

Sie haben bei der α700 die Möglichkeit, den ISO-Wert automatisch einstellen zu lassen. Aufgrund des höheren Rauschens ab ISO 800 hat Sony diese Automatik etwas eingeschränkt, um auch im Automatikmodus akzeptable Ergebnisse zu erzielen.

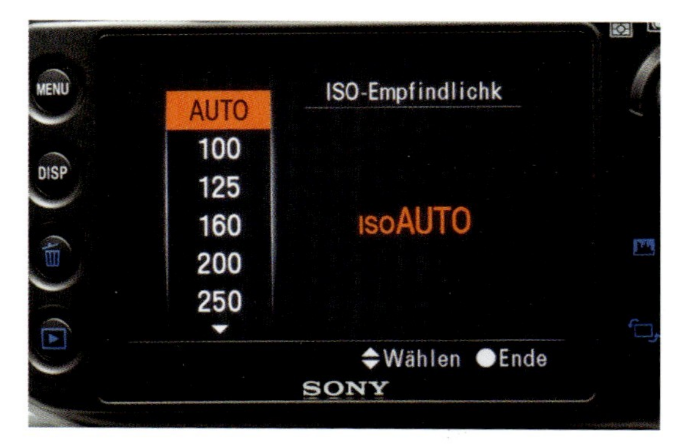

▲ *Im Menü ISO-Empfindlichkeit können Sie neben dem Punkt ISOAUTO auch alle anderen Werte zwischen ISO 100 und ISO 6400 wählen. Mit dem vorderen Einstellrad können Sie ganze Blendenempfindlichkeitswerte ändern. Alle anderen ISO-Werte werden übersprungen. Mit dem hinteren Einstellrad ändern Sie die Werte feiner, im Abstand von 1/3 EV.*

Abhängig von den Einstellungen im Aufnahmemenü (2) *ISO Auto max.* und *ISO Auto min.* regelt die α700 den ISO-Wert bei Standardeinstellungen im Bereich von ISO 200 und ISO 800.

Die Option *ISO Auto max.* können Sie auf ISO 400 bzw. ISO 1600 ändern, den *ISO Auto min.*-Wert auf ISO 400. Im Normalfall ist die Standardeinstellung eine gute Wahl, da hier die Rauschwerte gute Werte erzielen.

Sobald die Gefahr besteht, eine Aufnahme zu verwackeln, wird die α700 den ISO-Wert anheben, um eine kürzere Belichtungszeit zu erreichen. Ebenfalls erhöht die α700 den ISO-Wert im Blendenprioritätsmodus, wenn sie keine passende Belichtungszeit mehr zur Verfügung hat. Dies trifft auch für den Verschlusszeitenprioritätsmodus zu. Hier erhöht die α700 den ISO-Wert, wenn keine größere Blende am Objektiv vorhanden ist, die eigentlich für eine richtige Belichtung benötigt würde.

ISO-Rauschen in der Praxis

Bei der α700 ist das ISO-Rauschen ab etwa ISO 800 recht gut zu erkennen. Werte ab ISO 1600 sollten Sie nach Möglichkeit vermeiden. Auch hier

▲ *Diese Aufnahme entstand mit ISO 1000. Das Rauschen hält sich auch auf dem Ausschnitt in Grenzen und wäre bei einer späteren Ausbelichtung kaum wahrnehmbar. Bei geringeren ISO-Werten hätte mit Bewegungsunschärfe bei den Personen gerechnet werden müssen.*

gibt es aber Ausnahmen. Es ist durchaus möglich, dass sich bei bestimmten Motiven das Rauschen weniger bemerkbar macht. Andererseits kann bei geringen Kontrasten und aufgehellten Motiven bereits bei ISO 100 Rauschen sichtbar werden.

Im praktischen Einsatz der α700 sollten Sie abwägen, ob eine hohe Empfindlichkeit mit höherem Rauschen benötigt wird. Dies kann z. B. der Fall sein, wenn Sie eine kürzere Belichtungszeit wünschen, um Verwacklungen zu vermeiden. Andererseits nützt es Ihnen wenig, eine Aufnahme ohne Bewegungsunschärfe, dafür aber mit zu starkem Rauschen zu besitzen. Hält sich aber das Rauschen in Grenzen, können Sie mit Spezialprogrammen wie Neat Image oder Helicon Filter das Rauschen reduzieren. Auch im RAW-Konverter können Sie das Rauschen noch nachträglich vermindern.

Wann immer möglich sollten Sie mit ISO 100 fotografieren, wenn es um möglichst geringes Rauschen geht. Lassen Sie die Entscheidung, welcher ISO-Wert gewählt wird, in diesem Fall nicht von der Kamera treffen.

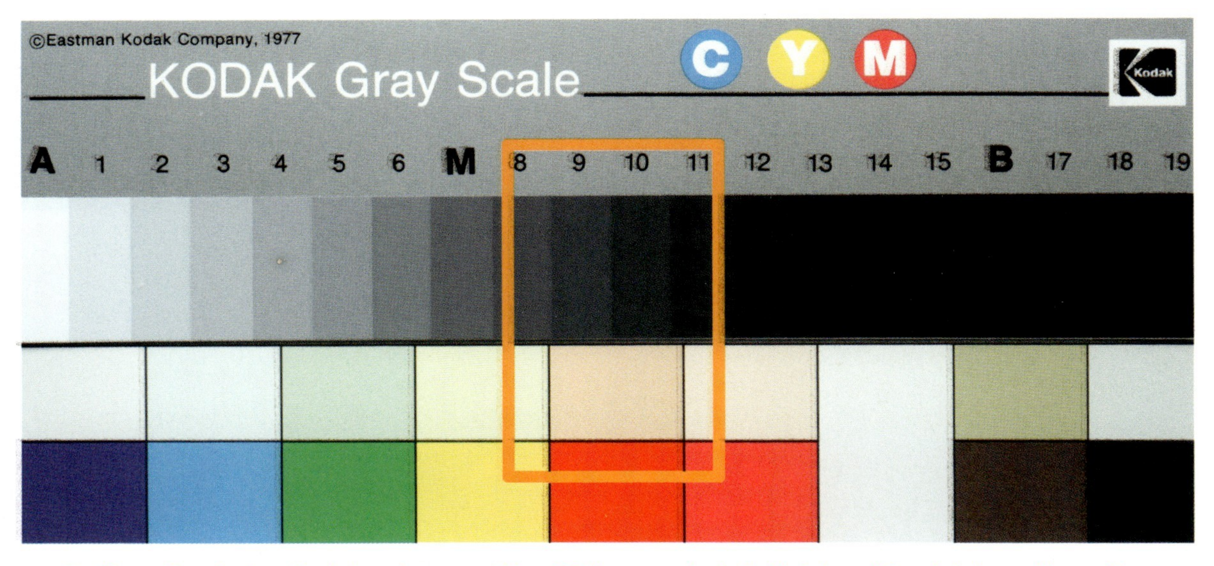

Zur Überprüfung des Rauschverhaltens bei ausgewählten ISO-Werten wurde die Kodak-Farb- und Grauskalenkarte abfotografiert.

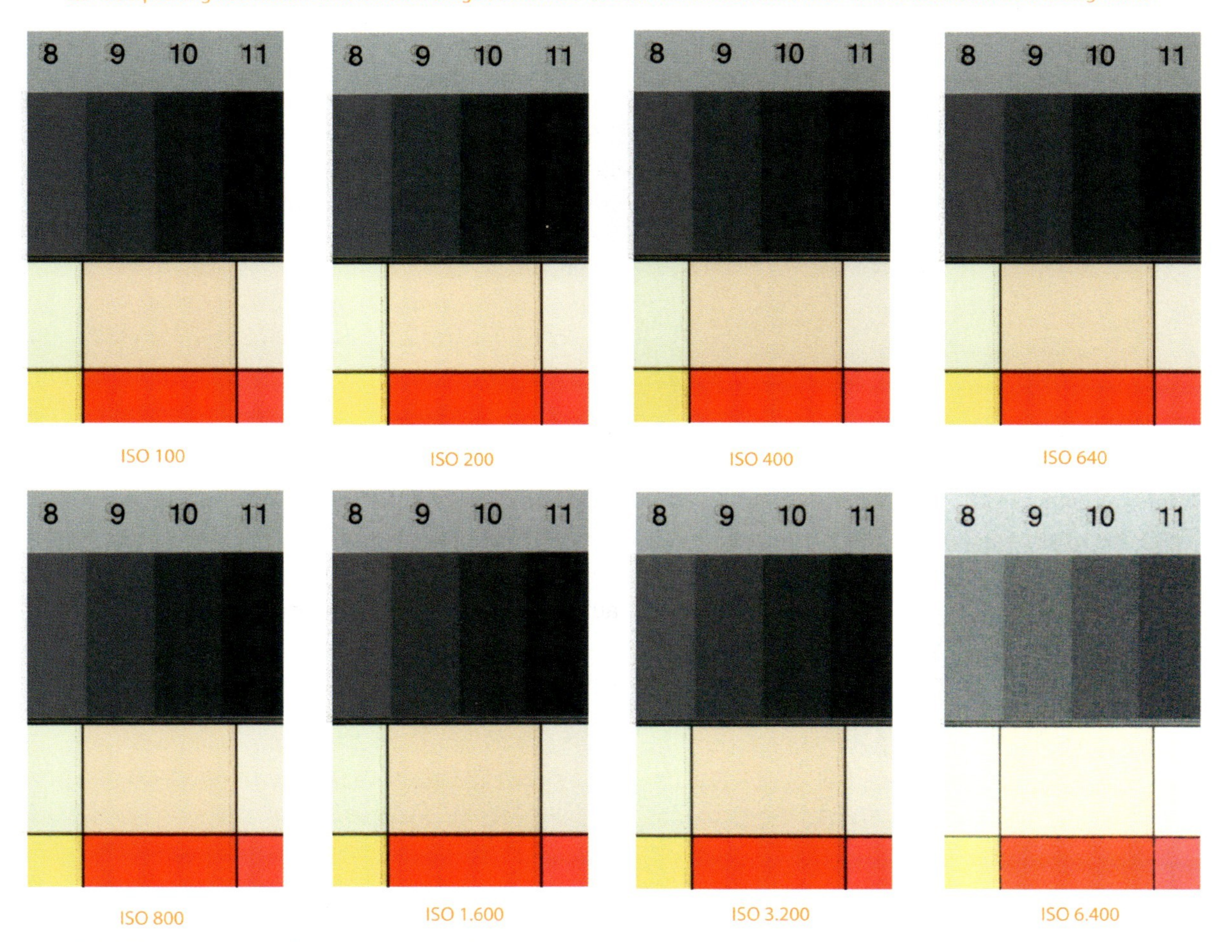

▲ *Ab ISO 800 kann es je nach Motiv zu auffälligem Rauschen kommen.*

▲ *Nahezu rauschfreie Aufnahmen gelingen Ihnen mit der α700 im Empfindlichkeitsbereich von ISO 100 bis ISO 250.*

Längere Belichtungszeit oder höherer ISO-Wert?

Wenn die Möglichkeit besteht, die Belichtungszeit zugunsten eines niedrigen ISO-Wertes zu verlängern, sollte man dies grundsätzlich tun. Zwischen ISO 100 und 400 können Sie dabei bedenkenlos Werte wählen.

Bei Werten ab ISO 800 sollten Sie aber die Möglichkeit prüfen, eine längere Belichtungszeit einzustellen. Sicher wird dies nicht immer möglich sein, vor allem wenn es darum geht, eine Freihandaufnahme verwacklungsfrei auszulösen. Der Super Steady-Shot leistet aber recht gute Arbeit, womit hier ein Spielraum von bis zu 4 Blenden dem Fotografen entgegenkommt.

Hotpixel: Rauschunterdrückung bei Langzeitaufnahmen

Hotpixel sind hierbei einzelne Pixel, die nicht gleichmäßig auf die Lichtmenge reagieren. Lange Belichtungszeiten und steigende Temperaturen tragen zu ihrer Entstehung bei. Sie erscheinen meist heller als erwünscht und treten bei jeder neuen Aufnahme an unterschiedlichen Stellen auf. Hierdurch ist es schwierig, ihnen beizukommen.

Ab etwa 1 Sekunde Belichtungszeit kommt zum ISO-Rauschen noch das Rauschen durch dieses Verstärkerglühen hinzu.

Die α700 verfügt über eine speziell hierfür entwickelte Rauschunterdrückung, die auch standardmäßig eingestellt ist und bei Belichtungszeiten ab 1 Sekunde zum Einsatz kommt.

Bei eingeschalteter Rauschunterdrückung wird versucht, dieses Glühen durch Abzug eines Dunkelbildes zu eliminieren. Hierzu fertigt die α700 ein weiteres Bild mit geschlossener Blende und gleicher Belichtungszeit an.

Im Aufnahmemenü (3) im Menüpunkt *Langzeit-RM* kann diese Rauschunterdrückung auch ausgeschaltet werden. Diese Option sollten Sie wenn möglich auch in Betracht ziehen. In nachfolgender Tabelle sind die Zeiten angegeben, die nach eigenen Tests ohne Rauschunterdrückung möglich sind, ohne dass störendes Rauschen entsteht. Ab ISO 1600 sollten Sie die Rauschminderung aber auf jeden Fall eingeschaltet lassen.

ISO 100	ISO 200	ISO 400	ISO 800
2 Min.	1 Min.	1 Min.	0,5 Min.

Programme wie Adobe Lightroom verfügen ebenfalls über eine Rauschreduktionsfunktion, mit der sehr gut Hotpixel auf den Bildern entfernt werden können. Die Wirkung ist teilweise erheblich besser als die der eingebauten Langzeitrauschreduzierung der α700.

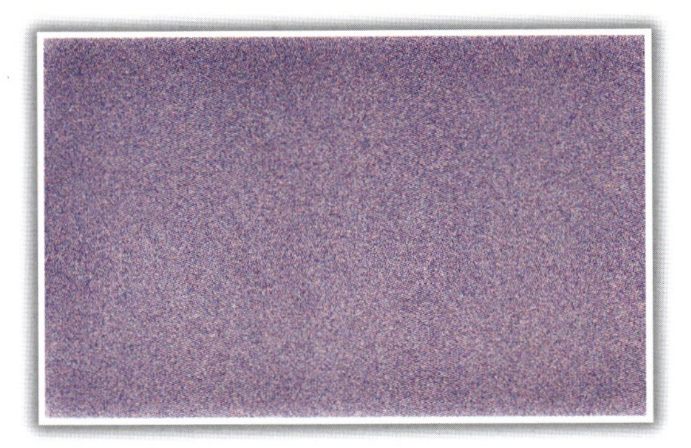

▲ *Extrembeispiel: Hier rauscht alles. 30 Minuten Belichtungszeit bei ISO 6400 und ohne Rauschunterdrückung. Aber auch mit Rauschunterdrückung ist in diesem ISO-Bereich bei derart langen Belichtungszeiten kaum Besserung zu erwarten.*

Dem ISO-Rauschen im High-Bereich begegnen

Für den ISO-Bereich ab ISO 1600 stellt Sony eine zusätzliche Rauschminderung in drei Stärken bereit.

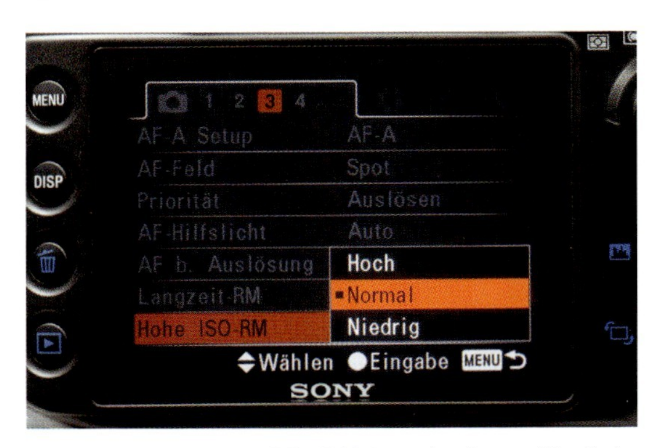

▲ *Für den Bereich ab ISO 1600 kann in diesem Menü der Stärkegrad der Rauschminderung gewählt werden.*

Gerade ab diesem Bereich wird das Rauschen schon recht störend. Somit sind Hilfsmittel zur Rauschminderung willkommen. Die drei Stufen *Niedrig*, *Normal* und *Hoch* entsprechen der Berechnungsstärke für die Rauschminderung. Im Modus *Hoch* benötigt die α700 hier doch recht viel Rechenleistung, sodass Sie im Serienbildmodus nur noch mit etwa 3,5 Bildern/Sekunde arbeiten können. Die zusätzliche Rauschminderung ist nicht abschaltbar.

Falls Sie trotzdem auf diese Rauschminderung verzichten wollen, sollten Sie den RAW- bzw. cRAW-Modus verwenden, denn hier lässt die α700 die Bilder insoweit unbearbeitet (siehe Bilder auf der gegenüberliegenden Seite).

Deadpixel

Im Gegensatz zu Hotpixeln treten Deadpixel (tote Pixel) immer an ein und derselben Stelle auf. Sie liefern kein Nutzsignal mehr und bleiben deshalb schwarz. Diese toten Pixel treten bei allen Kamerafabrikaten auf. Aufgrund der hohen Pixelanzahl fallen vereinzelte Pixel ohne Signalabgabe kaum ins Gewicht.

Durch sogenanntes Pixelmapping können tote Pixel „geheilt“ werden. Hierzu werden die Informationen der umliegenden Pixel genutzt und ein entsprechendes Signal wird für den Deadpixel berechnet. Er fällt nun nicht mehr auf. Die α700 führt vermutlich regelmäßig eine Pixelregeneration durch.

ISO 25 mit der α700 – mit einem Trick ist auch das möglich

Besonders bei Motiven mit einfarbigen Flächen kann durchaus schon bei ISO 100 das Rauschen sichtbar sein und stören. Mit einem kleinen Trick kann das Rauschen nochmals reduziert werden.

Können Sie einen gewissen Dynamikverlust bei einer Aufnahme verschmerzen, dann ist mithilfe des RAW-Formats nochmals eine Reduzierung des Rauschens im Vergleich zu ISO 100 möglich.

Vergleich der unterschiedlichen Rauschminderungsoptionen im ISO-Bereich ab ISO 1.600

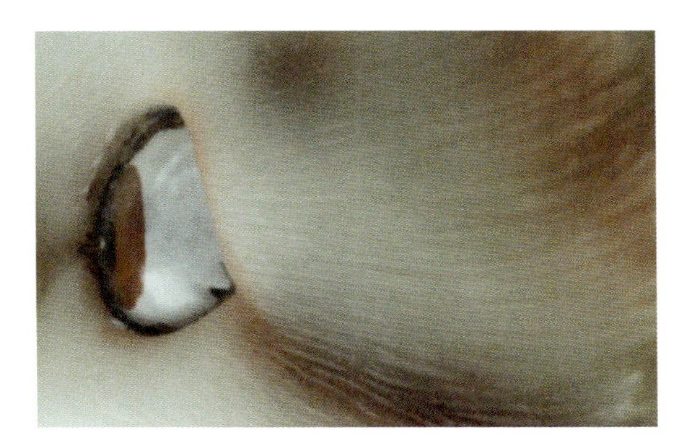

niedrig

normal

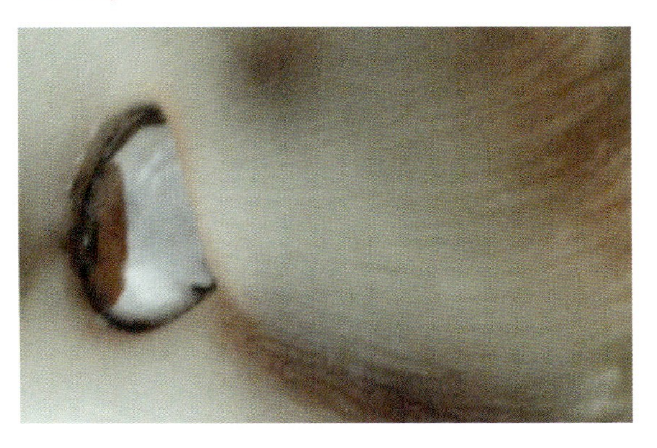

hoch

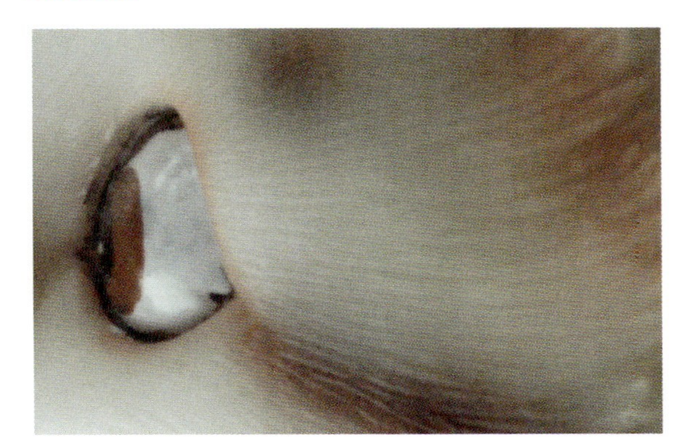

normal, ohne Langzeit Rauschminderung

▲ *Test der Rauschminderungsmöglichkeiten an der α700. Die Rauschminderungsstärke entspricht dabei dem gewählten Einstellungsgrad. Leider müssen Sie aber auch mit einem entsprechend ansteigenden Schärfeverlust rechnen. Das stärkste Rauschen verursachte hier die Einstellung Normal, ohne Langzeitrauschminderung (unten rechts).*

1 Aufnahme

Als Erstes stellen Sie eine Belichtungskorrektur von +2 EV ein und wählen das RAW-Format. Dann nehmen Sie das Motiv bei ISO 100 auf. Eine zu starke Überbelichtung darf hierbei aber nicht auftreten. Achtung: Der Überbelichtungswarner – erreichbar über das Drücken der Taste C im Wiedergabemodus – der α700 kann unter Umständen im RAW-Modus leicht abweichende Werte anzeigen.

2 Kompensation

Nun wird die Belichtung im RAW-Konverter um 2 EV nach unten korrigiert. Die nun entstandene Aufnahme entspricht der Belichtungszeit und dem Rauschen einer ISO-25-Aufnahme.

Analog kann man auch mit +1 EV vorgehen und erhält eine Aufnahme, die ISO 50 entspricht. Im RAW-Konverter muss dann entsprechend 1 EV zurückkorrigiert werden.

Theoretisch sind so auch mit der α700 Aufnahmen mit ISO 12800 und höher möglich. Das Rauschen wäre aber sehr hoch, daher sollten Sie es bei der Theorie belassen.

Dieser Trick ist nur im RAW-Format sinnvoll durchführbar. Hier wird die Reserve des höheren Dynamikumfangs von etwa einer Blende gegenüber Bildern im 8-Bit-Format (z. B. JPEG) ausgenutzt. Andererseits müssen Sie so auf einen auch für die Bilddynamik verwendbaren Vorteil verzichten.

Softwaretools zur Rauschreduzierung

Auch wenn sich das Rauschverhalten der α700 auf einem hohen Niveau befindet, kann es vorkommen, dass eine nachträgliche Bearbeitung der Bilder notwendig wird.

Auf eine Rauschreduzierung kann man in den meisten Fällen aber verzichten, wenn Bilder im Internet dargestellt oder kleinformatig ausbelichtet werden sollen. Prinzipiell sollten Sie bei der Bildbearbeitung mit der Rauschentfernung beginnen, da Arbeitsschritte wie Schärfen oder auch die Farbkorrektur das Rauschen verstärken.

Die Reduzierung des Rauschens ist dabei nicht komplett möglich und geht meist auch mit einem Qualitätsverlust einher. Reduziert man das Rauschen zu stark, leidet die Bildschärfe unter dieser Maßnahme.

Entrauschen mit Neat Image

Ein sehr gutes Bildbearbeitungsprogramm zur Rauschreduzierung ist Neat Image. Dieses Programm ist schon seit mehreren Jahren auf dem Markt und wurde dabei ständig verbessert.

Im Internet steht unter *http://www.neatimage.com* eine Demoversion bereit, die für private Zwecke kostenlos genutzt werden kann. Man muss hier zwar mit ein paar Einschränkungen leben, aber für den Normalanwender ist der Funktionsumfang durchaus ausreichend. So steht z. B. in dieser Version kein Plug-in zur Verfügung, die Bearbeitung beschränkt sich auf 8-Bit-Formate und die Stapelverarbeitung ist ebenfalls eingeschränkt auf maximal zwei Schritte.

Für den professionellen Einsatz sollten Sie zur Pro-Version greifen, da hier die Bearbeitung im 16-Bit-Format und eine unbeschränkte Stapelverarbeitung möglich sind.

Voraussetzung für die Bearbeitung eines Bildes sind die entsprechenden Rauschprofile für die α700. Diese können unter *http://www.neatimage.com/noise-profiles/digital-cameras/Sony/download.html* für alle ISO-Stufen für JPEG- und RAW-Dateien heruntergeladen werden.

▲ *Neat Image setzt entsprechende Profile für die Kamera voraus. Diese können selbst erstellt werden, oder es kann eine allgemeine Version auf der Homepage heruntergeladen werden.*

▲ *Während der Bearbeitung können Sie diverse Parameter zur Feinabstimmung einstellen.*

▲ *Mit Neat Image entrauschte Aufnahme (unten). Bei ISO 1000 wird das Rauschen schon recht deutlich (oben).*

Ist das Rauschprofil berechnet bzw. ausgewählt worden, findet im nächsten Schritt die Rauschreduzierung statt. Hier besteht neben der Einstellung von Helligkeit und Kontrast die Möglichkeit, die Filtereinstellungen sehr fein zu ändern. Wichtig sind auch die Regler zur Regulierung der Schärfe, um Schärfeverluste durch die Rauschreduzierung zu kompensieren. Eine Überschärfung sollte hierbei aber möglichst vermieden werden.

Das Programm steht auch als Plug-in-Lösung bereit und installiert sich bei Bedarf automatisch. So steht Ihnen dieses nützliche Tool z. B. auch direkt in Photoshop Elements zur Verfügung.

Mehr als nur Bildentrauschung – Helicon Filter

Helicon Filter (*www.heliconfilter.com*) – ursprünglich ein eigenständiges Programm zur Rauschreduzierung von Bilddateien – hat sich im Laufe der Zeit zu einem umfangreichen Bildbearbeitungsprogramm entwickelt.

Neben der Rauschreduktion beherrscht das Programm die Korrektur der chromatischen Aberration (Unterdrückung von Farbsäumen) sowie der Verzeichnung und Vignettierung, die Beeinflussung der Bildschärfe, des Kontrasts und der Helligkeit. Farbkorrekturmöglichkeiten sind neben nützlichen Tools wie Skalieren, Beschneiden etc. ebenfalls vorhanden. Um den Dynamikumfang erhöhen zu können, ist es mit Helicon Filter möglich, mehrere Bilder zu einer Bildversion mit gesteigertem Dyna-

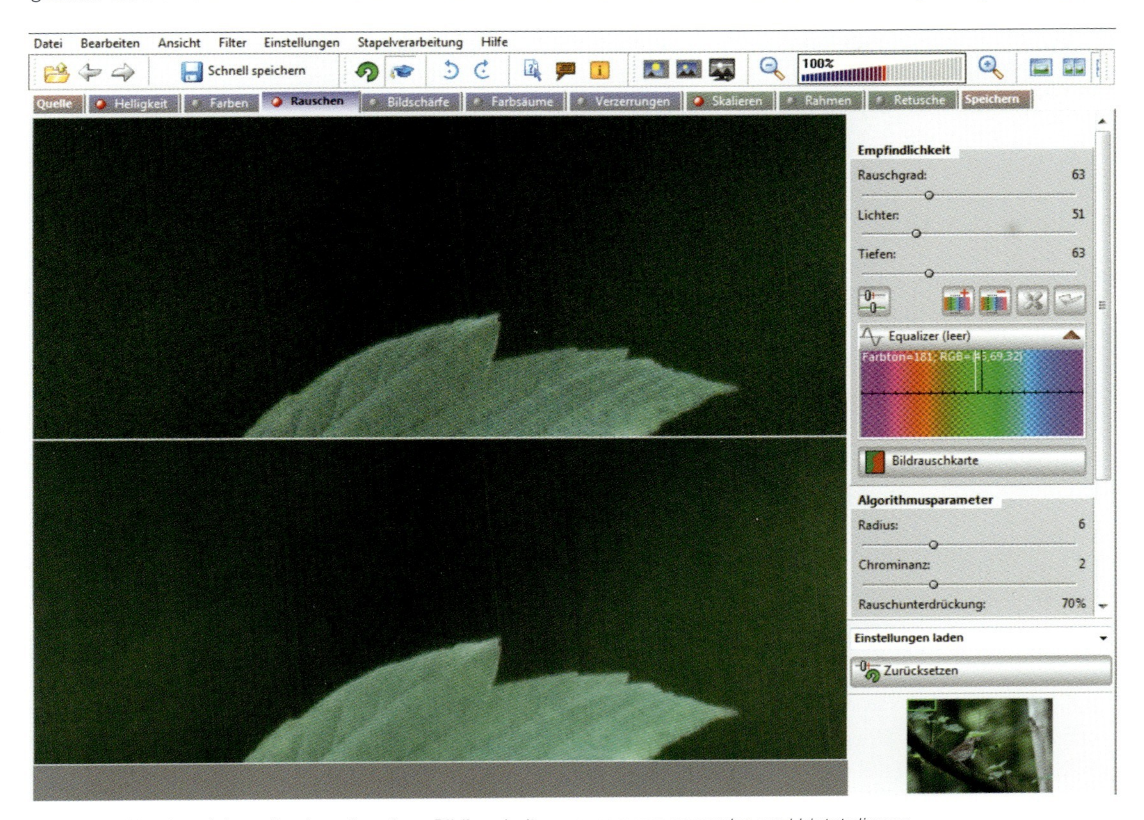

▲ *Helicon Filter ist mittlerweile ein vollwertiges Bildbearbeitungsprogramm geworden und bietet diverse Korrekturmöglichkeiten.*

▲ *Hier wurde zur Verdeutlichung des Unterschieds ein Originalbildbereich über die entrauschte Variante gelegt.*

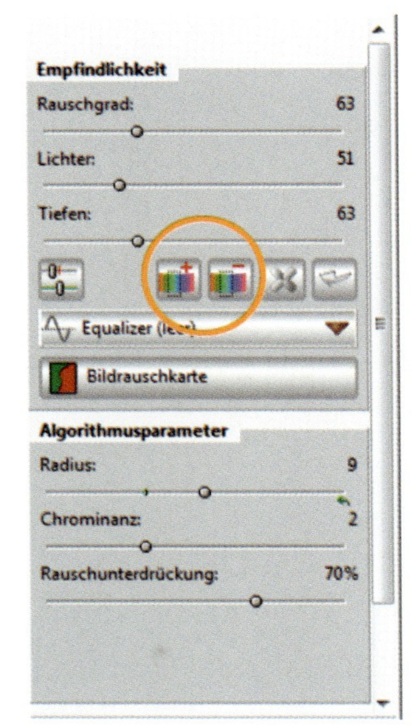

▲ *Bestimmte Bereiche im Bild können speziell angepasst werden. Hierzu dient die selektive Rauschreduzierung.*

mikumfang zusammenzuführen. Diese erweiterten Funktionen stehen aber erst mit Registrierung und Erwerb der Home- bzw. Pro-Variante zur Verfügung. Ansonsten kann die Freeversion uneingeschränkt kostenlos genutzt werden.

Zunächst sollten Sie das Arbeitsfeld in zwei Bereiche unterteilen. Hierzu drücken Sie Strg+F2. Ein direkter Vergleich zwischen Ausgangsbild und Ergebnis der Rauschreduzierung ist so am besten möglich.

Um das Rauschen richtig beurteilen zu können, wählen Sie als Zoomfaktor 100 %. Nun klicken Sie das Register *Rauschen* an. Das Programm berechnet ein rauschreduziertes Bild und stellt es im anderen Fenster dar. Es empfiehlt sich, nun mit eventuell notwendigen Arbeitsschritten fortzufahren und die entsprechenden Register anzuwählen. Erst mit Abschluss aller Arbeiten können Sie versuchen, das Rauschen im Register *Rauschen* weiter zu reduzieren.

Helicon ist ebenfalls in der Lage, das Bildrauschen selektiv, also nur für bestimmte Bereiche zu reduzieren.

Da durch das Herausrechnen der Rauschanteile auch Informationen in Bildbereichen verloren gehen, in denen das Rauschen weniger stark auffällt, kann hier die Rauschreduzierung vermindert und in anderen Bereichen verstärkt werden.

So kann z. B. bei Bildern mit einem größeren Himmelsanteil das Rauschen im Himmel reduziert werden, während Bereiche im Vordergrund weniger stark einer Rauschminderung unterzogen werden und somit kleinste Strukturen erhalten bleiben.

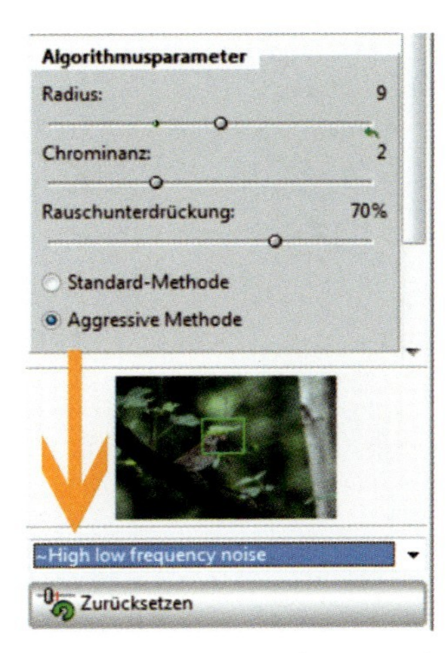

▲ *Spezielle Filtereinstellungen erlauben es, das Rauschen selektiv in einzelnen Farbkanälen unterschiedlich stark zu reduzieren. Hier ist die Einstellung High low frequency noise aktiv.*

Hierfür stehen vordefinierte Filtereinstellungen zur Verfügung. Ist der Equalizer eingeschaltet, können Sie die Farbkanäle auch von Hand festlegen. Wie stark die Rauschunterdrückung wirkt, können Sie sich mithilfe der Rauschkarte ansehen. Die Intensität der Rotfärbung gibt den Grad der Entrauschung an. Helicon Filter erlaubt die Speicherung aller Einstellungen und die Übertragung auf andere Bilddateien. Außerdem können in der Home- und in der Pro-Variante mehrere Dateien in einer Stapelverwaltung nacheinander automatisch bearbeitet werden.

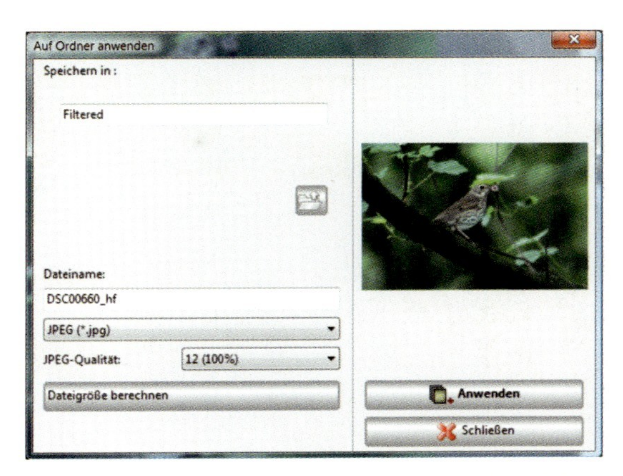

▲ *Mit der Stapelverarbeitung ist die automatische Bearbeitung mehrerer Dateien möglich.*

Zudem integriert sich Helicon automatisch als Plug-in in vorhandene Bildbearbeitungsprogramme wie Photoshop, Corel PHOTO-PAINT u. a, wenn man die Pro-Version besitzt. Andersherum erlaubt auch Helicon Filter das Einfügen externer Plug-ins. Eine interessante Homepage zu diesem Thema mit zahlreichen kostenlosen Plug-ins findet man im Internet unter *http://www.thepluginsite.com/*. Beachten sollten Sie hier, dass 16-Bit-Dateien nur mit Plug-ins genutzt werden können, die das Format unterstützen.

Falls das Plug-in den 16-Bit-Modus nicht unterstützt, muss vorab die Bilddatei in das 8-Bit-Dateiformat umgewandelt werden.

3.7 Kameratechnik geschickt auf wenig Licht einstellen

Nicht selten kommt es vor, dass die Lichtverhältnisse eingeschränkt sind und das interne Blitzgerät der α700 bzw. selbst ein leistungsstärkeres externes Blitzgerät nicht genügend Leistung erbringen, um die Szene entsprechend auszuleuchten. In diesen Fällen sind Sie gezwungen, mit dem vorhandenen Licht auszukommen und andere Wege zu einer korrekten Belichtung zu gehen. Um das Restlicht bei geringer Lichtintensität nutzen zu können, ist es notwendig, den Sensor hierfür stärker zu sensibilisieren. Die empfangenen Signale müssen intensiver verstärkt werden. Erreicht wird diese Verstärkung durch Anhebung des ISO-Wertes. Leider wird auch das Rauschen mit verstärkt, sodass immer ein Kompromiss zwischen Empfindlichkeit und Rauschvermögen gefunden werden muss.

▲ *Ein Blitzgerät wäre in dieser Situation nicht sinnvoll gewesen, da es zu lokalen Überstrahlungen gekommen wäre. Hier sollte versucht werden, mit möglichst lichtstarken Objektiven und mit ISO-Wert-Anpassung zu arbeiten.*

ISO-Wert immer im Auge behalten

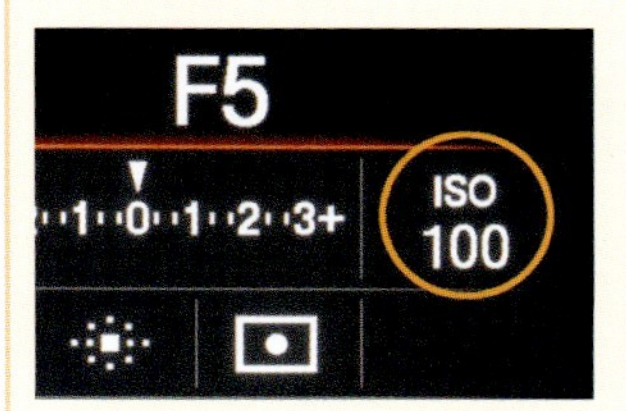

Über das Display der α700 haben Sie den ISO-Wert immer im Blick und können ihn jederzeit überprüfen. Vergessen Sie das möglichst nicht. Sind erst einmal Fotos mit eventuell nicht benötigten hohen ISO-Werten aufgenommen worden, wird es schwierig, das Rauschen zu korrigieren.

Generell kann man sagen, dass Werte bis ISO 800 problemlos gewählt werden können. Steht jedoch wenig Licht zur Verfügung, wird selbst dieser Wert nicht ausreichen. Dies trifft besonders dann zu, wenn es sich um bewegte Motive handelt oder die Schärfentiefe durch eine möglichst kleine Blende maximiert werden soll. ISO 1600 kann unter Umständen bei Motiven eingesetzt werden, bei denen das Rauschen durch die Struktur des Motivs weniger stark auffällt. Vor dem Einsatz von ISO-Werten über ISO 2000 sollten Sie zuvor unbedingt Testaufnahmen machen. Zur Überprüfung kann das Display der α700 bei starkem Hineinzoomen genutzt werden, wobei aber eine Beurteilung am PC-Monitor sinnvoller ist.

▲ *Nach Drücken der ISO-Taste gelangen Sie in das Menü zur ISO-Wahl. Für lichtschwache Bedingungen bietet sich der ISO-Bereich zwischen ISO 800 und ISO 1600 an.*

Bei unbewegten Motiven, z. B. Landschaftsaufnahmen, ist es nicht immer sinnvoll, den ISO-Wert zu erhöhen, auch wenn wenig Licht zur Verfügung steht. Hier ist es angebrachter, ein Stativ zu benutzen, um Verwacklungsunschärfe zu vermeiden und längere Belichtungszeiten zu wählen. In diesem Fall sollten Sie möglichst ISO 100 einstellen, um das Rauschen so gering wie möglich zu halten. Somit erhalten Sie auch bei zu dunklen Schattenpartien oder generell unterbelichteten Bildern die Möglichkeit, das Bild aufzuhellen, ohne damit das Rauschen unnötig zu verstärken.

▲ *Dieses nachträglich im Vordergrund stark aufgehellte Bild wurde bei ISO 400 mit der α700 aufgenommen. In diesem Format stellt das damit verstärkte Rauschen noch kein Problem dar. Hingegen ist in dem folgenden vergrößerten Bildausschnitt das Rauschen deutlich zu erkennen.*

▲ *In diesem Bildausschnitt des vorigen Bildes ist das Rauschen doch recht deutlich. Die eingestellten ISO 400 stellen bezüglich eines nachträglichen Aufhellens nicht genügend Potenzial bereit. ISO 100 bis 200 wären in diesem Fall geeigneter gewesen.*

Stative nutzen

Von den Vorteilen, die Stative bieten, sollten Sie sich, wollen Sie ernsthaft in das Gebiet der Fotografie einsteigen, frühzeitig überzeugen. Der Super SteadyShot der α700 bietet zwar ziemlich große Reserven, was das verwacklungsfreie Fotografieren aus freier Hand angeht.

Aber auch hier sind Grenzen gesetzt. Der Vorteil von Stativen liegt vor allem auch darin, dass eine sorgfältige Bildkomposition möglich wird. Längere Belichtungszeiten stellen kein Problem mehr dar (siehe Bild auf der nächsten Seite).

Lichtstarke Objektive

Bei Lichtknappheit sind neben den vorgenannten Möglichkeiten natürlich auch lichtstarke Objektive von hohem Nutzen. Zum Beispiel sind nicht immer Blitzgeräte erlaubt und auch ein Stativ kann nicht überall aufgebaut werden – denken Sie hier nur an Museen oder Kirchen.

Auch bei sportlichen Wettkämpfen in der Halle ist es teilweise ebenfalls verboten, den Blitz zu ver-

▲ *Auch wenn hier noch mit der α700 und eingeschaltetem Super SteadyShot mit einer 1/8 Sekunde Belichtungszeit eine scharfe Aufnahme gelang, sollte bei wenig Licht zumindest ein Einbeinstativ verwendet werden.*

wenden, da die Gefahr des Blendens besteht. Hier lassen sich sicher eine Menge Beispiele finden, bei denen lichtstarke Objektive einfach das Mittel der Wahl sind. Als lichtstark werden Objektive bezeichnet, die im Normal- bzw. Weitwinkelbereich die Anfangsöffnung von F2.8 besitzen.

Im Telebereich, in dem der Materialaufwand erheblich höher ist, kann man Objektive mit der Anfangsblende von F4.0 bereits als lichtstark bezeichnen. In Kapitel 8 wird hierauf genauer eingegangen. Beim Einsatz lichtstarker Objektive sollten Sie aber immer bedenken, dass bei der Wahl einer großen Blende, z. B. F1.8 am AF F1,8/135, die Schärfentiefe gering ausfällt.

Das Objektiv AF F1,8/135 gehört zu einer Reihe von lichtstarken Objektiven des Sony-Lieferprogramms. Mit einer Anfangsblende von F1.8 ist es ideal für die Available-Light-Fotografie. ▶

▲ *Der Einsatz lichtstarker Objektive bietet sich neben dem Freistellen mit geringer Schärfentiefe auch für Aufnahmen in Situationen mit geringem Umgebungslicht an. Hier ist das Minolta-Objektiv F1,7/50mm an der α700 dargestellt. Der Einsatz von Minolta- bzw. Konica Minolta-Objektiven ist an der α700 ohne Weiteres möglich.*

4

Menschliches Sehen: Farbräume und Farbprofile

Bei analogen Kameras muss man sich um die Farbdarstellung weniger Gedanken machen. Anders ist es in der Digitalfotografie. Die unterschiedlichen Farbräume der α700 werden erläutert und es wird gezeigt, wann welcher Farbraum sinnvoll ist. Ebenfalls wird auf Details zum Farbmanagement eingegangen.

4.1 Farbraumeinstellungen

Der CMOS-Sensor der α700 besitzt eine sehr zuverlässige Farbwiedergabe. An unser menschliches Auge hingegen reicht er auch in Bezug auf die Farbwiedergabe lange nicht heran. Letztendlich ist es die Software, die die einzelnen Farbtöne interpretieren muss. Dahinter verbirgt sich eine komplexe Aufgabe, und es ist wichtig, die richtigen Einstellungen festzulegen, um Farbabweichungen auszuschließen. Die Farbraumeinstellung ist in diesem Zusammenhang wichtig. Diverse Farbräume und Farbmodelle wurden bereits entwickelt und als Standard herausgebracht. Für die digitale Fotografie kommen hingegen nur einige davon zum Einsatz. Je nach Einsatzzweck unterscheiden sich die Farbräume. Dabei durchläuft ein Foto von der Kamera über den Bildschirm bis zum Drucker meist mehrere Farbräume. Sind diese nicht aufeinander abgestimmt, sieht zum Beispiel das Foto am Bildschirm wesentlich anders aus als das ausgedruckte Ergebnis.

Die Farbräume

Unter Arbeiten mit Farbräumen versteht man die Möglichkeit, Farben in einem bestimmten Rahmen zu erkennen bzw. auszugeben. Selbst unserem Auge steht nur ein bestimmter Farbraum zur Verfügung. Ebenso ist es mit Eingabegeräten wie der α700 bzw. Ausgabegeräten wie z. B. Druckern oder Bildschirmen.

4.2 Nutzen einer hohen Farbtiefe

Das gängige sRGB-Farbmodell besitzt eine Farbtiefe von 8 Bit und wird im JPEG-Format verwendet. Mit diesen 8 Bit pro Farbwert kann der Wert einer Farbe beschrieben werden. Entsprechend wird auch der Farbmodus genannt: 8-Bit-Farbmodus oder auch -Farbtiefe. Eine übliche Farbtiefe ist die 16-Bit-Farbtiefe. Andere Farbtiefen sind ebenfalls möglich. Diese werden jedoch seltener von den gängigen Bildverarbeitungsprogrammen unterstützt. Die α700 rechnet intern mit 12 Bit. Beim Abspeichern im JPEG-Format wird auf 8 Bit heruntergerechnet.

Mit 8 Bit pro Farbkanal kann man $2^8 = 256$ Graustufen darstellen, bei 16 Bit wären es schon 65.536 Werte (theoretisch, da ein Bit für ein Vorzeichen genutzt wird und somit nur 15 Bit zur Verfügung stehen, dies ergibt immerhin noch 32.768 Grauabstufungen). Intern verarbeitet die α700 $2^{12} = 4.069$ Graustufen. Auch hier erkennt man wieder, dass im RAW-Format mehr Möglichkeiten liegen.

Entsprechend der Beschreibung der Bayer-Matrix besteht nun jede Grundfarbe, also Rot, Grün und Blau, aus 256 Helligkeitsstufen, was einer Gesamtfarbtiefe von 24 Bit entspricht. Hiermit sind beachtliche 16.780.000 Farbtöne darstellbar, im Fotoalltag absolut ausreichend. Intern wären es bei der α700 insgesamt 68.700.000.000 Farbtöne.

4.3 sRGB und Adobe RGB: Das ist zu beachten

Die α700 bietet den sRGB- und den Adobe RGB-Farbraum an (siehe Aufnahmemenü (1), *Kreativmodus*). Standardmäßig ist bei der α700 sRGB eingestellt.

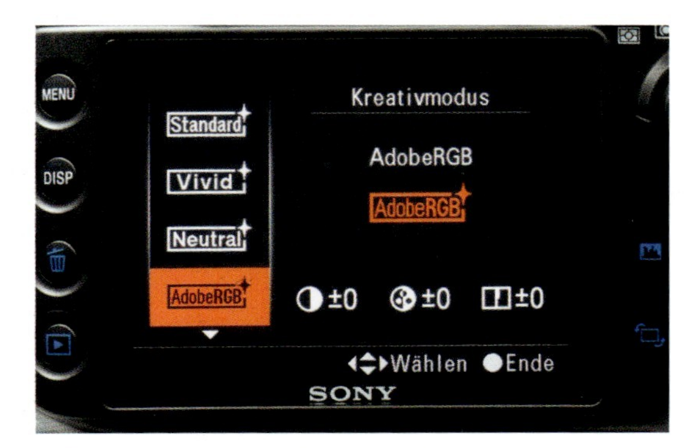

▲ *Etwas versteckt ist der Adobe RGB-Farbraum im Kreativmodus-Menü zu finden.*

Aber welchen dieser Farbräume sollte man sinnvollerweise einsetzen?

Hierzu schauen wir uns zunächst das RGB-Farbsystem an. RGB steht für die drei Grundfarben **R**ot, **G**rün und **B**lau. Die Farbtiefe beträgt 8 Bit pro Grundfarbe, womit dann insgesamt 16,8 Mio. Farben dargestellt werden können. Die Farbe des Pixels wird dabei mit je einem Wert der drei Grundfarben beschrieben.

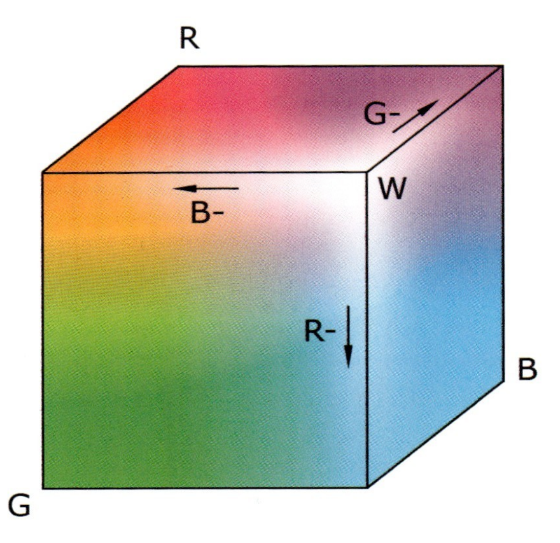

Zum Beispiel hat Schwarz den Wert (0,0,0) und Weiß (255,255,255). Grün ist mit (0,255,0) und Gelb mit (0,0,255) definiert. Alle Mischfarben des Systems entstehen durch unterschiedliche Anteile der einzelnen Grundfarben.

Die RGB-Werte stellen nun aber keine absoluten Farbwerte dar, also z. B. wie ein bestimmtes Rot letztendlich auf dem Drucker ausgegeben werden soll. Hierfür gibt es bestimmte Farbraumdefinitionen.

Der zentrale Farbraum, der alle für das menschliche Sehen wahrnehmbaren Farbnuancen enthält, ist der CIE-Lab-Farbraum (meist Lab-Modus genannt). Von diesem Farbraum gehen alle anderen Farbräume, sogenannte Arbeitsfarbräume, aus – so auch sRGB und Adobe RGB.

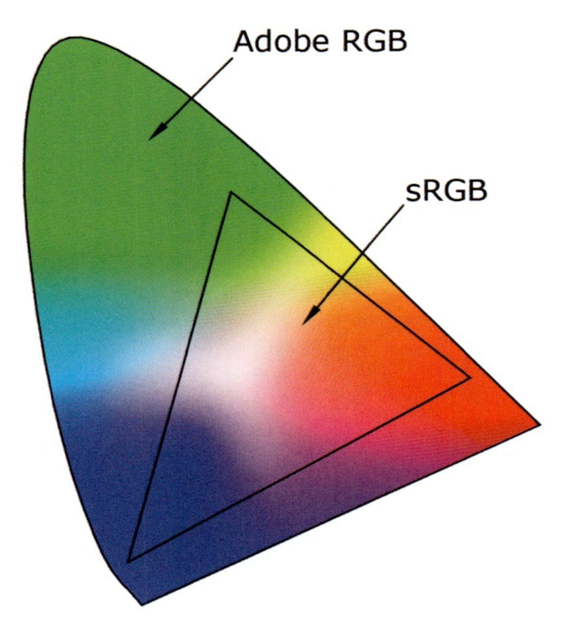

Der Vergleich der RGB-Werte zeigt erste Unterschiede. Das absolute Rot ist in beiden Fällen der RGB-Wert (255,0,0). Im Vergleich zum CIE-Lab-Farbraum ist das Rot von Adobe RGB wesentlich kräftiger als das von sRGB. Das Rot von sRGB mit (255,0,0) entspricht in Adobe RGB dem Wert von (219,0,0). Umgekehrt ist eine Darstellung des Adobe RGB-Wertes (255,0,0) in sRGB nicht möglich. Bei der Konvertierung würden erste Verluste auftreten.

Der Farbraum sRGB wurde speziell für die Wiedergabe auf üblichen Monitoren entwickelt. Einige Farbdrucker unterstützen ebenfalls den sRGB-Farbraum. Die meisten „besseren“ Drucker unterstützen aber ein Farbspektrum, das über das des sRGB-Farbraums hinausgeht. Diese Drucker würden nicht optimal mit sRGB genutzt werden.

So ist der Adobe RGB-Farbraum etwas größer als der sRGB-Farbraum und deckt den größten Teil der druckbaren Farben ab. Er ist quasi auch der Standardfarbraum der Druckindustrie. Die üblichen Offsetdruckverfahren werden gut mit dem Adobe RGB-Farbraum abgedeckt.

Den Unterschied im Farbumfang sieht man am besten in einem dreidimensionalen Diagramm. Adobe RGB wurde dabei als durchsichtiges Gittermodell und sRGB als farbiger Körper dargestellt. Wie man sieht, ist sRGB komplett in Adobe RGB enthalten. Im rotblauen Bereich sind beide Farbräume fast identisch, während im blaugrünen Bereich ein deutlicher Unterschied zu sehen ist.

Wenn man das zuvor Beschriebene betrachtet, müsste man ausschließlich Adobe RGB den Vorrang vor sRGB geben. Der Farbraum ist deutlich größer und ein Konvertieren von Adobe RGB nach sRGB hat den Nachteil, dass den Farben, die nicht in sRGB existieren, die nächstmögliche Farbe zugeordnet wird und dadurch Farbdetails verloren gehen können.

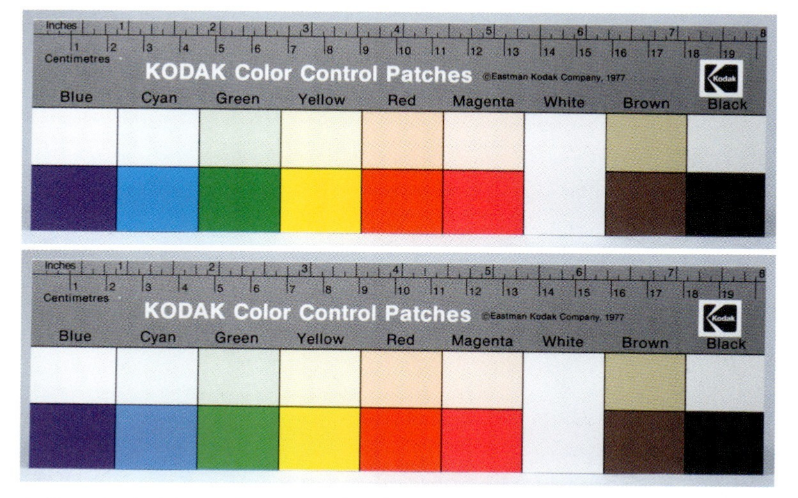

▲ *Oben wurde Adobe RGB und unten sRGB als Farbraum gewählt. Unterschiede treten im Normalfall nur bei stark gesättigten Farben auf.*

Andererseits muss man bedenken, dass ein größerer Farbraum auch Nachteile haben kann. Sollte ein Farbraum nur zum Teil genutzt werden, verschenkt man Qualität, denn ein größerer Farbraum bedeutet auch zwangsläufig gröbere Farbabstufungen. Die Informationsmenge ist im RGB-System immer die gleiche (16,8 Mio. Farbabstufungen).

Ein Optimum erreicht man, wenn man mit dem Ausgangsfarbraum dem Ausgabefarbraum am nächsten kommt, also z. B. dem Farbraum des Monitors oder des Druckers. Warum also nicht gleich von Anfang an den Ausgabefarbraum benutzen?

Die Ausgabefarbräume dieser Geräte fallen sehr unterschiedlich aus. Benutzt man z. B. eine andere Tinten- oder Papiersorte, ergibt sich meist ein anderer Farbraum. Daher ergibt es keinen Sinn, das Bild nur im Ausgabefarbraum eines Gerätes zu bearbeiten, wenn man es später eventuell auf anderen Geräten ausgeben lassen will.

Deshalb ist es sinnvoller, in einem problemlos anwendbaren Arbeitsfarbraum die Bilder zu bearbeiten und erst zum Schluss in das Ausgabeformat umzuwandeln. Sichtbar werden Unterschiede zwischen sRGB und Adobe RGB nur dann, wenn es sich um Motive mit großflächigen Bereichen und intensiven Farben aus dem Adobe RGB-Farbraum handelt, die in sRGB nicht vorhanden sind.

Das Fazit

Für Standardfotos kann also uneingeschränkt der sRGB-Farbraum verwendet werden. Monitore, Heimdrucker und Laborprinter können diesen Farbraum sehr gut darstellen bzw. wiedergeben. Im professionellen Bereich dominiert der Adobe RGB-Farbraum. Hier ist ein durchgängiges Farbmanagement notwendig.

Da Profis meist ohnehin den RAW-Modus verwenden, spielt die Einstellung an der α700 hier keine Rolle. Aus RAW-Dateien lassen sich später beim digitalen Entwickeln beide Farbräume auswählen.

4.4 Der CMYK-Farbraum

CMYK ist beim Drucken der maßgebliche Farbraum. Die Farbwerte werden hierbei aus den vier Primärfarben **C**yan (grünliches Blau), **M**agenta (Violett, das in Richtung Rot tendiert), Gelb (**Y**ellow, mittleres Gelb) und Schwarz (engl. Blac**k** oder **K**ey = **K**ey-Color, Schlüsselfarbe) zusammengesetzt. Theoretisch würde die Mischung aus Cyan, Magenta und Gelb Schwarz ergeben. Praktisch entsteht aber nur ein dunkles Braun. Wer einmal versucht hat, mit einem Tintenstrahldrucker bei leerer schwarzer Tintenpatrone zu drucken, wird den Unterschied zu tiefem Schwarz deutlich gesehen haben. Aus diesem Grund wird als vierte Farbe Schwarz eingesetzt. Schwarz ist ebenfalls für den Kontrast bzw. für das Abdunkeln der Farben zuständig. Ansonsten ist Schwarz an der Farbgebung nicht beteiligt. Der Farbraum selbst kommt meist erst am Schluss der Bearbeitungskette zum Einsatz. Da CMYK in der Regel kleiner als der RGB-Farbraum ist, kann es notwendig werden, nach der Umwandlung eine leichte Farbkorrektur (Erhöhung der Farbsättigung) und eine Schärfung durchzuführen.

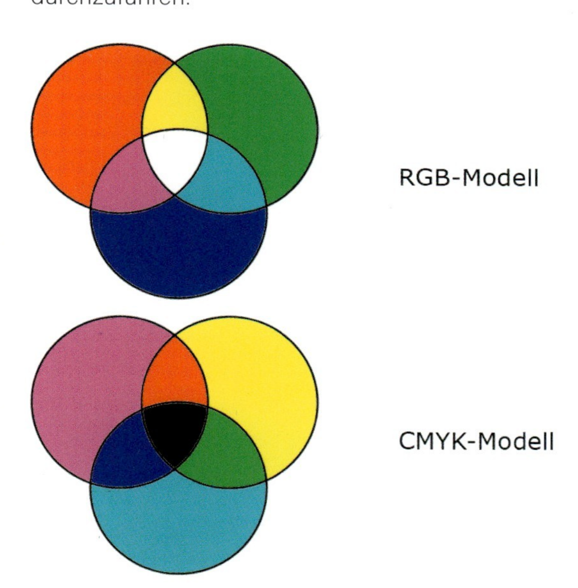

4.5 Farbmanagement, Kalibrierung und Profile

Um durchgängig die richtigen Farben und Helligkeiten auf dem Bildschirm und später auf dem Drucker zu erhalten, benötigt man ein Farbmanagementsystem. die einzelnen Möglichkeiten zur Farbwiedergabe werden dabei den Geräten – so weit es geht – angeglichen. Farben, die durch ein Gerät nicht dargestellt werden können, werden möglichst nahe liegend wiedergegeben.

International Color Consortium (ICC)
Bemühungen, ein einheitliches Farbmanagementsystem zu schaffen, ergaben 1993 die Gründung dieses Konsortiums durch mehrere Firmen der Bildbearbeitungs- und Grafikbranche. Die entwickelten Farbprofile (ICC-Profile) gelten als genormter Datensatz für alle beteiligten Geräte wie Kamera, Monitor und Drucker. Auf der Webseite *http://www.color.org/* können detaillierte Informationen abgerufen werden.

Sogenannte ICC-Profile schlagen nun die Brücke zwischen den unterschiedlichen Systemen. Das ICC-Profil beschreibt den Farbraum eines Gerätes. Das bedeutet, es stellt die Möglichkeiten, Farben zu erkennen bzw. auszugeben, dar. Außerdem beschreibt es, wie bestimmte eingegebene Farbtöne ausgegeben werden sollen. Dieses Profil liefert entweder der Hersteller des Gerätes oder man erstellt sich ein eigenes, individuelles Profil. Die α700 erlaubt im Adobe RGB-Farbraummodus keine Einbettung von ICC-Profilen in die Bilddatei. Da sie aber den gängigen Farbraum des Formats DCF 2.0 unterstützt, ist das Farbmanagement mit kompatiblen Geräten möglich. Der mitgelieferte Picture Motion Browser SR unterstützt dieses Format. Im Adobe RGB-Farbraum aufgenommene Bilder werden entsprechend im Dateinamen gekennzeichnet und beginnen mit *_DSC*. Die Farbrauminformationen werden hier in den EXIF-Daten gespeichert.

▲ *Bildschirmdarstellung.*

▲ *Ausdruck.*

Individuelle ICC-Farbprofile anfertigen lassen

Für eine Reihe von höherwertigen Druckern werden im Internet individuelle Farbprofile angeboten. Hierzu muss für den vorhandenen Drucker eine Kalibrierungsvorlage heruntergeladen werden. Diese wird entsprechend der Anleitung ausgedruckt und per Post an den Anbieter geschickt. Das fertige Profil wird dann auf der Homepage des Anbieters zum Herunterladen bereitgestellt und muss nur noch installiert werden. Ganz kostenlos ist dieser Service natürlich nicht. Aber ab 25 Euro erhält man ein auf seinen Drucker zugeschnittenes ICC-Profil.

◂ *Originalfoto. Oben die Beispiele für einen unkalibrierten Bildschirm und Drucker. So kann sich im Extremfall ein fehlendes Farbmanagement auswirken.*

Monitor kalibrieren

Mittlerweile ist auch die Monitorkalibrierung erschwinglich geworden. Zum Beispiel gibt es Geräte wie das Kolorimeter Spyder2express von ColorVision (*http://www.colorvision.ch/de*), mit denen es recht einfach und günstig ist, den Monitor richtig einzustellen. Dahinter verbirgt sich ein Messgerät, das die Farbwerte des Bildschirms ausmisst. Per Software können dann eventuelle Farbstiche oder Helligkeitsunterschiede ausgeglichen werden.

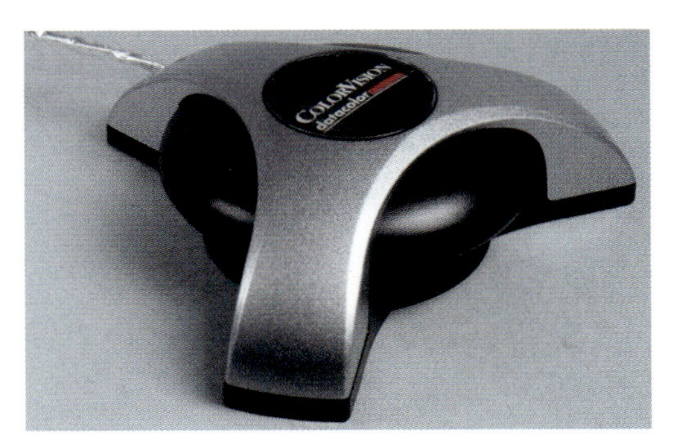

▲ *Mit dem Spyder2 von ColorVision wird das Kalibrieren eines Bildschirms zum Kinderspiel.*

Den Abgleich sollten Sie in regelmäßigen Abständen, spätestens nach drei Monaten, erneut durchführen, da sich Farben und Helligkeit des Monitors verändern können. Mithilfe der aus dem gleichen Hause stammenden Druckerkalibrierungssoftware PrintFIX Pro lässt sich nach erfolgter Bildschirmkalibrierung der Drucker exakt einstellen.

Hierfür wird ein Probeausdruck angefertigt und dieser danach eingescannt. Entsprechende Farbfehler werden durch ein zu erstellendes Profil korrigiert.

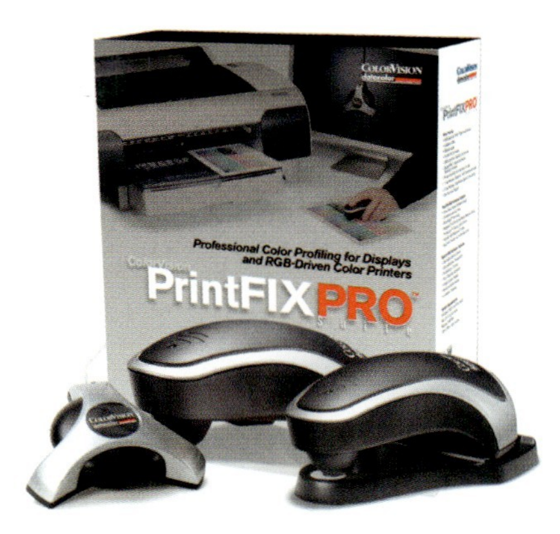

▲ *Quelle: www.colorvision.com.*

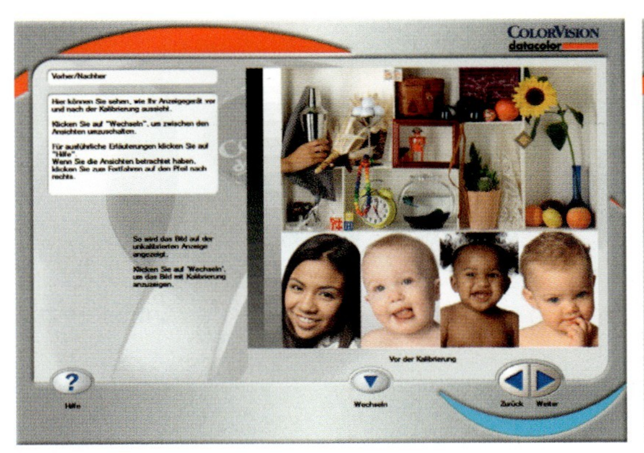

▲ *Im Anschluss an die Kalibrierung zeigt das Programm eine Ansicht vor und nach der Kalibrierung an. Es wird ein entsprechendes Farbprofil angelegt und nach Wunsch verwendet.*

5

Sicheres Farbmanagement mit der α700

Komplexe Lichtsituationen erfordern besondere Techniken, die in diesem Kapitel besprochen werden. Die α700 stellt im Wiedergabemodus ein RGB-Histogramm zur Verfügung. Wie Sie es zur schnellen Fehlersuche nutzen können, ist ebenfalls Inhalt dieses Kapitels.

Außerdem werden die Bildstile der α700 untersucht und detailliert erläutert.

5.1 Der Weißabgleich in komplexen Lichtsituationen

Unterschiedliche Lichtsituationen werden mit verschiedenen Farbtemperaturen beschrieben. Eine Glühbirne mit 40 Watt Leistung strahlt z. B. mit einer Farbtemperatur von ca. 2.600 Kelvin, während es bei der Abendsonne ca. 5.000 Kelvin sind. Da wirkt eine weiße Fläche jeweils unterschiedlich. Der Mensch führt, völlig unbewusst, einen Weißabgleich durch. Was der Mensch hier kompensiert, würde eine Digitalkamera als „Farbstich" aufzeichnen.

▲ *Taste zur Auswahl des Weißabgleich-Menüs.*

Entgegen unserer üblichen Anschauung haben wärmere Lichtfarben eine niedrigere Farbtemperatur als kältere Lichtfarben. Aber unser Farbspektrum wurde aus dem Spektrum eines „schwarzen Körpers" hergeleitet. Wird ein Stück Eisen erhitzt, glüht es zunächst rot. Erhöht man die Hitze weiter, wird die Farbe immer heller (Orange, Gelb, Violett und zum Schluss bis ins Blaue). Dies wirkt vielleicht etwas verwirrend.

$$\text{Mired} = \frac{1.000.000}{\text{Farbtemperatur}}$$

Es bietet sich somit an, einfach einen Wert einzuführen, der diesen Umstand umkehrt. Aus diesem Grund kommt der Mired-Wert (**Mi**cro **Re**ciprocal **D**egree) zum Einsatz.

oder

$$\text{Dekamired} = \frac{\text{Mired}}{10}$$

Ein kleiner Mired-Wert definiert eine niedrige Farbtemperatur, was unserem Verständnis besser entspricht. Dekamired ist einfach handlicher als Mired und kommt daher öfter zum Einsatz. Bei Konversionsfiltern wird Dekamired als Maß für die Stärke des Filters verwendet.

▲ *KR-Filter von B&W.*

33-18= 15

Kommt das Licht z. B. von einer Glühlampe mit 200 Watt Leistung und 3.000 Kelvin Farbtemperatur, ergibt das einen Dekamired-Wert von 33. Möchte man nun mit Tageslichteinstellung (18 Dekamired) fotografieren, benötigt man einen Konversionsfilter der Stärke KB 15.

▲ *KB-Filter von B&W.*

KB steht für positive Werte und KR für negative Werte. An der α700 kann man zwar auch Konversionsfilter einsetzen.

Der automatische Weißabgleich hat damit aber seine Schwierigkeiten. Man sollte also per Hand einen festen Farbwert vorwählen.

In der folgenden Tabelle sehen Sie Farbtemperaturen im Vergleich:

Lichtquelle	Farbtemperatur (Kelvin)	Dekamired	Mired
Blauer Himmel im Schatten	9.000–12.000	8–11	83–111
Nebel	8000	13	125
Bedeckter Himmel	6.500–7.500	13–15	133–154
Elektronenblitzgerät	5.500–5.600	18	179–181
Mittagssonne	5.500–5.800	17–18	172–181
Morgen- und Abendsonne	5.000	20	200
Xenon-Lampe/-Lichtbogen	4.500–5.000	20–22	200–222
Leuchtstofflampe (neutral)	4.400–4.800	21–23	208–227
Mondlicht	4.100	24	244
Sonnenuntergangssonne	3.500	29	286
Halogenlampe	3.200	31	313
Glühbirne 200 Watt	3.000	33	333
Glühbirne 40 Watt	2.680	37	373
Kerze	1.500	67	667
Rote Glut	500	200	2.000

Fotografiert man z. B. mit der Einstellung *Tageslicht* eine mit Neonlicht ausgeleuchtete Situation, ergibt das ein rötliches Bild. Ein Weißabgleich ist bei der Digitalfotografie also unabdingbar. In der analogen Fotografie gab es dieses Problem natürlich auch. Hier wurde es durch speziell abgeglichene Filme und Korrekturfilter gelöst. Ein normaler Tageslichtfilm ist auf eine Farbtemperatur von 5.600 Kelvin sensibilisiert.

Um nun die Digitalkamera auf die jeweilige Lichtsituation einzustellen, gibt es bei der α700 drei Möglichkeiten.

Vollautomatischer Weißabgleich

Prinzipiell führt die α700 einen automatischen Weißabgleich (AWB, **A**utomatic **W**hite **B**alance) durch.

▲ *Standardeinstellung: automatischer Weißabgleich.*

Hierbei sucht die Kamera nach der hellsten Stelle im Motiv. Es wird davon ausgegangen, dass die hellste Stelle auch wirklich weiß ist. In den meisten alltäglichen Situationen funktioniert diese Art des Abgleichs. Sollte die hellste Stelle aber nicht weiß sein, kommt es zum Farbstich im Bild. Hier hilft dann nur der manuelle Abgleich.

Halb automatischer Weißabgleich

Die α700 bietet sechs einstellbare Beleuchtungsarten (*Tageslicht*, *Tageslicht im Schatten*, *Bewölkt*, *Kunstlicht*, *Leuchtstofflampe*, *Elektronen-Blitzlicht*) zur Auswahl. Die einzelnen Profile besitzen noch weitere Abstufungen in positive bzw. negative Richtung.

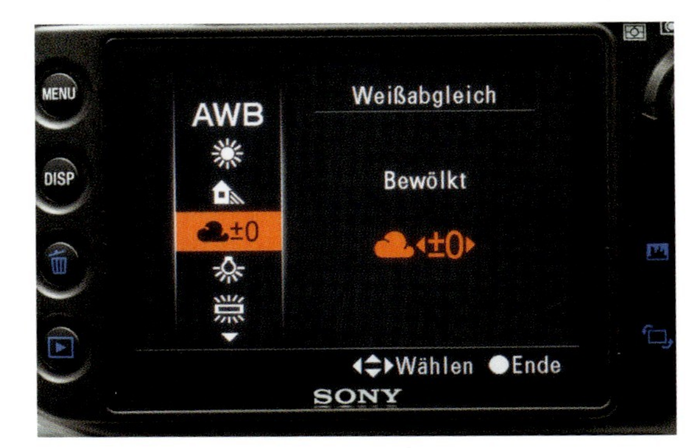

▲ *Menü zur Wahl des voreingestellten Weißabgleichs.*

Die folgende Tabelle zeigt einstellbare Farbtemperaturprofile der α700 (Werte in Klammern: positive und negative Korrekturen sind in allen Profilen möglich):

Beleuchtungsart	**Farbtemperatur (in Kelvin)**
Tageslicht	ca. 5.500 (4.700–6.600)
Tageslicht/Schatten	ca. 6.900 (5.700–8.800)
Tageslicht/Wolken	ca. 6.200 (5.200–7.600)
Kunstlicht/Glühlampe	ca. 2.800 (2.600–3.100)
Blitzlicht	ca. 6.500 (5.400–8.000)
Leuchtstofflampe	ca. 4.100 (2.800–6.500)

Diese Farbtemperaturprofile stellen natürlich nur Annäherungen an die jeweilige Farbtemperatur dar. Sollten auch mit diesen Profilen keine gewünschten Ergebnisse erzielt werden, ist ein manueller Weißabgleich nötig.

In einigen Fällen kann es sinnvoll sein, den Weißabgleich absichtlich falsch einzustellen, z. B. kann man in einer Kerzenlichtsituation die Einstellung auf *Tageslicht* ändern, um den gewünschten Effekt zu erreichen.

Direkteingabe der Farbtemperatur

An der α700 lassen sich zusätzlich im Menüpunkt *Farbtemperatur* die Kelvin-Werte zwischen 2.500 und 9.900 Kelvin in 100-Kelvin-Schritten direkt einstellen.

Hierfür ist zusätzlich ein Colormeter notwendig, um die richtige Farbtemperatur zuvor ermitteln zu können. Andererseits wird auch die Farbtemperatur von Studioleuchten angegeben, die hier direkt eingestellt werden kann.

▲ *Im Menüpunkt Farbtemperatur kann die Farbtemperatur manuell vorgegeben werden. Das ist z. B. sinnvoll, wenn die Farbtemperatur eingesetzter Leuchten im Studio bekannt ist.*

Über die Farbtemperatur werden Verschiebungen der Rot-Blau-Kurve vorgenommen. Zusätzlich besteht die Möglichkeit, Verschiebungen im Farbbereich in Richtung Magenta und Grün vorzunehmen. Hierzu ist die rechte Skala vorgesehen.

Der Bereich erstreckt sich hier von M9 (Magenta) bis G9 in Richtung Grün. Die CC-Werte entsprechen den CC-Filtern (Farbkorrekturfiltern oder Konversionsfiltern).

Im Folgenden sehen Sie eine Darstellung des Einflusses der eingestellten Farbtemperatur auf das Bildergebnis:

▲ *5.000 Kelvin, abgestimmt auf die Studioleuchten.*

▲ *5.500 Kelvin.*

▲ *2.500 Kelvin.*

▲ *9.900 Kelvin.*

Beim Einsatz von Farbfiltern ist darauf zu achten, dass die korrekte Farbtemperatur fest eingestellt wird, da der Weißabgleich sonst nicht zuverlässig funktioniert.

▲ *CC-Wert M9.*

▲ *CC-Wert 0.*

▲ *CC-Wert G9.*

In diesen Abbildungen sind sehr schön die unterschiedlichen Wirkungen der Verschiebung in Richtung Magenta (M9) und in Richtung Grün (G9) zu erkennen.

Weißabgleich mit Messwertspeicher festhalten

Wenn es darauf ankommt, sehr genau in Bezug auf die Farbtemperatur arbeiten zu müssen, oder wenn man einfach experimentieren möchte, kann der gemessene Weißabgleich für die weitere Verwendung gespeichert werden. Dazu misst man mit der Kamera ein Objekt an, das sie als Weiß definiert. Sinnvoll hierfür ist es, ein weißes Blatt Papier oder eine Graukarte zu verwenden. Die Speicherung des Weißabgleichs ist recht einfach:

Mit der WB-Taste wählen Sie das *Weißabgleich*-Menü.

Nun wählen Sie mit dem Multiwahlschalter den Menüpunkt *Benutzereinst. 1* aus. Zum Benutzer-Setup gelangen Sie von hier mit einmaligem Bewegen des Multiwahlschalters in die linke Richtung.

Nach Drücken des Multiwahlschalters erscheint die Meldung *Spotmessfeld verwenden. Auslösen zur Kalibrierung.*

Wählen Sie nun mit dem Spotmessfeld die für den Weißabgleich relevante Stelle und lösen Sie aus. Dabei ist es nicht wichtig, dass die Kamera scharf gestellt hat, da dies keine Auswirkungen auf die Farbtemperaturmessung hat.

Drücken Sie jetzt den Auslöser voll durch. Es erscheint die Farbtemperatur und der CC-Wert auf dem Display. Die beiden Werte können Sie nach Wahl in einem der drei Register speichern. Die Werte werden nun als Weißabgleich genutzt und im Display der α700 angezeigt.

Weiterhin bleiben die Werte gespeichert, bis ein neuer benutzerdefinierter Weißabgleich stattfindet. Man hat so den einmal vorgenommenen Weißabgleich jederzeit für weitere Aufnahmen parat. Diese Werte können im Menüpunkt *Benutzereinst.* mithilfe des Multiwahlschalters aus den drei Registern gewählt werden.

Konnte keine korrekte Farbtemperaturmessung durchgeführt werden, erscheint auf dem Display *Benutzerdef. Weißabgleich fehlgeschlagen* und die Farbtemperatur wird im Display gelb dargestellt. Die Kamera verwendet nun zwar den Wert, weist aber durch die gelbe Schrift darauf hin, dass es eventuell zu Farbstichen kommen wird. Möglicherweise war das angemessene Objekt zu dunkel oder zu hell. Ist der eingebaute (hochgeklappte) oder ein externer Blitz während des Weißabgleichs aktiv, wird der Abgleich unter Zuhilfenahme des Blitzgerätes durchgeführt. Dies ist natürlich nur sinnvoll, wenn man danach auch mit einem Blitz fotografieren möchte, da es sonst ebenfalls zu Farbverschiebungen kommen kann.

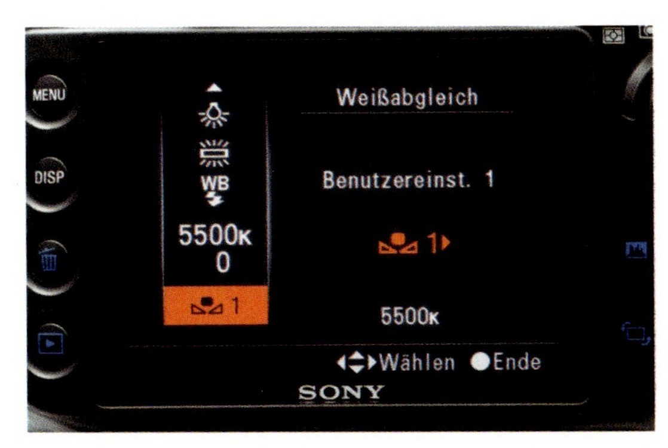

▲ *Unter diesem Menüpunkt wird der gespeicherte Weißabgleich abgerufen.*

Weißabgleich-Reihenaufnahmen

Für besonders kritische Situationen bietet die α700 zusätzlich noch die Möglichkeit an, eine Weißabgleichreihe mit drei Aufnahmen zu erzeugen. Dabei wird der momentan eingestellte Weißabgleich als Grundlage benutzt. Man kann aus zwei Modi wählen: *WB schwach* mit einer Verschiebung um 10 Mired und *WB stark* mit einer Verschiebung um 20 Mired. Diese Verschiebung erfolgt jeweils in Richtung Minus (blassere Farben) und Plus (rötlichere Farben).

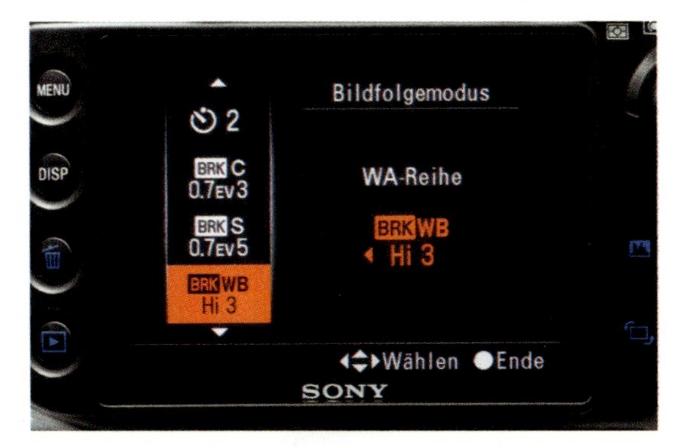

▲ *Menüpunkt Bildfolgemodus, hier zur Auswahl einer Weißabgleich-Reihenaufnahme. Im Hi 3-Modus erfolgt eine Verschiebung um 20 Mired, im Lo 3-Modus um 10 Mired.*

5.2 Für besondere Situationen: Grau- und Farbkarten

Grau- und Farbkarten dienen zum Kalibrieren in besonderen Lichtsituationen. Die Graukarte hat einen genormten Reflexionsgrad von 17,68 %, was dem logarithmischen Mittel des abbildbaren Kontrastumfangs von 1,5 log. Dichte entspricht.

Immer wenn das Motiv nicht der durchschnittlichen Helligkeitsverteilung – wie sie im Normalfall auftritt – entspricht, kann es zu Über- bzw. Unterbelichtungen kommen. Beispiele hierfür sind ein schwarzes Hauptmotiv vor dunklem Hintergrund oder ein weißes Hauptmotiv vor hellem Hintergrund.

Auch in diesen Fällen ist ein manueller Weißabgleich notwendig. Dafür platziert man die Graukarte möglichst dicht am Objekt der Begierde. Nun führt man eine Objektmessung an der Graukarte durch.

Dies sollte im Fall der eingestellten Mehrfeld- und mittenbetonten Integralmessung möglichst formatfüllend geschehen. Bei Spotmessung genügt das Messen im Spotkreis.

Haut als Graukarte nutzen
Unsere Haut reflektiert ähnlich einer Graukarte. Das heißt, sind Personen das Aufnahmeobjekt, kann man auch näherungsweise mit der Spotmessung auf Hautpartien den Abgleich durchführen.

▲ *Die Graukarte zur Belichtungsmessung und für den Weißabgleich. Die Rückseite der Karte ist weiß und somit ideal für den manuellen Weißabgleich.*

Weißabgleich mit der Farbtafel im Buch

Das Buch hält im Innencover eine Farbtafel zum Abfotografieren bereit. Hiermit kann der Weißabgleich noch exakter als mit einem weißen Blatt Papier oder einer Graukarte durchgeführt werden. Die Auswahl der Farben ist an natürliche Vorbilder angelehnt worden. So kann schon im Vorfeld einer Aufnahmesession die farbgetreue Wiedergabe überprüft werden.

Es ist wichtig, die Farbtafel unter den gleichen Lichtbedingungen abzufotografieren wie später das eigentliche Motiv. Über das Display der α700 können die Farben auf Übereinstimmung mit der Farbtafel geprüft werden. Gibt es hier Abweichungen zum Original, muss die Farbtemperatur manuell angepasst werden. Zu empfehlen ist auch die Überprüfung der Farben und der Grauabstufungen am Monitor und auf dem Drucker. Stimmt das Ergebnis auf dem Display mit dem Original überein und gibt es trotzdem Abweichungen auf dem Monitor oder Drucker, sollten diese kalibriert werden.

Nachträgliche Korrektur des Weißabgleichs

Die gängigen Bildbearbeitungsprogramme bieten die Möglichkeit, den Weißabgleich nachträglich zu korrigieren. Man wird nicht immer zum gewünschten Ergebnis gelangen, da z. B. Mischlichtaufnahmen schwer zu korrigieren sind. Farbstiche hingegen sollten in der Regel leicht zu beheben sein. Im RAW-Format aufgenommene Motive lassen sich ohnehin sehr gut im RAW-Konverter anpassen. Anhand von drei Programmen wird der Weißabgleich im Folgenden beispielhaft erläutert.

▲ *Hier wurde die Farbtafel des Innenumschlags des Buches abfotografiert, um den Weißabgleich zu überprüfen. Man erkennt eine sehr gute Übereinstimmung zwischen dem Display der α700 und der Farbkarte.*

Korrektur mit Image Data Converter SR

1

Öffnen Sie mit dem Image Data Converter SR die Bilddatei. Wählen Sie im Menüpunkt *Paletten* die Palette *Anpassung 1* aus.

Weißabgleich in Serie

Möchte man den zuvor durchgeführten Weißabgleich auch für andere Aufnahmen nutzen, bietet sich hierfür die Funktion *Bildverarbeitungseinstellungen kopieren* an, die über die Tastenkombination [Strg]+[C] angewählt werden kann. Die Einstellungen überträgt man dann auf das nächste Bild mit *Bildverarbeitungseinstellungen einfügen* über die Tastenkombination [Strg]+[V]. Zusätzlich können die Einstellungen auch gespeichert werden. Hierzu wählen Sie im Menü *Bearbeiten* den Punkt *Bildverarbeitungseinstellungen speichern* aus. Hier können die aktuellen Einstellungen gespeichert werden. Durch *Laden und Anwenden* überträgt man die Einstellungen auf ein anderes Bild.

2

Nun wählen Sie *Graupunkt angeben* aus und klicken auf die Pipette.

Der Mauszeiger wird zur Pipette, mit der Sie nun auf eine Stelle im Bild klicken können, die idealerweise weiß oder auch grau sein sollte.

3

Das Programm berechnet nun das gesamte Bild auf dieser Grundlage.

Korrektur mit Adobe Lightroom

1

Zunächst öffnen Sie die Bilddatei und wählen das Modul *Entwickeln*.

2

Bei eingeblendetem rechten Fenster klicken Sie im Bereich *Grundeinstellungen* auf die Pipette.

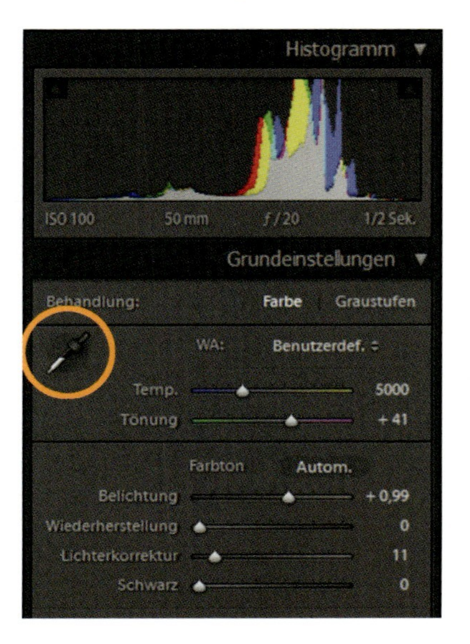

Nun können Sie den Weiß- bzw. Graupunkt im Bild auswählen und setzen. Lightroom zeigt nun auch die ermittelte aktuelle Farbtemperatur an.

Korrektur mit Photoshop Elements

Als Erstes öffnen Sie die Bilddatei. Sinnvoll ist das Kopieren der Ebene mit Strg+J. Somit bleibt das Original zum Vergleich bestehen.

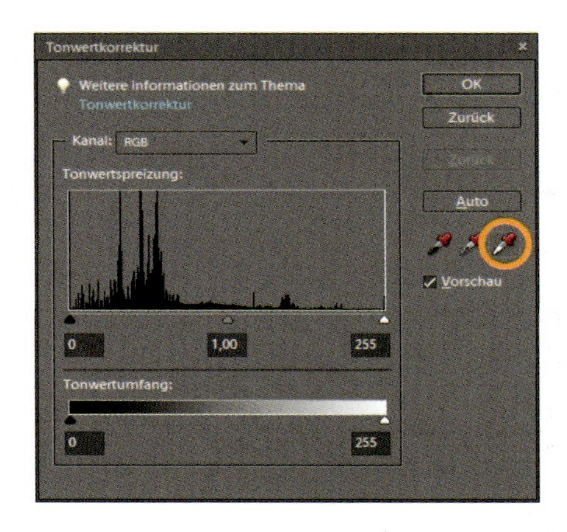

Nun öffnen Sie das Dialogfeld für Tonwertkorrekturen über das Menü *Überarbeiten/Beleuchtung anpassen/Tonwertkorrektur* oder einfacher über die Tastenkombination Strg+L.

Mit der Pipette klicken Sie auf eine weiße Stelle im Bild. Falls kein Weiß im Bild vorhanden ist, können mit der linken Pipette auch Grau- bzw. Schwarzwerte definiert werden.

▲ *Fehlerhafter Weißabgleich: Zu erkennen ist ein Blaustich im Foto, der korrigiert werden sollte.*

▲ *Korrekter Weißabgleich: Nachträglich wurde hier durch manuellen Weißabgleich der Blaustich beseitigt. Mit der Pipette wurde auf das weiße Stirnband des Mädchens geklickt, um den Weißpunkt als Referenzwert zu setzen.*

5.3 Fehlersuche im Histogramm

Histogramme: Was steckt dahinter?

Bezogen auf die digitale Fotografie versteht man unter Histogramm die Darstellung der Häufigkeits- und Intensitätswerte der Farben eines Bildes. Kontrastumfang und Helligkeit eines Bildes können so abgelesen werden. In Farbbildern werden meist drei Histogramme (eines pro Farbkanal) dargestellt. Die α700 stellt die Gesamthelligkeit aller drei Farbkanäle im Bildwiedergabemodus einzeln sowie gesamt dar. Links beginnt der Schwarzanteil bei 0.

Die Helligkeitswerte erstrecken sich dann abgestuft bis Weiß (255).

▲ *Im Bildwiedergabemodus können Sie durch Drücken der Taste C die Histogramme und weitere Informationen aufrufen.*

Je höher dabei ein Balken dargestellt wird, umso höher fallen auch die Helligkeitswerte aus.

Der praktische Nutzen dieses Histogramms ist es, Fehlbelichtungen schon auf dem Display der α700 zu erkennen. Das Histogramm kann dabei aber erst nach der Aufnahme dargestellt werden. Zum Histogramm zeigt die α700 zusätzlich noch ein Miniaturbild an. Überbelichtete bzw. unterbelichtete Bereiche werden hierbei durch Blinken angezeigt.

Anzeige des Überschreitens des Belichtungsumfangs mit 8-Bit-JPEG

Die Anzeige der überbelichteten bzw. unterbelichteten Bereiche stützt sich auf das JPEG-Format. Benutzt man RAW-Dateien, können unter Umständen diese Bereiche noch Informationen enthalten, da hier mit 12 Bit gearbeitet wird. Der Dynamikumfang ist bis zu 1 Blende höher.

Im Einzelbildwiedergabemodus drücken Sie die Taste C, um das Diagramm darzustellen. Durch erneutes Drücken gelangen Sie wieder zur normalen Anzeige des Bildes.

Überbelichtung

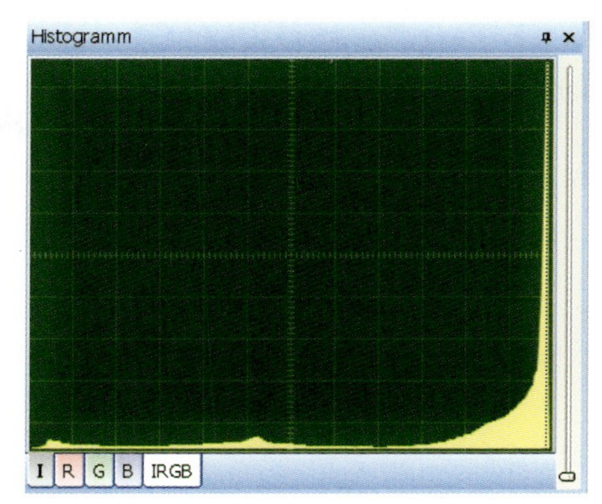

▲ *Die Überbelichtung erkennt man an einer starken Anhäufung der hellsten Tonwerte auf der rechten Seite. Überbelichtete Bereiche können nicht wiederhergestellt werden.*

Eine Überbelichtung erhält man, wenn die empfangene Lichtmenge größer als die vom Pixel zu verarbeitende Lichtmenge ist. Man erkennt dies in Bildern an Stellen, in denen keine Zeichnung bzw. Informationen mehr vorhanden sind. Farbtöne gehen verloren, diese Stellen werden einfach weiß dargestellt. Da der Informationsgehalt praktisch null ist, kann keine Rettung derartiger Bilder durch die Bildbearbeitung erfolgen.

Unterbelichtung

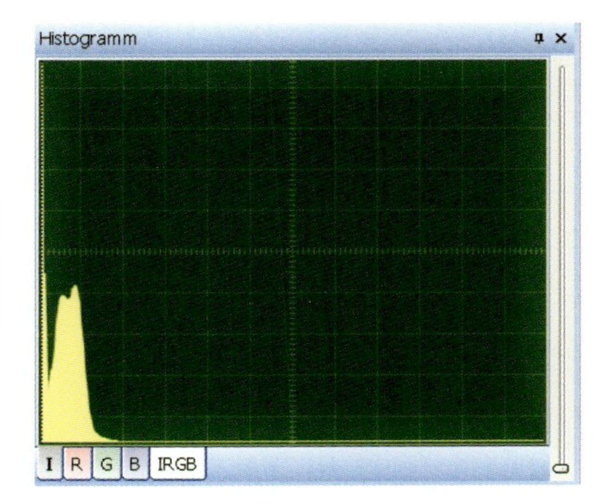

▲ *Eine Unterbelichtung des Bildes zeigt sich durch eine starke Anhäufung der Tonwerte im linken Bereich. Unterbelichtete Bereiche können mit Inkaufnahme von starkem Rauschen meist wiederhergestellt werden.*

Unterbelichtungen entstehen durch zu geringen Lichteinfall. Im Gegensatz zur Überbelichtung kann man hier aber dem Pixel bzw. Pixelbereich noch Informationen entlocken. Da der Signal-Rausch-Abstand in diesem Fall jedoch sehr gering ist, wird mit dem Aufhellen auch das Rauschen verstärkt und sichtbar. Beide Fälle, Über- und Unterbelichtung, sollten also möglichst vermieden werden. Die Histogrammaufteilung in RGB-Farben ist bei der α700 umgesetzt worden. Hierbei wird jeder einzelne Farbkanal getrennt dargestellt.

Sie können so die einzelnen Farbkanäle begutachten und eventuelle Fehlbelichtungen erkennen.

5.4 Gradationskurven zur Bildbeurteilung

Helligkeit und Kontrast sind entscheidende Bildparameter, die das Bild beeinflussen. Bildbearbeitungsprogramme (in diesem Beispiel der mitgelieferte Image Data Converter SR von Sony) gestatten die Veränderung von Helligkeit und Kontrast anhand grafischer Darstellungen. Über den Menüpunkt *Farbkurve* gelangt man zur Gradationskurve. In Photoshop benutzt man die Tastenkombination [Strg]+[M].

Zunächst erhält man in einem sich öffnenden neuen Fenster eine Gerade von links unten nach rechts oben. Das ist der Ausgangspunkt für die Bildveränderung. Der Image Data Converter SR zeigt zusätzlich noch die RGB-Farbwerte sowie die Helligkeitstonwerte im Hintergrund an.

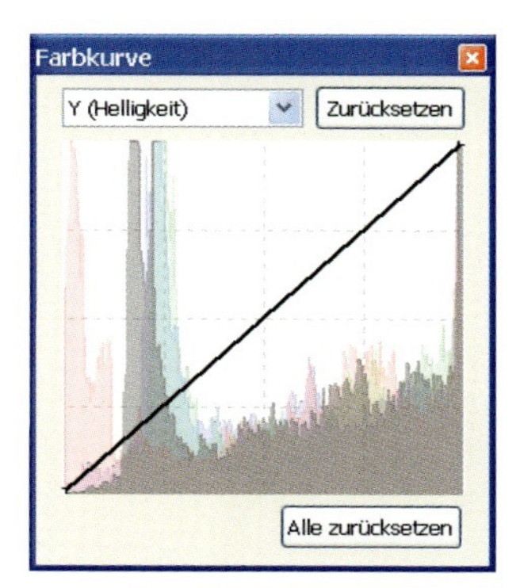

▲ *Ausgangshistogramm.*

Die x-Achse definiert die Eingabewerte, die Werte, die verändert werden sollen. Die y-Achse stellt die Ausgabewerte dar. Für jede Helligkeit im Bild kann also ein neuer Helligkeitswert eingestellt werden. Sollen bestimmte Bildpartien aufgehellt oder abgedunkelt werden, ist die Gradationskurve zur Bearbeitung zu empfehlen.

Die folgenden Beispiele zeigen, wie man die Kurven verändern muss, um bestimmte Effekte zu erzielen.

Bild leicht aufhellen

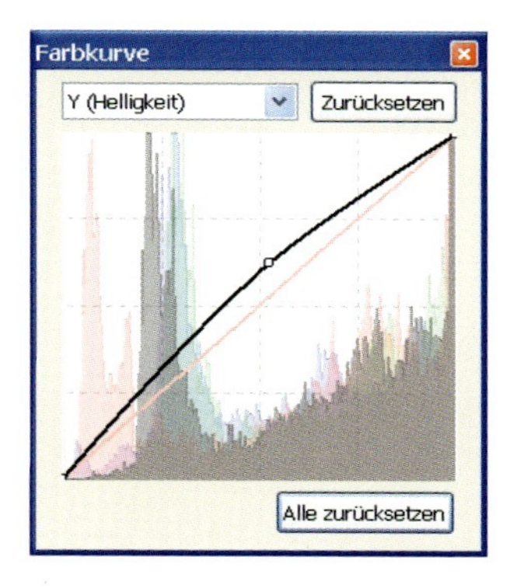

Zur Aufhellung wird die Kurve in der Mitte leicht angehoben.

Bild stark aufhellen

Soll ein Bild stark aufgehellt werden, muss darauf geachtet werden, dass die dunkleren Bereiche stärker angehoben werden müssen als die hellen.

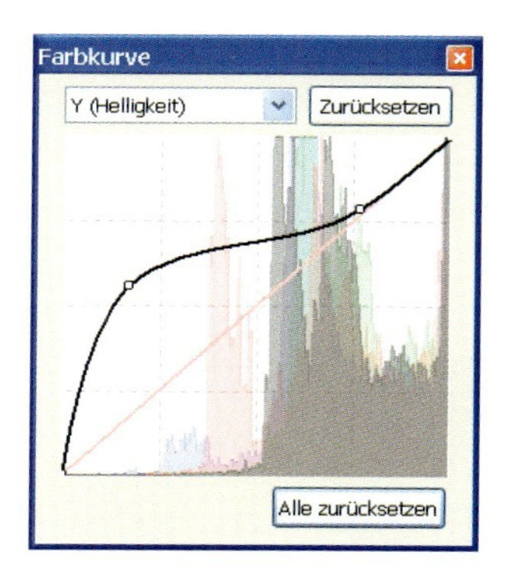

Mit einer S-Kurve kann der Kontrast des Bildes angehoben werden.

Bild extrem aufhellen (High-Key)

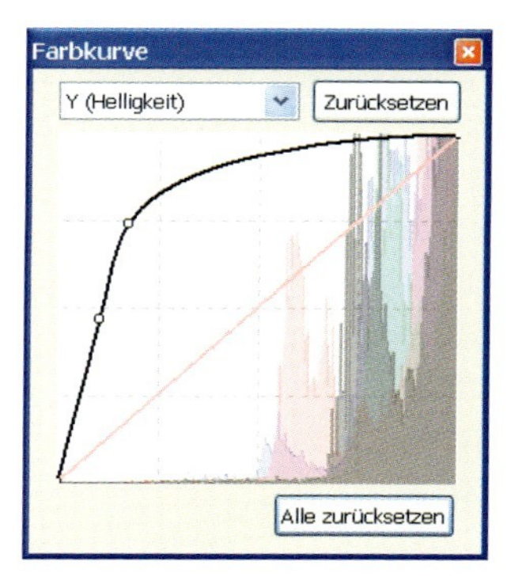

High-Key-Bilder sind von sehr starker Aufhellung geprägt. Nicht alle Motive sind hierfür geeignet. Ähnlich wie diese drei Beispiele funktioniert das Abdunkeln eines Bildes, jedoch mit dem Unterschied, dass die Funktionslinie gespiegelt wird.

Kontrast erhöhen

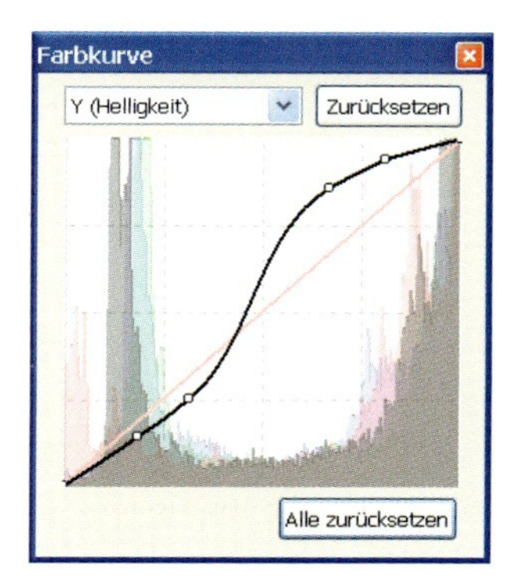

Lichtsituation richtig einschätzen

Wie zuvor besprochen sind Überbelichtungen möglichst zu vermeiden, da keine Informationen mehr vorhanden sind und die überbelichteten Bereiche nicht mehr wiederhergestellt werden können.

Eine Möglichkeit wäre es, generell ⅓ EV unterzubelichten, was auch praktiziert wird. Leider ist diese Methode nicht immer wirksam und der Belichtungsspielraum eingeschränkt, da Helligkeitswerte im oberen Bereich des Histogramms nicht verwendet werden. Leider wird auch der Weißabgleich beeinflusst, da dieser von einem vollständigen Histogramm ausgeht, um den Weißpunkt zu definieren. Ist die Unterbelichtung zu stark, kann es zu Farbstichen im Bild kommen, da der automatische Weißabgleich den Weißpunkt falsch festlegt.

Die Verwendung des kameraeigenen Rohdatenformats RAW hat gegenüber der generellen Unterbelichtung Vorteile und sollte in schwierigen Lichtsituationen bevorzugt werden. Die Farbtiefe des RAW-Formats ist mit dessen 12 Bit den 8 Bit des JPEG-Formats überlegen und kann die ca. 9 Blendenstufen Dynamikumfang des Sensors mit reichlich Spielraum abbilden. Verwendet man das RAW-Format, erhält man so praktisch etwa 1 Blende mehr Dynamik im Bild. Ein Bild, das im JPEG-Format gespeichert wurde und überbelichtet ist, kann im RAW-Format durchaus noch genügend Zeichnung in den hellen Bereichen besitzen.

Zudem besteht die Möglichkeit, den Weißabgleich direkt am Computer im RAW-Konverter durchzuführen. Die Möglichkeiten, die sich hier auftun, sind weit umfangreicher als ein automatischer Weißabgleich der Kamera. Man kann mit unterschiedlichen Werten experimentieren und so das Optimum finden.

Da aber für viele Anwendungen das 8-Bit-Format benötigt wird, muss wieder eine Umwandlung von 12 auf 8 Bit stattfinden. Damit würde aber der zusätzliche Dynamikumfang wieder verschwinden und man hätte das gleiche Ergebnis wie mit dem JPEG-Format.

Hier kommt nun wieder die Gradationskurve ins Spiel. Wird die Kurve geändert und damit die Tonwerte - werden also die Schatten aufgehellt und gleichzeitig die hellen Bildpartien abgedunkelt, ohne die Mitteltöne zu stark zu verändern -, erhält man ein die Gesamtdynamik des RAW-Formats ausnutzendes Endresultat im JPEG-Format.

Kompliziertes Mischlicht

Es gibt immer wieder Situationen, in denen es nicht möglich ist, den optimalen Weißabgleich zu finden.

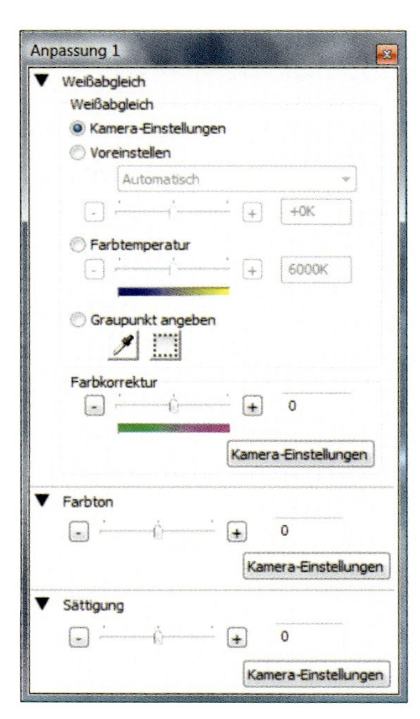

▲ *Das RAW-Format stellt sicher, dass u. a. nachträglich der Weißabgleich durchgeführt werden kann - hier am Beispiel des mitgelieferten Image Data Converter SR.*

So kommt es vor, dass mehrere Lichtquellen mit unterschiedlichen Farbtemperaturen vorhanden sind. Fotografiert man z. B. in der Dämmerung, haben das Resttageslicht und die künstliche Beleuchtung Einfluss auf die Farbtemperatur.

Oder man befindet sich in einem beleuchteten Raum, in den zusätzlich durch das Fenster Sonnenlicht hineinscheint. Grundsätzlich sollten Sie in solchen Situationen den Weißabgleich auf die stärkere Lichtquelle abstimmen.

Erzielen Sie so keine befriedigenden Ergebnisse, können Sie die Möglichkeiten des RAW-Formats nutzen. So stellen Sie sicher, dass der Weißabgleich nachträglich entsprechend den eigenen Vorstellungen geändert werden kann.

Schwierige Situation: die Gegenlichtaufnahme

Zu einer der schwierigsten Situationen für die Kamera gehört sicherlich auch die Gegenlichtaufnahme, z. B. bei Aufnahmen gegen die Sonne.

Auch hier versucht die Belichtungsautomatik wieder, die Belichtung recht moderat ausfallen zu lassen, was wie zuvor beschrieben grundsätzlich richtig ist.

In der Regel erhält man dann stark unterbelichtete Objekte, wenn sie sich im Schattenbereich befinden. Ausgleichen kann man dies durch eine Belichtungskorrektur im positiven Bereich von ca. 1 bis 2 EV, wodurch die Objekte im Schatten richtig belichtet werden. Der Nachteil ist dabei, dass der Hintergrund stark überbelichtet wird.

Eleganter ist hier der Einsatz eines Aufhellblitzes. Schattenbereiche werden durch den Blitz entsprechend aufgehellt, was ein insgesamt ausgewogenes Bild ergibt.

▲ *Gegenlichtaufnahme bei senkrecht stehender Sonne. Links ohne und rechts mit Aufhellblitz. In Situationen wie dieser kann der eingebaute Blitz bzw. ein externes Blitzgerät zur Reduzierung der Kontraste beitragen.*

Reicht der interne Blitz der α700 nicht aus, kann ein stärkerer externer Blitz eingesetzt werden, um die Reichweite zu erhöhen.

Bei Gegenlichtaufnahmen sollten Sie prinzipiell die Streulichtblende am Objektiv ansetzen, um Schleierbildung und Reflexe einzuschränken.

▲ *Gegenlichtaufnahmen können auch (wie hier) ohne Aufhellblitz ihren Reiz haben, was natürlich ganz vom Motiv abhängt.*

5.5 Unterschiede der Bildstile (Kreativmodus) für die Praxis

Die α700 stellt im Menü *Kreativmodus* zunächst Voreinstellungsmöglichkeiten für den Kontrast, die Farbsättigung und die Schärfe bereit. Diese können jeweils in Einerschritten von -3 bis +3 eingestellt werden. Im Folgenden wird dann auf die zur Verfügung stehenden Bildstile eingegangen, die ebenfalls über dieses Menü erreichbar sind.

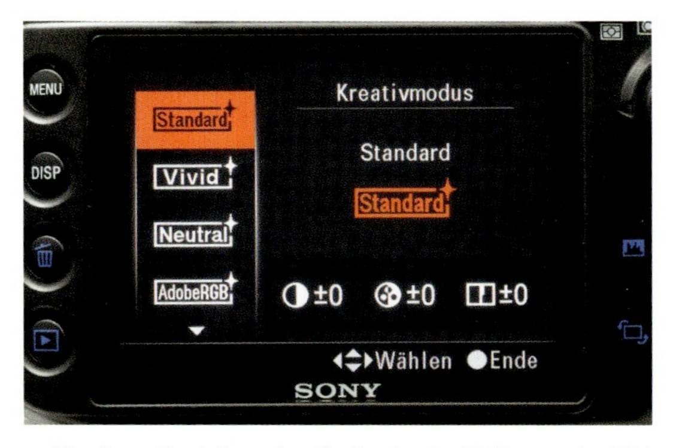

▲ *Menü zur Einstellung des Kontrasts, der Sättigung, der Bildschärfe sowie mehrerer Bildstile.*

Ein paar Ausnahmen sind hierbei zu beachten: Ist der Schwarz-Weiß-Modus *(B/W)* oder *Sepia* gewählt worden, ist die Veränderung der Farbsättigung nicht möglich.

Die Einstellungsmöglichkeiten für Helligkeit und Zonenabgleich sind in den Bildstilen *Standard, Vivid, Neutral* und *AdobeRGB* nicht vorhanden.

Kontrastvoreinstellung

Mit dem Element *Kontrast* ist es möglich, eine Kontrastvoreinstellung vorzunehmen. Eine Verringerung des Kontrasts kann sinnvoll sein, wenn Über- bzw. Unterbelichtungen auftreten. So kann verhindert werden, dass Informationen in hellen bzw. dunklen Bildbereichen zu stark verloren gehen. Eine Erhöhung des Kontrasts kann notwendig werden, wenn es sich um kontrastarme Bilder handelt.

▲ *Kontrast -3.*

▲ *Standard.*

▲ *Kontrast +3.*

Voreinstellung der Farbsättigung

Die Farbintensität lässt sich an der α700 ebenfalls vorwählen. Negative Werte ergeben abgeschwächte Farben. Im positiven Bereich erhält man dagegen eine Verstärkung der Farben. Sinnvoll ist hier eine Veränderung meist nur, wenn man die Bilder im Nachgang ohne Bildbearbeitung weiterverwenden will.

▲ *Farbsättigung -3.*

▲ *Standard.*

▲ *Farbsättigung +3.*

Voreinstellung der Schärfe

Die ohnehin intern durchgeführte Schärfung kann mit dem dritten Schieberegler beeinflusst werden. Die Schärfung wird dabei durch Minderung bzw. Verstärkung der Tonwerte an Kanten durchgeführt.

▲ *Schärfe -3.*

▲ *Standard.*

▲ *Schärfe +3.*

Bildbeeinflussung nur im JPEG-Format

Sämtliche Einstellungen wirken sich natürlich nur auf das JPEG-Format aus. Das Rohdatenformat RAW wird von den Änderungen nicht betroffen. Im Gegensatz zum JPEG-Format können diese Einstellungen bis auf Bildstilvarianten wie Porträt oder Landschaft etc. noch nachträglich im Programm Image Data Converter SR verändert werden. Ist erst einmal ein JPEG-Bild im Schwarz-Weiß-Modus aufgenommen worden, ist es nicht mehr möglich, die Farbinformationen zurückzuerlangen.

Mit Bildstilen arbeiten

Möchten Sie die Bildstile einsetzen, um möglichst ab Speicherkarte schnell Bildergebnisse präsentieren zu können, wählen Sie möglichst die Optionen *RAW & JPEG(Fein)* oder *cRAW & JPEG(Fein)*. So steht Ihnen später neben dem fertigen JPEG-Bild noch das „digitale" Negativ im RAW-Format für eventuelle weitere Bearbeitungen zur Verfügung.

Bildstile einsetzen

Im Menü *Kreativmodus* sind nun zusätzlich mehrere Bildstile verfügbar. Durch Hoch- und Runterdrücken am Multiwahlschalter können folgende Stile gewählt werden:

- *Standard*
- *Vivid* (lebhaft)
- *Neutral*
- *Klar*
- *Tief*
- *Hell*
- *Porträt*
- *Landschaft*
- *Sonnenuntergang*
- *Abendszene*
- *Herbstlaub*
- *Schwarz-Weiß*
- *Sepia*

Diese Bildstile dienen auch der Verwendung in den Szenenprogrammen. Aus der nebenstehenden Tabelle kann man die Zuordnung entnehmen.

Hinter *Vivid* verbirgt sich ein Bildstil, der die Farben verstärkt. Die Bildwirkung kommt dem in analoger Technik eingesetzten Fuji Velvia bzw. dem Kodak E100VS nahe. Diese beiden Filmsorten sind für lebendige und satte Farben bekannt.

Szenenprogramm	**Bildstil**
Abendszene/Porträt	*Abendszene*
Sonnenuntergang	*Sonnenuntergang*
Sportaktion	*Standard*
Makro	*Standard*
Landschaft	*Landschaft*
Porträt	*Porträt*

▲ *Standard.*

▲ *Vivid.*

Neutral nimmt die Sättigung zurück, *Klar* eignet sich für kontrastlose Motive.

Der Kontrast wird hier recht stark angehoben.

▲ *Neutral.*

▲ *Klar.*

Porträt ist abgestimmt auf angenehme Hauttöne, *Landschaft* erhöht die Sättigung für die Kanäle Grün und Blau und *Sonnenuntergang* steht für eine sehr warme Farbwiedergabe.

▲ *Porträt.*

▲ *Landschaft.*

▲ *Sonnenuntergang.*

Der Modus *Abendszene* senkt den Kontrast etwas ab und passt die Farben der abendlichen Stimmung an. *Herbstlaub* verstärkt die Farben relativ stark. Sie können so den ohnehin farbenfrohen Herbst verstärkt wiedergeben.

▲ *Abendszene.*

▲ *Herbstlaub.*

High-Key- bzw. Low-Key-Aufnahmen

Die Farbstile *Hell* und *Tief* sind den Funktionen *Hi200* und *Lo80 Zonen Abgleich* der Vorgänger der α700 ähnlich. Die α700 stellt diese beiden Bildstile nicht über die ISO-Wahl, sondern treffender über die Kreativwahl zur Verfügung. Auch sind sie nicht an die ISO-Zahl gebunden, können also auch mit anderen ISO-Werten genutzt werden.

▲ *Hell.*

▲ *Tief.*

Diese beiden Einstellungen wurden speziell für Aufnahmen mit wenigen Kontrasten entwickelt. Die Option *Tief* ist geeignet für dunkle Motive vor einem dunklen Hintergrund und die Option *Hell* für weiße Motive vor einem hellen Hintergrund. Die dunklen bzw. hellen Tonwerte werden nun feiner abgestuft. Im *Tief*-Modus wird das Bild etwas stärker belichtet und die Gradationskurve abgesenkt, um etwas mehr Zeichnung in den Schatten zu erhalten.

Andersherum im *Hell*-Modus: Hier wird die Aufnahme etwas knapper belichtet und die Gradationskurve angehoben, um auch in den hellen Bereichen mehr Feinheiten hervorzubringen.

Besondere Bildstile: Graustufenbilder und Sepia

Sind Sie sich sicher, dass Sie Ihre Bilder ausschließlich im Schwarz-Weiß-Format aufnehmen möchten, können Sie die Option *B/W* nutzen. Sie sollten sich aber dessen bewusst sein, dass die fehlenden Farbinformationen nicht mehr zurückgewonnen werden können.

Eine nachträgliche Umwandlung eines JPEG- oder besser eines RAW-Bildes bietet die gleichen Möglichkeiten zur Umwandlung in eine Schwarz-Weiß-Aufnahme. Die Originaldatei kann aber für die weitere Verwendung separat gespeichert werden.

Die α700 bietet nun auch die Option, Bilder im *Sepia*-Stil aufzunehmen, an. Zusätzlich kann in diesem Menü noch der Adobe RGB-Farbraum eingestellt werden. Auf diesen wird in Kapitel 4 besonders eingegangen.

▲ *Bildstil Schwarz-Weiß (B/W).*

▲ *Bildstil Sepia.*

Bildstile in den Kreativprogrammen

Generell können in den Programmen Auto, P, A, S, M und MR sämtliche Bildstile frei gewählt werden, während sie in den Szenenprogrammen gesperrt sind.

In den Szenenprogrammen sind die Einstellungen für Kontrast, Farbsättigung und Schärfe ebenfalls nicht veränderbar, da sie fester Bestandteil des jeweiligen Programms sind.

Bildstile im Image Data Converter SR anwenden

Neben der Einstellung der Bildstile an der α700 ist die nachträgliche Veränderung im RAW-Konverter Image Data Converter SR möglich. Dieser Konverter wurde zwar ursprünglich speziell für die Sony-Kamera Cyber-shot R1 entwickelt, bietet aber in der Version 2.0 alle Einstellungsmöglichkeiten, die auch an der α700 verfügbar sind. In Kapitel 7 wird hierauf noch genauer eingegangen.

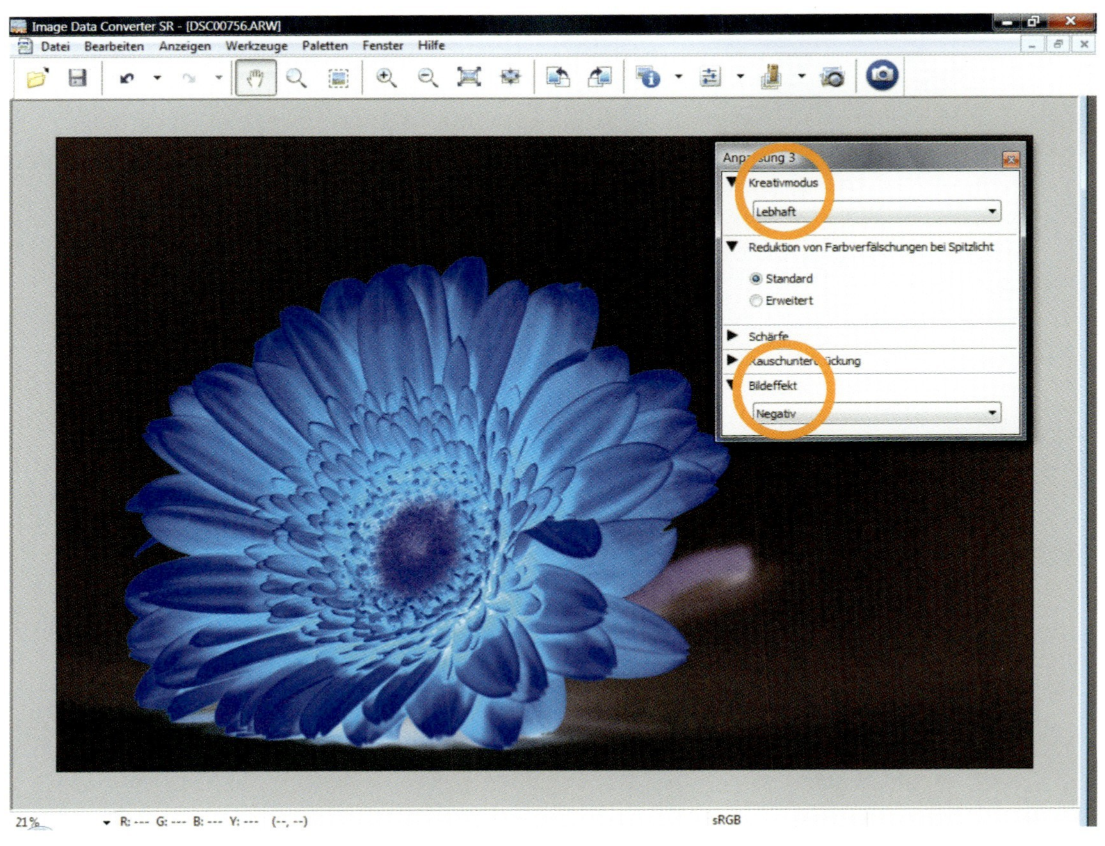

▲ *In einem RAW-Konverter – wie hier im Image Data Converter SR – können nachträglich Bildstile und diverse andere Optionen eingestellt werden. Auch Bildeffekte – wie hier Negativ – können angewählt werden. Der Einsatz von Negativ und Solarisieren ist allerdings Geschmackssache.*

5.6 Farbrauschen sicher im Griff

Was ist unter Bildrauschen zu verstehen?

Die einzelnen Pixelsensoren der α700 messen die Helligkeit des durch das Objektiv einfallenden Lichts. Diese analogen Informationen werden durch den Analog-digital-Wandler digitalisiert. Bei dem gesamten Umsetzungsvorgang entstehen nicht nur Nutzsignale, sondern es werden auch Störungen erzeugt. Diese Störungen werden „Rauschen" genannt. Die Packungsdichte dieser Sensoren ist bei der α700 verhältnismäßig hoch. Starke Packungsdichten verursachen meist stärkeres Rauschen. Bildrauschen macht sich vor allem in dunklen Bereichen bemerkbar. Verrauschte Bilder erkennt man hauptsächlich an mehr oder weniger starkem, verschiedenfarbigem „Grießeln". Zusätzlich wird die Schärfe negativ beeinflusst. Das Rauschverhalten an der α700 kann aber im Bereich von ISO 100 bis ISO 800 als gut bezeichnet werden. Erhöht man den ISO-Wert, verstärkt die Kamera das Eingangssignal. Es steigt der Signal-Rausch-Abstand an und damit nimmt das Rauschen zu. Das heißt, die Eingangssignalverstärkung erhöht auch automatisch immer das Rauschen.

Wenn man mit stärkeren Teleobjektiven fotografiert, bietet es sich an, den ISO-Wert zu erhöhen, um eine kürzere Belichtungszeit zu erhalten. Leider nimmt man damit ab etwa ISO 1600 stärkeres Rauschen in Kauf. Wenn man die Bilder vergrößert, stellt man dann zusätzlich fest, dass Bilddetails verloren gehen und die Schärfe zu wünschen übrig lässt.

▲ *Rauschen – wie bei diesem Bildausschnitt bei ISO 2000 mit der α700 – führt neben einem pixeligen Bild auch zur Bildunschärfe. Aus diesem Grund sollte der ISO-Wert möglichst gering gehalten werden.*

Eine weitere Quelle für Störungen ist das thermische Rauschen. Hierbei entstehen durch Temperatureinflüsse Ladungen an den Sensoren, die den Signal-Rausch-Abstand ebenfalls beeinflussen.

Zusätzlich besteht auch immer ein Grundrauschen, was die untere Empfindlichkeit begrenzt. Das Grundrauschen steigt mit der Temperatur. Es verdoppelt sich etwa alle 10 Kelvin.

Man kann das Rauschen mit der Körnung von Filmmaterial vergleichen. Ein ISO-100-Film besitzt so gut wie keine sichtbare Körnung, dagegen hat ein ISO-1600-Film schon eine sehr markante Körnung, die zum Bildcharakter beitragen kann und in einigen Fällen sogar gewünscht ist, um bestimmte Bildwirkungen zu erzielen.

5.7 Belichtungs-, Tonwert- und Farbkorrektur der α700 im Detail

▲ *Schnell einstellbare Belichtungskorrektur mit der Taste +/– und dem Einstellrad.*

Weicht die mittlere Helligkeit im Motiv vom Normwert (18 % Grauwert) ab, wird eine manuelle Belichtungskorrektur notwendig. Dies trifft auf großflächige weiße oder schwarze Bereiche wie Schnee oder Schatten im Motiv zu. Hier muss korrigierend eingegriffen werden, sonst erscheint z. B. der Schnee auf dem Foto nicht weiß, sondern grau (siehe Bilder auf der nächsten Seite).

Die α700 bietet die Möglichkeit, die Belichtung im Bereich von -3 bis +3 EV (Blendenwerten) manuell in ⅓-Stufen anzupassen. Hierzu betätigt man die Taste +/– und wählt über das hintere oder vordere Einstellrad die gewünschte Korrektur aus. Diese Einstellung bleibt bei einem Wechsel zwischen den Programmen A, S und P vorhanden.

Im Automodus bzw. in den Motivprogrammen und im Speicherabrufmodus der α700 kann jeweils ebenfalls eine Korrektur gewählt werden, die aber bei Programmwechseln nicht mit übernommen wird.

▲ *Die Belichtungsautomatik hat sich von dem großen Weißanteil im Motiv täuschen lassen. Das Weiß erscheint grau.*

▲ *Korrigiert man die Belichtung um ca. +1 EV, erscheint der Schnee weiß.*

Belichtungskorrekturskala

Im manuellen Modus (M) kann die Belichtungskorrekturskala dazu genutzt werden, festzustellen, wie stark die selbst vorgenommene Belichtungseinstellung vom durch die Kamera ermittelten Wert abweicht.

Eine weitere interessante Möglichkeit bietet sich im Zusammenspiel von Belichtungskorrekturskala, AEL-Taste und manuellem Modus an. Drückt man diese Taste, wird der vom Belichtungsmesser erkannte Belichtungswert als Standardwert abgespeichert (0 EV).

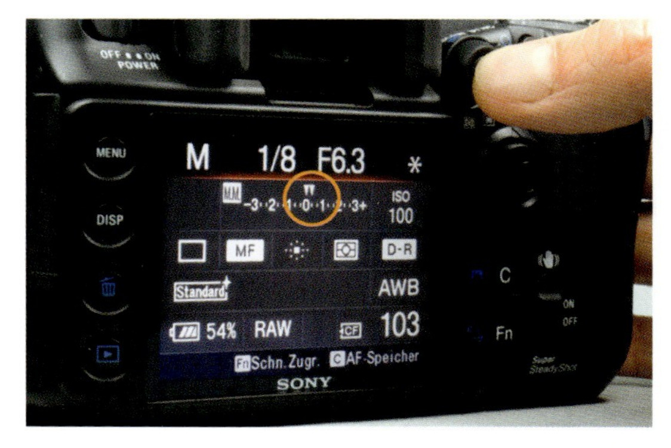

▲ *Im manuellen Belichtungsmodus sind bei gedrückter AEL-Taste der gespeicherte und der im Spotmesskreis gemessene Belichtungswert auf der Korrekturskala sichtbar.*

Verschiebt man nun die Kamera, kann die im Spotmesskreis ermittelte Belichtung auf der Belichtungskorrekturskala mit der gespeicherten Belichtung verglichen werden. Hiermit eröffnet sich die Möglichkeit, Motivkontraste festzustellen bzw. zu überprüfen, welche Motivbereiche genau dem gespeicherten Wert entsprechen. Bei Abweichungen von über bzw. unter 3 EV erscheint ein Pfeil am Ende der Skala.

Tonwertkorrektur für mehr Kontrast

Die Tonwertkorrektur dient der Optimierung von Helligkeit und Kontrast im Bild.

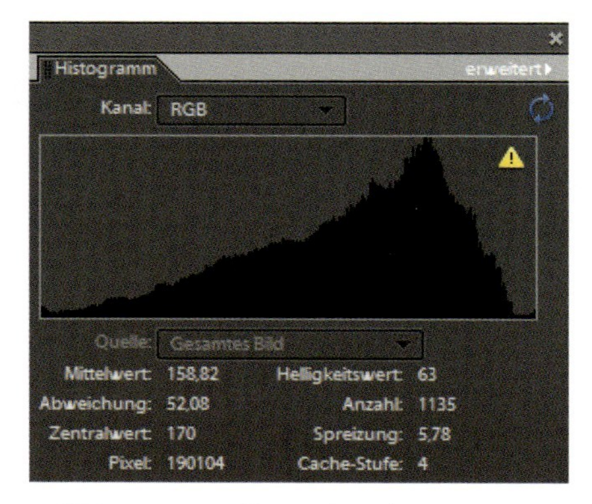

▲ *Histogramm zur Tonwertkorrektur.*

Flaue, kontrastlose Aufnahmen oder Aufnahmen mit großen zu dunklen oder zu hellen Bereichen können nachträglich per Bildbearbeitung korrigiert werden.

Tonwerte und ihre Bedeutung

Die α700 kann 256 Tonwerte je Farbkanal verarbeiten. Die Tonwerte geben die Helligkeit der einzelnen Pixel wieder. Das heißt, der hellste Punkt im Bild wird mit der Zahl 255 (rechts im Histogramm) dargestellt und der dunkelste mit der Zahl 0 (links im Histogramm). Die Intensität des einzelnen Tonwertes wird über die Höhe der Balken wiedergegeben.

Beeinflussung der Farbwerte

Da in den einzelnen Tonwerten jeweils die drei Farbkanäle Rot, Blau und Grün vorhanden sind, und das in unterschiedlich starker Intensität, beeinflusst die Tonwertkorrektur auch diese Farbkanäle unterschiedlich, was zu Farbveränderungen bzw. Farbstichen führen kann. Dies gilt es also bei der Tonwertkorrektur ebenfalls zu beachten.

Kontrastlose Aufnahmen verbessern

Ist es notwendig, den Kontrast aufgrund eines relativ kontrastarmen Fotos zu erhöhen, bietet es sich an, zunächst die Automatikfunktion des jeweiligen Bildbearbeitungsprogramms zu nutzen. Stellt man fest, dass die Auto-Tonwertkorrektur mit anschließender Auto-Farbkorrektur unbefriedigende Ergebnisse erzielt, ist der manuelle Eingriff notwendig.

Kontrastlose Aufnahmen sind dadurch gekennzeichnet, dass der Hauptanteil an Tonwerten in der Mitte des Histogramms verteilt ist. Dem Bild fehlen also die schwarzen und hellen Tonwerte. Um den Kontrast zu erhöhen, zieht man nun den schwarzen Regler bis zum linken Anfang der Kurve und den weißen bis zum Ende der Kurve auf der rechten Seite.

Bei Bedarf kann noch die Farbsättigung erhöht werden, um die Leuchtkraft der Farben zu verbessern (siehe Bilder auf den folgenden Seiten).

Farbtonkorrektur gegen Farbstich

Im Ergebnis der Tonwertkorrektur kann es zu übersättigten Farben bzw. Farbstichen kommen. Um diesen Effekt auszugleichen, wählt man das Bearbeitungsfenster *Überarbeiten/Farben anpassen/ Farbton/Sättigung anpassen*.

Negative Werte für die Sättigung ergeben eine Minderung zu starker Farben. Sind weitere Farbkorrekturen notwendig, kann man diese mit dem Schieber *Farbton* vornehmen.

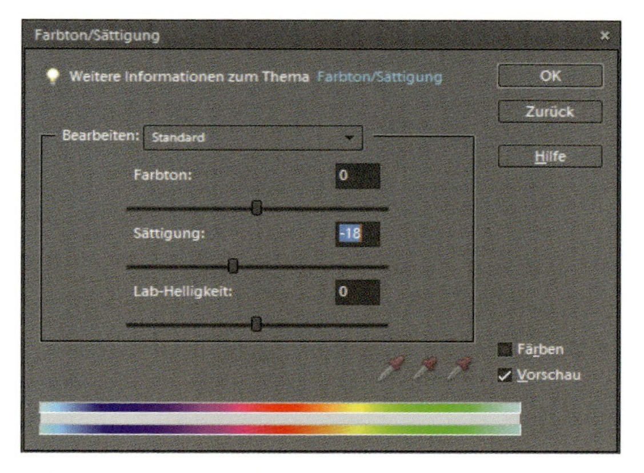

▲ *Bearbeitungsfenster Farbton/Sättigung.*

▲ *Bearbeitungsfenster Tonwertkorrektur vor der Korrektur.*

▲ *Kontrastlose Aufnahmen lassen sich meist gut mit der Tonwertkorrektur aufbessern.*

6

Perfektes Blitzen

Steht nur unzureichend Licht zur Verfügung, kommt man meist nicht um eine zusätzliche Lichtquelle herum. In diesem Kapitel geht es um das Know-how der Blitzlichtfotografie. Die vielen Möglichkeiten der α700 – wie z. B. die ADI-Technik und das drahtlose Blitzen – werden nun behandelt.

6.1 Wichtiges Grundwissen der Blitzfotografie

Unsere heutigen Blitzgeräte ermöglichen es, mit relativ wenig Energie beachtliche Blitzleistungen zu liefern. Sie strahlen neutrales Weiß mit einer Farbtemperatur von ca. 5.500 bis 6.500 Kelvin aus, was in etwa unserem Sonnenlicht entspricht.

Der wohl wichtigste Begriff in der Blitztechnik ist die Leitzahl.

Mit der Leitzahl wird die Lichtleistung des Blitzgerätes angegeben. Man kann hieraus Rückschlüsse auf die mögliche Leuchtweite ziehen. Die Formel zur Berechnung lautet:

Leuchtweite = Leitzahl : eingestellte Blende

Besitzt das Blitzgerät einen Zoomreflektor, mit dem das Blitzlicht gebündelt werden kann, bezieht sich die Angabe der Hersteller meist auf den kleinsten Ausleuchtwinkel. Zum Beispiel besitzt das Sony-Blitzgerät HVL-F56AM bei dem kleinsten Ausleuchtwinkel (bei 85 mm) eine Blitzreichweite von 56 m. Bei größeren Ausleuchtwinkeln verringert sich die Leitzahl und damit die Blitzreichweite entsprechend.

Außerdem bezieht sich die Angabe auf eine ISO-Empfindlichkeit von ISO 100/21°. Höhere ISO-Werte erhöhen die Leitzahl, niedrige verringern die Leitzahl. Sollte das Motiv stark von der „mittleren Helligkeit" (18 % Grauwert, siehe Graukarte) abweichen, gelten ebenfalls andere Leitzahlen. Da die Blitzhelligkeit mit dem Quadrat des Blitzabstands abnimmt, benötigt man für die doppelte Leitzahl die vierfache Lichtmenge. Die folgende Tabelle zeigt die Faktoren zur Leitzahlenbestimmung:

ISO 100	ISO 200	ISO 400	ISO 800	ISO 1600
1x	1,4x	2x	2,8x	4x

▲ *Sogenannte Bouncer, hier am HVL-F36AM, machen das Blitzlicht weicher und können zur Reduzierung der Blitzlichtstärke verwendet werden.*

Wie der Tabelle zu entnehmen ist, ergibt eine Veränderung der ISO-Einstellung an der Kamera von ISO 100 auf ISO 200 eine Leitzahlenveränderung um den Faktor 1,4. Besitzt das Blitzgerät bei ISO 100 eine Leitzahl von 36 (HVL-F36AM), ergibt sich bei ISO 200 eine Leitzahl von 50 (36 x 1,4).

Theoretisch könnte man so z. B. bei ISO 1600 und dem großen Sony-Blitz sehr große Reichweiten erzielen. In der Praxis herrscht meist ein gewisser Dunst, und es gibt andere Einflüsse, die sich auf die Reichweite auswirken. Regen und Schnee mindern sie erheblich. Das Blitzlicht ist recht „hart" und neigt zu Schlagschatten bzw. hohen Kontrasten.

nige Programmblitzgeräte, zu denen auch der HVL-F36AM und der HVL-F56AM von Sony gehören, erlauben aus diesem Grund das indirekte Blitzen. Hierbei wird der Blitzreflektor gegen die Decke gerichtet. Der HVL-F56AM bietet noch die Möglichkeit, den Blitzreflektor seitlich zu drehen, sodass auch die Wand zum indirekten Blitzen genutzt werden kann. Hier gilt: Einfallswinkel ist gleich Ausfallwinkel. Am besten geeignet sind weiße oder graue Decken bzw. Wände, da farbiger Untergrund zu Farbstichen führen kann.

Eine weitere Möglichkeit ist die Nutzung sogenannter Bouncer, die auf den Blitzreflektor geschoben bzw. daran befestigt werden. Bouncer zerstreuen das Blitzlicht, wodurch es „weicher" wirkt.

▲ *Mit dem LumiQuest ProMax-System stehen mehrere Reflektoren zum indirekten Blitzen zur Wahl. Der Lichtverlust beträgt mit dem weißen Reflektor etwa ⅓ Blende, mit dem silbernen ⅔ Blende und mit dem goldenen 1 Blende. Ein mattierter Diffusorschirm schluckt nochmals etwa 1 Blende.*

Die dritte Möglichkeit ist die Nutzung eines oder mehrerer „entfesselter" Blitze. Hiermit lassen sich komplexe Beleuchtungen aufbauen.

Die **G**esamt**l**eit**z**ahl (GLz) bei gemeinsamer frontaler Beleuchtung ergibt sich wie folgt:

$$GLz = \sqrt{Lz_1^2 + Lz_2^2 + \ldots}$$

Welche Parameter ändern sich beim Einsatz eines Blitzes?

Im Blendenprioritätsmodus kann uneingeschränkt die gewünschte Blende eingestellt werden. Die α700 stellt hierfür Synchronzeiten im Bereich von 1/200 Sekunde (ohne Super SteadyShot) bzw. 1/250 Sekunde bis 1/60 Sekunde ein. Dies ist abhängig von der gewählten Brennweite.

Wird eine kürzere Belichtungszeit notwendig und hat man ein externes Blitzgerät im Einsatz, wird die Hochgeschwindigkeits-Synchronisation aktiviert. Auf dem Display wird HSS angezeigt.

Im Verschlusszeitenprioritätsmodus hingegen können Sie die Belichtungszeiten zwischen 30 Sekunden und 1/200 Sekunde (bei abgeschaltetem Super SteadyShot) bzw. 1/250 Sekunde einstellen. Diese Begrenzung entfällt ebenfalls beim Einsatz eines externen Programmblitzes, der die Hochgeschwindigkeits-Synchronisation unterstützt. Hier sind dann Belichtungszeiten von 1/8000 Sekunde wählbar.

6.2 Die Unterschiede der Blitzgeräte

Sony bietet im Moment vier Programmblitzgeräte sowie eine Ringleuchte an. Aber auch Fremdhersteller wie Sigma, Cullmann und Metz haben einige interessante Blitzgeräte für die α700 im Angebot. Zudem können noch teilweise ältere Minolta bzw. Konica Minolta-Geräte an der α700 genutzt werden.

Sony-Programmblitz HVL-F56AM

Das leistungsstärkste und mit den meisten Funktionen ausgestattete Blitzgerät von Sony für die α700 ist das Programmblitzgerät HVL-F56AM.

▲ *Der leistungsstärkere der beiden Sony-Programmblitze, der HVL-F56AM.*

> **Ausleuchtwinkel beachten**
>
> Zu beachten ist beim Einsatz des Blitzes an der α700, dass der Zoomreflektor den Ausleuchtwinkel auf die reale Brennweite des Objektivs einstellt. Das heißt, 24 mm Brennweite an der α700 ergeben im Vergleich mit dem Kleinbildformat eine Bildwirkung von 36 mm. Der Blitz stellt nun aber den Zoomreflektor auf 24 mm ein. Um eine maximale Reichweite herzustellen, müsste der Blitz per Hand auf 36 mm (35 mm) eingestellt werden.

Die Leitzahl bei ISO 100 beträgt 56. Der Ausleuchtwinkel wird abhängig von der Objektivbrennweite im Bereich von 24–85 mm automatisch gesteuert. Im Blitzkopf ist außerdem eine zuklappbare Streulichtscheibe integriert, mit der bis zu 17 mm ausgeleuchtet werden kann. Manuell kann man 17 (mit Streuscheibe), 24, 28, 35, 50, 70 und 85 mm Brennweite einstellen. Die Leitzahlen für die jeweiligen Brennweiten betragen (in Metern bei ISO 100):

Brennweite	17	24	28	35	50	70	85
Meter	18	30	32	38	44	50	54

Für den Hochgeschwindigkeits-Synchronisationsmodus gelten folgende Leitzahlen (in Metern bei ISO 100):

	Für 1/1000 Sekunde						
Brennweite	17	24	28	35	50	70	85
Meter	3,5	6	6,7	7,5	9	9,5	11
	Für 1/8000 Sekunde						
Meter	1,2	2,1	2,4	2,5	3	3,5	4

Die Blitzleistung kann manuell in sechs Stufen (1/1, 1/2, 1/4, 1/8, 1/16, 1/32) eingestellt werden.

Für indirektes Blitzen ist der Blitzkopf in weiten Bereichen verstellbar:

- Vertikal: 0–90° nach oben, 0–10° nach unten
- Horizontal: 0–90° im Uhrzeigersinn, 0–180° gegen den Uhrzeigersinn

Im Hochgeschwindigkeits-Synchronisationsmodus (HSS) kann der Blitz Belichtungszeiten bis 1/12000 Sekunde, an der α700 die maximal möglichen 1/8000 Sekunde synchronisieren.

Als Energiequelle können Batterien (R6, AA) und Akkus zum Einsatz kommen. Die kürzeste Blitzfolgezeit wird dabei mit Akkus erreicht. Über ein optional lieferbares externes Batteriefach kann die Blitzanzahl ungefähr verdoppelt werden, womit auch größere Veranstaltungen mit Blitzeinsatz gut gemeistert werden können.

Sehr praktisch ist das „Einstelllicht" des Blitzes. Hierzu dient eine schnelle Blitzfolge zur Überprüfung von Schattenwurf und Lichtführung.

Im Dunkeln wird der Autofokus durch das AF-Hilfslicht des Blitzes unterstützt.

Zusätzlich stehen fünf Custom-Funktionen zur Verfügung.

Sony-Programmblitz HVL-F36AM

Das zweite von Sony lieferbare Programmblitzgerät ist der HVL-F36AM.

Der Funktionsumfang ist hier etwas geringer und die maximale Leitzahl liegt im Gegensatz zum HVL-F56AM bei 36 (bei 85 mm und ISO 100). Trotzdem beherrscht der HVL-F36AM die drahtlose Blitzfernsteuerung und die Langzeitsynchronisation, was ihn durchaus sehr interessant macht.

Im Gegensatz zum HVL-F56AM kann der Blitzreflektor nur um 90° nach oben geschwenkt werden. Im Normalfall reicht dies aber zum indirekten Blitzen aus.

Im Bereich von 24 bis 85 mm Objektivbrennweite passt sich der Leuchtwinkel automatisch an. Ein manuelles Verstellen ist möglich. Die mitgelieferte Weitwinkelstreulichtblende vergrößert die Ausleuchtung im Weitwinkelbereich.

Beachtet werden muss hierbei, dass die Leitzahl dann etwas sinkt. Ein Ausleuchten mit 17 mm Brennweite ist somit gewährleistet. Das eingebaute AF-Hilfslicht unterstützt den Autofokus der α700 im Dunkeln. Ausnahmen sind: eingeschalteter Autofokusmodus C oder bei einer Objektivbrennweite ab 300 mm.

▲ *Sonys kleiner Programmblitz, der HVL-F36AM – für viele Situationen völlig ausreichend.*

Sony-Programmblitz HVL-F42AM

Sonys erster selbst entwickelter und speziell auf die Alpha-Serie optimierter Programmblitz besitzt gegenüber dem HVL-F36AM ein paar weitere interessante Funktionen. So lässt sich der Blitz manuell in den Stufen $\frac{1}{2}$, $\frac{1}{4}$, $\frac{1}{8}$, $\frac{1}{16}$ und $\frac{1}{32}$ steuern.

Mit der zusätzlich vorklappbaren Streuscheibe erreichen Sie einen Leuchtwinkel, der für Brennweiten bis 16 mm einsetzbar ist.

Zudem können Sie mit dem HVL-F42AM den Blitzkopf – wie mit dem großen Blitz von Sony – seitlich in beide Richtungen schwenken. Somit ist z. B. das Blitzen gegen die Decken auch im Hochformat möglich. Die Leuchtkraft entspricht dem HVL-F36AM. Da aber der Abstrahlwinkel enger gewählt werden kann, ist in der Stellung 105 mm eine höhere Reichweite zu erzielen.

▲ *Die Bedienung des HVL-F42AM ist intuitiv möglich. Er lässt sich manuell steuern und bietet einen Ausleuchtwinkel bis zu einer Brennweite von 16 mm an. Zur Einschätzung der Lichtsituation können Sie vor der eigentlichen Aufnahme per Test-Taste einen Testblitz absetzen.*

Makroringleuchte HVL-RLAM

Gerade im Nah- und Makrobereich ist der Abstand zum Motiv so gering, dass mit den großen Blitzen unter Umständen Abschattungen durch das Objektiv auftreten können. Hier hilft z. B. die Ringleuchte, die mithilfe eines Adapters am Objektiv befestigt wird. Sie liefert weiches, gleichmäßiges Licht. Hierfür sorgen LEDs mit Weißlichtcharakter. Da es sich um Dauerlicht handelt, können Sie bereits vor der Aufnahme die Beleuchtungssituation sehr gut beurteilen.

Die LEDs sind in zwei Gruppen aufgeteilt und können getrennt zugeschaltet werden. Bei Bedarf können Sie so Kontrast ins Bild bringen und eine räumliche Wirkung erzielen. Zudem haben Sie mit der Ringleuchte die Möglichkeit, zwischen zwei Beleuchtungsstärken zu wählen.

Der Zwillingsblitz HVL-MT24AM

Während die Ringleuchte vorwiegend weiches und schattenloses Licht produziert, kann man mit dem Zwillingsblitz noch kreativer zu Werke gehen.

Die Anordnung der beiden Blitzköpfe ist variabel, und über Teleskoparme kann der Abstand zum Objektiv bis auf maximal 18 cm vergrößert werden.

Den Leuchtwinkel kann man über die mitgelieferten Weitwinkelstreuscheiben und die Diffusoren anpassen.

Die Tabelle gibt Aufschluss über die Leitzahl der Zwillingsblitzeinheit in Abhängigkeit davon, ob die Weitwinkeladapter, die Diffusoren oder ob ein oder zwei Blitzleuchten eingeschaltet sind.

Leistungswahl	eine Blitzleuchte	zwei Blitzleuchten	Weitwinkeladapter	Diffusoren
1/1	17	24	11	7
1/2	12	17	8	5
1/4	8,5	12	5,6	3,5
1/8	6	8,5	4	2,5
1/16	4,2	6	2,8	1,8
1/32	3	4,2	2	1,3

Zur Beurteilung der Lichtsituation ist eine Art Einstelllicht vorhanden. Dabei wird für 2 Sekunden eine hochfrequente Blitzserie gezündet. Effektiver ist hier aber die Beurteilung über den Monitor der α700 mit Testaufnahmen.

Die nebenstehenden Ausleuchtwinkel ergeben sich:

	eine Blitzleuchte	Weitwinkeladapter	Diffussor
Vertikal	45°	60°	90°
Horizontal	60°	78°	90°

Systemblitzgeräte anderer Marken

Sind Sie im Besitz von Minolta- oder Konica Minolta-Systemblitzgeräten, können Sie diese an Ihrer α700 weiterhin nutzen. Dies gilt für folgende Blitze:

- 3600 HS D (entspricht HVL-F36AM)
- 5600 HS D (entspricht HVL-F56AM)
- 2500 D
- Makroringblitz R-1200 (ähnlich HVL-RLAM)
- Makrozwillingsblitz T-2400 (entspricht HVL-MT24AM)

Ältere Geräte werden nicht mehr unterstützt. Eventuell ist ein Auslösen an der A700 mit maximaler Leuchtkraft des Blitzes möglich.

Minolta-Makroringblitz R-1200

Im Unterschied zu Sonys Ringleuchte sind hier vier Blitzröhren zum Quadrat angeordnet. Diese können einzeln eingeschaltet werden. Das Steuergerät wird auf den Blitzschuh der α700 aufgesteckt und arbeitet entweder im TTL-Vorblitz-Modus oder kann in sieben Stufen manuell eingestellt werden. Die Leistung kann so auf 1/1, 1/2, 1/4, 1/8, 1/16, 1/32 und 1/64 der maximalen Blitzleistung eingestellt werden. Eine weitere Abstufung erhält man, wenn man in den Custom-Einstellungen 1/2 EV einstellt. Jetzt hat man die Möglichkeit, die Abstufung auf 1/1, 1/1,4, 1/2, 1/2,8, 1/4, 1/5,6 und 1/8 auszuwählen. Bei ISO 100 beträgt die Leitzahl 12. Man erreicht mit dem Ringblitz eine sehr weiche Ausleuchtung bei einem Ausleuchtwinkel von 80° horizontal und 80° vertikal.

Mecablitz 54 MZ-4i von Metz

Die Firma Metz bietet für die α700 als interessante Alternative zu den hauseigenen Blitzgeräten von Sony den Mecablitz 54 MZ-4i an. Um den Blitz an unterschiedlichen Kamerasystemen nutzbar zu machen, hat Metz ein Adaptersystem entwickelt. Der Blitz selbst kann also mit einem entsprechenden Adapter auch mit einem anderen Kamerasystem genutzt werden. Die α700 benötigt den Adapter SCA3302M6.

Der Blitz unterstützt ebenfalls die ADI-Messung und beherrscht die Hochgeschwindigkeits-Synchronisation. Der Funktionsumfang entspricht in etwa dem des Sony-Programmblitzes HVL-F56AM, wobei der Metz-Blitz noch einen kleinen zusätzlichen Blitz besitzt, mit dem frontal aufgehellt werden kann.

Sigma EF-530 DG Super
Wie der Metz-Blitz stellt auch der Sigma EF-530 DG Super eine günstige Alternative dar. Er besitzt die notwendigsten Funktionen wie Hochgeschwindigkeits-Synchronisation, Einstelllicht, Blitzen auf den zweiten Vorhang, kabelloses Blitzen etc. und unterstützt die ADI-Messung der α700.

Mit einer Leitzahl von 53 reicht er nicht ganz an den großen Sony-Blitz heran. Eine etwas abgespeckte Version ist mit dem EF-530 DG ST verfügbar.

Ihm fehlen einige Funktionen wie kabelloses Blitzen, Einstelllicht, Synchronisation auf den zweiten Verschlussvorhang etc. Im Gegensatz zum Metz-Blitzgerät benötigen Sie keinen zusätzlichen Adapter.

6.3 Profitipps zu den Blitzmodi der α700

Die α700 unterstützt drei Blitzsteuerungsmodi, die im Folgenden genauer dargestellt werden.

ADI-Steuerung

Die ADI-Steuerung (**A**dvanced **D**istance **I**ntegration) bezieht in den Messvorgang die Entfernung des Motivs mit ein. Mit normaler TTL-Vorblitz-Messung war es möglich, dass sich die Elektronik z. B. bei Objekten mit besonderen Reflexionseigenschaften täuschen ließ. Damit war keine perfekte Belichtung garantiert. Da der Computer nun aber über den Entfernungsencoder der D-Objektive den Motivabstand kennt, kann die Blitzleistung optimal angepasst werden. Sollten an der α700 Objektive ohne Encoder (ohne „D") angeschlossen werden, wird in den meisten Fällen automatisch in den „Nur"-TTL-Vorblitzmodus umgeschaltet. Bei Einsatz von Fremdobjektiven ohne „D" wird ohnehin dazu geraten, auf TTL-Vorblitzmessung von Hand umzuschalten, da die Wahrscheinlichkeit für Fehlbelichtungen hoch ist. In einigen Fällen kann ein Chipupdate durch den Objektivhersteller notwendig werden. Die ADI-Steuerung ist ebenfalls nur mit geeigneten Blitzgeräten möglich. Die Sony-Blitzgeräte HVL-F36AM und HVL-F56AM sowie das Metz-Gerät und das Sigma-Blitzgerät EF-530 DG Super unterstützen die ADI-Steuerung.

Undokumentiert ist die mögliche Nutzung der ADI-Steuerung auch bei Nicht-D-Objektiven, wenn es sich um ältere Minolta- bzw. Konica Minolta-Objektive handelt. Da die α700 einen internen Entfernungsencoder besitzt, kann hierüber Rückschluss auf die Entfernungseinstellung genommen werden. Hierzu ist eine interne Datenbank notwendig, die alle erforderlichen Objektiveigenschaften gespeichert hat. Dazu kalibriert die α700 nach dem Einschalten der Kamera das aufgesetzte Objektiv. Zu beachten ist, dass bei Objektiven mit Fokusbegrenzer (Focus Limiter) dieser ausgeschaltet sein muss, da die Kamera sonst von falschen Werten ausgeht. Weil die AF-Spindel auch im manuellen Fokusmodus nicht komplett auskuppelt, ist die ADI-Steuerung sogar in diesem Modus möglich.

In folgenden Situationen sollten Sie im Aufnahmemenü (2) *Blitzkontrolle* von ADI-Steuerung auf TTL-Vorblitz umschalten:

- Beim indirekten und drahtlosen Blitzen sowie bei der Verwendung von Blitzdiffusoren und Makroblitzgeräten.
- Wenn z. B. Graufilter oder Nahlinsen zum Einsatz kommen.
- Beim Einsatz von Auszugsverlängerungen.
- Beim Gebrauch von Fremdobjektiven ohne „D" (ohne ADI-Unterstützung).

Vorblitz und Vorblitz-TTL

Man darf die Option *Vorblitz* gegen rote Augen nicht mit *Vorblitz-TTL* verwechseln. Bei *Vorblitz* gegen rote Augen wird vor dem eigentlichen Blitz eine Reihe von Blitzen gezündet, um die Pupille im Auge zu schließen und so den Rote-Augen-Effekt zu reduzieren.

Bildschärfe durch Blitzeinsatz

Werden bei unzureichenden Lichtverhältnissen längere Belichtungszeiten notwendig, besteht die Ge-

▼ *Für bewegte Motive bei relativ wenig Licht ist der Blitzeinsatz notwendig, um genügend Schärfe zu erhalten.*

fahr von Bewegungs- oder Verwacklungsunschärfe. Der Super SteadyShot kann hier bis zu einem gewissen Grad hilfreich wirken. Danach kommt man bei Freihandaufnahmen aber nicht mehr um den Blitz herum. Nun sollte der interne bzw. ein externer Programmblitz verwendet werden.

TTL-Vorblitzmessung

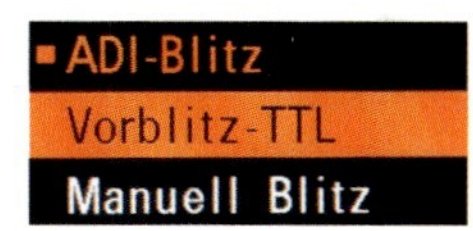

TTL (**T**hrough **t**he **L**ens) bedeutet, dass die Belichtungsmessung durch das Objektiv erfolgt. Der Vorteil der TTL-Blitzmessung ist, dass ohne Weiteres Zwischenringe, Filter u. a. ohne Belichtungskorrekturen eingesetzt werden können, da sie direkten Einfluss auf die Messung haben. Die Kamera sendet über das Blitzgerät einen Messblitz. Dieser wird am Objekt reflektiert und gelangt über das Objektiv zurück zum Sensor in der Kamera. Hier werden die Daten ausgewertet, ein Hauptblitz berechnet und gezündet. Bei analogen Kameras kann man auf den Vorblitz verzichten, da die Messung auf der Filmoberfläche stattfindet. Trifft hier genügend Licht auf, wird der Blitz gestoppt. Diese Methode ist aufgrund des zu stark reflektierenden Sensors nicht möglich.

Vorteile der TTL-Blitzmessung sind u. a. die geringe Streulichtempfindlichkeit und dass alle Belichtungsmessmodi (Mehrfeldwaben-, mittenbetonte Integral- und Spotmessung) verwendet werden können.

Der Abstand zwischen Vor- und Hauptblitz ist sehr gering. In zeitkritischen Situationen kann es vorkommen, dass die Zeitdifferenz als störend empfunden wird. Hier hilft nur der Einsatz eines Blitzgerätes mit eigenem Sensor zur Belichtungsmessung (wie z. B. des Metz 54 MZ-4i). Es entfällt dann der Vorteil der 40-Wabenfeldmessung durch den kamerainternen Sensor. Die Zeitdifferenz konnte aber bei der α700 gegenüber der α100 drastisch reduziert werden und ist damit kaum noch wahrnehmbar.

Manuelle Blitzsteuerung

Die α700 verfügt zusätzlich über einen rein manuellen Blitzmodus. Sie können hier die Blitzstärke des eingebauten Blitzes selbst wählen. Hierfür stehen fünf Stufen zur Auswahl.

1/1 (100 % Leistung)	Leitzahl etwa 12
1/2 (50 % Leistung)	Leitzahl etwa 8,4
1/4 (25 % Leistung)	Leitzahl etwa 6
1/8 (12,5 % Leistung)	Leitzahl etwa 4,2
1/16 (6,25 % Leistung)	Leitzahl etwa 3

Die gewählte Blitzstärke kann über das Einstellungsmenü (2) gewählt werden und wird im Display der α700 angezeigt (hier 1/4 Blitzleistung).

Beachten Sie, dass die manuelle Einstellungsmöglichkeit nur im Aufhellblitzmodus und im Modus für die Synchronisation auf den zweiten Verschlussvorhang möglich ist. Zudem muss *Blitzautomatik* deaktiviert sein.

Starke Kontraste mit dem Aufhellblitz ausgleichen

Es kommt vor, dass man z. B. Personen im Gegenlicht oder Motive in ähnlich schwieriger Lichtsituation mit hohen Kontrasten fotografieren möchte. Die Mehrfeldzonenmessung würde in diesen Fällen einen Mittelwert errechnen, womit Bildpartien unter- bzw. überbelichtet würden. Auch die beiden anderen Messmethoden (die mittenbetonte Integralmessung und die Spotmessung) würden keine harmonischen Ergebnisse hervorbringen.

Hier hilft der Aufhellblitz. Hierzu drücken Sie an der α700 zusätzlich die AEL-Taste, und der kamerainterne Blitz wird hochgeklappt.

▲ *Um das Umgebungslicht beim Blitzen mit in die Belichtungsberechnung einzubeziehen, halten Sie die AEL-Taste gedrückt. Alternativ kann die α700 so programmiert werden, dass die AEL-Taste wie ein Schalter arbeitet (Benutzermenü 2).*

Ebenso funktioniert das Aufhellblitzen mit einem der Programmblitze. Hiermit kann auch in einer Entfernung gut aufgehellt werden, die über derjenigen liegt, die mit dem internen Blitz erreichbar ist.

▼ *Die gleiche Situation, nun aber mit Blitzlicht und gedrückter AEL-Taste. Ohne das Drücken der AEL-Taste wäre der Hintergrund zu dunkel geworden.*

▲ *Gegenlichtsituation, aufgenommen ohne Blitzlicht. Das Gesicht erscheint zu dunkel.*

Was bewirkt das Drücken der AEL-Taste genau?

Die Elektronik der α700 ist bemüht, die Gesamtsituation perfekt aufeinander abzustimmen und den Gegenlichteffekt bestmöglich beizubehalten. Die α700 untersucht das Umfeld und berechnet eine Belichtung, die ein bis zwei Stufen unterbelichtet ausfallen kann. Dies ist notwendig, um eine Überbelichtung des Hauptmotivs und des Hintergrunds zu vermeiden. Da in heller Umgebung die Blende weiter geschlossen werden muss, ist die Blitzreichweite zum Aufhellen geringer als in dunkler Umgebung.

Mit den Blitzgeräten Sony HVL-F36AM (3600 HS (D)) und Sony HVL-F56AM (5600 HS (D)) sind mit Kurzzeitsynchronisation Synchronzeiten bis $\frac{1}{8000}$ Sekunde möglich, wodurch in fast jeder Situation auch mit weit geöffneter Blende aufgehellt werden kann. Dies ist besonders wichtig, wenn Motive vor dem Hintergrund freigestellt werden sollen bzw. die Schärfentiefe bei Porträts minimiert werden soll.

Spitzlichter in Porträts

Blitzlicht erzeugt auch sehr schön anzusehende Spitzlichter in den Augen. Porträts wirken dadurch lebendiger.

▲ *Vorteil von Blitzlicht: Spitzlichter in den Augen.*

Schatten aufhellen

Harte Schlagschatten wirken meist nicht besonders gut und lenken vom eigentlichen Motiv ab. Der Blitzlichteinsatz hilft nun, diese Schlagschatten zu reduzieren. Diese treten z. B. im Sommer bei besonders hoch stehender Sonne auf.

Interner oder externer Blitz?

Der in der α700 eingebaute Blitz ist für einen „Immer-dabei-Blitz" in vielen Situationen hilfreich. Mit seiner Blitzleitzahl von 12 bei ISO 100 reicht er nur bis zu einer begrenzten Entfernung aus. Für Aufhellungen im Bereich von etwa 3 bis 4 m reicht seine Leuchtweite aber durchaus. Möchte man weiter entfernte Objekte aufnehmen, benötigt man stärkere Blitzgeräte.

Zudem erlaubt der interne Blitz kein indirektes Blitzen durch Schwenken des Blitzreflektors. Dadurch kommt es oft zu unschönen Schlagschatten oder auch zum Rote-Augen-Effekt.

Ein externes Blitzgerät bietet neben der Möglichkeit, den Reflektor schwenken zu können, und einer besseren Reichweite noch andere Vorteile. So ist z. B. das entfesselte Blitzen möglich.

Die Vorteile externer Blitzgeräte

- Externe Blitzgeräte verfügen über eine größere Blitzleistung, erkennbar an der höheren Blitzleitzahl. Damit können weiter entfernte Objekte aufgehellt werden.
- Die Möglichkeit, den Reflektor in mehrere Richtungen zu schwenken, erlaubt es, indirekt zu blitzen und damit Schlagschatten zu vermeiden.
- Im Nahbereich treten keine Abschattungen durch das Objektiv auf, was beim internen Blitz durchaus der Fall sein kann.
- Da der externe Blitz weiter von der optischen Achse entfernt ist, tritt der Rote-Augen-Effekt weniger oder gar nicht auf.

▲ *Aufgenommen mithilfe des internen Blitzes der α700. Das frontale Blitzen erzeugt harte Schlagschatten.*

▲ *Zwei externe Blitze beleuchten nun die Szene und sorgen für eine schlagschattenfreie Aufnahme.*

Synchronisation auf den zweiten Vorhang

Synchronisation auf den zweiten Vorhang bedeutet, dass der Blitz erst am Ende der Belichtungszeit gezündet wird. Im Gegensatz zur normalen Synchronisation, bei der der Blitz gleich am Anfang, sobald der Verschluss komplett geöffnet ist, zündet, ergeben sich so natürlichere Abbildungen bei sich im Dunkeln bewegenden Objekten. Das scharfe Motiv erscheint nun am Ende und nicht am Anfang der „Bewegungsspuren". Objekte, die sich scheinbar rückwärts bewegen, bewegen sich mit der Synchronisation auf den zweiten Vorhang vorwärts. Um die Funktion zu aktivieren, schaltet man im Aufnahmemenü bei der Blitzfunktion auf *Sync 2. Vorh*. Im Kamera-Display erscheint nun *REAR*.

Problematisch bei längeren Belichtungszeiten ist, dass man z. B. bei sich bewegenden Personen schwer abschätzen kann, wo sie sich bei Auslösung des Blitzes befinden. Auch wenn man eine bestimmte Mimik oder Gestik festhalten möchte, sollte man an die Zeitverzögerung denken. Um überhaupt die benötigte lange Belichtungszeit zu erhalten, drückt man entweder die AEL-Taste oder schaltet in den Verschlusszeitenprioritäts- oder manuellen Modus. Im Verschlusszeitenprioritätsmodus kann die Belichtungszeit gewählt werden. Die Blende wird automatisch passend dazu gewählt. Im manuellen Modus müssen beide Werte (Belichtungszeit und Blende) selbst eingestellt werden.

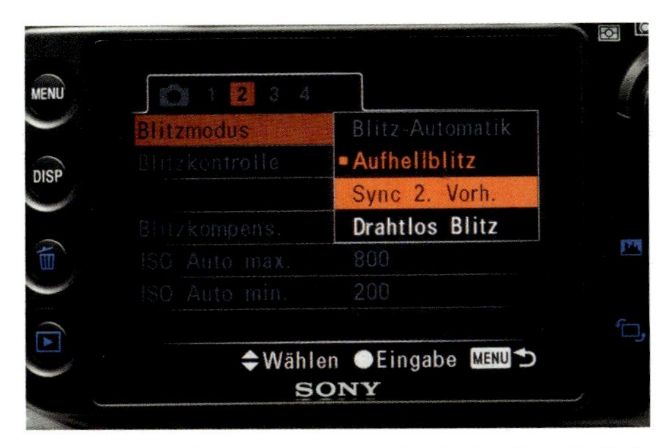

▲ *Im Menü Blitzmodus kann über die Option Sync 2. Vorh. die Synchronisierung auf den zweiten Vorhang gewählt werden.*

Die beiden externen Blitze arbeiten ebenfalls wie der interne Blitz mit dieser Funktion zusammen. Die Blitzfernsteuerung ist hierbei nicht möglich, ebenso wenig das Vorblitzen gegen rote Augen.

▲ *Option: Aufhellblitz. Sofort nach dem Auslösen zündet der Blitz. Die Bewegungsschleier liegen auf der falschen Seite.*

▼ *Option: Blitzen auf den zweiten Vorhang. Wesentlich natürlicher wirken die Bewegungsschleier in dieser Aufnahme. Der Blitz zündet erst kurz vor dem Schließen des Verschlusses (beide Fotos: Frank Wiesenberg).*

▲ *Ohne ADI-Messung.*

▲ *Mit ADI-Messung.*

Was bringt ADI wirklich?

So drastisch wie im nachfolgenden Beispiel wirkt sich die ADI-Vorblitzmessung nicht immer aus. Im ersten Bild wurde ohne ADI geblitzt. Die Kamera ließ sich hier von dem sehr hellen Motiv irritieren und belichtete zu knapp. Nachfolgend hingegen mit ADI ergibt sich eine optimale Belichtung.

Hat man z. B. zwei Objekte in unterschiedlicher Entfernung vor der Kamera, wird die α700 versuchen, das für die Schärfe ausgewählte Objekt richtig zu belichten. Die Kamera kennt die Entfernung und blitzt entsprechend. Das zweite Objekt wird entweder überbelichtet (wenn es sich vor dem scharfen Objekt befindet) oder unterbelichtet (wenn es sich hinter dem scharfen Objekt befindet). Im Vorblitz-TTL-Modus würden mit hoher Wahrscheinlichkeit beide Objekte falsch belichtet werden.

Belichtungskorrektur mit Blitzlicht

Sind im Bild sehr helle oder dunkle Motive vorhanden, kann eine Blitzbelichtungskorrektur notwendig werden. Das gilt ebenso für sehr dichte Motive vor dem Blitzgerät (siehe Bilder auf der gegenüberliegenden Seite). Die α700 erlaubt die Einstellung der Belichtungskorrektur im Bereich von -3 EV bis +3 EV. Die Einstellungsmöglichkeit hierzu findet man bei ausgeklapptem bzw. aufgesetztem externem Blitz auf dem LCD-Display der α700. Hier wählen Sie das Element für die Blitzbelichtungskorrektur (siehe Abbildung). Mit dem Multiwahlschalter können Sie nun die entsprechende Korrektur einstellen.

▲ *Nach dem Drücken der Fn-Taste kann mithilfe des Multiwahlschalters die Belichtungskorrektur für das interne bzw. externe Blitzgerät eingestellt werden.*

Nach dem Drücken des Multiwahlschalters wird der Wert gespeichert. Standardmäßig können Sie die Schrittweite um ⅓ EV ändern. Im Aufnahmemenü 1 haben Sie zusätzlich die Möglichkeit, diesen Wert auf ½ EV zu ändern. Mit einer Minuskorrektur wird die Blitzleistung erhöht, mit der Pluskorrektur entsprechend verringert. Durch die Blitzbelichtungskorrektur wird nur die Belichtung des Vordergrunds beeinflusst. Soll die Belichtung des Hintergrunds ebenfalls verändert werden, stellt man an der α700 die Belichtungskorrektur für Dauerlicht ein.

Belichtet mit -1 EV Blitzbelichtungskorrektur. Die Aufnahme wird dadurch etwas unterbelichtet.

Belichtet ohne Blitzbelichtungskorrektur.

Belichtet mit +1 EV Blitzbelichtungskorrektur. Hier ergibt sich eine leicht überbelichtete Aufnahme.

Blitzen im Studio

Die α700 besitzt im Gegensatz zur α100 erfreulicherweise am Gehäuse einen Anschluss für eine Studioblitzanlage. Diese Synchronbuchse eröffnet Ihnen alle Möglichkeiten der Studiofotografie.

▲ *Anschluss zur Verbindung mit einer Studioblitzanlage.*

Einstelllicht des HVL-F56AM nutzen

Der große Sony-Blitz stellt dem Fotografen eine Möglichkeit zur Verfügung, vorab zu prüfen, wie die Lichtsituation beim Blitzen ausfallen wird. Hierzu simuliert der Blitz eine Art Einstelllicht über einen stroboskopartigen Blitz.

▲ *Mit der Test-Taste kann am Blitzgerät HVL-F56AM ein Einstelllicht simuliert werden.*

Hierbei stehen drei Optionen zur Auswahl:

- Einzelblitz;
- langsame Blitzfrequenz mit 2 x 3 Blitzen und einer Blitzleitzahl von 5,6 bei 24 mm Brennweite;
- schnelle Blitzfrequenz mit 4 x 40 Blitzen und einer Blitzleitzahl von 1,4 bei 24 mm Brennweite, besonders im Nah- und Makrobereich zu empfehlen.

Durch Betätigen der Test-Taste wird die Funktion ausgelöst.

Custom-Funktion des HVL-F56AM

Der Sony-Programmblitz HVL-F56AM besitzt die Möglichkeit, fünf benutzerdefinierte Einstellungen vorzunehmen.

Die Custom-Funktionen im Überblick:

- Kanalwahl für drahtloses Blitzen, hierfür stehen vier Kanäle zur Verfügung.
- Bereichsanzeige in „m" für Meter oder „ft" für Fuß.
- Dauer bis zum automatischen Abschalten: 4, 15, 60 Minuten oder dauerhaft stehen zur Wahl.
- Automatisches Abschalten im drahtlosen Betrieb. Hierfür hat man 60 Minuten oder dauerhaft zur Auswahl.
- Belichtungsfunktion im manuellen Modus und Stroboskopbetrieb. Normalerweise ist die Wahl nur im manuellen Modus der α700 möglich. Hier hat man die Möglichkeit, auch andere Modi zu nutzen, was aber weniger sinnvoll erscheint. Die besten Ergebnisse erzielt man im manuellen Modus.

Durch ein drei Sekunden langes Drücken der Select-Taste gelangt man in den Programmiermodus. Mit den Tasten + und – werden die Optionen gewählt. Zurück gelangt man mithilfe der Mode-Taste.

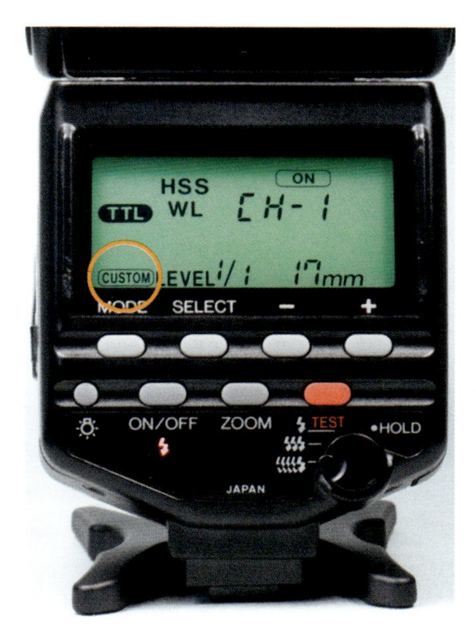

Das Symbol Custom erscheint, sobald die Funktionen 3 bis 5 der benutzerdefinierten Einstellungen geändert wurden.

Rote Augen verhindern

Es kann vorkommen, dass bei Blitzlichtaufnahmen von Personen der Rote-Augen-Effekt auftritt. Dabei erscheinen die Pupillen mehr oder weniger rot.

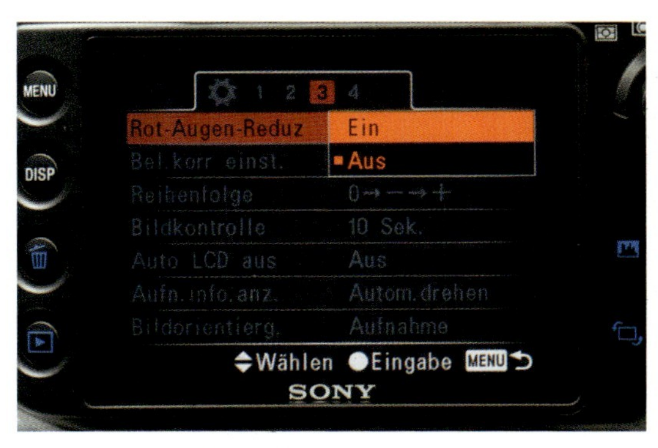

Die Option Rot-Augen-Reduz Ein bedeutet in diesem Menü, dass eine Serie von Blitzen vor der eigentlichen Aufnahme abgegeben wird, um den Rote-Augen-Effekt zu reduzieren.

Dieser Effekt entsteht, wenn Blitzlicht und Objektiv nahezu in einer Achse liegen – wie beim eingebauten Blitzlicht der α700. Der Blitz trifft dabei direkt durch die im Dunkeln weit geöffneten Pupillen auf unsere Netzhaut. Diese reflektiert den Blitz in der Farbe Rot, was sich unangenehm auf den Abbildungen widerspiegelt. Was kann man nun gegen diesen Effekt unternehmen?

Am besten umgeht man das Problem, indem man den Blitz möglichst weit entfernt von der optischen Achse positioniert. Hierfür kommen die beiden Sony-Blitzgeräte HVL-F36AM und HVL-F56AM infrage. Sie beherrschen das drahtlose Blitzen und können somit frei angeordnet werden. Mit einer Studioblitzanlage treten ebenfalls keine Probleme auf.

Wie behilft man sich mit dem eingebauten Blitzgerät der α700? Zunächst sollte die zu fotografierende Person nicht direkt in die Kamera (und damit in den Blitz) schauen. Um die Pupillen zu schließen, ist es ratsam, dass die Person in eine Lichtquelle schaut. Unsere Pupille wird ähnlich gesteuert, wie es in der Fotografie geschieht. Sie verengt sich bei heller und öffnet sich bei dunkler Umgebung.

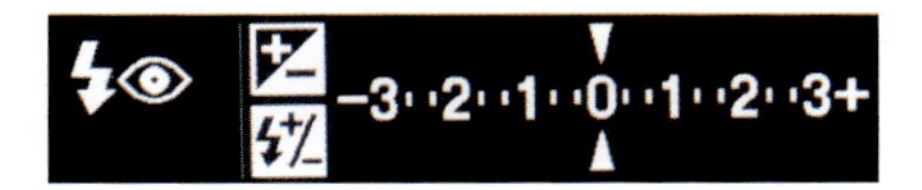

Zusätzlich bietet die α700 eine Funktion, um den Rote-Augen-Effekt zu reduzieren. Dazu wählt man im Benutzermenü (3) die Blitzfunktion *Rot-Augen-Reduz* aus. Vor dem eigentlichen Hauptblitz werden mehrere kurze Vorblitze gezündet, um die Pupillen möglichst weit zu schließen. Das Problem bei spontanen Schnappschüssen ist in diesem Fall, dass die Personen vorher „gewarnt" werden und entsprechend die Mimik und Gestik verändern. Blitzt dann der Hauptblitz, hat sich die Atmosphäre verändert und das Ergebnis entspricht nicht unbedingt den Wünschen. Auch bei Tieren tritt der Effekt auf. Sie besitzen meist aber eine andersfarbige Netzhaut. Bei Katzen z. B. ergibt sich ein stark hell leuchtender Effekt, da die Netzhaut sehr stark reflektiert.

Stroboskopblitzen

Die α700 kann im Zusammenhang mit dem Sony-Programmblitz HVL-F56AM (5600 HS (D)) Stroboskopblitze versenden.

▲ *Die Einstellungen für Stroboskopaufnahmen sind rein manuell vorzunehmen. Hierzu ist auch der manuelle Modus an der α700 Voraussetzung.*

Beim Stroboskopblitzen werden mehrere Blitze hintereinander gezündet, womit sehr schön Bewegungsabläufe festgehalten werden können. Eine relativ lange Belichtungszeit ist wichtig, um möglichst viele Bewegungsstufen aufzeichnen zu können. Die Blitzfrequenz kann im Bereich von 1 bis 100 Hz eingestellt werden. Es können pro Aufnahme 2 bis 40 Blitze abgegeben werden. Wem dies nicht reicht, der verlängert die Belichtungszeit und lässt die Blitze bis zur Kondensatorentladung arbeiten. Definierte Ergebnisse sind so aber schwer zu erreichen. Zum Stroboskopblitzen ist ein Stativ unumgänglich. Zunächst berechnet man die erforderliche Verschlusszeit nach folgender Formel:

Min. Verschlusszeit (Sekunden) =
Blitzzahl : Frequenz

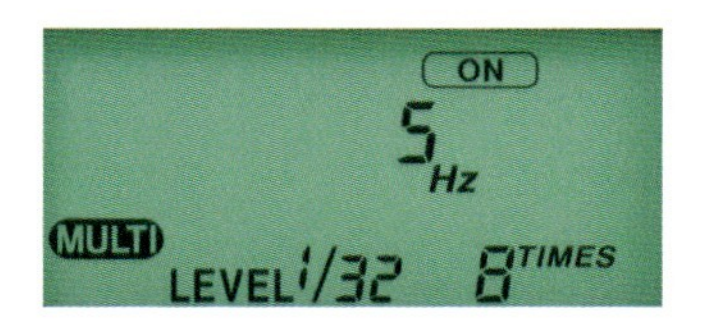

▲ *Die Einstellungen zum Stroboskopblitzen erreicht man über den Menüpunkt MULTI.*

Zum Beispiel ergeben zehn Blitze mit einer Frequenz von 20 Hz eine Verschlusszeit von ½ Sekunde. Diese muss mindestens im M-Modus eingegeben werden, um alle Blitze mit in die Aufnahme einzubeziehen. Der M-Modus ist auch die Voraussetzung zur Einstellung der Stroboskopoption am Programmblitz. In den anderen Modi schaltet der Blitz zurück auf TTL-Blitzen. Über die Select-Taste lassen sich nun die Frequenz und die Anzahl der Blitze (*TIMES*) sowie die Leistung im Bereich von 1/8 bis 1/32 einstellen. Die Blitzreichweite kann am Programmblitz direkt abgelesen werden. Da die Programmsteuerung abgeschaltet ist, ist dies auch der richtige Abstand für die Aufnahme. Über die Custom-Funktion 5 kann der Blitz so programmiert werden, dass in allen Betriebsarten Stroboskopblitzen möglich ist.

Drahtlos blitzen

Drahtlos zu blitzen (auch entfesselt zu blitzen) bedeutet, dass der externe Programmblitz nicht an der Kamera (über den Blitzschuh), sondern getrennt von ihr und dabei ohne Verkabelung arbeitet. Gesteuert wird der externe Blitz dabei über den eingebauten Blitz der α700. Dieser sendet entsprechende Signale für Start und Lichtmenge an den oder auch die externen Blitze.

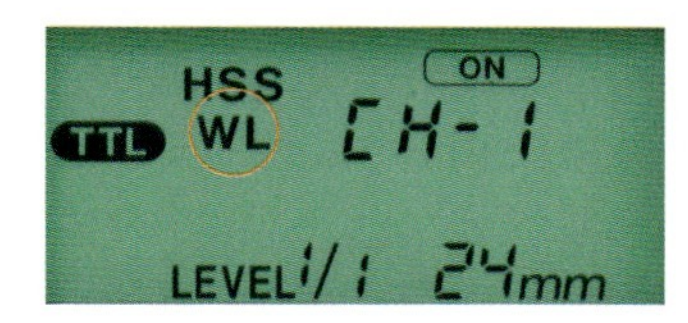

▲ *WL steht für ferngesteuertes Blitzen. CH-1 definiert den benutzten Kanal. Es stehen mehrere Kanäle zur Verfügung. So ist es möglich, in einem Raum mit mehreren Fotografen jedem Fotografen einen eigenen Kanal zuzuordnen. Eine gegenseitige Beeinflussung ist dann ausgeschlossen.*

Alternativ kann ein Fernsteuerungsgerät auf den Blitzschuh geschoben werden. Dies ist in den Situationen notwendig, in denen kein Blitzlicht direkt von der Kamera kommen darf. Eine dritte Möglichkeit ist die Verwendung eines Programmblitzes auf dem Blitzschuh der α700 als Steuergerät. Zum drahtlosen Blitzen sind die beiden Sony-Programmblitze HVL-F36AM (3600 HS (D)) sowie HVL-F56AM (5600 HS (D)) geeignet.

Ebenfalls geeignet sind:

- Metz Mecablitz 44 MZ-2
- Metz Mecablitz 45 CL-4 digital (mit Kabel SCA 3045)
- Metz Mecablitz 54 MZ-3
- Metz Mecablitz 54 MZ-4
- Metz Mecablitz 54 MZ-4i
- Metz Mecablitz 70 MZ-4
- Metz Mecablitz 70 MZ-5
- Metz Mecablitz 76 MZ-5 digital
- Sigma EF-500 DG Super
- Sigma EF-530 DG Super

Der Konica Minolta-Blitz 2500 D (wird nicht mehr hergestellt) ist für die drahtlose Blitzfernsteuerung nicht geeignet. Am besten funktioniert das drahtlose Blitzen in dunkler Umgebung und wenn der Empfänger für die Steuersignale zur signalgebenden Kamera zeigt. Das vertikale Verdrehen des Blitzreflektors ist hierbei bei den Sony-Blitzen nur mit dem HVL-F56AM möglich. Bei den Sony-Blitzen stehen zwei bzw. vier Übertragungskanäle für die Steuersignale zur Verfügung. Auf Veranstaltungen mit mehreren Fotografen kann so eine gegenseitige Beeinflussung vermieden werden, da jeder seinen eigenen Kanal für die Steuerung der externen Blitzgeräte wählen kann.

Zunächst beginnt man, die Kamera und den Blitz aufeinander abzustimmen. Dazu schiebt man den externen Blitz auf den Blitzschuh der α700 und stellt im Blitzmenü die Blitzfunktion auf *Drahtlos Blitz* um. Der externe Blitz registriert dies und ändert entsprechend seine Einstellung. Auf dem Display erscheint *WL* für drahtlos (**W**ire**l**ess). Der Blitz kann nun abgenommen und positioniert werden. Klappt man dann das interne Blitzgerät der α700 hoch, ist man startklar zum kabellosen Blitzen.

▲ *Blitzmodus-Menü zur Wahl des Modus für drahtloses Blitzen. Hierfür ist Drahtlos Blitz einzustellen.*

Prüfen kann man die Verbindung beider Geräte durch Drücken der AEL-Taste. Beim Drücken der Taste sendet das eingebaute Blitzgerät ein Steuersignal, woraufhin das externe Blitzgerät mit einem Blitz antwortet. Ist dies nicht der Fall, ist zu prüfen, ob Kamera und Blitz den maximalen Objektabstand überschritten haben (maximal 5 m) und ob der Signalempfänger zur Kamera zeigt. In der Grundeinstellung wird das eingebaute Blitzlicht nur zur Steuerung des externen Blitzgerätes benutzt und leistet somit lediglich einen unmaßgeblichen Beitrag zum Blitzen (Ausnahme: im Nahbereich).

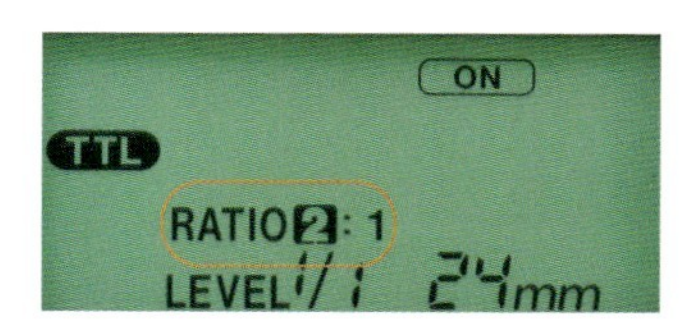

▲ *Verhältnissteuerung zwischen internem und externem Blitzlicht. Die Verhältnisse 1:2 bzw. 2:1 sind dabei möglich.*

Möchte man eine natürlichere Darstellung gewährleisten, bietet sich die Verhältnissteuerung an. Das

▲ *Im WL-Modus steuert das interne Blitzgerät der α700 das externe Blitzgerät. Eine Verkabelung ist dabei nicht notwendig.*

interne Blitzlicht übernimmt dann ein Drittel der notwendigen Gesamtblitzleistung und das externe die restlichen zwei Drittel. Im Nahbereich hingegen kann der Steuerblitz auf der Aufnahme sichtbar werden. Hier hilft meist schon das Abdunkeln mit einem weißen Blatt Papier, oder aber man nutzt den Close-up-Diffusor CD-1000.

Hochgeschwindigkeits-Synchronisation (HSS)

Im normalen Blitzbetrieb unterstützt die α700 Blitzsynchronisationszeiten bis maximal 1/200 Sekunde und ohne Super SteadyShot (Bildstabilisator) 1/250 Sekunde.

HSS −3··2··1··0··1··2··3+

Diese Belichtungszeitgrenzen schränken den kreativen Fotografen ein. Sind kürzere Belichtungszeiten bzw. eine weiter geöffnete Blende notwendig, bietet die α700 die **H**igh-**S**peed-**S**ynchronisation (HSS) an. Mit HSS sind alle verfügbaren Belichtungszeiten der α700 möglich. Zum Beispiel ist es mit HSS möglich, sich sehr schnell bewegende Objekte mit einer sehr kurzen Belichtungszeit und einer offenen Blende selbst bei Tageslicht aufzunehmen. Mit der normalen Synchronisation müsste man hier die Blende sehr weit schließen und hätte dann eine vielleicht nicht gewünschte große Ausdehnung der Schärfentiefe.

Der eingebaute Blitz der α700 kann nicht im HSS-Modus betrieben werden. Hier ist bei 1/200 Sekunde bzw. 1/250 Sekunde das Ende erreicht. Sicher hängt das mit der geringeren Leistungsfähigkeit des internen Blitzes und dem enorm ansteigenden Leistungsbedarf im HSS-Modus zusammen. Gut geeignet sind hingegen die beiden Sony-Programmblitze HVL-F36AM und HVL-F56AM. Auch hier muss aber mit einer erheblichen Abnahme der Blitzreichweite gerechnet werden.

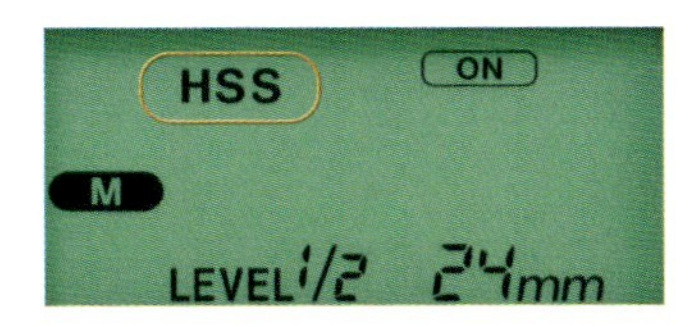

▲ *HSS kennzeichnet den Hochgeschwindigkeits-Synchronisationsmodus am Blitzgerät.*

Womit hängt das zusammen? Die normale Blitzsynchronisation zündet den Blitz, sobald der Schlitzverschluss der Kamera vollkommen geöffnet ist. Der Schlitzverschluss der α700 kann so die beschriebenen Belichtungszeiten von entweder 1/200 Sekunde mit Bildstabilisator oder 1/250 Sekunde ohne Bildstabilisator normal synchronisieren. Bei Zeiten darunter gibt es keinen Zeitpunkt mehr, an dem der Schlitzverschluss komplett geöffnet ist. Es läuft nun nur noch ein Spalt über den Sensor, dessen Größe von der Belichtungszeit abhängt. Der Blitz muss nun von Anfang an, sobald der Schlitz über den Sensor läuft, bis zum Ende der Ablaufzeit „blitzen“. Das erreicht er nur mit oszillierendem Blitzlicht, das einem relativ langen Dauerlicht entspricht und viel Energie kostet. Erscheint im Kamera-Display HSS, ist die Hochgeschwindigkeits-Synchronisation aktiviert. Den HSS-Modus kann man im Verschlusszeitenprioritätsmodus durch Wahl einer beliebigen Belichtungszeit unter 1/200 Sekunde (1/250 Sekunde) „erzwingen“. Die Blende wird entsprechend berechnet und eingestellt. Im M-Modus ist dies ebenfalls möglich. Hier muss natürlich zusätzlich noch die Blende selbst eingestellt werden.

Im Blendenprioritätsmodus wird die Blende vorgewählt. Sollte die passende Belichtungszeit kürzer als 1/200 Sekunde (1/250 Sekunde) sein, wird auf HSS umgeschaltet. Im Automatikmodus (P) hängt die Wahl des HSS-Betriebs von der automatisch gewählten Zeit-Blende-Kombination ab. Auch hier gelten die gleichen Zeiten. HSS ist ebenfalls bei drahtloser Blitzfernsteuerung möglich. Generell gilt, dass der Blitzreflektor nicht geschwenkt werden darf. Schwenkt man den Blitzreflektor in eine beliebige Richtung, wird auf normale Synchronisation umgeschaltet.

Mehr Power für den großen Sony-Blitz

Reicht Ihnen die Akku-Kapazität des HVL-F56AM nicht aus, können Sie als Option den externen Batterieadapter verwenden. Dieser nimmt sechs Akkus bzw. Batterien (Format AA) auf. Den Batterieadapter können Sie praktischerweise unter der Kamera am Stativgewinde befestigen.

▲ *FA-EB1AM, der externe Blitzbatterieadapter.*

▼ *Die Aufnahme entstand mit Hochgeschwindigkeits-Synchronisation (HSS-Modus) bei 1/4000 Sekunde Belichtungszeit. Ohne HSS-Modus wäre eine Freistellung vor dem Hintergrund nicht möglich gewesen.*

7

Kamerasoftware im Einsatz

Sony liefert mit der α700 ein Softwarepaket mit. Damit stehen dem Fotografen schon viele Möglichkeiten der RAW-Konvertierung, der Bildbearbeitung und Steuerung der α700 zur Verfügung. Alternativen zu Sonys Software werden ebenfalls beleuchtet.

7.1 Mitgelieferte Software

Sony liefert mit der α700 gleich vier Softwarepakete zur Archivierung und Bearbeitung der Fotos sowie zur Fernsteuerung per Computer mit:

- den Picture Motion Browser, eine Anwendung zur leichten Bildübertragung auf den Computer mit Bildverwaltung in Kalenderform,
- den Image Data Converter SR, einen RAW-Konverter zur Bearbeitung der RAW-Daten der α700,
- Remote Camera Control zur Fernsteuerung der α700 und
- Image Data Lightbox SR zum Anzeigen und Vergleichen sowie zur Bewertung von Bildern.

▲ *Installationsfenster nach dem Einlegen der mitgelieferten CD.*

Mit dieser Grundausstattung an Software hat man für den täglichen Gebrauch eine gute Basis für die Verwaltung und Bearbeitung der mit der α700 aufgenommenen Bilddateien.

7.2 Archivierung nach Sony-Art

Das Hauptanwendungsgebiet des Picture Motion Browser liegt im Import der Bilddateien von der α700 bzw. der Speicherkarte zum Computer sowie in der Verwaltung und Archivierung.

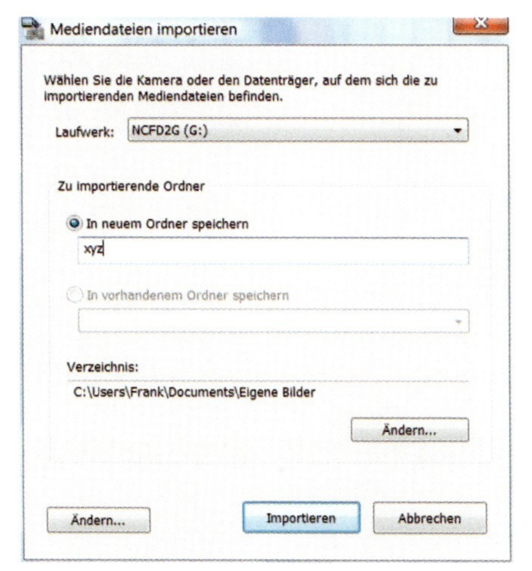

▲ *Der Startbildschirm erscheint, sobald die Kamera per USB-Schnittstelle mit dem Computer verbunden wird bzw. im Menü Datei/Bilder importieren gewählt wurde.*

Ein paar einfache Bildbearbeitungsschritte, eine E-Mail-Funktion und die Möglichkeit, eine Diashow durchzuführen, wurden ebenfalls integriert.

Organisation ist alles

Bei der durch das digitale Zeitalter auftretenden Bilderschwemme ist es notwendig, seine Aufnahmen gut zu archivieren, um nicht den Überblick zu verlieren. Jeder Fotograf hat hier natürlich seine eigene Arbeitsweise, abhängig auch davon, ob es sich um ein Hobby oder um einen professionellen Anspruch handelt.

Für den Hobby- sowie für anspruchsvollere Fotografen bietet der Picture Motion Browser übersichtliche Funktionen zur sinnvollen Verwaltung der Bilder. Der Picture Motion Browser legt auf Wunsch einen Index bereits vorhandener Bilder der Spei-

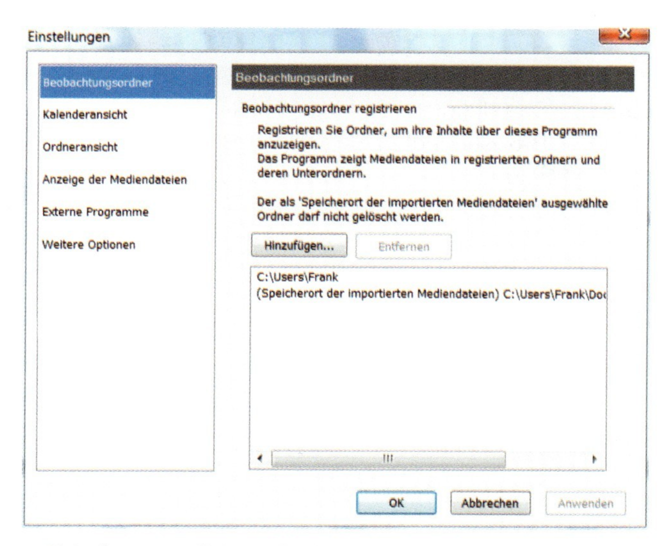

▲ *Dialogfenster zur Wahl von Beobachtungsordnern.*

chermedien des Computers an. Ebenso ist eine Registrierung der zu überwachenden Ordner über den Menüpunkt *Einstellungen/Beobachtungsordner* möglich. Die gewählten Ordner werden dann auf neue Bilddateien hin überwacht. Werden neue Dateien gefunden, sortiert der Picture Motion Browser sie entsprechend in die Kalenderansicht ein.

Archivierung

Hat man keine Änderungen in den Einstellungen vorgenommen, werden die Bilddateien in einen untergeordneten Ordner des Windows-Systemordners *Eigene Bilder* kopiert.

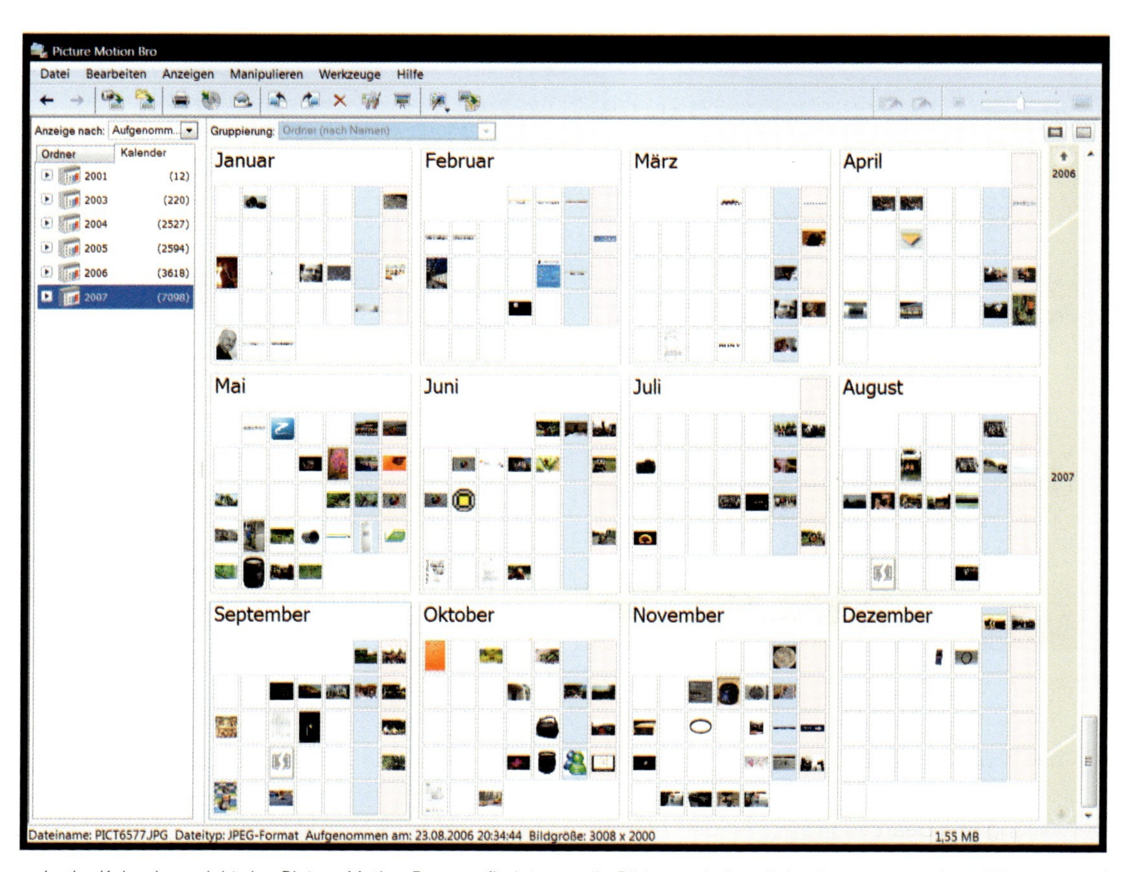

▲ *In der Kalenderansicht des Picture Motion Browser findet man die Bilder nach dem Kalendertag angeordnet. Klickt man auf den entsprechenden Tag, werden die Bilder nach der Uhrzeit sortiert angezeigt.*

Der neue Ordner erhält als Name den aktuellen Tag und wird entsprechend in der Kalenderansicht geführt.

Standardmäßig ist in den Importeinstellungen die Option für das Löschen nach erfolgter Übertragung der Bilder auf den Computer deaktiviert. Somit bleiben alle Bilddateien auf der Speicherkarte erhalten. Möchte man dies verhindern, um den Speicherplatz für neue Aufnahmen freizugeben, sollte die Checkbox angeklickt werden.

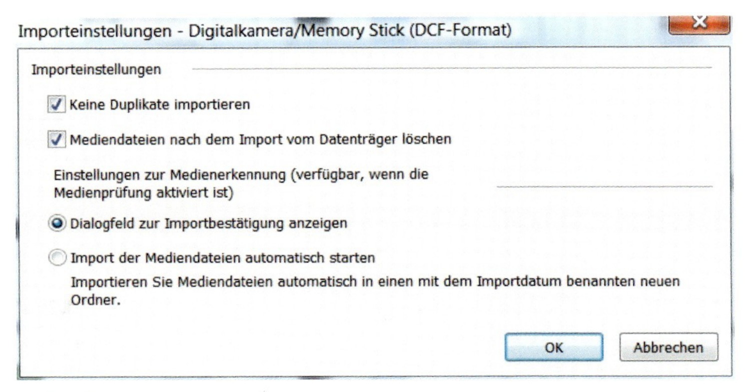

▲ *Eine Einstellungsmöglichkeit, die das manuelle Löschen der bereits auf den Computer übertragenen Bilder erspart, findet sich in diesem Dialogfenster.*

Leider bietet das Programm keine Möglichkeit, die Dateinamen umzubenennen. Hier muss man sich also mit Namen wie *DSC05378.jpg* begnügen bzw. ein externes Programm benutzen. Für die Einbindung eines solchen Programms steht der Menüpunkt *Manipulieren/Mit externem Programm öffnen/Externes Programm auswählen* zur Verfügung. Hier wurde auch schon automatisch der Image Data Converter SR zur Bearbeitung der RAW-Dateien eingetragen.

Bilder sortieren

Der Picture Motion Browser bietet die Möglichkeit, sich neben der Anzeige der Bilder im Kalendermodus zusätzlich eine Struktur im Ordnermodus anzeigen zu lassen. Da die Bilder im Kalendermodus ohnehin nach Datum und Uhrzeit zu finden sind, ist es sinnvoll, beim Import der Bilddateien einen thematischen Ordnernamen zu vergeben. Hiernach kann dann später über die Funktion *Anzeigen/Ordner sortieren/Ordnername* gesucht werden.

EXIF-Daten vorteilhaft nutzen

Das **Ex**changeable **I**mage File **F**ormat (EXIF) ist ein Standard zum Abspeichern zusätzlicher Informationen direkt in der Bilddatei. Vor der eigentlichen Bilddatei im Dateikopf werden Informationen, sogenannte Metadaten, zu Kamera, Objektiv, Belichtungszeit, ISO-Wert etc. eingetragen. Unterstützt werden dabei die Bildformate JPEG und TIF.

Die α700 legt diese Daten automatisch an und benutzt die neuste EXIF-Version 2.21.

Die Einträge, die die α700 dabei anlegt, können mit allen gängigen Bildbearbeitungsprogrammen ausgelesen werden. Allerdings sollte man darauf achten, dass nach dem Speichervorgang die EXIF-Daten erhalten bleiben. Dies handhaben die einzelnen Programme leider verschieden.

Wo es früher noch notwendig war, umfangreiche Aufzeichnungen zu seinen analogen Filmen anzufertigen, machen es die EXIF-Einträge dem Fotografen sehr einfach, immer wieder alle notwendigen Daten zur einzelnen Aufnahme parat zu haben. Es ist so viel leichter, Rückschlüsse auf z. B. missglückte Fotos zu ziehen und Erfahrungen aufgrund der Kamera- und Objektiveinstellung zu sammeln.

EXIF-Daten auswerten

Ein wesentlicher Vorteil der Digitalfotografie ist, dass in den Bilddateien zugehörige Aufnahmedaten mitgespeichert werden. So sind Informationen zur Belichtungszeit und Blende, zum verwendeten Objektiv, Angaben zur Belichtung etc. festgehalten worden und können über *Datei/Bildinformationen* abgerufen werden.

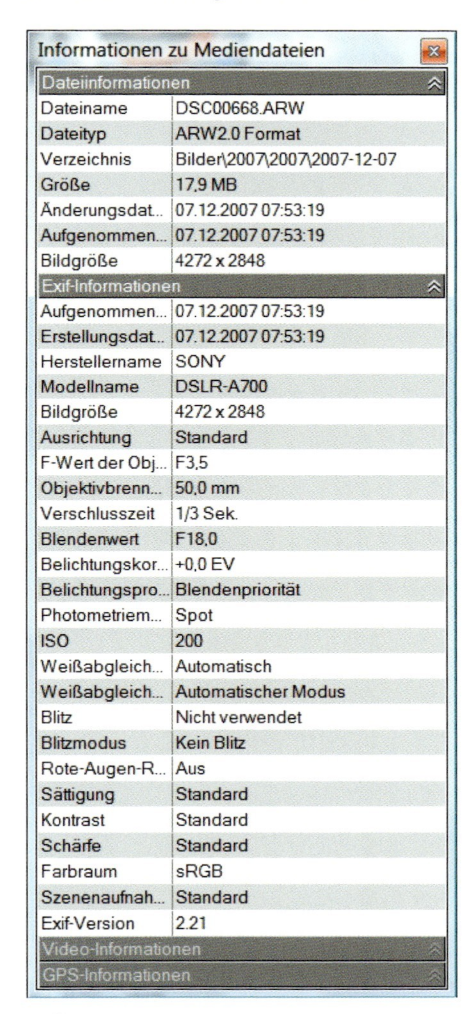

Informationen zu Mediendateien

Dateiinformationen	
Dateiname	DSC00668.ARW
Dateityp	ARW2.0 Format
Verzeichnis	Bilder\2007\2007\2007-12-07
Größe	17.9 MB
Änderungsdat...	07.12.2007 07:53:19
Aufgenommen...	07.12.2007 07:53:19
Bildgröße	4272 x 2848
Exif-Informationen	
Aufgenommen...	07.12.2007 07:53:19
Erstellungsdat...	07.12.2007 07:53:19
Herstellername	SONY
Modellname	DSLR-A700
Bildgröße	4272 x 2848
Ausrichtung	Standard
F-Wert der Obj...	F3,5
Objektivbrenn...	50,0 mm
Verschlusszeit	1/3 Sek.
Blendenwert	F18,0
Belichtungskor...	+0,0 EV
Belichtungspro...	Blendenpriorität
Photometriem...	Spot
ISO	200
Weißabgleich...	Automatisch
Weißabgleich...	Automatischer Modus
Blitz	Nicht verwendet
Blitzmodus	Kein Blitz
Rote-Augen-R...	Aus
Sättigung	Standard
Kontrast	Standard
Schärfe	Standard
Farbraum	sRGB
Szenenaufnah...	Standard
Exif-Version	2.21
Video-Informationen	
GPS-Informationen	

▲ *Übersichtliche Darstellung der Datei und EXIF-Informationen einer Bilddatei im Picture Motion Browser.*

Ein weiterer, vor allem im professionellen Bereich eingesetzter Standard zur Speicherung zusätzlicher Bildinformationen ist der IPTC-Standard (**I**nternational **P**ress **T**elecommunications **C**ouncil). Hier können nachträglich durch den Fotografen Informationen wie Bildbeschreibung, Urheber, Schlagwörter etc. hinterlegt werden. Dieser Standard wird nicht vom Picture Motion Browser unterstützt. Auch hier muss man bei Bedarf auf ein zusätzliches Programm wie z. B. pixafe (eine Demoversion kann unter *http://www.pixafe.com/* heruntergeladen werden) oder Photoshop CS3 zurückgreifen.

EXIF

EXIF ist die Abkürzung für **Ex**changeable **I**mage File **F**ormat. Im Dateikopf der JPEG- bzw. TIF-Datei werden die entsprechenden Daten mitgespeichert. Eine separate Datei ist hier also nicht notwendig. Viele Bildbearbeitungsprogramme benutzen ebenfalls diese Informationen, um automatische Veränderungen auf dieser Grundlage durchführen zu können, z. B. zur Beseitigung von Randabschattungen.

EXIF-Daten ändern

Eine Änderung der EXIF-Daten ist in den meisten Fällen nicht sinnvoll und wird daher von vielen Programmen nicht unterstützt. Sollte doch einmal die Notwendigkeit bestehen, einige Daten zu ändern, kann man sich dazu z. B. das kostenlose Programm Exif-Viewer unter *http://www.amarra.de* herunterladen. Das Programm bietet darüber hinaus auch den Export der Daten an die Tabellenkalkulation Excel zur Archivierung und Auswertung an.

Der Picture Motion Browser bietet hinsichtlich der EXIF-Daten nur die Möglichkeit zur Anzeige an. Das Suchen und Ändern von Informationen ist nicht möglich.

Mit Geo-Coding den Überblick behalten

Immer beliebter wird im Hobby- und Profibereich die Zusammenführung von Bilddateien und dem Standort der Aufnahme. Man kann sich so zu jedem Foto mithilfe von Google Maps nach der Fototour den exakten Standort, an dem das Foto aufgenommen wurde, anzeigen lassen und seine Tour zurückverfolgen.

▲ *GPS-Modul CS1 zur satellitengestützten Ortung von Aufnahmedaten.*

Sony bietet hierfür das Modul GPS-CS1 an. Es genügt, das Gerät einzuschalten, sobald die Tour beginnt oder das erste Foto im Kasten ist. Nach dem Einschalten beginnt die Satellitensuche, und sobald ausreichend Satelliten zur Standortbestimmung gefunden wurden, erscheint die Bereitschaftsanzeige. Das 60 g schwere Modul nimmt nun in regelmäßigen Abständen (alle 15 Sekunden) die Standortkoordinaten und den Zeitpunkt auf. Mit dem internen Speicher von 31 MByte ist für ca. 14 Stunden Aufnahmekapazität gesorgt. In etwa so lange reicht auch die Batterie des Gerätes.

Nach Hause zurückgekehrt, überträgt man nun die Bilddateien und die Datendatei des Moduls auf den Rechner.

Die mitgelieferte Software GPS Image Tracker vervollständigt die EXIF-Daten der jeweiligen Bilder mit den Koordinaten des Aufnahmezeitpunkts.

Im Picture Motion Browser kann man nun in den Kartenmodus wechseln und sich in Google Maps übersichtlich den Aufnahmestandort anzeigen lassen.

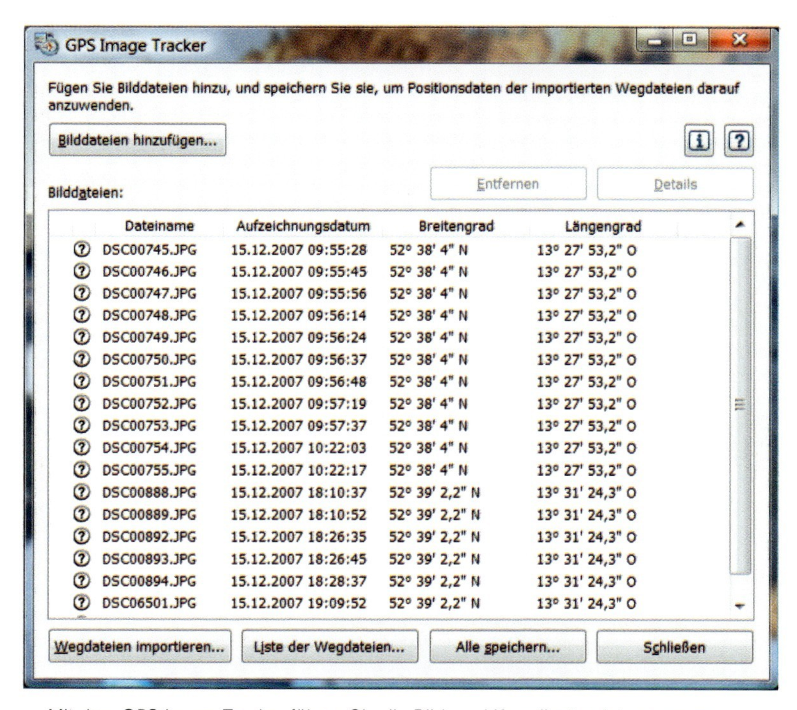

Dateiname	Aufzeichnungsdatum	Breitengrad	Längengrad
DSC00745.JPG	15.12.2007 09:55:28	52° 38' 4" N	13° 27' 53,2" O
DSC00746.JPG	15.12.2007 09:55:45	52° 38' 4" N	13° 27' 53,2" O
DSC00747.JPG	15.12.2007 09:55:56	52° 38' 4" N	13° 27' 53,2" O
DSC00748.JPG	15.12.2007 09:56:14	52° 38' 4" N	13° 27' 53,2" O
DSC00749.JPG	15.12.2007 09:56:24	52° 38' 4" N	13° 27' 53,2" O
DSC00750.JPG	15.12.2007 09:56:37	52° 38' 4" N	13° 27' 53,2" O
DSC00751.JPG	15.12.2007 09:56:48	52° 38' 4" N	13° 27' 53,2" O
DSC00752.JPG	15.12.2007 09:57:19	52° 38' 4" N	13° 27' 53,2" O
DSC00753.JPG	15.12.2007 09:57:37	52° 38' 4" N	13° 27' 53,2" O
DSC00754.JPG	15.12.2007 10:22:03	52° 38' 4" N	13° 27' 53,2" O
DSC00755.JPG	15.12.2007 10:22:17	52° 38' 4" N	13° 27' 53,2" O
DSC00888.JPG	15.12.2007 18:10:37	52° 39' 2,2" N	13° 31' 24,3" O
DSC00889.JPG	15.12.2007 18:10:52	52° 39' 2,2" N	13° 31' 24,3" O
DSC00892.JPG	15.12.2007 18:26:35	52° 39' 2,2" N	13° 31' 24,3" O
DSC00893.JPG	15.12.2007 18:26:45	52° 39' 2,2" N	13° 31' 24,3" O
DSC00894.JPG	15.12.2007 18:28:37	52° 39' 2,2" N	13° 31' 24,3" O
DSC06501.JPG	15.12.2007 19:09:52	52° 39' 2,2" N	13° 31' 24,3" O

▲ *Mit dem GPS Image Tracker führen Sie die Bild- und Koordinatendaten zusammen.*

RAW-Dateien müssen zunächst in JPEG-Dateien umgewandelt werden, bevor Sie die Koordinaten anfügen können. Für die α700 benötigen Sie eine Version ab 1.0.03 des GPS Image Tracker, um eine korrekte Zuordnung der JPEG-Bilder zu erhalten. Diese können Sie unter *http://support.d-imaging.sony.co.jp/www/accy/gps/git_de.html* herunterladen.

Zwei weitere interessante Programme, die das Geo-Coding beherrschen, sind Panorado Flyer und Panorado Viewer. Beide können unter *http://www.panorado.*

com heruntergeladen werden. Der Panorado Flyer wurde speziell für das Geo-Coding entwickelt. Er bietet drei Möglichkeiten zur Erfassung der Aufnahmekoordinaten:

- per Hand über ein Dialogfenster
- per installiertem Google Earth-Client. Hier kann der Standort weltweit auf einer Karte gesucht und dann in den Panorado Flyer übernommen werden.
- direkt von der Kamera, wobei die wenigsten Kameras im Moment diese Funktion unterstützen. Die α700 bietet im Zusammenhang mit dem GPS-CS1-Modul diese Funktionalität an.

Der Panorado Viewer bietet noch einen erweiterten Funktionsumfang und unterstützt sehr umfangreiche Bilder ebenso wie Panoramaaufnahmen. EXIF- und IPTC-Daten können bearbeitet werden, und Fotos können u. a. auch nach dem Aufnahmestandpunkt gefunden werden.

Modul GPS-CS1

Das Modul GPS-CS1 ist unabhängig vom jeweiligen Kameratyp einsetzbar. Wechselt man also in Zukunft die Kamera, steht weiterhin der Funktionsumfang zur Verfügung.

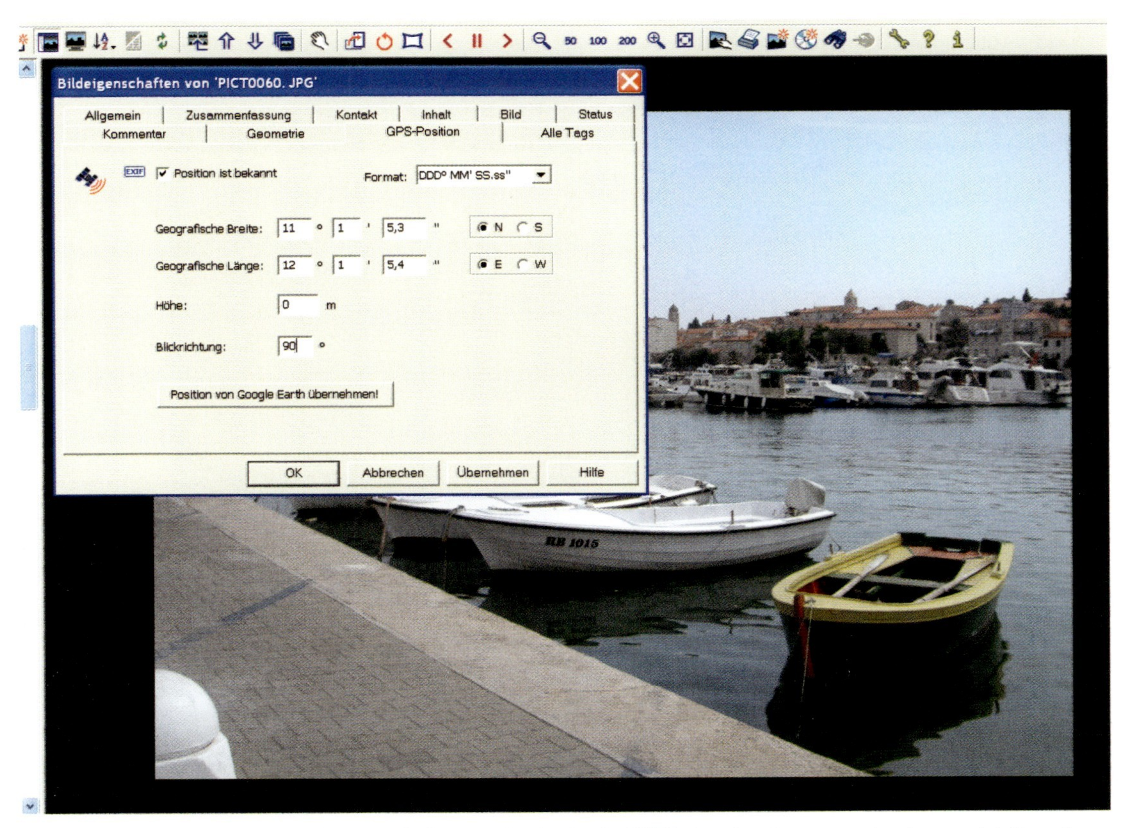

▲ *Die Koordinaten, die durch die Software GPS Image Tracker in die EXIF-Daten eingetragen wurden, lassen sich über dieses Dialogfenster einsehen. Eine Eingabe von Hand ist ebenfalls möglich.*

7.3 Sonys RAW-Umwandler

Mit dem Image Data Converter SR ist es ein Kinderspiel, die aufgenommenen RAW-Dateien der α700 „zu entwickeln", also entsprechend den Wünschen des Fotografen zu bearbeiten und zum Schluss in ein allgemein übliches Dateiformat wie JPEG oder TIF umzuwandeln.

Als Erstes wählt man die entsprechende Bilddatei im Rohdatenformat der α700 (*.arw) aus und lädt sie in den Image Data Converter SR.

2

In einem zweiten Schritt werden die Bildbearbeitungsparameter eingestellt: Mit dem Bild öffnen sich alle Anpassungspaletten automatisch. Diese können einzeln im Menü *Paletten* oder insgesamt per [Tab]-Taste abgeschaltet werden.

> **Image Data Converter SR**
>
> Der Image Data Converter SR wurde zunächst speziell für die Sony-Kamera Cyber-shot R1 entwickelt. Die Anpassung an die α700 ist noch nicht 100-prozentig erfolgt, sodass einige Einstellungen anders bezeichnet bzw. nicht vorhanden sind.

Die vorgenommenen Änderungen können für die Bearbeitung weiterer Bilder gespeichert werden.

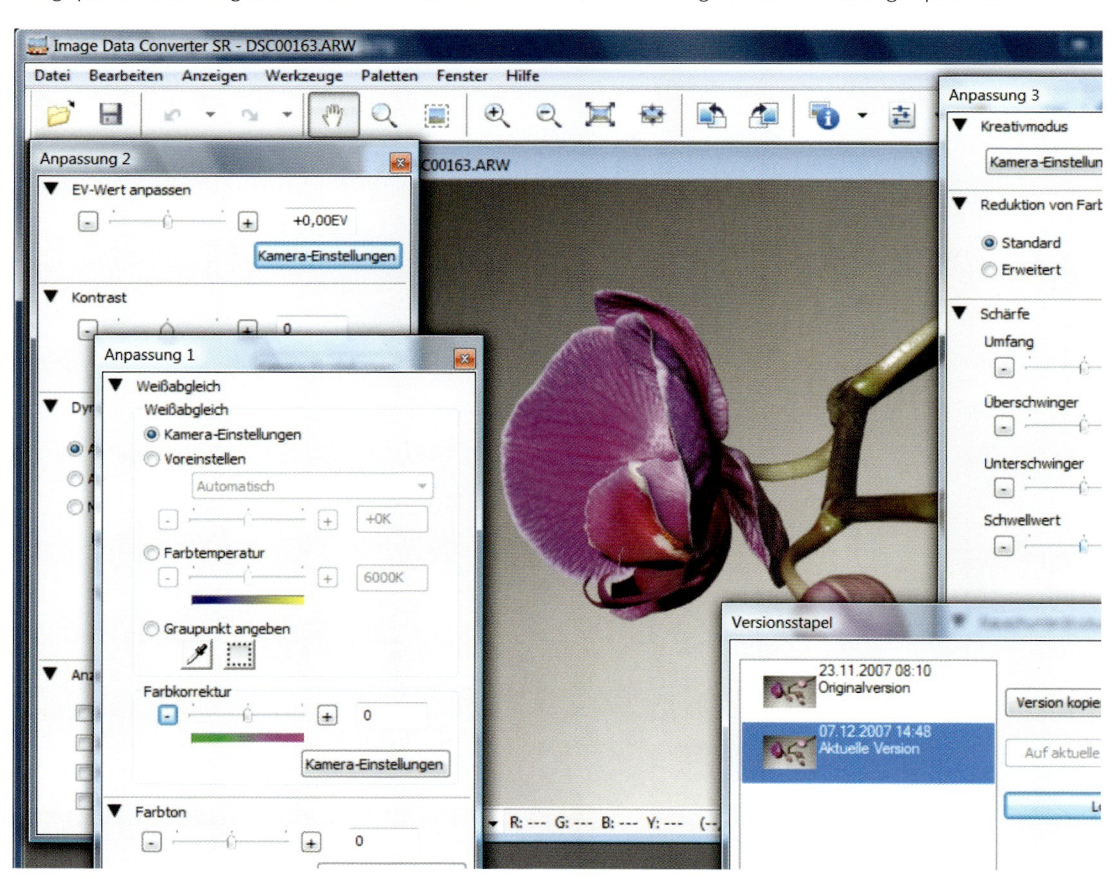

Hierzu wählen Sie im Menü *Bearbeiten* die Option *Bildverarbeitungseinstellungen speichern*. Über *Verarbeitungseinstellungen laden und anwenden* können die Einstellungen zurückgeholt und für andere Aufnahmen wieder verwendet werden.

Entspricht das Foto den Vorstellungen des Fotografen, kann nun im Menü *Datei/Speichern* die Umwandlung in das TIF- bzw. JPEG-Format vorgenommen werden.

7.4 Sonys Lichtkasten

Mit der Image Data Lightbox SR liefert Sony ein Anzeigeprogramm mit Funktionen zum Vergleichen und zum Aufbau eines Bewertungssystems mit. Das Bewertungssystem ist in fünf Stufen aufgebaut.

Sie können, nachdem Sie die Bilder bewertet haben, Bilder einzelner Bewertungsstufen suchen lassen und vergleichen.

Die Lightbox indiziert die Dateien in den gewählten Bildordnern und baut dabei eine Datenbank auf. Dies kann bei größeren Bildbeständen mehrere Stunden dauern.

Den dabei aufgenommenen Bilderbestand sollten Sie danach in einer Sammlungsdatei über *Datei/ Sammlung speichern* sichern, um eine erneute Suche zu vermeiden.

Innerhalb einer Sammlung ist es möglich, RAW-Bildern der Version ARW 2.0, wie sie die α700 liefert, unterschiedliche Bearbeitungsversionen zuzuordnen und in einer RAW-Datei abzuspeichern.

Das Programm verfügt über Schnittstellen zum RAW-Converter Image Data Converter SR und zur Fernsteuerung Remote Camera Control.

7.5 Praktisch fernsteuern

Ein bereits in ähnlicher Form von der Dynax 7D bekanntes, sehr nützliches Tool zur Fernsteuerung – Remote Camera Control – wird nun auch wieder der α700 beigelegt. Hiermit wird es möglich, die α700 fast mit allen Funktionen der Kamera über einen Computer fernzusteuern.

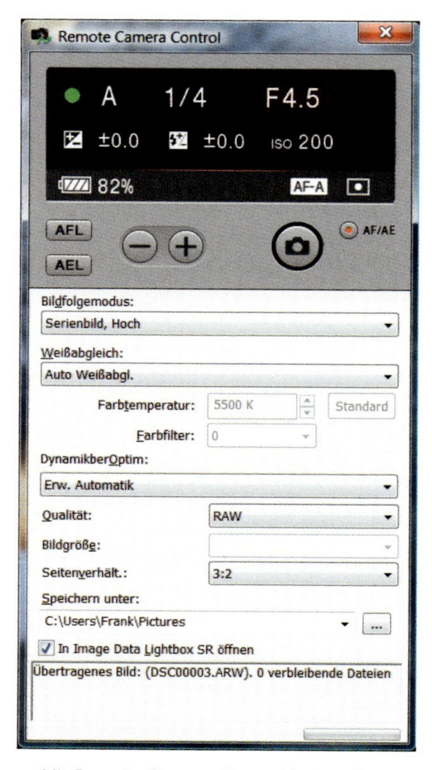

▲ *Mit Remote Camera Control haben Sie den größten Teil der Anzeigen der α700 auf Ihrem PC-Monitor.*

Um eine Verbindung mit dem Computer herzustellen, benötigen Sie das mitgelieferte USB-Kabel. Schalten Sie die α700 per Einstellungsmenü (2) *USB-Verbindung* in den Remote-Modus und verbinden Sie dann den Computer mit der α700. Nach dem Start des kleinen Programms erhalten Sie Zugriff auf die wichtigsten Kameraeinstellungen, können fokussieren und auslösen. Die Moduswahl ist hingegen weiterhin nur über das Moduswahlrad der α700 möglich.

Nach der Aufnahme speichert das Programm die Aufnahmen im zuvor über den Menüpunkt *Speichern unter* festgelegten Ordner auf Ihrem Computer ab.

Während der Verbindung mit dem Computer verbraucht die α700 auch ohne Nutzung relativ viel Strom. Nutzen Sie bei längerem Gebrauch ein Netzteil, um ein vorzeitiges Ausschalten der Kamera zu vermeiden. Mit einem vollen Akku sind etwa zwei bis drei Stunden Verbindungsdauer möglich.

Die Möglichkeit, Intervallaufnahmen zu realisieren, ist momentan noch nicht berücksichtigt. Dies wäre ein Punkt für zukünftige Programmerweiterungen.

7.6 Sonys Programme im Workflow sinnvoll einsetzen

Sonys beigelegte Programme sind so konzipiert worden, dass ein einheitlicher Arbeitsablauf möglich wird. Beispielsweise können Sie die mit Remote Camera Control aufgenommenen Aufnahmen sofort in der Image Data Lightbox SR betrachten, wenn Sie das Häkchen bei *In Image Data Lightbox SR öffnen* gesetzt haben. Das ist unabhängig von der Einstellung des Speicherorts im Programm Remote Camera Control und der gerade in der Data Lightbox SR geöffneten Sammlung.

Bilder, die in der Data Lightbox SR betrachtet und bewertet wurden, können im Image Data Converter SR über den Menüpunkt *Funktionen* geöffnet werden. Umgekehrt ist es möglich, Bilder, die im Image Data Converter SR bearbeitet wurden, über den Menüpunkt *Datei/In Data Lightbox SR öffnen* zu öffnen.

Der Picture Motion Browser stellt ebenfalls die Schnittstellen für die beiden Programme Data Converter SR und Data Lightbox SR im Menüpunkt *Manipulieren/Mit externem Programm öffnen* zur Verfügung.

Der Arbeitsablauf könnte dabei so aussehen, dass die Dateien von der Kamera im Picture Motion Browser archiviert, im Data Converter SR entwickelt und in JPEG- oder TIF-Dateien umgewandelt und in der Lightbox verglichen und bewertet werden.

Programme wie Adobes Lightroom erledigen diese Punkte unkomplizierter innerhalb eines Programms. Wobei man allerdings bedenken muss, dass Lightroom ein kostenpflichtiges Programm ist, Sonys Programme dagegen eine kostenlose Beigabe darstellen.

7.7 Alternativen zur Sony-Software

Auf dem Softwaremarkt finden Sie eine Reihe von RAW-Konvertern. Einige haben wir geprüft und stellen sie im Folgenden vor.

Adobe Lightroom

Adobe bietet mit Lightroom einen eleganten und leistungsfähigen RAW-Konverter an. Von Lightroom werden alle Bildformate der α700 problemlos erkannt und können weiterverarbeitet werden. Lightroom fordert Ihren Computer relativ stark.

Besonders das Rendern der Zoomansicht benötigt einiges an Zeit. Unter 1 GByte Arbeitsspeicher sollten Sie möglichst nicht mit Lightroom arbeiten. Zu viele Arbeitspausen müssten hingenommen werden, bis der Computer bereit ist für weitere Eingaben.

Pluspunkte

- Optisch ansprechende Oberfläche.
- Gute Verwaltungsfunktionen großer Bildbestände.
- Detaillierte Entwicklungsmöglichkeiten.
- Verarbeitet alle Bildformate der α700 einschließlich des cRAW-Formats.
- Unterstützt den Workflow mit Photoshop CS3 und Photoshop Elements.
- Sehr gute Vergleichsmöglichkeit „Vorher/Nachher".
- Gute Zusatzoptionen zum Drucken und zur Erstellung von Internetgalerien.

Minuspunkte

- Hohe Systemanforderung, mindestens 1 GByte Arbeitsspeicher wird benötigt.

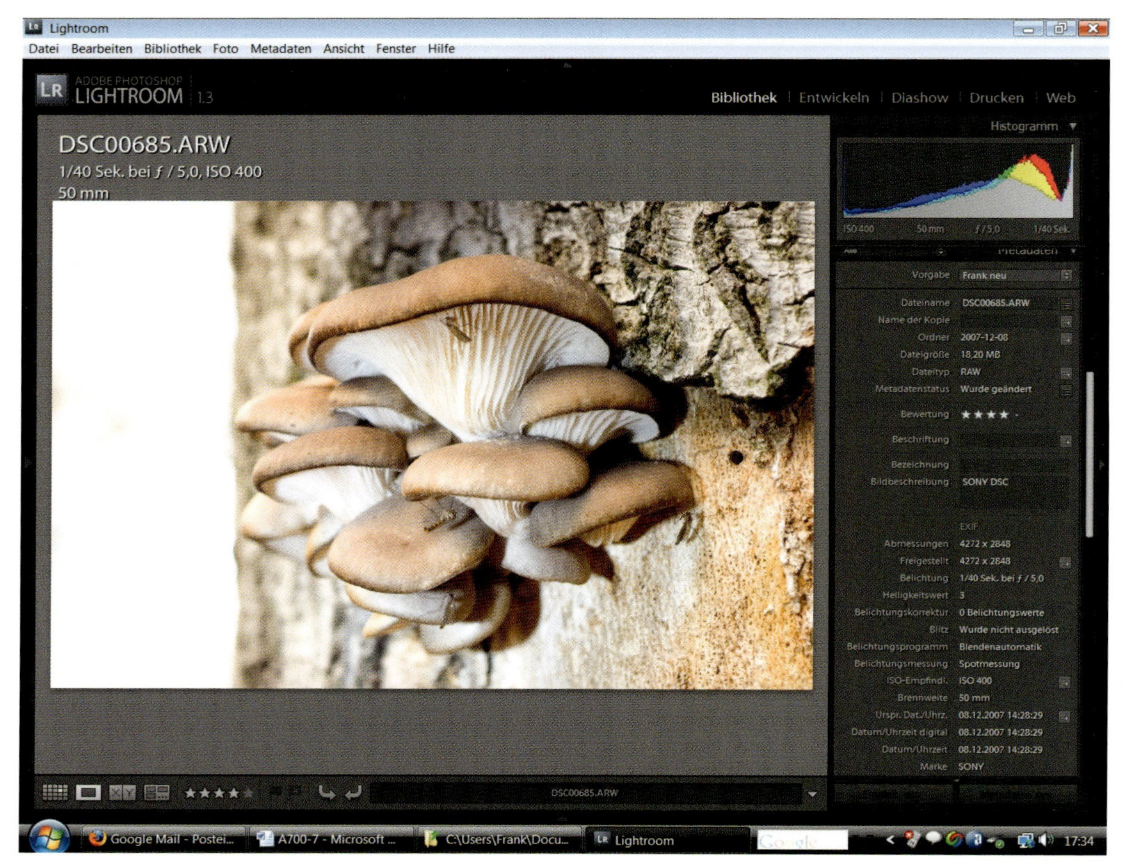

▲ *Das Arbeiten mit Lightroom macht schon durch die optisch gelungene Oberfläche Spaß.*

- Keine lokalen Änderungen möglich, um z. B. nur bestimmte Stellen im Bild zu bearbeiten.
- Keine Verarbeitung mehrerer unterschiedlich belichteter Bilder zu einem optimierten Gesamtbild (HDR) möglich.

Adobe Camera Raw

Adobe liefert neben Lightroom auch einen kostenlosen RAW-Konverter aus. Zwei Varianten werden angeboten. Zum einen ein eigenständig arbeitendes Tool, mit dem vorrangig die RAW-Dateien ins DNG-Format überführt werden können. Zum anderen ein Plug-in für Photoshop CS3 und Photoshop Elements. Dieses Plug-in stellt beiden Programmen eine Schnittstelle zu den RAW- bzw. cRAW-Dateien der α700 bereit. Der Funktionsumfang ist gegenüber Lightroom recht spartanisch, wobei aber die Grundfunktionen zur Verfügung stehen.

Pluspunkte

- Hohe Geschwindigkeit.
- Kostenloses Ergänzungswerkzeug.

Minuspunkte

- Einfache Ausstattung bei den Bearbeitungsmöglichkeiten.
- Die Exportfunktion beschränkt sich auf die Konvertierung ins DNG-Format.
- Keine lokalen Änderungen möglich, um z. B. nur bestimmte Stellen im Bild zu bearbeiten.

- Keine Verarbeitung mehrerer unterschiedlich belichteter Bilder zu einem optimierten Gesamtbild (HDR) möglich.

Bibble Pro

Zu den umfangreichen RAW-Konvertern gehört Bibble Pro. Er verfügt zudem über Funktionen zur Korrektur von Objektivfehlern. Einige Konica Minolta-, Sigma- und Tamron-Objektive für das A-Bajonett werden bereits unterstützt.

Sonys Objektive werden von der Software im Moment noch etwas stiefmütterlich behandelt. Lediglich das Sony AF F3,5-5,6/18-70 ist in der Objektivdatenbank vorhanden.

Pluspunkte

- Hohe Arbeitsgeschwindigkeit.
- Lokale Bearbeitung möglich.
- Noise Ninja ist bereits integriert, womit eine sehr gute Rauschminderung möglich wird.
- Gutes Highlight Recovery, zum Korrigieren überbelichteter Bereiche.
- Durch direktes Einlesen der Verzeichnisse wird kein Import nötig.

Minuspunkte

- Recht unübersichtliche und nicht zeitgemäße Benutzeroberfläche.
- Adobes DNG-Format wird nicht unterstützt.
- Im Moment kaum Unterstützung für Sony-Objektive bei der Objektivkorrektur.

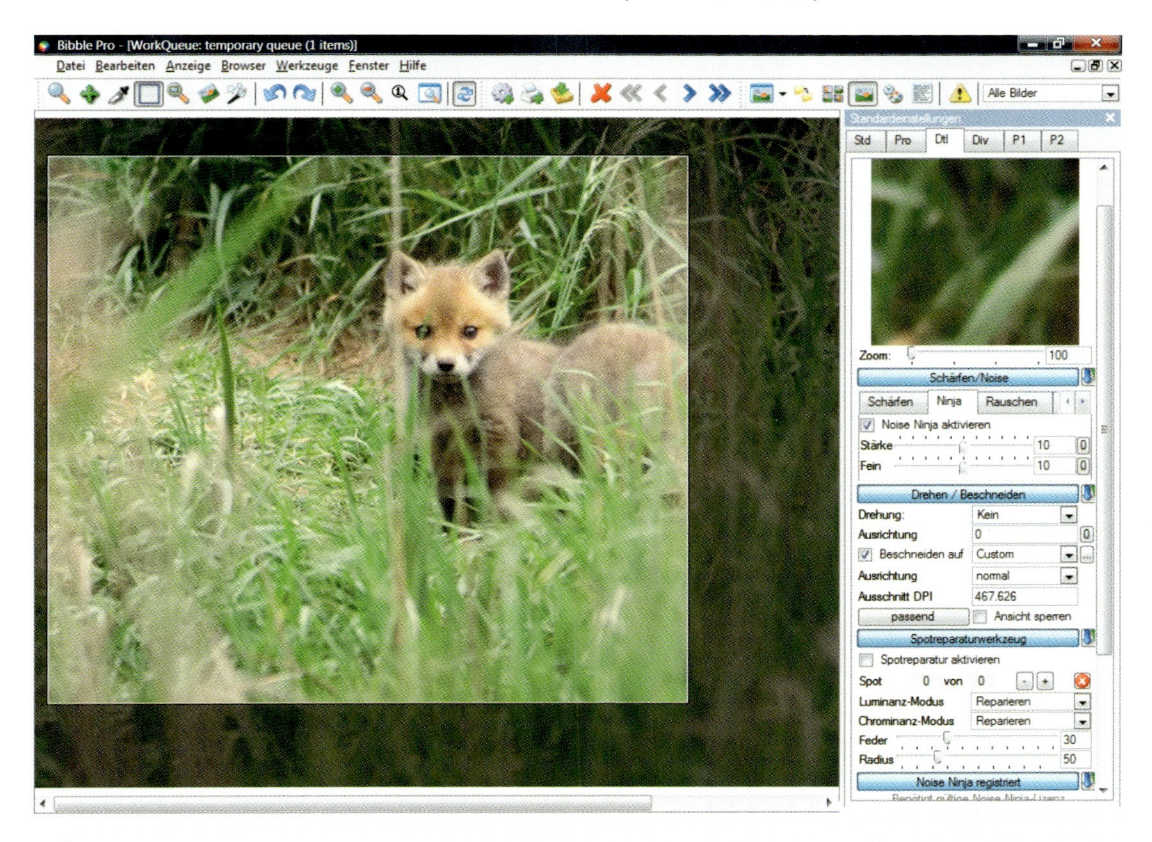

▲ *Bibble Pro gehört zu den umfangreichen und schnellen RAW-Konvertern.*

DxO Optics Pro 5

DxO Optics Pro ist ebenfalls ein umfangreiches Programm zur RAW-Konvertierung, das sich auf die Korrektur optischer Fehler spezialisiert hat. Leider stehen momentan nur fünf Sony-Objektive für die Korrektur zur Auswahl.

Pluspunkte

- Moderne Benutzeroberfläche.
- Sehr gute Objektivfehlerkorrektur.
- Export von DNG-Dateien möglich.
- Ausreichende Arbeitsgeschwindigkeit.
- Intelligente Staub- bzw. Fleckenentfernung.

Minuspunkte

- Verlangt hohe Systemvoraussetzungen.
- Benötigte Zeit für den Programmstart könnte kürzer sein.
- Im Moment kaum Unterstützung für Sony-Objektive bei der Objektivkorrektur.

Bildschutz-Tool

Unter *http://www.bildschutz.de/* kann man ein kostenloses Tool zum Einfügen sichtbarer und unsichtbarer Wasserzeichen herunterladen. Als Wasserzeichen kann beliebiger Text oder auch eine Grafik eingefügt werden. Als Grafikformate können JPEG,

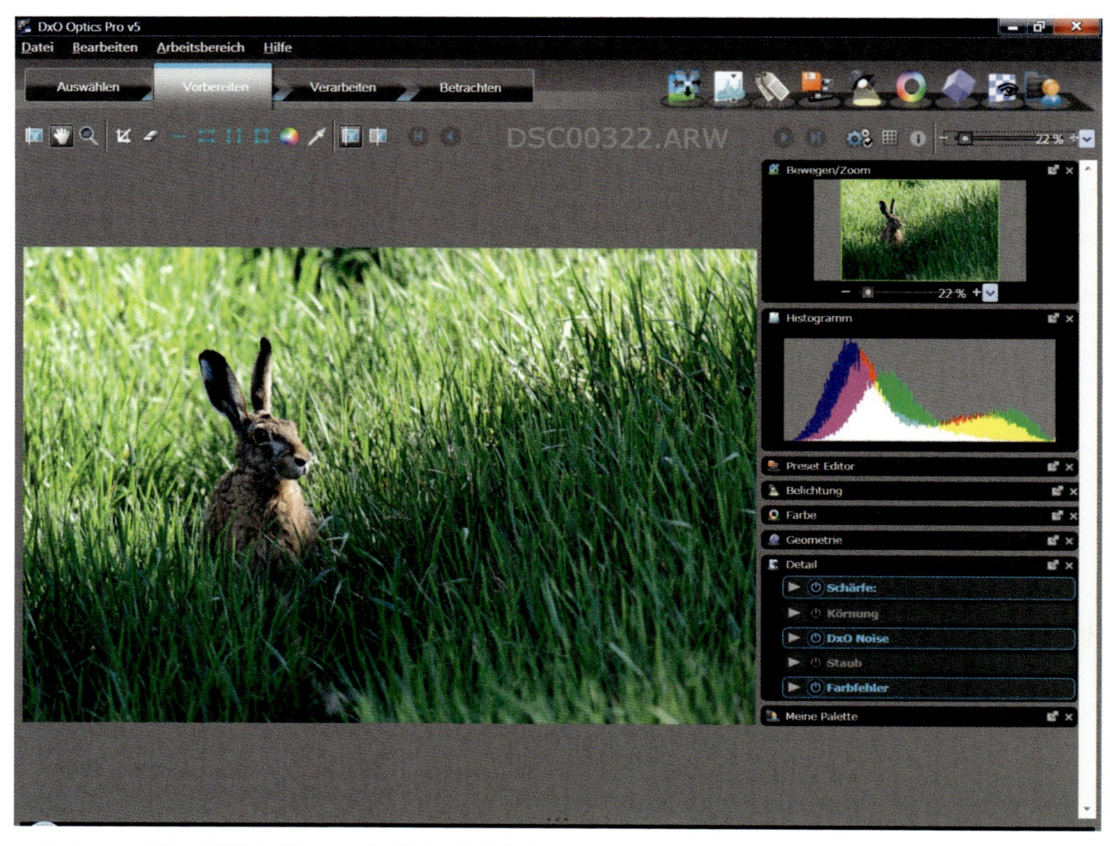

▲ *Moderne und übersichtliche Benutzeroberfläche: DxO Optics Pro.*

BMP, GIF, PNG, TIF, WMF und EMF zum Einsatz kommen. Untereinander können diese Formate auch konvertiert werden.

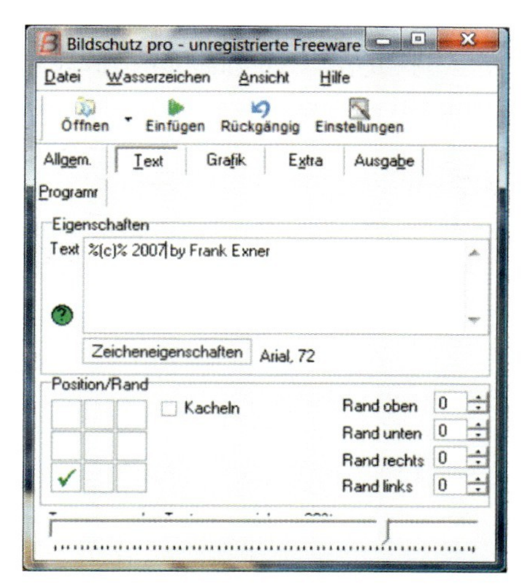

▲ *Tool zum Schutz Ihrer Bilder. Unter www.bildschutz.de kann dieses kleine Tool kostenlos heruntergeladen werden.*

Die Transparenz der eingefügten Texte bzw. Grafiken kann stufenlos eingestellt werden.

▲ *Per Stapelverwaltung kann der Text bzw. die Grafik in mehrere Dateien übertragen werden.*

Katalogisierung von Fotos mit Picasa

Google hat sich mit dem Auffinden von Begriffen im Internet einen Namen gemacht. Nun weitet Google seine Technologien auch auf andere Bereiche von Computeranwendungen aus. Das speziell für Fotografen entwickelte Programm Picasa erweist sich als schnelles und recht einfaches Programm zum Finden längst vergessener Bilder, aber auch zum Archivieren und Bearbeiten neuer Bilder.

Außerdem bietet das Programm eine auf die Grundfunktionen optimierte Bildbearbeitung. Picasa macht es einfach, Bilder auszudrucken, per E-Mail zu verschicken und z. B. Geschenk-CDs herzustellen. Außerdem bietet das Programm die Möglichkeit, ein Fotoblog bereitzustellen. Hierbei handelt es sich um ein Fototagebuch, das im Internet veröffentlicht werden kann.

Wenn man dies nutzen möchte, muss man sich vorab bei dem Dienst Blogger.com im Internet anmelden.

Beim ersten Öffnen des Programms sucht Picasa nach den auf den Speichermedien vorhandenen Bildern. Eventuell am Computer vorhandene externe Speichermedien wie Festplatten sollten vorab eingeschaltet werden, um auch hier die Suche mit einzubeziehen.

Picasa ordnet nun alle Bilder in nach Datum organisierten Alben. Im Anschluss an die Suche kann man dann die Bilder per Drag & Drop in den einzelnen Alben sortieren.

Eine interessante Funktion wird über Labels bereitgestellt. Ohne dass Bilder kopiert werden müssen, kann man sie einem oder mehreren virtuellen Alben zuordnen. So kann man z. B. ein Fotobuch vom letzten Urlaub und einen Kalender parallel erstellen, ohne dass die Bilder mehrfach auf der Festplatte vorhanden sein müssen.

Bildunterschriften nach dem IPTC-Standard (wie sie z. B. auch von Journalisten genutzt werden)

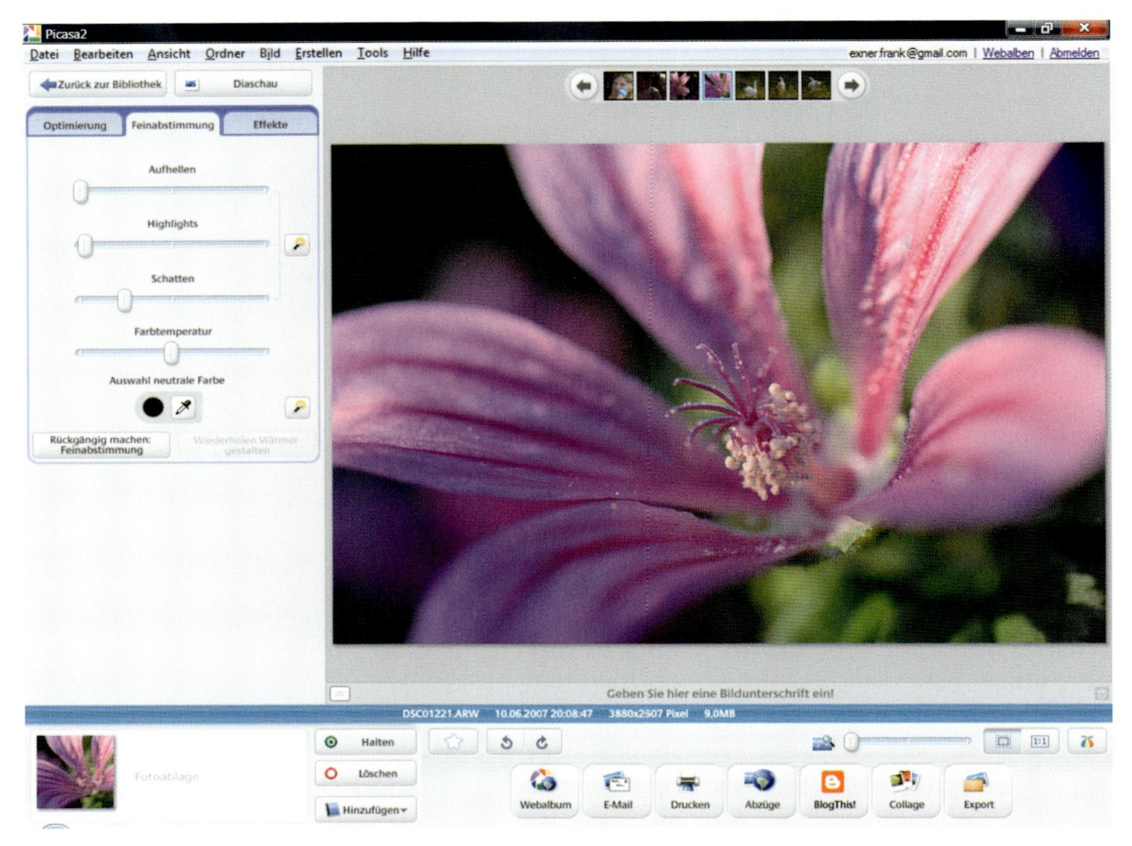

▲ *Picasa ist ein sehr schnelles Tool zur Bildverwaltung.*

sind ebenfalls möglich. Diese werden im Bildformat mit gespeichert. Gibt man Bilddateien weiter, bleiben diese Informationen erhalten und können auch von anderen als Information genutzt werden. Die IPTC-Unterstützung beschränkt sich mit Picasa auf den Titel. Stichwörter oder Kategorien werden nicht gespeichert. Über den Button *Webalbum* können Sie mit einfachen Mitteln eine Galerie im Internet erstellen. Diese können Sie natürlich für sich privat nutzen, aber auch öffentlich freigeben oder auch nur speziellen Nutzern zugänglich machen.

7.8 Firmware-Update leicht gemacht

Sony bietet zurzeit ein Update auf die aktuelle Firmwareversion V.1 an. Folgende Änderungen sind dabei eingeflossen:

- Die Schärfung unter schwachen Kontrastverhältnissen wurde verbessert.
- Im hohen ISO-Bereich wurde das Rauschen nochmals vermindert.
- Die Blitzsteuerung im Zusammenhang mit Nicht-ADI-Objektiven wurde verbessert.

Die Hinweise von Sony zum Update sind unbedingt einzuhalten, um die Funktion der α700 nach dem Update sicherzustellen. Wird ein Firmware-Update von Sony angeboten, sollte man es auch durchführen. Bekannt gewordene Fehler werden dadurch behoben oder auch zusätzliche Funktionen eingefügt.

Wie erfahre ich, welche Firmware auf meiner Kamera installiert wurde?

Um die Firmwareversion zu bestimmen, müssen folgende Schritte durchgeführt werden:

1

Zunächst schalten Sie die Kamera ein. Danach drücken Sie die Menü-Taste.

2

Wenn Sie nun die Anzeigetaste DISP drücken, erscheint eine Display-Meldung mit der installierten Firmwareversion.

Das Update sicher durchführen

Besteht jetzt die Notwendigkeit, das Update durchzuführen, gehen Sie folgendermaßen vor:

1

Als Erstes legen Sie sich einen voll aufgeladenen Akku für die α700 (NP-FM500H) oder das passende Netzteil AV-VQ900AM, das als Option erhältlich ist, bereit. Ebenfalls wird eine Speicherkarte mit mindestens 16 MByte Speicherkapazität benötigt.

Auf Sonys Supportseite im Internet (*http://www.sonydigital-link.com*) kann nun die benötigte Datei heruntergeladen werden. Weitere Hinweise auf diesen Seiten zum Update sind unbedingt zu beachten.

Die Datei liegt im gepackten Format vor. Das heißt, sie muss nun entpackt werden, um verarbeitet werden zu können. Dazu starten Sie die heruntergeladene Datei durch Anklicken.

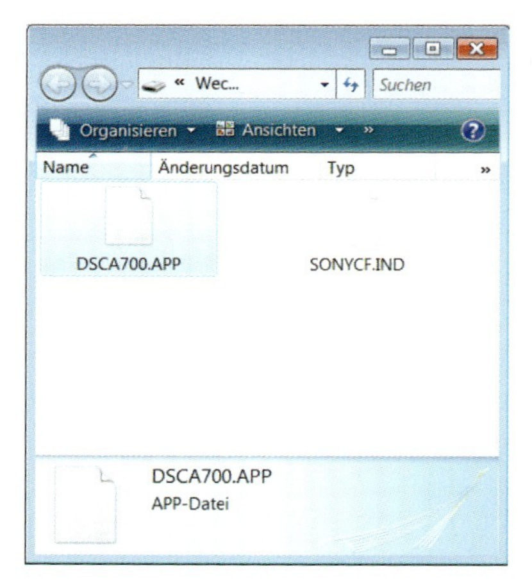

▲ *Die Datei DSCA700.APP beinhaltet das Update und muss in das Hauptverzeichnis der Speicherkarte übertragen werden.*

Nach dem Entpacken der Datei enthält das gewählte Verzeichnis eine neue Datei, die nun in das Hauptverzeichnis der Speicherkarte übertragen werden muss. Besonders wichtig ist, dass die Speicherkarte zuvor in der α700 formatiert wurde. Hierzu wählt man im Wiedergabemenü (1) die Option *Formatieren*. Eventuell auf der Speicherkarte vorhandene Bilder gehen dabei verloren und sollten vorab auf dem Computer gesichert werden.

5

Will man die Dateien per USB-Kabel auf die Speicherkarte übertragen, ist noch zu prüfen, ob der richtige Datenübertragungsmodus eingestellt wurde. Dazu prüft man im Einstellungsmenü (2), ob der Punkt *Massenspeicher* eingestellt ist.

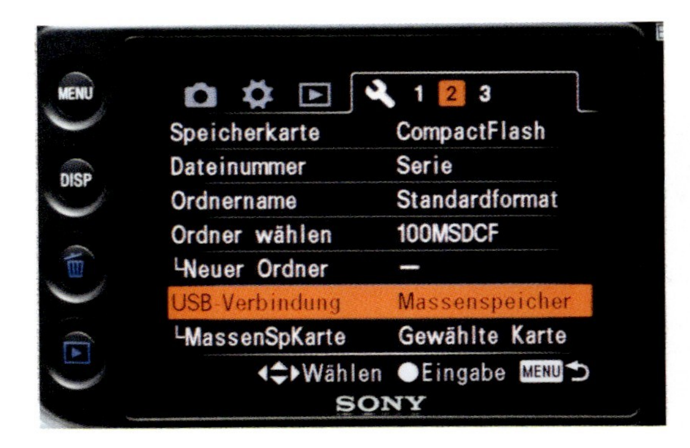

6

Hat man die Übertragung nicht per USB-Kabel durchgeführt, muss nun noch die Speicherkarte in die α700 eingesetzt werden.

7

Der eigentliche Updatevorgang ist recht einfach. Drücken Sie hierzu die Menü-Taste und halten Sie diese gedrückt. Schalten Sie nun die α700 ein.

8

Es erscheint die dargestellte Display-Meldung. Zum Aktualisieren der Firmware wählen Sie *OK*.

Nun beginnt die Übertragung der Dateien zur Kamera. Zum Abschluss zeigt die Kamera im Normalfall die erfolgreiche Aktualisierung an.

9

Zu guter Letzt kann man wieder überprüfen, welche Firmware auf der Kamera vorhanden ist. Hierzu geht man wie bereits beschrieben vor.

▲ *Wenn man nichts falsch gemacht hat, erscheint nach der Aktualisierung eine entsprechende Display-Meldung wie in diesem Beispiel.*

Die beiden Dateien können nun problemlos wieder von der Speicherkarte gelöscht werden.

Updateversion 3

Kurz vor Redaktionsschluss des Buches schob Sony ein weiteres Update, die Version 3, nach. Zwei kleine Fehler wurden hier behoben. Zum einen kann es vorkommen, dass im Serienbildmodus bei der Aufnahme schneller Bildfolgen die LED an der α700 nicht mehr abschaltet und die α700 die Arbeit verweigert, bis man sie neu einschaltet. Zum anderen gab es im MR-Modus Probleme. Beim Abschalten der α700 in diesem Modus wurden Werte in andere Modi übernommen. Die Vorgehensweise des Updates ist dieselbe, wie sie zuvor für die Version 2 beschrieben wurde. Besitzen Sie noch Version 1, können Sie gleich ohne Umwege auf Version 3 updaten.

8

Objektive

In diesem Kapitel dreht sich alles um Optiken, um die Bildgestaltung mittels Schärfentiefe und den Test der eigenen Objektive. Denn eine gute Kamera ist nichts ohne entsprechend gute Objektive.

Außerdem werden Softwaretools zur Beseitigung von Objektivfehlern vorgestellt.

Die Blende

Die Blende ist im Objektiv eingebaut und beeinflusst die Lichtmenge, die durch das Objektiv zum Sensor gelangt. Schließt man die Blende, gelangt weniger Licht zum Sensor und umgekehrt. Ebenso wird die Schärfentiefe durch die Blende beeinflusst. Die Blendenzahl ist das Verhältnis zwischen der wirksamen Blendenöffnung und der Objektivbrennweite.

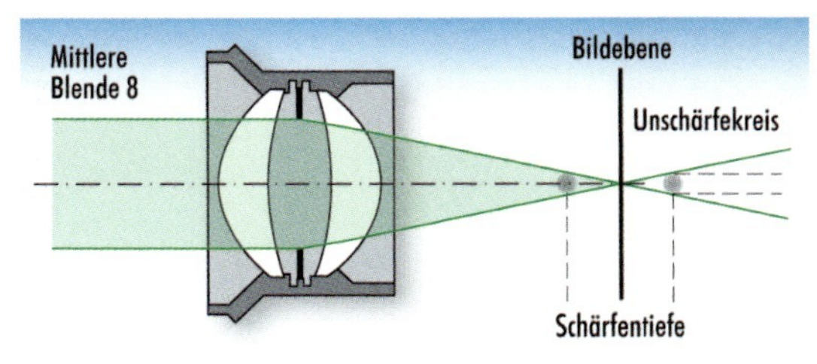

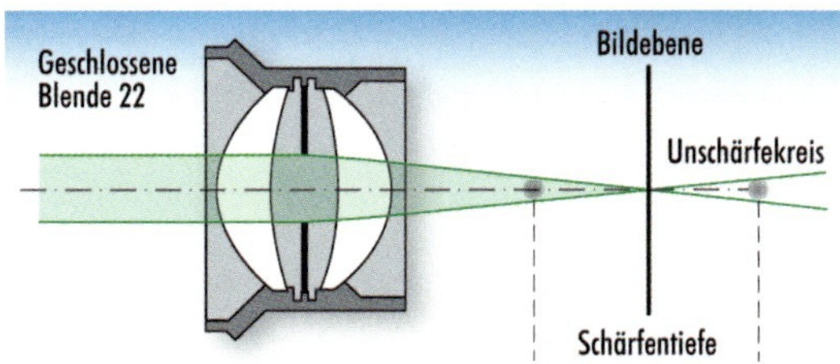

Darstellung, wie die Blendenöffnung die Schärfentiefe im Bild verändert.

Die Formel zur Blendenzahl lautet:

wirksame Blende: Brennweite = 1 : Blendenzahl

Ein Beispiel: Bei einem Objektiv mit 50 mm Brennweite und einer Blende von 1:1.7 ergibt sich ein wirksamer Blendendurchmesser von ca. 30 mm. Bei einem 300-mm-Objektiv mit einer Blende von 1:2.8 beträgt die Größe der wirksamen Blende immerhin schon ca. 107 mm. Daran sieht man, dass Objektive mit einer großen Anfangsöffnung entsprechend große und teure Linsenkonstruktionen bedingen. Günstige Objektive haben meist eine Anfangsöffnung von 1:3.5 bis 1:5.6. Hier wird Material zugunsten der Lichtstärke eingespart, was sich besonders in Situationen mit wenig Umgebungslicht bemerkbar macht.

Geschlossene Blende eines 50-mm-Objektivs. Je kleiner die Blendenöffnung, umso größer ist die Schärfentiefe.

Als Lichtstärke wird dabei die maximal mögliche Blendenöffnung bzw. das größtmögliche Öffnungsverhältnis bezeichnet. Blendenreihe für ganze Blendenwerte:

1:1	1:1,4	1:2	1:2,8	1:4	1:5,6
1:8	1:11	1:16	1:22	1:32	

Zwischenwerte sind ebenfalls möglich. Der Übergang von einer Blendenstufe zur nächsten bedeutet die Verdopplung bzw. Halbierung der Lichtmenge, die zum Sensor gelangt. Die Belichtungsmessung findet immer mit offener Blende statt. In diesem Buch wird die allgemein übliche Syntax F„Blendenwert“, z. B. F2.8, verwendet. Dies entspricht einer Blendenzahl von 1:2.8.

8.1 Bildgestaltung durch Schärfentiefe

Das Spiel mit Schärfe und Unschärfe ergibt sehr interessante Gestaltungsmöglichkeiten. Viele Motive wie freigestellte Personen wären ohne diese Möglichkeit undenkbar. Der Fotograf kann hier seine Kreativität ausleben. Unser normales Sehen lässt nur komplett scharfe Bilder zu. Andere Sichtweisen sind so möglich. Der Schärfentiefebereich ist bei geöffneter Blende (kleine Blendenzahl, z. B. 2.8) geringer als bei kleiner Blendenöffnung (große Blendenzahl, z. B. 32). Weiteren Einfluss haben auch der Aufnahmeabstand, die Objektivbrennweite und der Abbildungsmaßstab.

Bei Weitwinkelobjektiven ist generell die Schärfentiefe größer als bei Teleobjektiven. Klein abgebildete Objekte besitzen ebenfalls einen größeren Schärfebereich als groß abgebildete.

Vor und hinter dem Fokussierpunkt werden die Details zunehmend unschärfer. Was wir hier noch als scharf wahrnehmen, wird Schärfentiefebereich genannt. Ganz grob kann man sagen, dass ca. ein Drittel in Richtung Fotograf und ca. zwei Drittel in Richtung Unendlich scharf werden, bezogen auf die Schärfepunkte (im Makrobereich gelten besondere Werte). Will man mit Schärfe „spielen“, bietet die α700 hierfür die Zeitautomatik (Blendenprioritätsmodus) an. Zeitautomatik deshalb, weil hier die Blende vorgegeben wird und automatisch die dazu passende Zeit von der Kamera gewählt wird. Gerade im professionellen Bereich wird gern die Zeitautomatik verwendet. Der Charakter der Objektive im Schärfentiefebereich ist den Fotografen meist

▲ *Der gezielte Einsatz der Schärfentiefe kann die Bildwirkung verändern.*

aus langjähriger Erfahrung bekannt. Nach Vorwahl der Blende sieht der Fotograf, welche Belichtungszeit die Kamera vorschlägt, und kann dann noch korrigierend über die Shift-Funktion eingreifen. Das heißt, er dreht am Einstellrad und kann so die Zeit-Blenden-Werte verschieben.

Landschaftsaufnahmen mit großem Schärfentiefebereich erreicht man mit Weitwinkelobjektiven und kleiner Blende (großer Blendenwert).

Hingegen erzielt man mit einem Teleobjektiv und großer Blende (kleiner Wert) einen sehr kleinen Schärfentiefebereich. Wie kann man vor der Aufnahme feststellen, in welchem Bereich die Schärfe liegen wird? Da die α700 eine Abblendtaste besitzt, kann durch Drücken dieser Taste die Schärfentiefe eingeschätzt werden. Dadurch verdunkelt sich jedoch das Sucherbild bei kleinen Blendenwerten recht stark. Wird die Darstellung dabei zu dunkel, muss man sich anderer Mittel bedienen.

Schärfentieferechner

Ein guter kostenloser Schärfentieferechner ist im Internet unter *http://www.erik-krause.de/schaerfe.htm* zu finden. Hier besteht auch die Möglichkeit, sich zu seinen eigenen Objektiven Tabellen zur Schärfentiefe auszudrucken.

Der Schärfentieferechner von Erik Krause kann darüber hinaus zum Berechnen des Abbildungsmaßstabs und zur Berechnung von Nahlinsen herangezogen werden.

Als Aufnahmefaktor trägt man hier 1,52 für die α700 ein. Bei *Z-Kreis max.* sollte 0,02 mm eingetragen werden.

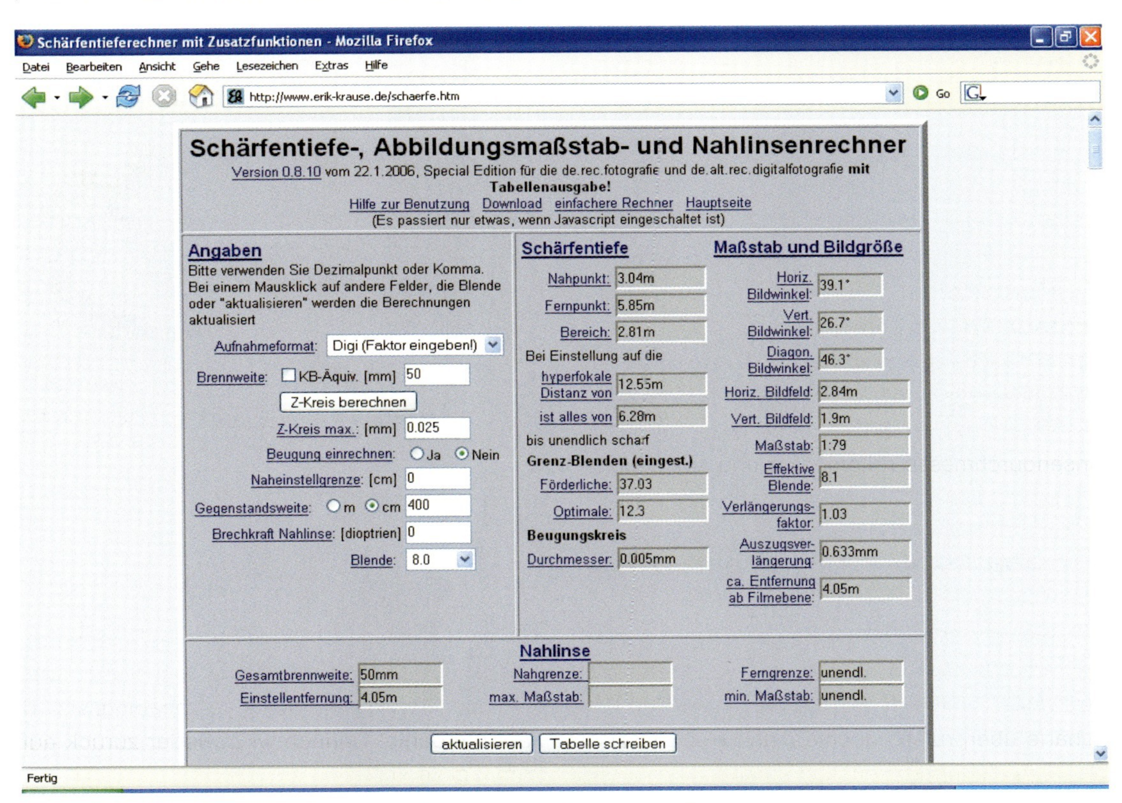

▲ *Dieser Schärfentieferechner dient auch der Berechnung des Abbildungsmaßstabs.*

▲ *Abblendtaste zur Überprüfung der Schärfentiefe.*

Schärfentiefevorschau
Beim Blick durch den Sucher der α700 sieht man die Schärfentiefe, wie sie bei eingestellter offener Blende auf der Abbildung erscheinen würde. Das hängt damit zusammen, dass die Kamera alle Messungen bei offener Blende durchführt, um maximale Helligkeit an den Sensoren zu erhalten. Um trotzdem einen Eindruck von der auf der Abbildung zu erhaltenden Schärfentiefe zu bekommen, drückt man die Schärfentiefevorschautaste. Hierbei wird auf die aktuell eingestellte Blende abgeblendet.

Weniger Möglichkeiten mit lichtschwachen Objektiven

Lichtschwache Objektive besitzen eine größte Blendenöffnung von F4.5 bis F5.6, was stark ihren Preis beeinflusst. Die Hersteller können so mit geringen Linsendurchmessern kompakte und kostengünstige Objektive herstellen. Zum einen sind für eine lichtschwache Umgebung und zum anderen, um kürzere Belichtungszeiten zu erreichen, lichtstarke Objektive notwendig. Dies ließe sich eventuell mit dem Super SteadyShot der α700 ausgleichen. Was die α700 aber nicht ausgleichen kann, ist die Schärfentiefe. Wünscht man gezielt wenig Schärfentiefe, um kreativ am Objekt zu arbeiten, sind lichtstarke Objektive unerlässlich. Zum Beispiel sind für Porträts meist Blenden ab 2.8 und größer sinnvoll, um die Porträtierten vor dem Hintergrund freizustellen.

▲ *Um die oder den Porträtierten vor dem Hintergrund freizustellen, wählen Sie eine möglichst große Blende.*

8.2 Parfokale Objektive nutzen

Fotografiert man mit einem Zoomobjektiv, z. B. mit dem Kit-Objektiv F3,5-5,6/18-70, kann man im Weitwinkelbereich bereits vor der Aufnahme die Schärfe überprüfen. Möchte man beispielsweise bei 18 mm fotografieren, kann man zunächst auf 70 mm Brennweite zoomen und die Schärfe einstellen. So kann man Details anfokussieren, die man dann im Weitwinkelbereich unbedingt scharf haben möchte. Danach wird wieder zurück auf 18 mm gezoomt.

Nicht ohne Stativ

Um die Parfokalität sinnvoll nutzen zu können, sollte ein Stativ eingesetzt werden und das Motiv ein gutes Kontrastverhältnis aufweisen. Das stellt sicher, dass während des Zoomens keine Abstandsänderung zum Motiv auftritt, und ein gutes Kontrastverhältnis ist wichtig für den einwandfreien Betrieb des Autofokus.

Test auf Parfokalität eines Zoomobjektivs

Als Erstes wählt man am Zoomobjektiv die mögliche Endbrennweite, in diesem Fall 70 mm. Zusätzlich schaltet man den Autofokus ein. Nun stellt man scharf, bis der Schärfeindikator der α700 die Schärfe bestätigt. Sinnvoll ist es, dass der Signalton eingeschaltet ist. Im Einstellungsmenü (3) kann der Signalton ein- bzw. ausgeschaltet werden.

▲ *Zunächst stellt man die Endbrennweite (70 mm) ein und wählt den Autofokus.*

MF-Betrieb einstellen

Nun stellt man den **M**anual-**F**okus-Modus ein und dreht den Zoomring auf 18 mm Brennweite am Objektiv. Wenn man jetzt den Auslöser halb durchdrückt, sollte die Schärfe über den Schärfeindikator und das Tonsignal durch die α700 bestätigt werden. Trifft dies zu, besitzt man ein parfokales Objektiv und kann es zur Schärfevorschau verwenden.

▲ *Zum Schluss werden Startbrennweite (18 mm) und manueller Fokus eingestellt.*

Achtung beim Einsatz von Zwischenringen

Will man Zwischenringe verwenden, geht die Parfokalität in der Zoomobjektiv-Zwischenring-Kombination verloren. Da diese Objektive auf die Distanz von Rücklinse zu Sensor abgestimmt sind und Zwischenringe dieses Maß verändern, kann man die Kombination leider nicht für die Schärfevorschau verwenden.

Schärfe mit dem Notebook überprüfen

Trotz des hervorragenden LCD-Monitors der α700 und der Zoomfunktion ist ein noch größeres Display immer willkommen.

▲ *Eine Schärfeprüfung ist bereits auf dem sehr guten Display der α700 möglich. Komfortabler geht es aber mit dem Computermonitor.*

Sony hat der α700 eine Software beigelegt, mit der es möglich wird, die wichtigsten Kamerafunktionen fernzusteuern und das aufgenommene Bild sofort auf den Computer zu übertragen. Die Software Remote Camera Control informiert Sie dabei ständig über die aktuellen Einstellungen der α700. In Kapitel 7 erfahren Sie detailliert, was die Software kann und wie sie sinnvoll eingesetzt werden kann.

8.3 Die Spiegelvorauslösung: Wann ist sie wirklich sinnvoll?

Die α700 verfügt über eine Funktion, die im Allgemeinen nur bei Profikameras zu finden ist: die Spiegelvorauslösung. Was steckt nun genau dahinter? Der Verwacklungsunschärfe kann man mit kurzen Belichtungszeiten, dem Super SteadyShot oder einem Stativ entgegenwirken. Unschärfen, die durch das Auslösen entstehen, sind leicht mit dem Fernauslöser oder dem Selbstauslöser zu umgehen. Was bleibt, ist eine leichte, aber in bestimmten Situationen entscheidende Verwacklung durch die Kamera selbst. Das Gehäuse der Kamera wird im Bruchteil einer Sekunde durch den Spiegelschlag minimal erschüttert. Der Spiegel klappt hoch, gibt den Weg für das Licht auf den Sensor frei und klappt wieder zurück. Die Erschütterung durch den Spiegelschlag macht sich beim Arbeiten mit langen Brennweiten und relativ langen Verschlusszeiten bemerkbar.

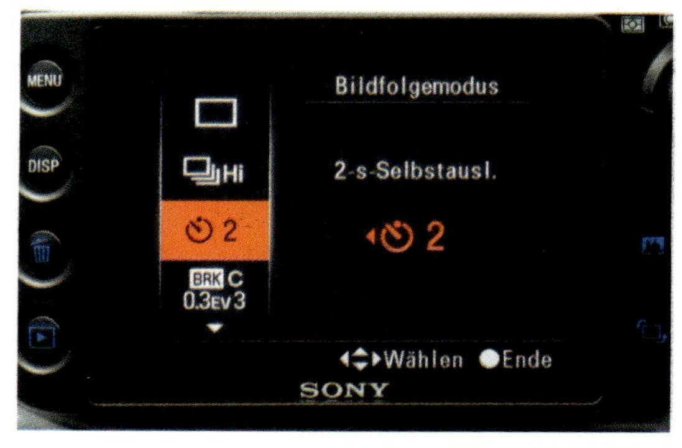

▲ *Hinter dem Menüpunkt 2-s-Selbstausl. verbirgt sich die Spiegelvorauslösung.*

▲ *Der Blick durch das Objektivbajonett bei abgenommenem Objektiv.*

▲ *Wählt man den 2-Sekunden-Selbstauslöser, wird der Spiegel 2 Sekunden vor der Verschlussöffnung eingeklappt. So lassen sich Verwacklungen vermeiden.*

Zeitfenster für die Spiegelvorauslösung

Ob überhaupt Verwacklungen auftreten und die Auswirkungen dieser Verwacklungen sind abhängig von der eingesetzten Brennweite und der Belichtungszeit. Die Kenntnis darüber ist wichtig, um auf die Spiegelvorauslösung verzichten zu können. Die 2 Sekunden Auslöseverzögerung sind z. B. in der Tierfotografie unerwünscht. In den 2 Sekunden kann sich die Aufnahmesituation bereits grundlegend geändert haben.

Schärfe mit und ohne Spiegelvorauslösung

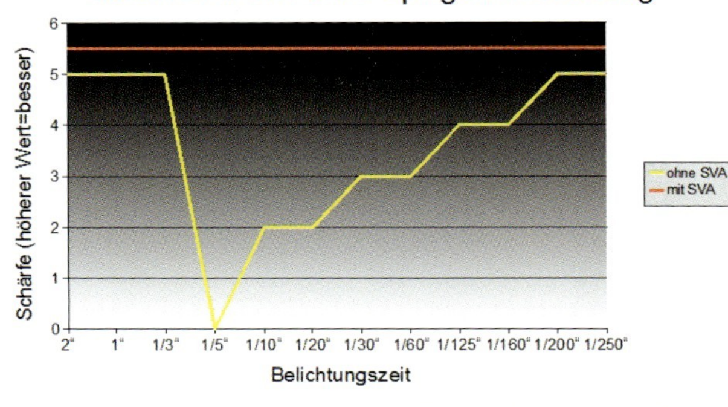

▲ *Benutzt man mit größeren Brennweiten nicht die Spiegelvorauslösung, ergeben sich im Zeitfenster von 1/3 bis 1/125 Sekunde erhebliche Verluste bei der Bildschärfe. Erst ab etwa 2 bzw. 1/200 Sekunde wirkt sich der Spiegelschlag nicht mehr störend aus. Der Schärfegrad wurde hier subjektiv auf einer Werteskala von 0 bis 6 eingeschätzt. Die Beeinflussung durch den Spiegelschlag variiert je nach eingesetztem Objektiv.*

Versuche mit einer Brennweite von 200 und 500 mm ergaben an der α700, dass die kritischen Verschlusszeiten zwischen 1/160 Sekunde und 2 Sekunden lagen. Bei der 200-mm-Brennweite ergibt sich ein etwas geringeres Zeitfenster von ca. 1/5 und 1/100 Sekunde. Belichtungszeiten außerhalb dieser Zeitfenster können problemlos ohne Spiegelvorauslösung durchgeführt werden. Die Spiegelvorauslösung ist bei der α700 an den 2-Sekunden-Selbstauslöser gekoppelt und wird über diesen aktiviert. Dazu drückt man die DRIVE-Taste und wählt mit den Navigationstasten das Symbol für den 2-Sekunden-Selbstauslöser. Sollte hier das 10-Sekunden-Symbol im Menü erscheinen, muss mithilfe des Multiwahlschalters das 2-Sekunden-Symbol gewählt werden.

Spiegelvorauslösung und Brennweite

Je länger die Brennweite, umso stärker wirken sich die Erschütterungen durch den Spiegelschlag auf die Bildschärfe aus. Der kritische Bereich beginnt ab etwa 100 mm Brennweite. Sind ab hier Belichtungszeiten im Bereich von 2 Sekunden bis 1/160 Sekunde geplant oder notwendig, dann sollte die Spiegelvorauslösung eingeschaltet werden.

▲ *Beide Aufnahmen (100 %-Ausschnitte) entstanden ohne Spiegelvorauslösung. Die Aufnahme oben ist bei 70 mm Brennweite deutlich schärfer als die Aufnahme unten bei 200 mm Brennweite.*

Super SteadyShot und Spiegelvorauslösung

Es stellt sich die Frage, ob neben Spiegelvorauslösung und Stativ der Super SteadyShot-Bildstabilisator nützlich sein kann. Experimente zeigen, dass genau das Gegenteil der Fall ist. Gegenüber dem ausgeschalteten Super SteadyShot ergibt sich unter Umständen eine leichte Unschärfe. Sony selbst rät ebenfalls von der Verwendung des Super SteadyShot in Verbindung mit einem Stativ ab.

Daher sollte man beim Arbeiten mit Stativ und Spiegelvorauslösung den Bildstabilisator abschalten.

Auch bei Serienbildaufnahmen, bei denen der Spiegelschlag in Kauf genommen werden muss, konnte keine Verbesserung der Bildergebnisse mit Super SteadyShot im Zusammenhang mit einem Stativ festgestellt werden.

▲ *Ohne Super SteadyShot und Spiegelvorauslösung (Brennweite 280 mm, 1/10 Sekunde Belichtungszeit, Ausschnittvergrößerung).*

▲ *Mit Spiegelvorauslösung und Super SteadyShot. Schon deutlich schärfer als die vorhergehenden Aufnahmen.*

▲ *Mit Super SteadyShot und ohne Spiegelvorauslösung. Das Ergebnis ist ähnlich dem vorhergehenden Bild. Der Super SteadyShot hat auf dem Stativ keine Auswirkung auf eine bessere Schärfe.*

▲ *Hier wurde nur mit Spiegelvorauslösung gearbeitet, was noch einen Tick mehr Schärfe ergab. Eine starke Auswirkung durch den Super SteadyShot ist aber nicht zu erkennen.*

Faustregel für die Verwacklung

Als Faustregel kann man sich einprägen: Objektive ab 100 mm neigen zu Verwacklungen durch den Spiegelschlag. Ab 1/100 Sekunde bis ca. 2 Sekunden Belichtungszeit sollte man die Spiegelvorauslösung einsetzen. Der Super SteadyShot sollte in diesem Fall abgeschaltet werden, um maximale Bildqualität zu erhalten.

Bildschärfenvergleich mit und ohne Spiegelvorauslösung (SVA)

	ohne SVA	mit SVA
2″		
1/5″		
1/30″		
1/125″		

▲ *Links wurde das Motiv ohne Spiegelvorauslösung und rechts mit aufgenommen. Das kritische Zeitfenster liegt zwischen 1/160 Sekunde und 2 Sekunden, abhängig vom Objektiv. Besonders stark ist der Effekt bei 1/5 Sekunde ausgeprägt (hier 200 mm Brennweite).*

8.4 Das Bokeh wird durch die Zerstreuungskreise bestimmt

Die Wiedergabe des unscharfen Bereichs eines Fotos wird als Bokeh bezeichnet. Dieser aus dem Japanischen stammende Begriff beschreibt die Ästhetik der Unschärfe, was natürlich sehr subjektiv ist. Über Geschmack lässt sich bekanntlich nicht streiten. Was der eine als angenehm empfindet, ist für den anderen unschön.

▲ *Kreisrunde Blendenöffnung, zuständig für ein angenehmes Bokeh.*

Stellt man nun ein Motiv vor dem Hintergrund mit einer relativ kleinen Blende ganz bewusst frei, entstehen im Unschärfebereich sogenannte Unschärferinge. Diese sind in Form und Größe abhängig von unterschiedlichen Eigenschaften, u. a. auch von der Lamellenanzahl des Objektivs. Ist die Lamellenanordnung nahezu kreisförmig, umso ruhiger und weicher erscheint der Unschärfebereich. Eine Reihe von Sony-Objektiven wurden mit Lamellen ausgestattet, die bei voll geöffneter Blende bis 1,5 Stufen weiter geschlossen eine nahezu kreisrunde Blendenöffnung ergeben. Die Lamellenanzahl beträgt dann mindestens sieben und maximal neun. Sony-Objektive mit kreisrunder Blende:

- AF F4,5-5,6/11-18 (DT)
- AF F3,5-5,6/16-105 (DT)
- AF F3,5-5,6/18-70 (DT)
- AF Vario Sonnar T* F3,5-4,5/16-80 ZA (DT)
- AF F3,5-6,3/18-200 (DT)
- AF F3,5-6,3/18-250 (DT)
- AF F3,5-4,5/24-105
- AF F4-5,6/55-200
- AF APO F2,8/70-200 G SSM
- AF APO F4,5-5,6/70-300 SSM
- AF F4,5-5,6/75-300

▼ *Auch bei dieser Aufnahme mit dem F3,5/180mm-Makroobjektiv von Sigma wirkt sich die kreisrunde Blende mit den neun Lamellen positiv auf den Unschärfebereich aus.*

- AF F2,8/20
- AF F2,8/28
- AF F1,4/35 G
- AF F1,4/50
- AF Planar T* F1,4/85 ZA
- AF Sonnar T* F1,8/135mm ZA
- STF F2,8/135 (T4,5)
- AF APO F2,8/300 G SSM
- AF Makro F2,8/50
- AF Makro F2,8/100

Gerade im Porträtbereich, in dem eine geringe Schärfentiefe angestrebt wird, ist ein angenehmes Bokeh wichtig, um den Betrachter nicht vom eigentlichen Motiv abzulenken.

Smooth Trans Focus für das besondere Bokeh

Eine Sonderstellung nimmt hier das Sony STF F2,8/135 (T4,5) ein. Mit ihm werden besonders harmonische Übergänge im Unschärfebereich möglich. Allerdings verfügt es über keinen Autofokus. Es ist von daher weniger für die „schnelle" Fotografie gedacht. Das Hauptaugenmerk liegt hier auf inszenierten Szenen. Es sollte auch nur im Zusammenhang mit einem Stativ zum Einsatz kommen. Das Spiel mit Schärfe und Unschärfe macht mit diesem Objektiv so richtig Spaß, da über einen speziellen Blendenring die Hintergrundschärfe gezielt beeinflusst werden kann.

▲ *Hier ist der spezielle Blendenring zur Beeinflussung der Hintergrundschärfe sehr gut zu sehen.*

Ringe im Bokeh

Spiegelobjektive mit ihrem sofort auffallenden Bokeh erzeugen durch die spezielle Konstruktion des Objektivs regelrechte Ringe im Unschärfebereich, was oft als Nachteil gesehen wird. Je nach Motiv sind die Ringe dabei mal weniger und mal stärker ausgeprägt.

▼ *Bei diesem Bild sind sehr schön die Unschärfekreise zu erkennen, die mit einem Spiegelteleobjektiv entstehen (Foto: Erhard Barwick).*

Innenfokussierung

Ein Objektiv wird normalerweise dadurch scharf gestellt, dass die vordere Linsengruppe in Richtung optischer Achse bis zum Schärfepunkt verschoben wird. Damit verändert sich die Länge des Objektivs beim Fokussieren. Bei Weitwinkel- und Normalobjektiven spielt dies kaum eine Rolle. Besonders stark wirkt sich das aber bei Teleobjektiven aus. Innenfokussierte Objektive hingegen bewegen die sich im Inneren des Objektivs befindlichen Linsenelemente und behalten so die Länge des Objektivs bei. Weitere Vorteile der Innenfokussierung sind die Verringerung der Naheinstellgrenze sowie die Verbesserung der Randabschattung (auch Vignettierung genannt). Besonders hervorzuheben ist die bei diesen Objektiven nicht mitdrehende Frontlinse, was das Arbeiten mit Filtern und Makroblitzen erleichtert. Folgende Sony-Objektive besitzen eine Innenfokussierung:

- AF F4,5-5,6/11-18 (DT)
- AF F3,5-5,6/16-105 (DT)
- AF F3,5-6,3/18-200 (DT)
- AF F3,5-4,5/24-105
- AF F1,4/35 G
- AF APO F2,8/70-200 G SSM
- AF APO F2,8/300 G SSM
- AF Sonnar T* F1,8/135mm ZA

8.5 Elitetruppe – die G-Objektive

Sonys G-Objektive zählen zur absoluten Spitze im Objektivbau. Die optische Leistung und die Verarbeitung zählen zum Besten, was auf dem Objektivmarkt zu bekommen ist. Sie sind auch vom Preissegment her im Profibereich anzusiedeln und vor allem für anspruchsvolle Fotografen gedacht. Alle G-Objektive verfügen über neun Blendenlamellen, um für eine natürliche Abbildung der Unschärfe im Vorder- und Hintergrund zu sorgen. Teilweise kommen hochwertige asphärische Verbundlinsen zum Einsatz, um die chromatische Aberration zu reduzieren. Die Mehrfachvergütung der Linsenelemente reduziert das Reflexlicht. Das Ergebnis ist eine kontrastreiche Farbwiedergabe und höchste Schärfe über das gesamte Bildfeld. Außerdem verfügen alle G-Objektive über eine ausgezeichnete Lichtstärke, was sie für das Arbeiten bei wenig Umgebungslicht und in Situationen, in denen eine kurze Belichtungszeit benötigt wird, besonders empfiehlt. Alle Teleobjektive der G-Serie besitzen zudem eine griffgünstig angeordnete Fokussiertoptaste für den manuellen Eingriff beim Scharfstellen. Möchte man zukünftig in den Profibereich wechseln, sollte man sich mit der G-Serie vertraut machen.

▲ *Objektiv der G-Serie: das F1,4/35 G von Sony.*

8.6 Hyperfokale Einstellungen für Nachtaufnahmen und Landschaftsfotografie

Die hyperfokale Distanz ist die Entfernung, die am Objektiv eingestellt werden muss, um einen Schärfentiefebereich bis Unendlich zu erhalten. Gerade bei Landschaftsaufnahmen ist es oft wichtig, einen möglichst großen Schärfentiefebereich zu erhalten. Dies erreicht man, indem man den Fokus nicht direkt auf Unendlich stellt, sondern auf der Objektivskala das Unendlich-Zeichen über die eingestellte Blende dreht. Man kann dann links am gleichen Blendenwert den Anfang des scharfen Bereichs bis Unendlich ablesen. Voraussetzung ist, dass die Kamera vorab auf manuellen Fokusbetrieb (AF-M) eingestellt wurde. Leider besitzen heute nicht mehr alle Objektive diese Blendenskala. Bei Zoomobjektiven mussten die Hersteller die Skala ohnehin weglassen.

Ein Beispiel für ein 50-mm-Objektiv: Bei 50 mm Brennweite und einer Blende von 11 ergibt sich eine Hyperfokaldistanz von 11 m. Das heißt, von 5,5 m (halbe Distanz) bis Unendlich wird das Bild scharf dargestellt.

Ein gutes Programm zum Berechnen der Hyperfokaldistanz findet man im Internet unter *http://www.dofmaster.com*.

Hier ist auch eine Bauanleitung für einen Schieber zu finden, mit dem man unterwegs leicht die entsprechenden Werte ermitteln kann. Sollte die α700 nicht im Kameraauswahlmenü zu finden sein, trägt man als Zerstreuungskreis (Circle of Confusion) den Wert 0,02 mm ein.

Zerstreuungskreise und die Bildschärfe

Im Prinzip wird auf dem Sensor nur das scharf dargestellt, was genau in der Fokusebene liegt. Wenn man also z. B. auf 10 m scharf gestellt hat, ist eigentlich auch nur alles scharf, was sich in 10 m Entfernung befindet. Da das Auflösungsvermögen

▼ *Hier wurde der Fokuspunkt hyperfokal manuell eingestellt, um die Schärfentiefe zu optimieren.*

unserer Augen aber begrenzt ist, ergibt sich abhängig von der eingestellten Blende ein Bereich, der von uns als scharf wahrgenommen wird. Im Kleinbildformat sind das bezogen auf einen Abzug in der Größe von 36 x 24^cm etwa 0,03 mm, für den α700-Sensor im APS-Format sind es 0,02 mm. Hierbei gilt: je kleiner die Blende, umso größer die Schärfentiefe.

Hyperfokaldistanz mit der α700 prüfen

Die α700 arbeitet immer bei offener Blende und schließt sie erst kurz vor der Auslösung. Daher kann die Hyperfokaldistanz im Sucher nur überprüft werden, wenn man die Abblendtaste betätigt.

8.7 Diffraktion: Beugung der Lichtstrahlen bei kleinen Blenden

Je kleiner die Blende, umso stärker ist die Beugung des Lichts. Das heißt, beim Abblenden erzielt man ab einer bestimmten Blende keine bessere Abbildungsleistung mehr. Im Gegenteil, die Abbildung wird durch die Beugung der Lichtstrahlen unschärfer. Der Strahlengang ist nicht mehr gradlinig, sondern wird gebeugt bzw. abgelenkt.

Wenn man also z. B. mit einem Objektiv mit einer kleinsten Blende von F32 fotografiert und maximale Schärfentiefe erreichen möchte, ist zwar Blende F32 die richtige Wahl, die Abbildungsleistung ist aber nicht optimal. Eine bessere Abbildungsleistung erzielt man hier im Bereich von Blende 16.

8.8 Im Telebereich sollte es ein APO-Objektiv sein

Teleobjektive mit der Kennzeichnung APO sind speziell apochromatisch korrigierte Objektive, sogenannte Apochromaten. Hierzu wird AD-Glas (**A**nomalous **D**ispersion) mit niedrigem Brechungsindex für die Optik verwendet. APO-Linsen besitzen die Eigenschaft, die unterschiedlichen Lichtstrahlen so zu brechen, dass alle drei Grundfarben Rot, Blau und Grün exakt am Sensor zusammentreffen.

Unkorrigierte Linsen lassen Farbsäume und Unschärfe entstehen. Ab ca. 150 mm Brennweite

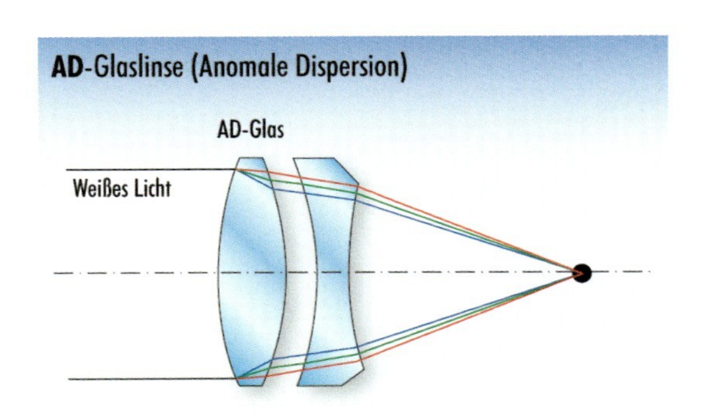

Durch die apochromatische Korrektur werden alle Lichtspektralfarben zum gleichen Brennpunkt gebrochen.

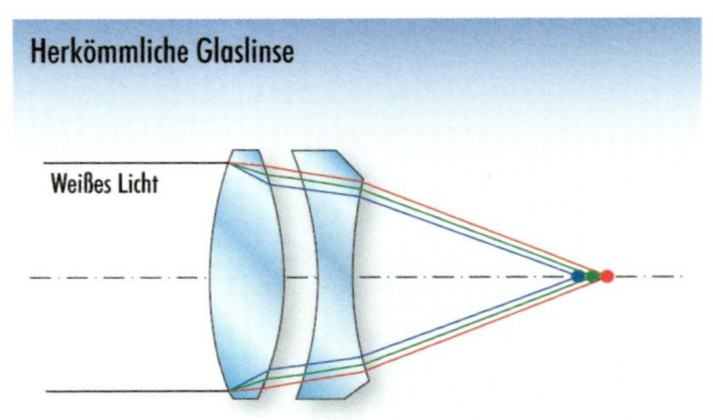

Die roten Lichtanteile werden weniger stark gebrochen als die blauen Anteile. Daher bildet sich kein gemeinsamer Brennpunkt.

werden APO-Objektive angeboten. Legt man auf höchste Bildqualität Wert, sind diese Objektive Pflicht. Sony deklariert seine Objektive nicht als Apochromaten (APO), hat aber zwei davon im Programm: zum einen das AF F2,8/70-200 G SSM und zum anderen das AF F2,8/300 G SSM. Es wird vermutet, dass das neue Sony G-Objektiv AF 4,5-5,6/70-300 ebenfalls entsprechend korrigiert wird. In einem gewissen Rahmen lässt sich der Farbfehler auch mit entsprechender Software beheben.

Asphärische Korrektur

Da randnahe Lichtstrahlen zur Mitte hin stärker gebrochen werden als achsennahe Lichtstrahlen, können zum Rand hin Unschärfen auftreten.

Objektive mit asphärischen Elementen können wesentlich kompakter und zudem verzeichnungsfreier gebaut werden. Ein scharfes Bild wird so über das ganze Bildfeld erreicht.

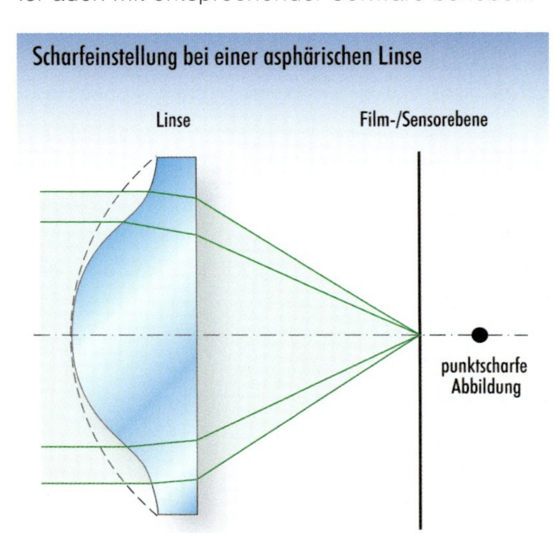

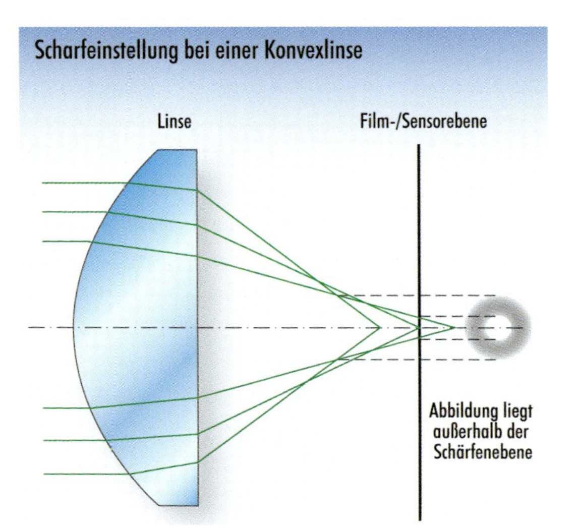

8.9 Vor- und Nachteile von Telekonvertern: preiswert zu mehr Brennweite

Wünscht man sich im Telebereich mehr Brennweite, um z. B. Wildtiere formatfüllender aufzunehmen, bieten sich Telekonverter an.

▲ *1,4x-Telekonverter von Sony.*

Sony hat hierfür zwei Konverter im Angebot: den 1,4x-Konverter APO (D) und den 2x-Konverter APO (D). Zu beachten ist, dass beide Konverter nur an folgenden Objektiven verwendet werden können:

- Sony AF F2,8/70-200 G SSM
- Sony AF F2,8/300 G SSM
- Sony AF STF F2,8/135 (T4,5) (ohne Autofokus)

Außerdem können sie mit folgenden Minolta- bzw. Konica Minolta-Objektiven kombiniert werden:

- AF APO F2,8/300 G
- AF APO F4/300 G
- AF APO F4,5/400 G
- AF APO F4/600 G
- AF APO F4/200 Makro G (ohne Autofokus)

Folgende Kombinationen können nur im manuellen Fokusbetrieb arbeiten:

- 2x-Telekonverter in Verbindung mit AF APO 4/300 G, AF APO 4,5/400 G oder AF APO 4/600 G

Die Konverter unterstützen die D- und die SSM-Funktion und übermitteln die Belichtungsdaten an die α700 korrekt. Der 1,4x-Konverter verlängert die Brennweite um den Faktor 1,4, d. h., aus einem 300-mm-Objektiv wird ein Objektiv mit 420 mm Brennweite. Analog ergibt sich beim Einsatz des 2x-Konverters die doppelte Brennweite, sodass man mit dem 300-mm-Objektiv und dem 2x-Konverter ein 600-mm-Objektiv erhält. Die größte Blende des Objektivs verringert sich entsprechend von z. B. 2.8 auf 4 (beim Einsatz des 1,4x-Konverters) und von 2.8 auf 5.6 (beim Einsatz des 2x-Konverters).

Ein Konverter verringert zwangsläufig die Abbildungsleistung des Objektivs. Zur Qualität der beiden Sony-Konverter kann man sagen, dass der 1,4x-Konverter die Abbildungsleistung nur minimal, der 2x-Konverter sie ebenfalls in geringem Maße negativ beeinflusst. Dies kann der optimalen Berechnung speziell auf die o. g. Objektive zugutegehalten werden.

Fremdhersteller wie z. B. Kenko bieten ebenfalls Konverter an. Diese sind so konstruiert, dass sie mit den meisten Objektiven kombiniert werden können, da sie (im Gegensatz zu den Originalkonvertern) nicht in das Objektiv hineinragen. Trotzdem sollte man sie nicht an Weitwinkelobjektiven einsetzen. Ebenfalls ungeeignet ist eine Kombination aus Telekonvertern und z. B. Zwischenringen. Auf jeden Fall sollte man sich vorher vergewissern, dass es mit dem Konverter und dem Objektiv nicht zu Kollisionen der vorderen Linse des Konverters und der hinteren Linse des Objektivs kommt. Auch Sigma bietet zwei Konverter an, die aber vorrangig für die eigene Objektivserie entwickelt wurden. Die beiden Konverter – der 1,4x-Konverter EX DG und der 2x-Konverter EX DG – können mit folgenden Objektiven kombiniert werden:

- APO F2,8/70-200mm EX
- APO F2,8/70-210mm EX
- APO F4-6,3/50-500mm EX*
- APO F4/100-300mm EX
- APO F3,5/180mm EX
- APO F2,8/300mm EX
- APO F4,5/500mm EX
- APO F5,6/800mm EX
- APO Tele Makro F4/300mm
- APO Tele Makro F5,6/400mm
- APO F8/1000mm

  *nur im Bereich ab 100 mm mit Konverter nutzbar

Zum Teil wird die Autofokusfunktion in Kombination mit den Konvertern nicht unterstützt.

8.10 Günstiges Tool zur Behebung von Randabschattung und Verzeichnung

So gut wie jedes Objektiv weist in der Abbildung mehr oder weniger stark ausgeprägte Verzeichnungen, Randabschattungen und Farbfehler auf. Verzeichnungen erkennt man z. B. an Linien, die im Original gerade und in der Abbildung dann in einer Krümmung verlaufen. Man unterscheidet zwischen tonnen- und kissenförmiger Verzeichnung. Die Randabschattung (Vignettierung) ist ein optisch bedingter Abbildungsfehler, der besonders stark bei Ultraweitwinkelobjektiven auftritt.

Die Lichtstrahlen im Randbereich haben einen etwas längeren Weg durch die Linse als die Lichtstrahlen auf der optischen Achse im Mittelpunkt des Objektivs. Auch führen konstruktive Eigenheiten eines Objektivs zur Randabschattung, etwa das Abschatten der Randstrahlen durch die Blendenöffnung beim Überschreiten des optimalen Bildwinkels bzw. des Bildkreises. Diese und weitere Fehler kann man sehr leicht mit dem kostenlosen Tool PTLens von Tom Niemann korrigieren.

PTLens kann auf *www.epagerpress.com/ptlens* entweder als Erweiterung (Plug-in) für Photoshop oder als eigenständiges Programm heruntergeladen werden. Außerdem ist die Objektivdatenbank *PTlens.dat* notwendig. In diese Datenbank werden ständig neue Objektivwerte aufgenommen. Diese Datei sollte man bei Bedarf regelmäßig aktualisieren. Zu beachten ist, dass das eigenständige Programm (Stand-alone) den RAW- und 16-Bit-Modus nicht unterstützt. Diese beiden Optionen sind nur im Zusammenhang mit Photoshop und dem Photoshop-Plug-in nutzbar. Im ersten Schritt nach dem Programmstart teilt man über die Schaltfläche *Optionen* dem Programm den Pfad zur Objektivdatenbank mit. Das Gleiche gilt für ein externes Bildbetrachtungsprogramm. Das ist sinnvoll, da PTLens keinerlei Funktionen zur Bildbetrachtung zur Verfügung stellt. Das in PTLens enthaltene Vorschaufenster ist nur bedingt zur Kontrolle der Ergebnisse geeignet.

Als Nächstes wählt man das Verzeichnis aus, in dem sich die Bilder befinden, die bearbeitet werden sollen. Nun kann ein Bild zur Durchführung der Korrektur ausgewählt werden. Das Programm zeigt die Werte der verwendeten Kamera und des Objektivs

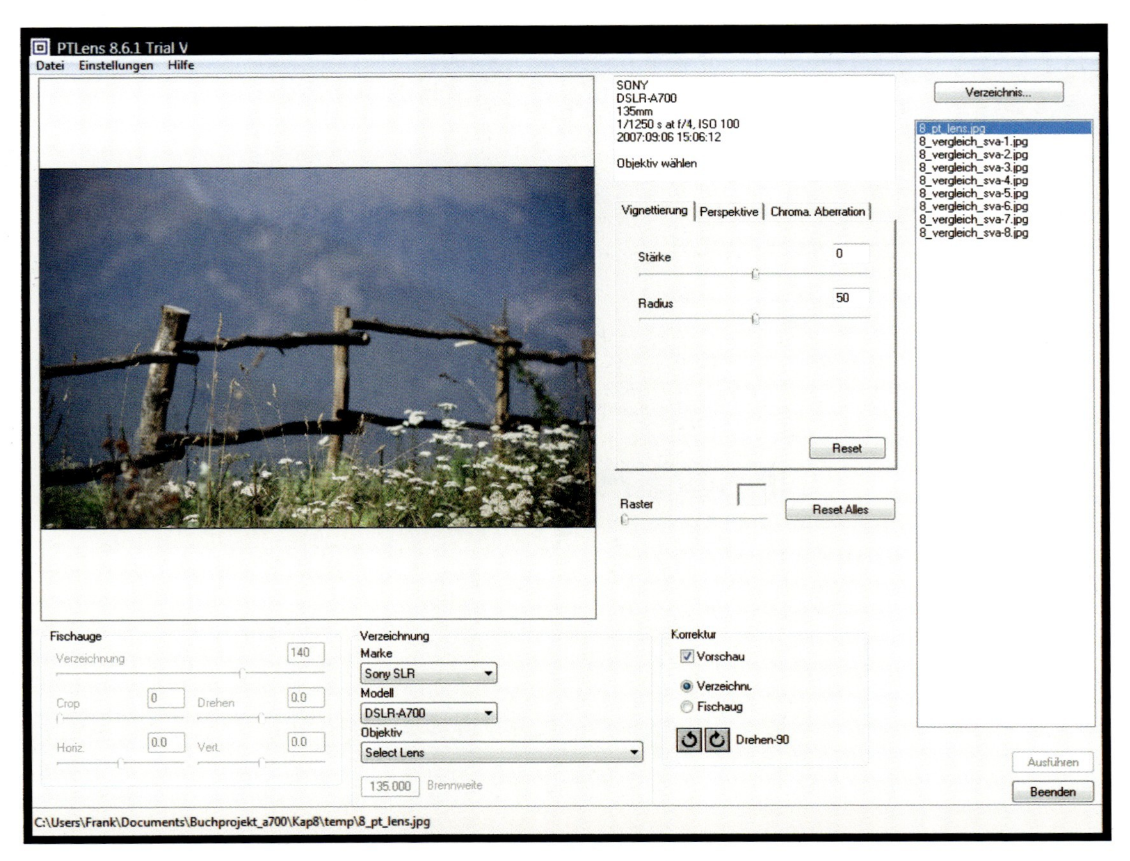

▲ *Mit PTLens kann man u. a. Randabschattungen und Verzeichnungen korrigieren.*

an, wenn die EXIF-Daten in der Datei vorhanden sind. Sollten die EXIF-Daten nicht mehr vorhanden sein, können Objektiv und Kamera manuell aus der Liste gewählt werden. Im Menüpunkt *Korrektur* sind jetzt die zu verändernden Parameter einzustellen (siehe Bilder auf der nächsten Seite). Die Korrektur wird dann automatisch durch einen Klick auf *Ausführen* durchgeführt. Dabei legt PTLens eine neue Datei mit der Namenserweiterung *-pt* an und lässt die Originaldatei bestehen.

Randabschattung durch Filter

Auch Filter können bedingt durch ihre Bauweise und die des Objektivs Randabschattungen verursachen. Sind sie zu dick, ragen sie zu weit in das Bildfeld hinein.

Die entstehenden Schatten spiegeln sich dann als Randabschattung auf der Abbildung wider. Nach Möglichkeit sollten hier schmale sogenannte Slimline-Filter eingesetzt werden.

▲ *Starke Randabschattung vor der Korrektur durch PTLens.*

Nach dem Einsatz von PTLens ist die Randabschattung wesentlich gemindert worden. ▶

8.11 Überblick über die für die α700 geeigneten Objektive

Objektiv	Bildwinkel	Kleinste Blende	Linsen/ Gruppen	Nah-grenze	Filter D. mm	Länge mm (min)	D. mm	Gewicht
AF F2,8/16 Fisheye	180°	22	11/8	0,20	eingeb.	66,5	75,0	400
AF F2,8/20	94°	22	10/9	0,25	72	53,5	78,0	285
AF F2,8/28	75°	22	5/5	0,30	49	42,5	65,5	185
AF F1,4/35 G	63°	22	10/8	0,30	55	76,0	69,0	510
AF F1,4/50	47°	22	7/6	0,45	55	43,0	65,5	220
AF F2,8/50 Makro	47°	32	7/6	0,20	55	60,0	71,5	315
AF F1,4/85	29°	22	8/7	0,85	72	75,0	89,0	640
AF F2,8/100 Makro	24°	32	8/8	0,35	55	98,5	75,0	505
AF F1,8/135	18°	22	11/8	0,72	77	114,5	89,0	1.050
STF F2,8/135 (4,5)	18°	31 (T32)	8/6	0,87	72	99,0	80,0	730
AF F2,8/300 G SSM	8,2°	32	13/12	2,0	114/42	242,5	122	2.310
AF F8/500 Reflex	4,9°	8	7/5	4,0	82	118,0	89,0	665
AF F4,5-5,6/11-18	104-76°	22-29	15/12	0,25	77	80,5	83,0	350
AF F3,5-4,5/16-80	83-20°	22-29	14/10	0,35	62	83,0	72,0	445
AF F3,5-5,6/16-105	83-15°	22-36	15/11	0,40	62	83,0	72,0	470
AF F3,5-5,6/18-70	76-23°	22-36	11/9	0,38	55	77,0	66,0	240
AF F3,5-5,6/18-200	76-8°	22-40	15/13	0,45	62	85,5	73,0	407
AF F3,5-6,3/18-250	76-6,3°	22-40	16/13	0,45	62	86,0	75,0	440
AF F3,5-4,5/24-105	84-23°	22-27	12/11	0,50	62	69,0	71,0	395
AF F4-5,6/55-200	29-8°	32-45	13/9	0,95	55	85,0	71,5	295
AF F2,8/70-200 G SSM	12°30'-34	22	19/15	1,20	77	196,5	78,0	1.340
AF F4,5-5,6/75-300	32°-8°10'	32-38	13/10	1,50	55	122,0	71,0	460
Sony 1,4x-Telekonverter			5/4			20,0	64,0	170
Sony 2,0x-Telekonverter			6/5			43,5	64,0	200

Zusätzlich zu den momentan lieferbaren Objektiven von Sony und Zeiss können fast alle älteren Minolta- bzw. Konica Minolta-Objektive mit Autofokus verwendet werden. Ausgenommen ist die Objektivserie für die Vectis-Baureihe, die ab 1996 mit dem APS-System für Kleinbildfilm auf den Markt kam.

Zu beachten ist auch, dass die α700 mit dem Makrozoom 3x-1x den Super SteadyShot ausschaltet.

Sony AF F2,8/16 Fisheye

Dieses Spezialobjektiv bietet einen Bildwinkel von 180°. Wie der Name „Fischauge" schon vermuten lässt, ist mit diesem Objektiv eine Art Rundumsicht darstellbar. Gewollt ist hier die starke tonnenförmige Verzeichnung. Nur Linien, die genau durch den Mittelpunkt des Objektivs verlaufen, werden unverzeichnet dargestellt. Der Einsatzbereich dieses Objektivs ist damit begrenzt. Eine Gegenlichtblende ist bereits eingebaut.

Sony AF F2,8/20

Sony bietet hier ein sehr lichtstarkes Weitwinkelobjektiv an. An der α700 ergibt sich eine Bildwirkung ähnlich einem 35-mm-Objektiv fürs Kleinbildformat. Das Objektiv bildet praktisch verzeichnungsfrei ab. Eine Randabschattung ist selbst bei offener Blende (Blende 2.8) so gut wie nicht vorhanden.

Sony AF F1,4/35 G

Ein sehr hochwertiges Objektiv der G-Serie ist das AF 1,4/35. Die Bildwirkung entspricht an der α700 der eines 50-mm-Objektivs im Kleinbildbereich. Mit der Anfangsblende von 1.4 ist es extrem lichtstark und damit besonders gut für Aufnahmen mit wenig Umgebungslicht sowie zum Freistellen mit geringer Schärfentiefe geeignet. Es besitzt eine Schärfespeichertaste, asphärische Linsen und Floating-Elemente tragen zur hervorragenden Abbildungsleistung dieses Objektivs bei.

Sony AF F1,4/50

Dieses „Normalobjektiv" ergibt an der α700 die Bildwirkung eines 85-mm-Objektivs bezogen auf das Kleinbildformat. Es ist damit u. a. hervorragend für die Porträtfotografie geeignet.

Die Schärfentiefe ist bei offener Blende (1.4) überaus gering. Hiermit können interessante Effekte erzielt werden. Dieses Objektiv ist ebenfalls bestens für schlechte Lichtbedingungen geeignet. Die Qualität der Abbildungen kann als sehr hoch eingeschätzt werden. Brillanz und Verzeichnung sind ab Blende 2.0 hervorragend.

Sony AF F1,4/85 G

Dieses Objektiv ist mit eines der besten Objektive am Markt. Die optische Leistung und die mechanischen Leistungen dieses Objektivs sind überragend. An der α700 ergibt sich mit dem 1,4/85 eine Bildwirkung ähnlich einem 135-mm-Objektiv im Kleinbildbereich. Das Objektiv ist ideal für Porträts, Konzert- und Actionfotografie.

Sony STF F2,8[T4,5]/135

Das Spezialobjektiv STF F2,8[T4,5]/135 besitzt spezielle Eigenschaften, um den Schärfeverlauf harmonischer darzustellen. Die Hauptmotive heben sich hierbei noch weicher und angenehmer vom unscharfen Hintergrund ab.

Das Objektiv lässt sich aber nur manuell scharf stellen, da eine spezielle Blende (STF-Blende) und ein Absorptionsfilter zum Einsatz kommen. An der α700 ergibt sich die Bildwirkung eines 200-mm-Objektivs (bezogen auf das Kleinbildformat). Auch bei diesem Objektiv kann man hervorragende optische Leistungen erwarten.

Sony AF F8/500 Reflex

Das F8/500 Reflex ist ein preisgünstiges Teleobjektiv, das mithilfe von Spiegel und Linsen arbeitet. Diese Konstruktion erlaubt den Bau eines starken Teleobjektivs (500 mm Brennweite) als sehr kompakte Einheit. Das Objektiv hat aber auch Nachteile. Es besitzt nur eine Blende (8). Ein Auf- oder Abblenden am Objektiv ist nicht möglich. Man behilft sich hier mit Graufiltern, um die Helligkeit zu reduzieren. Die Schärfentiefe lässt sich so natürlich nicht ändern. Außerdem liefert das Objektiv zwangsläufig kleine Kreise im Unschärfebereich, die typisch für Spiegelobjektive sind. Diese Nachteile schränken den Einsatzbereich doch sehr ein.

Sony AF F2,8/70-200 G SSM

Dieses Zoomobjektiv hat den Autofokusmotor direkt im Objektiv eingebaut. SSM bedeutet **S**uper **S**onic Wave **M**otor. Es handelt sich um einen Ultraschallmotor. Diese Motoren zeichnen sich durch eine besonders leise und sanfte Arbeitsweise aus. Selbst bei langsamer Rotation stellen sie ein sehr hohes Drehmoment zur Verfügung. Die Start-/Stoppzeiten sind ungewöhnlich kurz. Das AF F2,8/70-200 G SSM ist apochromatisch korrigiert. Die Lichtstrahlen, die das Objektiv durchdringen, werden aufgrund ihrer unterschiedlichen Wellenlängen unterschiedlich in den Linsen gebrochen. Es ergeben sich so unterschiedliche Brennpunkte der jeweiligen Wellenlängen. Normalerweise werden Objektive nur für zwei Farben (Wellenlängen) korrigiert. Bei APO-Objektiven wird zusätzlich noch eine dritte Wellenlänge korrigiert. So ergeben sich hohe Kontrastleistungen und die präzise Wiedergabe kleinster Details. Außerdem wurden AD-Glaselemente verbaut, um der Abnahme des Auflösungsvermögens entgegenzuwirken.

Insgesamt handelt es sich um ein überaus hochwertiges Objektiv mit Spitzenwerten bei Optik und Mechanik. An der α700 ergibt sich eine Bildwirkung eines 105-300-mm-Objektivs bezogen auf den Kleinbildbereich.

Objektive von Fremdherstellern für die α700

Einige Fremdhersteller produzieren ebenfalls Objektive für das Sony-System (A-Bajonett). Hierzu gehören Sigma, Tamron und Tokina. Auch hier gibt es Informationen über eine kleine Auswahl an Objektiven für den Profi- bzw. semiprofessionellen Bereich.

Sigma 12-24mm F4,5-5,6 EX DG Asp. IF

Bei dem Sigma 12-24mm F4,5-5,6 handelt es sich um ein extremes Weitwinkelzoomobjektiv. Durch die Brennweitenverlängerung der α700 (Faktor 1,5) kommt man im Weitwinkelbereich mit den für den Kleinbildbereich völlig ausreichenden Weitwinkelobjektiven schnell an die Grenzen. Das starke Weitwinkelobjektiv AF F2,8/20 z. B. ergibt an der α700 ein Objektiv mit der Bildwirkung eines 30-mm-Objektivs, was Weitwinkelfans nicht gerade begeistert.

Mit diesem Sigma-Objektiv erhält man nun die Bildwirkung eines 18-36-mm-Objektivs. Mit diesem Bereich sind die meisten Weitwinkelsituationen zu meistern. Die Naheinstellgrenze von 28^cm lässt effektvolle Aufnahmen zu. Sigma musste hier einen relativ großen Aufwand betreiben, um die sonst üblichen Abbildungsfehler von Superzooms zu verhindern. Hierzu wurden vier SLD-Gläser (Gläser mit sehr niedriger Streuung) und drei asphärische Linsenelemente eingebaut. Typisch für ein so starkes Weitwinkelobjektiv ist das Problem der Randabschattung.

Gerade im Bereich von 12 mm sollte das Objektiv auf Blende 8 abgeblendet werden, um Randabschattungen einzuschränken. Im Bereich von 18 bis 24 mm ist dieses Problem weniger stark ausgeprägt. Gleiches trifft auf Brillanz und Schärfe zu. Auch hier bringt ein Abblenden, besonders im 12-mm-Bereich, gute bis sehr gute Werte. Das EX steht bei Sigma für professionell verarbeitete Objektive - auch zu erkennen am Goldring.

Sigma 14mm F2,8 EX RF Asph

Ein interessantes Spezialobjektiv ist das 14-mm-Objektiv von Sigma. Auch hier gilt im übertragenen Sinne das zuvor Geschriebene zum 12-24-mm-Zoom. Da es sich hier aber um eine Festbrennweite handelt, was eine leichtere Berechnung des Objektivs zulässt, kann mit noch besseren Abbildungswerten gerechnet werden.

An der α700 ergibt sich eine Bildwirkung eines 21-mm-Objektivs bezogen auf das Kleinbildformat. Die Verzeichnung ist für diese Art Objektiv erstaunlich gering (leicht tonnenförmig). Die Randabschattung ist abgeblendet auf Blende 5.6 sehr gut.

Sigma 180mm F3,5 EX DG APO Makro

Das auch universeller einsetzbare 180-mm-Makroobjektiv ist nicht nur ein Makrospezialist. Auch hervorragende Teleaufnahmen sind garantiert, wenn man darauf achtet, dass die recht große Streulichtblende möglichst immer mit eingesetzt wird, da die Streulichtempfindlichkeit recht hoch ist. Ansonsten sind in Bezug auf Brillanz und Schärfe kaum bessere Werte erzielbar. Bereits bei Blende 3.5 sind die Ergebnisse sehr gut, ab Blende 5.6 bis Blende 11 dann hervorragend. Ab Blendenwerten von 22 fällt die Leistung allerdings merklich ab. Das Objektiv besitzt eine Fokussierbegrenzung in drei Stufen. Ein manueller Eingriff ist trotz eingeschaltetem Autofokus an der Kamera möglich. Die Makronaheinstellgrenze beträgt 46 mm.

Die Bildwirkung an der α700 entspricht einem 270-mm-Objektiv im Kleinbildbereich. Der größte Abbildungsmaßstab beträgt 1:1. Sigma bietet als Zubehör zwei Telekonverter an. Der 1,4x-Konverter verlängert die Brennweite um den Faktor 1,4, d. h., auch der mögliche Abbildungsmaßstab beträgt mit diesem Konverter 1:1,4. Der ebenfalls angebotene 2x-Konverter lässt sich im Makrobereich kaum noch einsetzen. Bei der sich mit dem 2x-Konverter ergebenden größten Blende von 7.0 (3.5 x 2) lässt sich sehr schwer scharf stellen. Der Schärfentiefebereich wird ebenfalls minimal, womit der Einsatz des 2x-Konverters nur im Telebereich sinnvoll ist. Fokussieren ist mit beiden Konvertern nur von Hand möglich.

Tamron SP AF 200-500 F5-6,3 Di LD [IF]

Eines der „bezahlbaren“ starken Telezoomobjektive kommt von Tamron. An der α700 erhält man mit diesem Objektiv die Bildwirkung eines 300-750-mm-Teleobjektivs bezogen auf das Kleinbildformat. Das Objektiv besteht zwar zum größten Teil aus Kunststoff, ist aber angenehm gut verarbeitet und von der Haptik fast vergleichbar mit Objektiven aus Metall. Der Fokussier- und der Zoomring laufen mit angenehmem Widerstand und ohne Spiel. Um am langen Ende nicht zu verwackeln, ist ein stabiles Dreibeinstativ von Vorteil. Wenn genügend Licht vorhanden ist, kann aber auch ein Einbeinstativ ausreichen. Die Belichtungszeit darf hier dank Super SteadyShot bis zu 1/200 Sekunde liegen. Empfohlen wird auch der Einsatz der Spiegelvorauslösung, um ein Verwackeln durch den Spiegelschlag der α700 zu vermeiden.

An der α700 zeichnet sich das Objektiv durch minimale Randabschattung aus. Abblenden auf Blende 8 bringt eine weitere Verbesserung. Im Bereich von 200 bis 400 mm Brennweite ist die Schärfe und Brillanz als sehr gut einzuschätzen, bei 500 mm als gut. Bei 500 mm Brennweite liegt die Anfangsblende bei 6.3.

Trotz dieser recht geringen Lichtstärke funktioniert der Autofokus sehr zuverlässig und schnell. Zudem kann die geringe Lichtstärke durch Nutzung von ISO 400 und eingeschaltetem Super SteadyShot kompensiert werden. Das Objektiv arbeitet mit Innenfokussierung und verändert beim Scharfstellen die Länge nicht. Auch dreht sich die Frontlinse nicht mit. Es verfügt über eine sogenannte **F**ilter **E**ffect **C**ontrol (FEC), womit Polfilter ohne die Abnahme der Streulichtblende gedreht werden können, was den Einsatz dieser Filter erheblich vereinfacht. Ein ganz entscheidender Vorteil ist natürlich auch das Gewicht. Mit 1.200 g hat man ein wirklich tragbares Teleobjektiv, das auch auf langen Fototouren den Fotografen nicht zu sehr belastet.

Tamron SP AF 180 F3,5 LD (IF) Makro

Dieses Tamron-Objektiv ist ein Makrospezialist, ähnlich dem Sigma AF 180 F3,5. Es besticht durch die gute Verarbeitung und den Einsatz von hochwertigen Kunststoffen, was dem Gewicht zugutekommt. Somit wiegt es nur 920 g und unterbietet damit das Sigma-Makro um 40 g. Es besitzt Tamrons spezielle **I**nnen**f**okussiertechnik, erkennbar am Label IF und natürlich daran, dass sich die Länge des Objektivs beim Fokussieren nicht ändert und sich die Frontlinse nicht mitdreht. Die Naheinstellgrenze liegt bei 47 cm.

▲ *Das Tamron SP AF 200-500 F5-6,3 sollte vorrangig mit Stativ verwendet werden. Besonders im oberen Telebereich muss ansonsten mit Verwacklungen gerechnet werden.*

Ohne Gegenlichtblende ergibt sich ein minimaler Arbeitsabstand von 24,5^cm, der sich mit aufgesetzter Gegenlichtblende auf 15^cm verringert. Der Abbildungsmaßstab liegt dann bei 1:1. In Höhe der Frontlinse ist ein zusätzlicher Drehring angebracht, der den Einsatz von Polfiltern bei aufgesetzter Gegenlichtblende erleichtert. Tamron nennt diese Funktion FEC (**F**ilter **E**ffect **C**ontrol).

▲ *Besonders für weit entfernte Motive empfiehlt sich das AF 200-500 F5-6,3 von Tamron. Hier betrug der Aufnahmeabstand etwa 50 m.*

Leider besitzt das Objektiv keinen Fokusbegrenzer (Limiter), mit dem der Weg zum Scharfstellen für den Makrobereich eingegrenzt werden kann, um unnötige Fokussierwege im uninteressanten Entfernungsbereich zu vermeiden. Die Abbildungsleistung ist durchweg als sehr gut einzuschätzen. Schärfe und Brillanz sind bereits bei der Anfangsblende hervorragend bis sehr gut. Ab etwa Blende 16 lässt die Leistung aufgrund der Beugungsunschärfe geringfügig nach. Auch der Hintergrund erscheint sehr angenehm und ruhig, obwohl nur sieben Blendenlamellen vorhanden sind. Diese sind aber so angeordnet, dass die Blende nahezu als kreisrund erscheint. Auch interessante Porträts sind mit dem Tamron-Objektiv möglich. Die Schärfentiefe ist bei Offenblende extrem gering. Hier muss man sehr genau darauf achten, dass auch noch andere bildwichtige Details im Schärfebereich liegen. Andernfalls sollte abgeblendet werden.

Tokina AT-X Pro SV F2,8/28-70

▲ *Das Tokina AT-X Pro SV F2,8/28-70.*

▲ *Das Makroobjektiv AF 180 F3,5 von Tamron erlaubt Aufnahmen bis zum Abbildungsmaßstab 1:1.*

Ebenfalls als interessante Alternative kann das Tokina AT-X Pro SV 2,8/28-70mm gesehen werden. An der α700 erhält man eine Bildwirkung, die einem 42-105-mm-Objektiv im Kleinbildformat entspricht. Abgeblendet auf Blende 4 ist in allen Brennweitenbereichen kaum noch Randabschattung vorhanden. Brillanz und Schärfe können durch Abblenden ebenfalls verbessert werden, was besonders auf den Brennweitenbereich ab 40 mm zutrifft. Bei 70 mm sollte für eine von der Bildmitte bis zum Rand sehr gute Schärfe und Brillanz auf Blende 5.6 abgeblendet werden.

Das Objektiv werden Sie nur noch gebraucht erhalten können, da Tokina die Produktion von Objektiven mit A-Bajonett für die α-Serie eingestellt hat.

8.12 Objektivqualität selbst überprüfen

In Fachzeitschriften werden regelmäßig die neusten Geräte, u. a. auch Objektive, getestet. Hier kommen die unterschiedlichsten Testverfahren zum Einsatz, was teilweise zu widersprüchlichen Aussagen in den jeweiligen Zeitschriften führt. Am Ende ist es schwer, zu beurteilen, ob ein für „gut" befundenes Objektiv auch wirklich gut ist.

Im Folgenden erhalten Sie eine Anleitung, in der Sie selbst Ihre vorhandenen Objektive hinsichtlich der Abbildungsleistung testen können. Sie können so ermitteln, welches Ihrer Objektive die beste Leistung erbringt, mit welcher Blende die optimale Abbildungsleistung erreicht werden kann und welcher Blendenbereich möglichst nicht verwendet werden sollte, wenn beste Bildqualität gewünscht ist. Zu einem professionellen Test gehören natürlich ein spezielles Labor und fest vorgegebene Testbedingungen. Standards, nach denen hier im Allgemeinen gearbeitet wird, sind z. B. die ISO-Normen 12233 und 14524. Außerdem zählen viele subjektive Faktoren mit zur Einschätzung eines Objektivs – wie z. B. das Bokeh, Leichtgängigkeit und Haptik. Möchte man selbst seine Objektive bezüglich der Schärfeleistung testen, empfiehlt sich als Testmotiv z. B. der auf der hinteren inneren Coverseite dieses Buches abgedruckte Siemensstern. Aber auch andere statische detailreiche Motive können verwendet werden. Der nachfolgende Test nutzt als Motiv einen 20-Euro-Schein. Er ist hierfür recht gut geeignet, da er eine genormte Druckqualität besitzt, was zur Reproduzierbarkeit beiträgt. Die Ergebnisse lassen sich so untereinander z. B. auch im Internet austauschen.

Testmotiv

Am sinnvollsten ist es, einen druckfrischen 20-Euro-Schein zu verwenden. Er sollte möglichst frei von Falten sein. Für den Testaufbau kann man ihn z. B. auf einem Hardcover-Buchdeckel wie beim vorliegenden Handbuch mit Tesafilm fixieren. Keine Sorge, der Tesafilm lässt sich später rückstandsfrei vom Buch bzw. Geldschein wieder lösen.

◂ *Um nun den 20-Euro-Schein zu befestigen, eignet sich Tesafilm sehr gut. Um bundesbankrechtliche Vorschriften (Reproduktion von Geldnoten) einzuhalten, sollte maximal ein Drittel des Scheins zu sehen sein.*

Als Vergleichsmotiv dient ein 100 %-Ausschnitt des 20-Euro-Scheins (wie nachfolgend abgebildet). Dieser Ausschnitt wird nun mit unterschiedlichen Objektiven und Blendenwerten aufgenommen und untereinander verglichen.

◂ *Dieser 100 %-Ausschnitt einer Aufnahme wird zur Testauswertung verwendet.*

Die Vorbereitungsphase

Bevor man zum eigentlichen Test kommen kann, sind einige Voraussetzungen zu schaffen. Es sind Platzbedarf, Lichtverhältnisse und Kameraeinstellungen zu bedenken. Etwas Zeit sollten Sie ebenfalls einplanen. Unter ein bis zwei Stunden ist der Test nicht gewissenhaft zu schaffen. Hält man aber alle Punkte ein, sind später gut vergleichbare Testaufnahmen der Lohn Ihrer Arbeit.

Platzbedarf

Im Weitwinkelbereich ist kaum Platzbedarf vor dem Motiv notwendig. Man muss hierzu auch teilweise bis an die Naheinstellgrenze des Objektivs an das Motiv heran, um den gewünschten Ausschnitt zu erhalten. Getestet ist der Versuchsaufbau bis 16 mm Brennweite. Ob der gewünschte Ausschnitt mit Werten unter 16 mm durchgeführt werden kann, hängt von der Naheinstellgrenze des Objektivs ab. Müssen Sie mit Ihrem Objektiv dichter, als es die Naheinstellgrenze Ihres Objektivs zulässt, heran, ist ein Scharfstellen unmöglich. Handelt es sich um ein Zoomobjektiv, muss die Brennweite entsprechend verändert werden.

Im Telebereich ist entsprechend mehr Abstand zum Motiv notwendig. Für 180 mm Brennweite sind z. B. 3,40 m Abstand erforderlich.

▲ *Voraussetzungen für einen geeigneten Testaufbau sind ein stabiles Stativ und ein Fernauslöser.*

Ausleuchtung

Die Ausleuchtung des Motivs sollte möglichst gleichmäßig erfolgen. Auf jeden Fall muss Gegenlicht vermieden werden, um Einflüsse durch Streulicht zu verhindern.

Stabilität der Testanordnung

Die Kamera muss exakt ausgerichtet werden. Ein stabiles Stativ ist also eine weitere Voraussetzung für den Testaufbau. Nicht unbedingt notwendig, aber ein großes Hilfsmittel ist ein Einstellschlitten, wie er auch in der Makrofotografie gern genutzt wird.

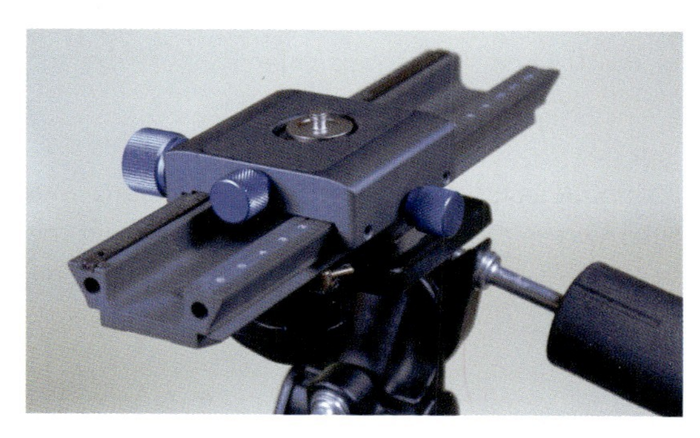

▲ *Ein Einstellschlitten wie hier der Novoflex Castel-L erleichtert das präzise Einstellen des Abstands zum Motiv für den richtigen Ausschnitt.*

Teilweise sind es nur wenige Millimeter, die fehlen, und es ist sehr mühsam, jedes Mal das Stativ umzusetzen. Nützlich ist weiterhin ein Fernauslöser, um eine Verschiebung der Kameraposition beim Auslösen zu vermeiden. Hier geht es immerhin auch um Millimeterbruchteile.

Die Kameraeinstellung

Die α700 sollte so eingestellt werden, dass man mühelos die einzelnen Blendenstufen anwählen kann. Außerdem ist es wichtig, für spätere Vergleiche immer die gleichen Setup-Einstellungen vorzunehmen. Will man die Aufnahmen mit Aufnahmen anderer Fotografen vergleichen, ist es ebenfalls wichtig, dass dieselben Einstellungen verwendet wurden.

Wählen Sie am Moduswahlrad den Blendenprioritätsmodus (A) an, um selbst die Blende wählen zu können.

2

Stellen Sie mit der ISO-Taste ISO 100 ein. Das Bildrauschen ist hier am geringsten und beeinflusst so den Test nicht.

Wählen Sie mit der Fn-Taste den Bildstil *Standard* aus. Der Bildstil *Standard* ist relativ neutral eingestellt und eignet sich damit gut für den Schärfetest. Die Parameter für Kontrast, Sättigung und Schärfe sollten hier auf 0 stehen.

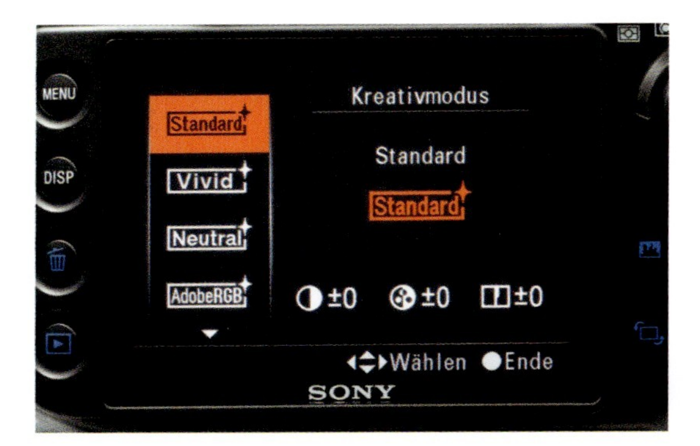

Stellen Sie nach Drücken der Fn-Taste mithilfe des Multiwahlschalters die Bildqualität *Fein* ein. Im RAW-Format wäre der Test ebenfalls durchführbar. Ein Vergleich mit anderen Fotografen wäre aufgrund unterschiedlicher Einstellungen in den einzelnen RAW-Konvertern nur bedingt möglich.

Wählen Sie mit der Bildfolgetaste DRIVE die Option *2-s-Selbstausl.* aus. Hinter dieser Funktion verbirgt sich die Spiegelvorauslösung. Das heißt, dass der Spiegel bereits 2 Sekunden vor der eigentlichen Bildaufnahme hochgeklappt wird. Beeinflussungen der Bildqualität durch den Spiegelschlag sind so ausgeschlossen.

Mit dem Fokusmodushebel stellen Sie den Modus S ein. Denn für statische Aufnahmen eignet sich am besten der Einzelbildautofokus.

Wählen Sie mit der WB-Taste *AWB* für automatischen Weißabgleich. Benutzen Sie Kunstlicht, wählen Sie die Glühlampe. Als Belichtungsmessmethode empfiehlt sich die Spotmessung. Damit liegt der sehr kleine Ausschnitt des 20-Euro-Scheins optimal im Messbereich.

Mithilfe der Fn-Taste wählen Sie im AF-Feld-Menü *Spot*. So stellen Sie sicher, dass die Kamera nicht auf ein Detail im Umfeld fokussiert. Zum Schluss deaktivieren Sie über die Fn-Taste den Dynamikbereich-Optimierer, indem Sie ihn auf *D-R Off* schalten. Dies dient ebenfalls der Vergleichbarkeit der Aufnahmen. Die Kamera greift nun nicht mehr in die Bereiche Helligkeit und Kontrast ein.

▲ *Haben Sie alles wie zuvor beschrieben eingestellt, sollte das Display Ihrer α700 nun so aussehen (ggf. bis auf Akku-Ladung, Speicherkarte, Bildanzahl und Blendenzahl).*

Ausrichtung der α700

Wird die α700 nicht exakt horizontal bzw. vertikal ausgerichtet, kann es bei lichtstarken Objektiven und großen Blenden zur Unschärfe auf dem Motiv kommen. Nutzen Sie, wenn vorhanden, die Nivellierlibelle des Stativs für die Ausrichtung. Im Handel sind Nivellierlibellen zum Aufstecken auf den Blitzschuh erhältlich. Auch diese sind hierfür gut geeignet. Die Entfernung zum Motiv ist ebenfalls wichtig. Ein definierter Ausschnitt ist die Voraussetzung für den späteren Vergleich der unterschiedlichen Aufnahmen. Dabei variiert der Abstand je nach Objektiv. Bei Tests von Zoomobjektiven ist eine stufenlose Brennweitenwahl möglich. Sinnvollerweise beschränkt man sich hier aber auf die Auswahl von 3 bis 4 Brennweiten je nach Brennweitenbereich.

Bei einem Superzoom (wie z. B. dem AF F3,5-6,3/18-250) sind auch weitere Brennweiten sinnvoll. Zumindest sollte bei einem Zoomobjektiv die Anfangs-, Mittel- und Endbrennweite getestet werden. Die Mittelbrennweite errechnen Sie leicht mit folgender Formel:

$$\frac{\text{Anfangsbrennweite} + (\text{Endbrennweite} - \text{Anfangsbrennweite})}{2}$$

Beispiel für das Kit-Objektiv AF F3,5-4,5/16-80:
Hierfür ergibt sich eine Mittelbrennweite von
16 mm + (80 mm - 16 mm) : 2 = 50 mm.

1

Richten Sie nun die Kamera wie zuvor beschrieben aus.

Verändern Sie die Kameraentfernung zum Motiv so, dass der gewünschte Ausschnitt erreicht wird. Bei 16 mm Brennweite sind etwa 35 cm und bei 80 mm etwa 130 cm Entfernung (vom Sensor bis zur Bildebene) notwendig.

Nun sollten Sie nochmals die vertikale und horizontale Ausrichtung überprüfen und ggf. korrigieren. Fixieren Sie die Kamera anschließend möglichst gut, da weitere Bedienschritte an der Kamera notwendig werden und ein Verschieben verhindert werden muss.

Nutzen Sie das Spotmessfeld im Sucher, um einen gleichbleibenden Ausschnitt zu erhalten.

▲ *Achten Sie auf die obere und die seitlichen Begrenzungen wie im Bild dargestellt. Testen Sie ein Zoomobjektiv, verändern Sie nicht die Brennweite, um den Ausschnitt zu erhalten, sondern den Abstand zwischen Kamera und Motiv!*

Scharfstellen unmöglich?
Sollte das Scharfstellen nicht möglich sein, liegt es meist an einer zu geringen Naheinstellgrenze des zu untersuchenden Objektivs. Möchten Sie ein Zoomobjektiv testen, können Sie die Brennweite durch Zoomen verlängern und den Abstand zum Motiv entsprechend anpassen.

Schärfenreihe erstellen

Die Vorbereitungen sind nun beendet und Sie können die Testaufnahmen mit dem Autofokus durchführen. Um dem Scharfstellsystem der α700 auf die Finger zu schauen, sollten Sie eine etwas aufwendigere Vorgehensweise bevorzugen und eine Reihe von Aufnahmen erstellen.

1

Stellen Sie zunächst wie gewohnt im Autofokusmodus - durch halbes Herunterdrücken des Auslösers - scharf und lösen Sie aus.

2

Nun drücken Sie die Taste MF/AF der α700 und halten diese gedrückt (das Gedrückthalten ist nur nötig, wenn im Benutzermenü 1 in der AF/MF-Steuerung *Halten* eingestellt ist). Die Kamera schaltet nun in den MF-Modus und koppelt das Autofokussystem aus. Drehen Sie am Objektiv den Schärfeeinstellring (nicht die Brennweite verändern) in die ganz linke Position. Wechseln Sie wieder in den Autofokusmodus, lassen Sie den Autofokus scharf stellen und lösen Sie aus.

3

Das Ganze wiederholen Sie noch einmal, allerdings mit der Ausnahme, dass der Schärfeeinstellring nach ganz rechts gedreht wird. Sie haben nun drei Testaufnahmen vorliegen. Begutachten Sie alle drei Aufnahmen am Computermonitor. Treten Unterschiede auf, verwenden Sie die schärfste Aufnahme als Referenzaufnahme für den weiteren Test. Mit manuellem Fokussieren wird nun versucht, diese Schärfe nochmals zu übertreffen. Gehen Sie dabei wie folgt vor:

▲ *Sind Sie mit der Helligkeit der Testaufnahme nicht zufrieden, können Sie eine Korrektur nach Drücken der Belichtungstaste mithilfe des vorderen bzw. hinteren Einstellrads vornehmen.*

1

Drehen Sie den Fokussiermodushebel auf die Stellung MF. Fokussieren Sie manuell, bis ein scharfes Bild entsteht. Der Super SteadyShot bleibt während des gesamten Tests abgeschaltet.

2

Nachdem Sie nun die Bilddatei ebenfalls auf den Computer geladen haben, führen Sie einen Vergleich mit den zuvor aufgenommenen Bildern durch und ermitteln das schärfste Bild.

Wiederholen Sie diesen Vorgang, bis das manuell aufgenommene Foto zumindest dem schärfsten Foto der Autofokusserie entspricht.

Blendenstufenreihe erstellen

Nutzen Sie diese Einstellung der schärfsten Aufnahme für den weiteren Test. Der Fokussiermodushebel steht weiter auf MF. Sie können nun beginnen, eine Blendenstufenreihe zu erstellen. Empfehlenswert ist es, mindestens fünf Aufnahmen mit je 1 Blendenstufe aufzunehmen.

Da Sie sich im Blendenprioritätsmodus (A) befinden, können Sie nun mit dem vorderen bzw. hinteren Einstellrad den kleinsten Blendenwert durch Linksdrehen einstellen und auslösen.

2

Um zur nächsten ganzen Blendenstufe zu gelangen, drehen Sie das vordere oder das hintere Einstellrad drei Rasterpositionen nach rechts. Haben Sie im Aufnahmemenü (1) unter *Belicht.stufe 0,5 EV* gewählt, benötigen Sie nur zwei Rasterpositionen für eine Blendenstufe. Aus Blende 5.6 wird z. B. Blende 8, aus Blende 8 wird Blende 11 etc. Lösen Sie bei jeder Blendenstufe einmal aus.

Insgesamt liegen Ihnen nun mindestens fünf Aufnahmen mit einem Abstand von einer Blende vor.

Mit dem Kit-Objektiv AF F3,5-4,5/16-80 würde Ihre Reihe z. B. wie folgt aussehen:

- Brennweite 16 mm: F3.5/F5.0/F7.1/F10/F14
- Brennweite 50 mm: F4.5/F6.3/F9/F13/F18
- Brennweite 80 mm: F4.5/F6.3/F9/F13/F18

Testen Sie das Kit-Objektiv AF F3,5-5,6/18-70, wären es folgende Testbilder:

- Brennweite 18 mm: F3.5/F5.0/F7.1/F10/F14
- Brennweite 44 mm: F5.6/F8/F11/F16/F22
- Brennweite 70 mm: F5.6/F8/F11/F16/F22

Auswertung der Testaufnahmen

Die Testaufnahmen können nun ausgewertet werden. Um sie untereinander vergleichen zu können, überlegen Sie sich ein Bewertungssystem, z. B. die Zahlen 1 (für weniger scharf) bis 5 (für sehr scharf). Um die Daten dokumentieren zu können, können Sie z. B. eine Excel-Tabelle verwenden. Mit einem Diagramm lassen sich die Zahlen auch optisch anschaulicher darstellen. Unter *http://www.frank-exner.com* steht ein Vorschlag für eine derartige Tabelle kostenlos für Sie zur Nutzung zum Herunterladen bereit.

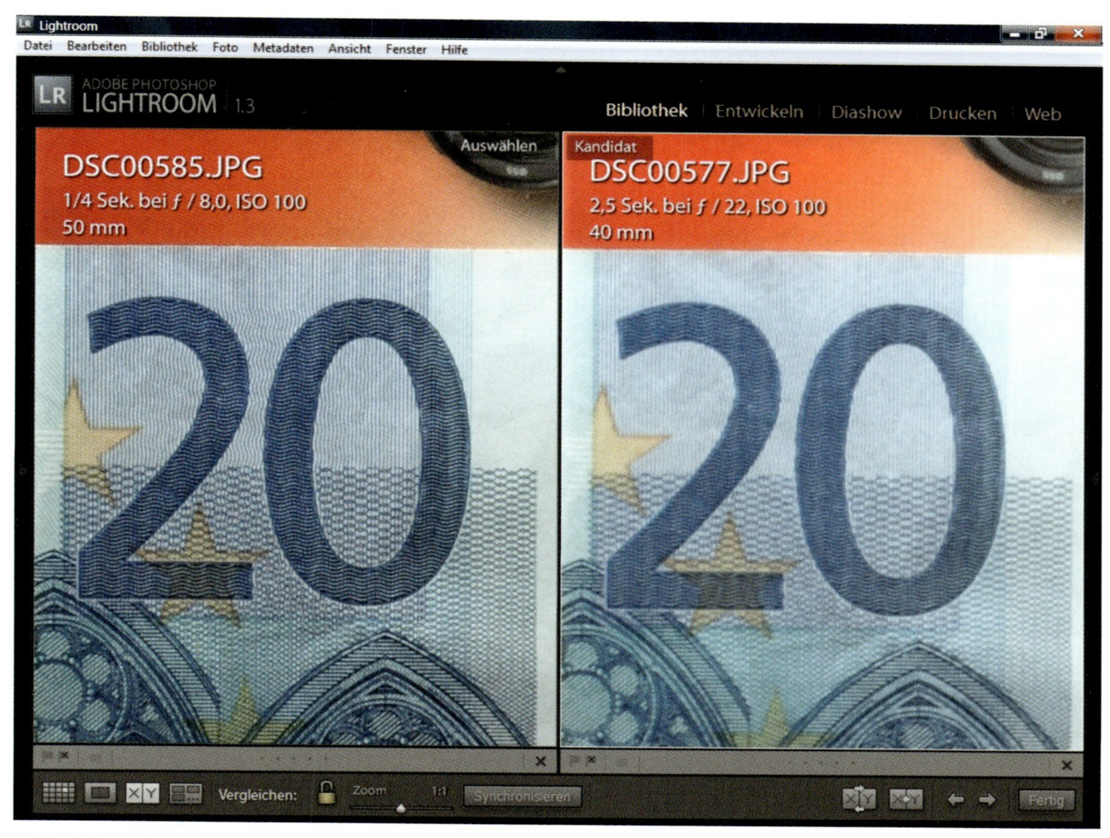

▲ *Vergleichen Sie die Aufnahmen in der Vergleichsansicht bei 100 %, um Unterschiede bei der Schärfe beurteilen zu können. Eine Referenzaufnahme mit hervorragender Schärfe, aufgenommen mit einem Makroobjektiv, ist unter http://www.frank-exner.com zu finden. Nutzen Sie diese für Ihren Vergleich.*

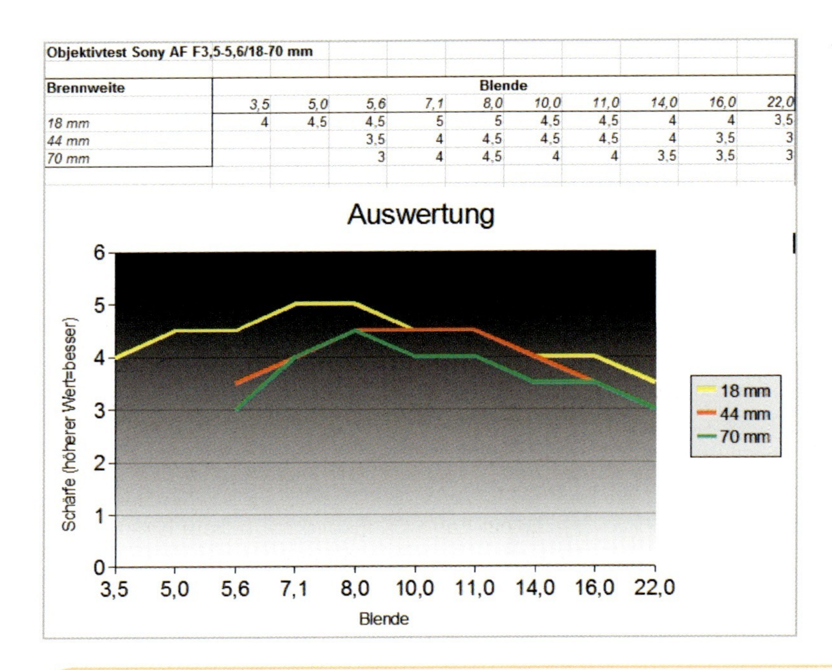

Objektivtest Sony AF F3,5-5,6/18-70 mm

Brennweite	Blende									
	3,5	5,0	5,6	7,1	8,0	10,0	11,0	14,0	16,0	22,0
18 mm	4	4.5	4.5	5	5	4.5	4.5	4	4	3.5
44 mm			3.5	4	4.5	4.5	4.5	4	3.5	3
70 mm			3	4	4.5	4	4	3.5	3.5	3

◂ *Für die Auswertung der Daten bietet sich eine Excel-Tabelle an. Die Daten lassen sich so auch anschaulich in einem Diagramm darstellen.*

Weitere Objektiveigenschaften beachten

Der vorhergehende Test überprüft die Qualität Ihrer Objektive in der Bildmitte. Objektive haben hier ihre optimale Leistung, die im Normalfall zum Rand hin mehr oder weniger abfällt. Um dies und viele weitere Kriterien wie Randabschattung (Vignettierung), Verzeichnung, Streulichtempfindlichkeit etc. testen zu können, wäre ein erheblich umfangreicherer Testaufbau notwendig. Eine Einschätzung der Gesamtobjektivqualität ist somit mit diesem Test nicht möglich.

8.13 Wann sind Filter sinnvoll?

Verschiedene Hersteller bieten ein recht großes Sortiment an Filtern für den Einsatz an Objektiven an. Auch Sony hat (in Kooperation mit Carl Zeiss) eine Filterpalette im Programm.

Die Streitfrage: Schutzfilter oder doch nicht?

Gern möchte man seine teuer erworbenen Objektive vor Beschädigung schützen. Besonders die Frontlinse ist hier recht gefährdet. Ein Filter könnte die Gefahr reduzieren, die Frontlinse zu zerkratzen. Andererseits mindert jede weitere Optik vor der Frontlinse die Qualität der Aufnahme zwangsläufig. Mit Streulicht und Reflexen muss gerade auch bei günstigen Exemplaren gerechnet werden. Gern werden UV-Filter oder Skylight-Filter eingesetzt. Sony bietet hier spezielle Carl Zeiss T*-vergütete Schutzfilter von hoher Qualität an.

Ein Test mit einem im mittleren Preissegment befindlichen UV-Filter an einem F3,5/180-Makroobjektiv ergab hinsichtlich der Bildqualität kaum sichtbare Einschränkungen. Die Bildschärfe konnte bei mehreren getesteten Blendenwerten auch mit Filter als sehr gut eingeschätzt werden. Minimale Änderungen ergaben sich beim Kontrast, der etwas herabgesetzt wurde. In der Praxis können zudem Streulichteinflüsse und Reflexe das Bildergebnis negativ beeinflussen.

Möchte man also die volle Objektivqualität nutzen, sollte man auf Schutzfilter verzichten oder zumindest hoch vergütete Exemplare verwenden. Der permanente Einsatz der Streulichtblende kann ebenfalls zum Schutz der Frontlinse beitragen.

Spiegelungen verhindern mit dem Polfilter

Effekte, wie sie der Polfilter auf die Aufnahme bewirkt, sind nur mit diesem zu erreichen. Per Bildbearbeitung ist es kaum bzw. gar nicht möglich, diese Effekte nachzustellen. Der Polfilter gilt als unverzichtbar, wenn es um Filterzubehör geht.

▲ *Über einen Dosierring am Polfilter lässt sich die Wirkung gezielt verändern.*

Ein Polfilter hilft, Spiegelungen an nicht bzw. schwach elektrisch leitenden Oberflächen zu reduzieren bzw. ganz zu verhindern. Die Farbsättigung kann ebenfalls erhöht werden. Ein gewisser Lichtverlust durch den Filter muss hierbei in Kauf genommen werden. Für die α700 wird ein zirkularer Polfilter benötigt. Verwenden Sie nur hochwertige (z. B. von B+W) Polfilter und bevorzugen Sie die schmale Bauform Slim, um Randabschattungen zu vermeiden. Auch Sony liefert hochwertige zirkulare Polfilter, z. B. die VF-CPAM-Reihe in unterschiedlichen Größen.

Licht dämpfen mit dem Graufilter

Auch für den Graufilter gibt es softwareseitig wenig Alternativen. Mit ihnen wird das einfallende Licht reduziert. Man erhält so längere Belichtungszeiten, wodurch bestimmte Effekte – wie z. B. das Fließen von Wasser darzustellen – erst möglich werden. Spezielle Graufilter (die Grauverlaufsfilter) helfen, zu starke Kontraste im Motiv zu reduzieren. Wenn z. B. ein Landschaftsbild mit hellem Himmel und dunkler Landschaft fotografiert wird, sind die Kontraste meist zu stark und entweder der Himmel ist überbelichtet oder die Landschaft zu stark unterbelichtet.

Verlaufsfilter besitzen eine über den Filter verlaufende Graustärke und können so Bereiche stärker abdunkeln, während auf der anderen Seite mehr Licht durchgelassen wird. In begrenztem Umfang kann man hier auch softwaretechnisch arbeiten. Für zu starke Kontraste bleibt aber nur der Einsatz von Graufiltern übrig. Sony bietet hier seine VF-NDAM-Serie mit hochwertigen Graufiltern als 8x-Filter an, was 3 Blendenstufen entspricht. Hierdurch erreicht man die achtfache Belichtungszeit.

▲ *Carl Zeiss-Graufilter aus der VF-NDAM-Serie.*

9

Typische und spezielle Einsatzfälle

Die α700 immer griffbereit dabeizuhaben, kann sich lohnen. Im Folgenden werden einige besondere Einsatzfälle betrachtet und es wird auf typische Fotogebiete wie die Reisefotografie eingegangen. Tipps zur optimalen Vorbereitung und Objektivauswahl sowie zum Kameraschutz kommen ebenfalls nicht zu kurz.

9.1 Hallen- und Konzertaufnahmen optimieren

Hallen- und Konzertaufnahmen stellen eine hohe Herausforderung für Fotograf und Technik dar. Trotzdem ist dieses Thema sehr beliebt, denn die zu erzielenden Ergebnisse sind doch meist etwas Besonderes. Wie schafft man es nun, mit wenig und kompliziertem Licht, schnellen Bewegungen der Akteure und vielen Unwägbarkeiten wie hoher Lautstärke, Saunatemperaturen und wild gewordenen Fans klarzukommen? Hohe ISO-Werte und lichtstarke Objektive unterstützt durch den Super SteadyShot der α700 sind in jedem Fall gefordert.

▲ *Bewegungsunschärfe, dunkle Flächen etc., bei Konzertaufnahmen gehört dies meist dazu und spiegelt so auch die Stimmung vor Ort wider.*

Weißabgleich geschickt einstellen

Selten hat man bei Konzert- und Hallenaufnahmen gleichbleibende Lichtverhältnisse und kann sich darauf einstellen. Eine Einstellung auf bestimmte Farbtemperaturen hat meist keinen Sinn. Entweder man fotografiert ohnehin im RAW- bzw. cRAW-Modus und kann so den Weißabgleich später noch einstellen oder man wählt den automatischen Weißabgleich AWB vor. Bei Konzert- und Hallenaufnahmen kommt es auch nicht auf einen akkuraten Weißabgleich an. Sind Gesichter von Scheinwerfern angestrahlt, wird man z. B. auch nicht die normale Hautfarbe erreichen. Der außen stehende Betrachter wird sich also nicht an einem „unecht“ aussehenden Gesicht stoßen. Im Gegenteil: Es trägt zur Übertragung der Stimmung vor Ort bei.

Die Wahl des ISO-Wertes

Für die α700 empfiehlt sich für Konzert- und Hallenaufnahmen mit wenig Licht ein ISO-Wert im Bereich von ISO 800 und 1600. Ist Körnung als Gestaltungsmittel im Bild gewünscht, sollten Sie ISO 3200 oder sogar ISO 6400 wählen.

Möchte man nicht nur knackscharfe und statische, sondern auch dynamische Aufnahmen, kann der

▼ *Hohe ISO-Werte können Sie gezielt für mehr „Korn“ auf der Aufnahme einsetzen.*

ISO-Wert herabgesetzt werden. Verschlusszeiten bis zu 1/20 Sekunde bei Objektiven bis 85 mm lassen Bewegungen verwischen und geben die Bewegung in der Szene gut wieder.

RAW-Format gegen Überstrahlung durch Spotlichter

Durch den Einsatz der Spotmessung oder auch der mittenbetonten Integralmessung kommt es eventuell außerhalb des Messbereichs (also in den Bildecken) zu Überstrahlungen durch Spotlichter. Um hier später bei der Bildbearbeitung genügend Reserven für die Korrektur zu haben, sollte das RAW-Format gewählt werden. Der wesentlich höhere Dynamikumfang des RAW-Formats gegenüber dem JPEG-Format spielt hier wieder seine Vorteile aus. Möchte man seine Aufnahmen gleich direkt nach dem Konzert präsentieren, wählt man am besten die Option *RAW & JPEG* bzw. *cRAW & JPEG*. So kann man auf die JPEG-Dateien zugreifen und hat später die Möglichkeit, die RAW-Dateien nach seinen Wünschen im RAW-Konverter zu entwickeln.

Einsatz lichtstarker Objektive

▲ *Empfehlung Nr. 1 für Konzertaufnahmen: Das Zeiss Sonnar AF F1,8/135 ist hoch lichtstark und von der Brennweite her ideal für Porträts der Künstler, wenn man dicht an der Bühne steht.*

Wie bei Konzert- und Hallenaufnahmen üblich hat man mit wenig Licht zu kämpfen. Hier sind besonders lichtstarke Objektive immer von Vorteil.

▲ *Wenig Licht macht den Einsatz lichtstarker Optiken notwendig. Harald Bättig nahm diese stimmungsvolle Aufnahme mit Blende F1.7 auf.*

Der abzudeckende Brennweitenbereich liegt zwischen 70 und 200 mm. Profis, die die Atmosphäre des Konzerts verdichtet auf das Foto bannen wollen, sieht man auch schon mal mit einem AF F2,8/300-Objektiv vor Ort. Um ein Einbeinstativ kommt man dann schon aufgrund des Gewichts von fast 2,5 kg nur für das Objektiv nicht herum. Ist das Budget nicht ganz so üppig, kann man in diesem Bereich bereits mit einem recht günstigen AF F1,4/50-Normalobjektiv zu sehr guten Ergebnissen kommen, vorausgesetzt, man steht recht weit vorn an der Bühne. Das AF F1,4/50 sollte zudem um mindestens 1 Blende abgeblendet werden, da ansonsten die Ergebnisse recht weich ausfallen. Ab Blende 2.8 ist es dann aber sehr scharf.

▲ *Empfehlung Nr. 2: das AF F2,8/70-200 G SSM – beliebt bei den Profis und vom Brennweitenbereich und von der Lichtstärke her ideal.*

Aber auch Kit-Objektive sind durchaus geeignet, wenn man den ISO-Wert entsprechend anhebt.

▲ *Auch Kit-Objektive sind für die Hallen- und Konzertfotografie geeignet. Aufgrund ihrer geringeren Lichtstärke und da zumindest um eine Blende abgeblendet werden sollte, ist ein hoher ISO-Wert notwendig, um ungewollte Verwacklungen zu vermeiden.*

Einsatz des Bildstabilisators

Die α700 verfügt glücklicherweise über den gehäuseinternen Super SteadyShot-Bildstabilisator. Somit steht diese Funktion bei allen angeschlossenen Objektiven bereit. Der Super SteadyShot sollte auch im Bereich der Konzertfotografie eingeschaltet sein. Sich bewegende Personen kann er natürlich nicht stabilisieren. Die Gefahr aber, dass man Aufnahmen verwackelt, ist wesentlich geringer als ohne Stabilisator. Benutzt man ein Stativ, sollte der Stabilisator abgeschaltet werden.

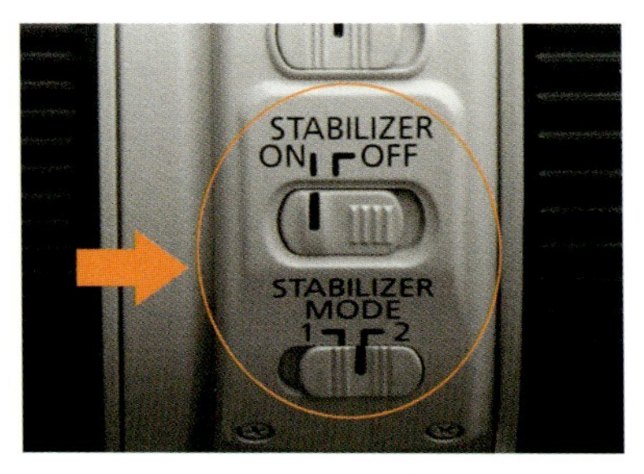

▲ *Andere Hersteller verbauen die Bildstabilisatoren im Objektiv. Der Nachteil dabei ist, dass jedes Objektiv einen eigenen Bildstabilisator besitzen muss. Der Bildstabilisator der α700 arbeitet hingegen mit fast allen passenden Objektiven für das A-Bajonett zusammen.*

Optimales Messverfahren wählen

Die Erfahrung zeigt, dass die effektivste Messmethode für Konzertaufnahmen meist die Spotmessung ist. Auch die mittenbetonte Integralmessung kann zu guten Ergebnissen führen. Überwiegend möchte man ja möglichst den Künstler optimal belichtet auf die Aufnahmen bannen. Auch die Scheinwerfer strahlen normalerweise den Künstler an, sodass er sich vom Umfeld abhebt. Würde man hier die Mehrfeldmessung wählen, würde die Automatik die Gesamtszene berechnen und den Künstler eventuell überbelichten. Sicher ist hier der Fotograf stark gefordert, denn er muss den Künstler oder das zu fotografierende Detail ständig im doch recht kleinen Messfeld nachführen. Die Chance auf perfekt belichtete Aufnahmen steigt so aber erheblich an. Möchte man mit Weitwinkelobjektiven die gesamte Band oder Bühne aufnehmen, ist hingegen sicher die Mehrfeldmessung die bessere Wahl.

▲ *Links wurde als Messmethode die Mehrfeldmessung eingestellt. Dadurch, dass das gesamte Bildfeld in die Belichtungsmessung einfließt, wird die Belichtungszeit zu lang für eine verwacklungsfreie Aufnahme. Zudem geht die Lichtstimmung verloren. Rechts wurde mit Spotmessung gearbeitet, was die Lichtsituation vor Ort besser wiedergibt.*

Ist der Aufhellblitz sinnvoll?

Grundsätzlich sollte der interne Blitz bei Konzerten möglichst nicht eingesetzt werden. Zum einen kann dieser Blitz eventuell die ganze Veranstaltung oder den Künstler stören und zum anderen kann damit die gesamte vorhandene Lichtstimmung verloren gehen.

Einstellungsvorschlag für die α700 für Konzertfotografie

Für die Konzertfotografie ist der Blendenprioritätsmodus die richtige Wahl. Lassen Sie zunächst die Blende möglichst weit geöffnet, um kurze Belichtungszeiten zu erhalten. Später kann mit Blende und Belichtungszeit experimentiert werden, um die gewünschten Effekte zu erreichen. Die weiteren Einstellungen sind wie folgt zu empfehlen: ISO 800, RAW- oder cRAW-Format, Spotmessung, Bildfolge: Hi.

Lassen Sie den Finger ruhig etwas länger auf dem Auslöser. Die Kamera nimmt dann ca. fünf Bilder pro Sekunde auf. Im RAW-Format können so bis zu 18 Bilder hintereinander in den Zwischenspeicher der α700 geladen werden.

Im komprimierten cRAW-Format sind es sogar 25 Bilder. Später hat man so eine große Anzahl von Aufnahmen und die Chance steigt, dass schöne Posen des Künstlers und technisch perfekte Aufnahmen dabei sind.

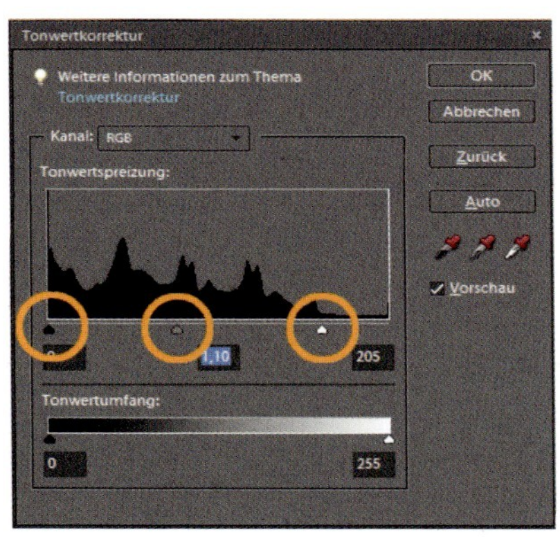

▲ *Tonwertkorrektur in Adobe Photoshop Elements.*

Tonwerte und Farben nachträglich optimieren

Mit hoher Sicherheit wird es notwendig werden, die Tonwerte und Farben leicht anzupassen. Dies ist bedingt durch die komplizierte Lichtsituation in Hallen und Konzertsälen. Optimal ist es hier, wenn man ohnehin im RAW-Format arbeitet, da eine Entwicklung der Fotos später im RAW-Konverter problemlos und verlustfrei möglich ist. Umfangreiche Informationen sind hierzu auf Seite 220 verfügbar.

Wurde z. B. aus Speicherplatzgründen das JPEG-Format angewendet, können natürlich ebenfalls Optimierungen durchgeführt werden. In Adobes Photoshop Elements z. B. nutzt man im Histogramm (*Überarbeiten/Beleuchtung anpassen/ Tonwertkorrektur*) die in der Abbildung gekennzeichneten Schieberegler. Hierzu verschiebt man in diesem Fall den rechten weißen Regler nach links bis zum Ende des Histogrammbergs. Mit dem mittleren Regler kann man die Kontrastwerte des Bildes aufbessern.

Es ist durchaus auch möglich, dass die Sättigung der Farben korrigiert werden muss. Bei Konzertaufnahmen kommt es häufig zu Übersättigungen der Farben durch die eingesetzte Beleuchtungstechnik. Ist dieser Effekt ungewünscht, kann man ihn im RAW-Konverter bzw., wenn im JPEG-Format fotografiert wurde, in Photoshop Elements verändern. Im Menüpunkt *Überarbeiten/Farbe anpassen/Farbton/Sättigung anpassen* kann die Sättigung durch Linksziehen des Reglers optimiert werden. Eine Farbtonanpassung ist hier ebenfalls möglich.

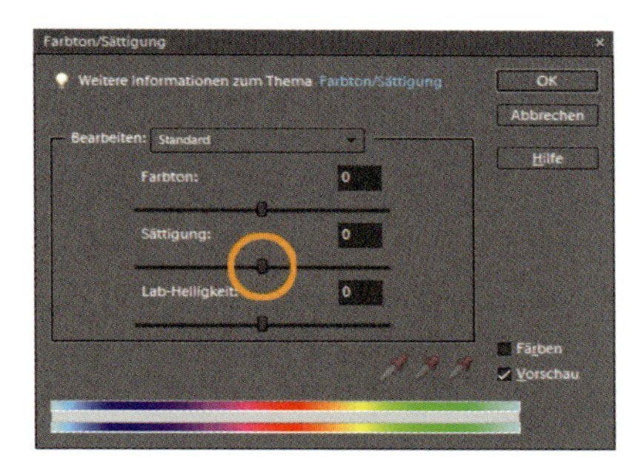

▲ *Farbton/Sättigung für optimale Farben.*

9.2 Astrofotografie

Sie kennen vielleicht das Gefühl: Beispielsweise im Urlaub in einem kaum besiedelten Gebiet, wenn man nachts zum Himmel schaut, ist man überwältigt von der Sternenpracht. Gern würde man vielleicht noch weiter ins Weltall schauen und diese Schönheit festhalten können. Dies könnte für Sie der Einstieg in die Astrofotografie sein. Aufgrund ihrer sehr guten Rauscheigenschaften eignet sich die α700 ausgezeichnet für die Astrofotografie. Es war schon mit der α100 möglich, ansprechende Aufnahmen aus dem Weltall anzufertigen. Die α700 erweitert nun dieses Spektrum, da ihr Rauschverhalten der α100 weit überlegen ist. Man braucht kein Astroprofi zu sein, um beeindruckende Aufnahmen mit einer recht einfachen und günstigen Ausrüstung zu schaffen. Bilder, wie wir sie vom Hubble-Teleskop kennen, sind hierbei natürlich nicht zu erreichen. Hierfür wäre der finanzielle und zeitliche Aufwand enorm.

Neben der Technik ist langjährige Erfahrung eine weitere Voraussetzung. Man muss zur richtigen Zeit am richtigen Ort sein und wissen, welche Technik für das gewählte Objekt die richtige ist und wie die Rohdaten später am PC verarbeitet werden müssen. Aber bereits mit den Kit-Objektiven der α700, einem stabilen Stativ, einem Kabelfernauslöser (RM-L1AM oder RM-S1AM) oder der Funkfernbedienung und etwas Bildbearbeitung sind eindrucksvolle Strichspuraufnahmen oder Sternbildaufnahmen möglich.

Die α700 optimal einstellen

Da sich die Elektronik einer Digitalkamera bei längeren Belichtungszeiten erwärmt und diese eigentlich für die Tageslichtfotografie ausgelegt wurde, sind die richtigen Einstellungen an der α700 wichtig. So kann auch die α700 zu einer sehr guten Astrokamera werden.

Ein entscheidender Punkt ist die richtige ISO-Wahl. Hohe ISO-Werte erlauben längere Belichtungszeiten, andererseits ergeben hohe ISO-Werte auch ein stärkeres Rauschen. Gleichzeitig wird der Dynamikumfang reduziert. Als Kompromiss hat sich bei der α700 ein ISO-Wert von 800 und 1600 je nach Situation ergeben. Bei besonders lichtschwachen Objekten kommt man um die Wahl von bis zu ISO 3200 nicht herum. Das Rauschminderungssystem der α700 erlaubt auch in diesem Bereich noch ausreichend gute Aufnahmen. Für Strichpunktaufnahmen ist andererseits ISO 100 bzw. ISO 200 die richtige Wahl.

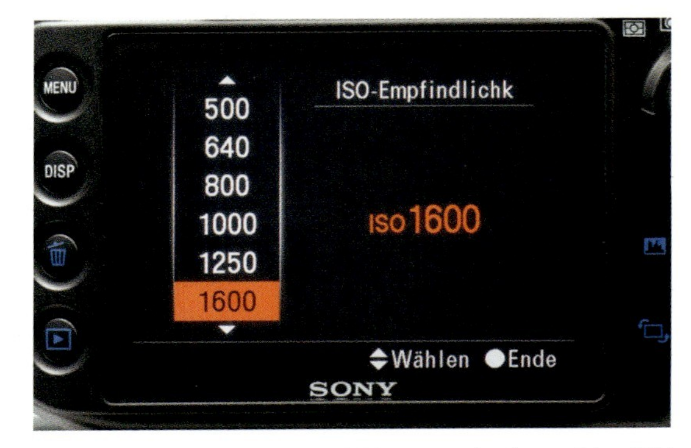

▲ *ISO 1600 ergibt an der α700 ein noch akzeptables Bildrauschen. Höhere Werte sind durchaus auch noch möglich, man sollte hier aber vorab Tests durchführen, ob man mit der Bildqualität zufrieden ist.*

Ab einer Belichtungszeit von 1 Sekunde bedient sich die α700 eines Tricks zur Rauschreduzierung. Dabei wird nach jeder Aufnahme nochmals eine Aufnahme gleicher Belichtungszeit bei geschlossenem Verschluss durchgeführt. Dieses sogenannte Dunkelbild enthält nun die ähnlichen Rauschwerte der vorhergehenden Aufnahme. Anhand dieser Daten rechnet die α700 nun das Rauschen aus der eigentlichen Aufnahme heraus.

Ein Nachteil dieser gut funktionierenden Funktion ist die Zeit, die hierbei verloren geht. Bei wenigen Sekunden lässt sich dies vielleicht noch verschmerzen. Im Minutenbereich kann so aber die Arbeit recht stark behindert werden.

Möchte man durchgängige Strichpunktaufnahmen anfertigen, ist es zudem gar nicht möglich, diese Funktion zu nutzen. Hierfür ist die Rauschreduzierung zu deaktivieren. Um trotzdem rauschreduzierte Aufnahmen zu erhalten, kann man diese Dunkelbilder auch getrennt aufnehmen. Wichtig dabei ist, dass das Objektiv abgedeckt wird und dass die gleichen Aufnahmebedingungen herrschen. Die Belichtungszeit und die Temperatur müssen denen der vorhergehenden Aufnahmen entsprechen. Von diesen Dunkelbildern sollten mindestens zwei Aufnahmen erstellt werden. Später kann dann per Bildbearbeitung mit den Aufnahmen ein ähnlicher rauschmindernder Effekt erreicht werden. Die Dunkelbilder werden dabei gemittelt und von den Aufnahmen der Serie abgezogen.

▲ *Eine Strichpunktaufnahme führen Sie am besten mit ausgeschalteter Langzeitrauschminderung durch.*

Der ansonsten sehr wertvolle Monitor der α700 sollte möglichst abgeschaltet werden. Jegliches zusätzliches Licht ist bei Astroaufnahmen normalerweise störend.

▲ *Die Monitoranzeige kann nach der Aufnahme recht stark blenden und sollte deshalb abgeschaltet werden.*

Vergessen Sie nicht, das Rohdatenformat RAW bzw. – wenn der berechnete Speicherplatz nicht ausreicht – das komprimierte RAW-Format cRAW einzustellen. Aus den Rohdaten der α700, die im 12-Bit-Format vorliegen, lassen sich weit mehr Informationen gewinnen, als das mit den komprimierten 8-Bit-JPEG-Daten möglich ist.

▲ *Um später genügend Korrekturspielraum zu haben, sollten Sie im RAW-Modus arbeiten.*

Ohne Stativ bzw. Montierung ist ein sinnvolles Arbeiten in der Astrofotografie meist nicht möglich. Da der Bildstabilisator der α700 nicht für den Stativeinsatz konzipiert wurde, sollten Sie ihn abschalten. Unter Umständen kann es ansonsten zu leichten Verwacklungen kommen.

Beim Einsatz längerer Brennweiten (ab etwa 150 mm) ist es sinnvoll, die Spiegelvorauslösung einzuschalten. Verwacklungen durch den Spiegelschlag der Kamera können so verhindert werden.

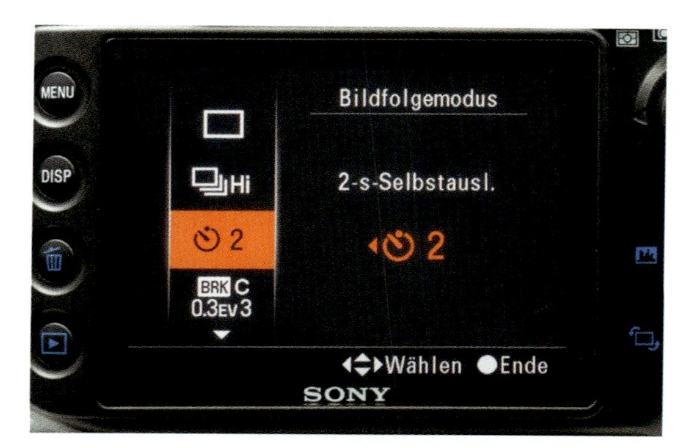

▲ *Schalten Sie gerade bei längeren Brennweiten die Spiegelvorauslösung ein. Zu erreichen ist das Menü über die DRIVE-Taste. Hinter dem Punkt 2-s-Selbstausl. verbirgt sich die Spiegelvorauslösung.*

Strichspuraufnahmen

Strichspuraufnahmen visualisieren die Erdrotation. Viele extrem lang belichtete Einzelaufnahmen werden hierbei zusammengerechnet. Die Sternspuren, die dabei entstehen, bilden bei exakter Ausrichtung Kreise um den scheinbar stillstehenden Polarstern (Himmelspol). Ein Objekt im Vordergrund trägt meist zur Attraktivität der Aufnahme bei.

Für Strichspuraufnahmen wird die α700 mit einem weitwinkligen Objektiv fest auf ein Stativ montiert. Sinnvoll ist eine Timersteuerung, die automatisch für die Verschlusssteuerung der meist 3- bis 5-Minuten-Intervalle sorgt. Die α700 kann bis zu 30 Sekunden selbst steuern.

Darüber hinaus muss als Belichtungszeit *Bulb* eingestellt werden. Der Verschluss bleibt hier so lange geöffnet, bis der Auslöser losgelassen wird. Mit der Timersteuerung kann komfortabel die Belichtungszeit und die Anzahl der Intervalle eingestellt werden.

▲ *Mit diesem Intervallfernauslöser können Sie individuell die Anzahl der Intervalle sowie die Intervalllänge einstellen.*

Für die Aufnahme von Sternenstrichspuren sollte eine maximale Empfindlichkeit von ISO 800 gewählt werden. Idealer sind niedrigere ISO-Empfindlichkeiten. Versuchen Sie, ein Optimum zwischen den notwendigen 3- bis 5-Minuten-Belichtungs-

Sinnvoll arbeiten mit dem programmierbaren Timer

Kaiser Fototechnik bietet den digitalen Sucher Zigview an. Dieser bietet neben vielen anderen nützlichen Funktionen auch eine Intervallsteuerung. Belichtungszeiten zwischen 1 Sekunde und 24 Stunden und eine Anzahl von fast unbegrenzt vielen Aufnahmen sind möglich. Die Zeit für die Spiegelvorauslösung kann das Gerät ebenfalls berücksichtigen. Für die α700 ist die passende Variante des Zigview (S2B) zu wählen. Alternativ gibt es günstige Timer von Fremdanbietern oder zum Selbstbau.

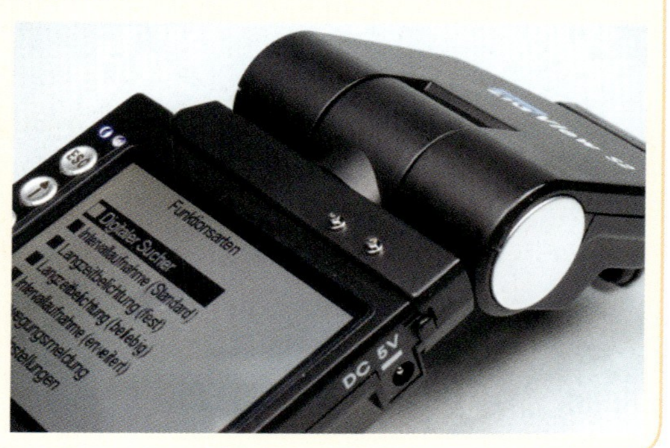

zeiten und den ISO-Einstellungen zu finden. Probebelichtungen und die anschließende Beurteilung auf dem Display oder Notebook bieten sich hierfür an. Das Histogramm kann ebenfalls herangezogen werden, um Über- bzw. Unterbelichtungen auszuschließen und den Dynamikbereich optimal zu nutzen. Auch auf eine eventuell zu starke Dominanz der Himmelshintergrundhelligkeit sollte geachtet werden.

Das Objektiv sollte möglichst weitwinklig sein. Bereits mit dem Kit-Objektiv AF F3,5-5,6/18-70 sind derartige Aufnahmen möglich. Blenden Sie bei diesem Objektiv 1 bis 2 Blenden ab, um eine optimale Qualität zu erhalten.

Alternativ kann auch z. B. das Zeiss AF F3,5-4,5/16-80 oder – wenn noch mehr Weitwinkel gewünscht wird – das Sony AF F4,5-5,6/11-18 eingesetzt werden. Das Zeiss-Objektiv ist bereits bei Offenblende sehr gut und braucht deshalb für eine optimale Bildqualität weniger abgeblendet zu werden.

Hat man alles berücksichtigt, kann es an das Aufnehmen gehen. Die Einzelaufnahmen werden später am PC in Photoshop über *Aufhellen* überlagert. Einfacher geht es mit spezieller Software wie z. B. Startrails – unter *http://www.startrails.de* als Freeware herunterzuladen. Das Programm verarbeitet 200 Einzelaufnahmen und mehr. Auch die Dunkelbilder können zur Rauschreduktion in die Berechnung mit einfließen.

Sucherabdeckung verwenden

Es ist durchaus möglich, dass Streulicht durch den Kamerasucher auf den Sensor gelangt. Aus diesem Grund sollte die Sucherabdeckung verwendet werden. Diese befindet sich am Kameragurt und kann einfach anstelle der Gummiaugenmuschel über den Suchereinblick geschoben werden.

Gute Optiken sind das A und O

Bevor man weiter in die Tiefen des Weltalls eindringen kann, sind ein paar Gedanken zu den entsprechenden Optiken wichtig. Denn nun sind Brennweiten gefragt, die weit jenseits von Weitwinkelobjektiven liegen. Lichtstärke und mechanische Verarbeitung sind neben der optischen Qualität ebenfalls wichtig. Der Autofokus hat, wenn überhaupt, nur Bedeutung bei Aufnahmen des Mondes. In allen anderen Fällen kommt man um eine manuelle Scharfstellung nicht herum. Vorsicht ist bei einigen günstigen Objektiven geboten. Diese lassen sich recht schwer per Hand scharf stellen und besitzen meist keine Entfernungsmarkierung. Das Scharfstellen ist so kaum präzise möglich.

Auf Farbfehler prüfen

Der Farbfehler (chromatische Aberration) einer Optik sollte bei Tageslicht geprüft werden. Hierzu überprüft man Aufnahmen von weiter entfernten Motiven. An starken Kanten dürfen keine Farbsäume, meist blau, auftreten. Sind doch Farbsäume vorhanden, handelt es sich um eine nicht genügend korrigierte Optik. Da Licht unterschiedlicher Wellenlänge (also unterschiedlicher Farbe) unterschiedliche Brechzahlen besitzt, entstehen unterschiedliche Brennpunkte beim Durchgang durch eine Optik. Farbsäume und Unschärfe sind die Folge, die besonders in der Astrofotografie stark auffallen und schlecht per Bildbearbeitung korrigiert werden können.

Einfache unkorrigierte Optiken werden als Chromaten bezeichnet. Alle Farben treffen auf einen unterschiedlichen Brennpunkt. Diese Optiken sind nur für Spezialanwendungen geeignet. Achromaten korrigieren durch weitere Linsen die rote und die blaue Farbe, sodass der Brennpunkt übereinstimmt. Hochwertige Optiken sind für den gesamten sichtbaren Wellenlängenbereich korrigiert und werden als Apochromaten bezeichnet.

Möchte man die durch Farblängsfehler entstehenden Säume um die Sterne herum vermeiden, sollten Apo-Objektive zum Einsatz kommen. Diese sind entsprechend korrigiert (siehe Infokasten). Interessant in diesem Bereich sind sicher das Sony AF F2,8/300 G SSM mit 1,4x- oder 2x-Konverter sowie die Minolta-Objektive AF F4,5/400 APO G und AF F4/600 APO G, wobei man hier schnell in den Bereich von einigen Tausend Euro gelangt, selbst bei den Minolta-Objektiven, die nur noch auf dem Gebrauchtmarkt zu erhalten sind.

Neben diesen Objektiven gibt es spezielle Optiken, die für den Astrobereich konzipiert wurden – die Teleskope. Teleskope verfügen weder über eine einstellbare Blende noch über eine Möglichkeit, die Linsen per Kameramotor zu verschieben, um den Fokus einzustellen. Preislich macht sich dies natürlich bemerkbar. So sind Teleskope weit günstiger als Fotooptiken gleicher Brennweite und Lichtstärke.

Man unterscheidet bei den Teleskopen zwischen Refraktoren und Reflektoren. Fotoobjektive gehören zu den Refraktoren, d. h., hier sind Linsen zur Erzeugung des Bildes im Einsatz. Reflektoren benutzen anstatt Linsen einen konkaven Spiegel am hinteren Rohrende. Das Licht wird gebündelt und zu einem Hilfsspiegel reflektiert, der es zu einem Okular hin umlenkt.

Normalerweise bieten Reflektoren eine größere Brennweite als Refraktoren der gleichen Preiskategorie, da Spiegel leichter und günstiger zu fertigen sind als Linsen. Bilder von Refraktoren sind hierfür meist schärfer und kontrastreicher.

Prinzipiell kann man sagen, dass das Auflösungsvermögen eines Teleskops entscheidend durch die Öffnung bestimmt wird. Je größer die Öffnung, umso höher ist das Auflösungsvermögen und umso mehr Details werden sichtbar sein.

Ein Teleskop ohne gute Montierung (Astrostativ) ist relativ nutzlos. Eine stabile Montierung ist Grundvoraussetzung, um das Teleskop genau ausrichten zu können, es zu stabilisieren und es ruckelfrei bewegen zu können. Eine gute Montierung liegt preislich nicht selten im gleichen Bereich wie das zu verwendende Teleskop. Man unterscheidet zwischen azimutaler und äquatorialer Montierung. Mit der äquatorialen Montierung kann ein Stern mit nur einer Drehbewegung verfolgt werden. Diese Montierung wird mit einer Achse auf den nördlichen oder südlichen Himmelspol ausgerichtet. Mit einem Motor, der das Teleskop 15° pro Stunde dreht, kann die Erdbewegung kompensiert werden.

Sternfelder mit Langzeitbelichtung aufnehmen

Für Sternfeldaufnahmen sind vorgenannte astronomische Montierungen mit Motornachführung notwendig. Die Grenzen für Einzelbelichtungen bei kurzen Brennweiten liegen bei ca. 5 bis 10 Minuten.

Möchte man länger belichten bzw. längere Brennweiten einsetzen, muss zusätzlich mit einem kleinen Teleskop mit Fadenkreuzokular, das auf einen hellen Stern ausgerichtet ist, nachgeführt werden. Kleine unabdingbare Fehler in der Poljustage bzw. Ungenauigkeiten der Montierung können so ausgeglichen werden. Auch Sternfeldaufnahmen werden mithilfe von Software aus Einzelaufnahmen zusammengeführt. Dies hat den Vorteil, dass nur recht kurze Belichtungszeiten notwendig sind, die ein akzeptables Signal-Rausch-Verhältnis bieten. Außerdem können Satellitenspuren oder Lichter von Flugzeugen durch die Mittelung der Bilddaten herausgerechnet werden.

Mit dem bloßen Auge ist z. B. bereits die Andromedagalaxie M31 zu erkennen. Für dieses Objekt genügt schon ein 200-mm-Objektiv auf einer guten Montierung mit Motornachführung.

Anschluss der Sony α700 an ein Teleskop

Für die Astrofotografie geeignete entsprechend korrigierte und lichtstarke Objektive ab 200 mm sind für viele Amateure meist nicht erschwinglich. Kostet doch z. B. das Sony AF 2,8/300 G SSM mehrere Tausend Euro.

Günstiger gelangt man in diesen Bereich mit Teleskopen. Aber auch hier muss auf die Qualität der Optik und Mechanik geachtet werden. Zu empfehlen sind Geräte mit ED-Optiken, die Apochromaten oder reine Spiegelteleskope. Die Finger lassen sollte man von den günstigen FH-Achromaten, da hier der Farbfehler stark als Blausaum sichtbar wird.

T-Adapter zum Anschluss der α700 an ein Teleskop

Um die α700 an ein Teleskop anzuschließen, wird ein sogenannter T2-Adapter benötigt. Achten Sie bei der Bestellung des Adapters darauf, dass die α700 das A-Bajonett von Minolta bzw. Konica Minolta verwendet. Zusätzlich wird meist noch ein 2-Zoll-Steckanschluss auf T2-Gewinde benötigt.

▲ *Der T2-Adapter für das A-Bajonett und der 2-Zoll-Steckadapter sind notwendig, um die α700 an ein Teleskop zu adaptieren.*

Teleskope besitzen meist einen Anschluss mit 1,25 Zoll oder 2 Zoll und können nicht direkt an die Kamera angeschlossen werden. Hierfür ist ein Adapter notwendig. Häufig wird hierzu ein T2-Adapter für den Übergang vom Sony-Bajonett auf das 2-Zoll-Gewinde eingesetzt.

Es gibt Teleskope, an die nun die α700 direkt angeschlossen werden kann, da sie über einen T2-Gewindeanschluss verfügen. In den meisten Fällen ist aber ein zusätzlicher 2-Zoll-Steckanschluss notwendig. Hierfür ist im Astrofachhandel ein T2-auf-2-Zoll-Steckanschluss-Adapter zu beziehen.

Ein 1,25-Zoll-Anschluss ist für die α700 nicht zu empfehlen

Für die α700 kommt nur ein Teleskop infrage, das über einen 2-Zoll-Anschluss verfügt. Günstige Objektive mit 1,25-Zoll-Anschluss lassen nicht genügend Licht bis zum Sensor der α700 durch und es kommt zu starken Randabschattungen. Theoretisch ist es möglich, die α700 auch auf 1,25 Zoll zu adaptieren, aber deshalb nicht wirklich zu empfehlen. In seltenen Fällen kann es vorkommen, dass man für ein älteres Teleskop einen Spezialadapter benötigt.

Unter Umständen kann es vorkommen, dass bei bestimmten Teleskopen Verlängerungshülsen eingesetzt werden müssen, um scharfe Aufnahmen zu erreichen.

Arbeitserleichterung mit Fokussiersoftware

Um den Astrofotografen bei der Scharfstellung zu unterstützen, wurden spezielle Softwareprogramme entwickelt. DSLR Focus z. B. kann in Verbindung mit der von Sony mitgelieferten Kamerafernbedienungssoftware Remote Camera Control eingesetzt werden. Das Programm untersucht dabei die Aufnahmen und gibt Informationen zum Fokus aus.

Mondaufnahmen

Ein sehr beliebtes und oft fotografiertes Objekt ist unser Mond. Bereits mit einer Brennweite von 300 mm sind Aufnahmen mit vielen Details möglich. Für formatfüllende Aufnahmen mit der α700 werden hingegen 900–1.200 mm Brennweite benötigt. Stehen längere Brennweiten zur Verfügung, können bereits Ausschnitte des Mondes angefertigt werden. Um den Detailreichtum zu erhöhen, kann dann auch eine Mosaikaufnahme, zusammengesetzt aus mehreren Einzelaufnahmen, per Software zusammengerechnet werden.

▲ *Der Mond, fotografiert mit 600 mm Brennweite.*

Benutzt man ein Teleskop, muss im Gegensatz zum lichtstarken Autofokusobjektiv von Hand scharf gestellt werden. Der sehr gute Monitor der α700 unterstützt hier den Fotografen hervorragend. Mit Probeaufnahmen und Hereinzoomen in die Aufnahme kann recht gut eingeschätzt werden, ob der Mond scharf abgebildet wird. Komfortabler geht es hingegen mit einem Notebook und der Software Remote Camera Control von Sony. Die Aufnahmen werden auf diese Weise sofort auf die Festplatte des Notebooks geladen und können mit der ebenfalls mitgelieferten Software Image Data Lightbox SR oder mit einem beliebigen Bildbearbeitungsprogramm geöffnet und begutachtet werden.

Bei Mondaufnahmen sollte eine niedrige ISO-Empfindlichkeit (ISO 200 oder 400) an der α700 eingestellt sein, um möglichst wenig Rauschen in den Bildern zu haben. Wenn als Belichtungsmessmethode die Spotmessung eingestellt ist, ist im Blendenprioritätsmodus sogar eine automatische Belichtungssteuerung mit der α700 an Teleskopen möglich. Meist bietet es sich aber an, die vorher gemessene Belichtungszeit fest im manuellen Modus zu wählen. Es bietet sich an, eine Belichtungskorrektur von ca. -0,3 EV einzustellen, um Überbelichtungen zu vermeiden.

▲ *Für eine leichte Belichtungskorrektur drehen Sie das vordere bzw. hintere Einstellrad ein bis zwei Rasterstellungen nach links, nachdem die Taste Belichtung gedrückt wurde.*

Die Blende kann an Teleskopen natürlich nicht verstellt werden. Da unser Mond doch recht viel Licht abstrahlt, sind meist Belichtungszeiten von unter 1 Sekunde ausreichend. Eventuell eingesetzte Montierungen müssen in diesem Fall nicht extrem genau eingestellt werden. Hingegen ist auf die Luftunruhe (als Seeing bezeichnet) zu achten. Durch atmosphärische Störungen kann es hier auf den Aufnahmen zu Unschärfen kommen. Aus diesem Grund sind möglichst mehrere Aufnahmen anzufertigen. Später besteht dann die Möglichkeit, diese Aufnahmen mit entsprechender Software wie Re-

▲ *Der Mond, aufgenommen mit 1600 mm Brennweite. Olaf Ulrich setzte hierfür das Minolta-Spiegelteleobjektiv MF F8/800 plus 2x-Konverter ein. Die Belichtungszeit betrug 1/60 Sekunde.*

giStax oder Giotto zu mitteln, womit diese Störungen herausgerechnet werden können. Andererseits kann es durch Seeing zu Fokusänderungen kommen. Das Übereinanderlegen (Stacken) der Bilder ist dann nicht sinnvoll. Besser ist es in diesem Fall, die beste Aufnahme auszusuchen und per Bildbearbeitung zu optimieren. Dabei kann man sich meist auf eine geringe Tonwertkorrektur bzw. die Anpassung der Gradationskurve und eine Schärfung mittels unscharfer Maske beschränken. Waren höhere ISO-Werte notwendig, kann auch noch eine Rauschreduzierung erforderlich sein.

Sonnenaufnahmen

Die Sonne ist für die Fotografie sicherlich nicht weniger interessant als der Mond. Im Gegenteil: Die Sonne ändert ihr Aussehen durch Sonnenflecken und Explosionen am Rand fast täglich. Eines gleich vorweg: Es sind unbedingt geeignete Schutzfilter zu verwenden! Sie gefährden ansonsten sich und die Kamera. Es kann zum Verlust des Augenlichts und zur Beschädigung der Verschlusslamellen der Kamera kommen. Speziell für die Sonnenfotografie sind Glas- bzw. Folienfilter im Handel erhältlich.

▲ *Sonnenuntergang, aufgenommen mit 600 mm. Die Intensität der Sonne war hier während des Untergangs so gering, dass ohne Filter gearbeitet werden konnte.*

Die Sonne erscheint von der Erde aus betrachtet etwa so groß wie der Mond. Als Mindestbrennweite sind hier aber 800 mm empfehlenswert, um Sonnenflecken mit der umgebenden Penumbra sichtbar zu machen. Eine beliebte Wellenlänge für die Sonnenfotografie ist die sogenannte H-alpha-Wellenlänge. Mit H-alpha-Filtern lassen sich Wellenlängenbereiche von Wasserstoffnebeln passieren. Hierdurch sind sehr beeindruckende Aufnahmen

▼ *Diese Sonnenaufnahme mit Sonnenfleck entstand mit Gelbfilter und 800 mm Brennweite (Foto: Stefan Biber).*

möglich. Sonnenflecken, Gasgebilde und Materienströme werden sichtbar.

Planetenaufnahmen

Prinzipiell ist es möglich, auch mit der α700 Planeten aufzunehmen. Für Planetenaufnahmen eignet sich hier aber wesentlich besser eine einfache Webcam. Das hört sich vielleicht im Moment etwas merkwürdig an. Aber durch spezielle Software werden ganze Videosequenzen von mehreren Stunden zu einem Foto zusammengeführt. Das Endergebnis kann hier durchaus so gut sein, dass die Qualität des eingesetzten Teleskops ausgereizt wird.

Deep-Sky-Aufnahmen

Deep-Sky-Aufnahmen, also Aufnahmen von weit entfernten und lichtschwachen Nebeln und Galaxien, sind mit erheblichem Aufwand verbunden und gehören wohl zur Königsklasse in der Astrofotografie. Belichtungszeiten von mehreren Stunden sind erforderlich, die mit der α700 durch Addition in der Bildbearbeitung einzelner Aufnahmen im Belichtungszeitenbereich von 5 bis 30 Minuten erreicht werden. Ohne stabile und genaue Montierung geht in diesem Bereich nichts. Ebenfalls ist eine Nachführkontrolle mittels Fadenkreuzokular bzw. Autoguider notwendig.

▲ *Für längere Belichtungszeiten ist eine stabile Montierung mit Nachführmotor unerlässlich.*

Speziell die Fokussierung der Deep-Sky-Objekte stellt mit der α700 eine Herausforderung dar. Zur Scharfstellung ist statt des tatsächlichen Objekts ein lichtstärkerer Stern zu fokussieren, denn der Fokus muss wirklich exakt getroffen werden.

Etwas Unterstützung kann der Winkelsucher von Sony (FDA-A1AM) bieten. Zum einen kann man hier eine zweifache Vergrößerung einstellen und zum anderen ist der Suchereinblick komfortabler.

Besser ist es hingegen, die Fokussierung am Monitor der α700 oder besser auf dem Display eines Notebooks zu kontrollieren. Als Dateiformat sollte bei Deep-Sky-Aufnahmen

◂ *Diese Aufnahme gelang Rolf Peukert mit dem Minolta AF F4,5/400. Aus drei Aufnahmen, die in Photoshop gemittelt wurden, entstand diese Aufnahme vom Orionnebel M42.*

unbedingt das Rohdatenformat (RAW) verwendet werden, um keine Informationen zu verschenken. Eine erhöhte Dynamik von 12 Bit bei Rohdatenbildern verglichen mit den lediglich 8 Bit bei JPEG-komprimierten Bildern ist bei Deep-Sky-Aufnahmen unbedingt erforderlich.

Für die notwendigen Langzeitintervalle benutzt man einen programmierbaren Fernauslöser, z. B. den Zigview S2B von Kaiser Fototechnik. In verschiedenen Internetforen werden auch Selbstbauanleitungen für Fernauslöser bereitgestellt.

Kann für einen günstigeren Einblickwinkel sorgen: der Winkelsucher.

9.3 Outdoor-Einsatz der α700: Natur- und Landschaftsfotografie

Natur- und Landschaftsaufnahmen sind ebenfalls beliebte Fotogebiete, die Sie bereits mit einfachen Mitteln erforschen können.

Der effektvolle Umgang mit der Perspektive mit Weitwinkel

Schon die beiden Kit-Objektive AF F3,5-5,6/16-105 DT und AF F3,5-5,6/18-70 DT erlauben in Weitwinkelstellung effektvolle Aufnahmen von Landschaften, in denen sowohl der Vordergrund als auch der Hintergrund dargestellt sind. Die Distanz zum Objekt im Vordergrund sollte möglichst gering sein, um die Relationen zwischen nah und fern gut darzustellen. Die Blende sollte hier bis zur Verwacklungsgrenze geschlossen sein, um eine möglichst große Schärfentiefe zu erzielen. Mit dem Einsatz eines Stativs kann noch weiter abgeblendet werden. Der Super SteadyShot sollte abgeschaltet und die

Aufnahme mit Weitwinkel bei 26 mm Brennweite.

▲ *Ein leicht geänderter Kamerastandpunkt ergibt im Weitwinkelbereich ein erheblich geändertes Bild. Hier mit 16 mm Brennweite aufgenommen.*

Spiegelvorauslösung genutzt werden. Zudem kann man das Bild in Ruhe arrangieren. Gemessen vom Bildsensor kann man mit beiden Objektiven bis ca. 40 cm (DT 16-105 F3,5-5,6 - 40 cm, DT 18-70 F3,5-5,6 - 38 cm) an das Objekt im Vordergrund heran. Hier ist die Naheinstellgrenze erreicht und ein Scharfstellen darunter nicht mehr möglich.

Im Weitwinkelbereich können winzige Änderungen der Kameraposition zu erheblichen Änderungen im Bildergebnis führen.

Perspektive straffen mit Teleobjektiven

Will man einzelne Objekte von der weiteren Szene lösen bzw. herausstellen, bieten sich Teleobjektive an. Mit dem Kit-Objektiv DT 16-105 F3,5-5,6 gelangt man in Telestellung (also um 100 mm herum) bereits in brauchbare Bereiche.

Die Vergrößerung ist hier bereits zweifach. Mit längeren Brennweiten gelingt es noch besser, Objekte freizustellen. Die Blende sollte möglichst geöffnet sein, um dem Vorder- und Hintergrund die Schärfe zu nehmen. Hierdurch wird das Herausstellen des Hauptobjekts unterstützt.

▲ *Hier wurde das Schilf mit 500 mm Brennweite vor dem Hintergrund freigestellt.*

Des Weiteren eignen sich Teleobjektive dazu, die Perspektive zu straffen. Die räumliche Darstellung wird verdichtet. Zum Beispiel Bergketten oder Blumenlandschaften können so vorteilhaft verdichtet werden. Die Wirkung der Szene nimmt zu.

Die Empfehlung lautet auch hier, ein Stativ einzusetzen. Ab einer Brennweite von ca. 200 mm wird ein stabiles Stativ ohnehin Pflicht, um Verwacklungen zu vermeiden.

▲ *Straffende Wirkung eines Teleobjektivs. Hier bei 180 mm aufgenommen.*

Panoramen eignen sich im Besonderen für Landschaftsaufnahmen, da sie unserem visuellen Eindruck vom Wahrgenommenen entsprechen. Wir erleben eine Landschaftsszene nicht in einem Blick oder Bild, sondern drehen unseren Kopf, um die Gesamtheit zu erkennen.

Die α700 besitzt im Sucher vier Markierungsstriche für das Breitbandformat 16:9. Der Fotograf kann sich hieran bei den Aufnahmen orientieren, um später Bilder auf 16:9-Displays wiederzugeben. Das Bild wird hierbei im normalen Format aufgenommen, später bei der Ausgabe aber beschnitten. Zur Nutzung dieser Option ist ein HDMI-Kabel (VMC-15MHD, VMC-30MHD) notwendig, womit die Verbindung von der Kamera zum HDMI-Ausgabegerät hergestellt wird. Mit der im Lieferumfang der α700 enthaltenen Fernbedienung ist eine leichte Kontrolle und die Durchführung einer Art Diashow möglich.

Panorama: das besondere Bildformat

Das Bildformat des Panoramas ist nicht besonders definiert. Im Allgemeinen bezeichnet man aber ein Bild als Panorama, wenn die Seitenverhältnisse bei mindestes 1:2 liegen.

▲ *Sehr gut geeignet für die Aufnahme von Panoramen ist das Novoflex-System VR.*

Panoramen mit stärkeren Seitenverhältnissen sind nur durch Beschnitt oder durch das Aneinanderreihen mehrerer Bilder (Stitchen) möglich. Auch wenn die α700 mit den 12 Mio. Pixeln eine Auflösung bietet, die das Potenzial zum Beschneiden aufweist, wird man im Normalfall das Stitchen bevorzugen. Eine optimale Wirkung erzielen Panoramen ohnehin erst im großformatigen Ausdruck und hier zählt eine möglichst hohe Auflösung für qualitativ hochwertige Panoramaabzüge (siehe Bild auf der nächsten Seite).

Eine besondere Wirkung erzielen Panoramen, wenn sie ein Seitenverhältnis von 1:4 besitzen, was von unserem Gesichtsfeld nicht sofort erfasst wird. Dies kommt unserem natürlichen Sehen in der Realität entgegen.

Panoramabild mit PanoramaStudio

Zunächst sind einige Einstellungen an der α700 vorzunehmen. Um eine gleichbleibende Belichtung sowie die gleiche Schärfentiefe über das gesamte Panorama zu erhalten, benutzen Sie am besten das Programm M. Hier bleibt die einmal vorgenommene Kombination aus Blende und Belichtungszeit erhalten. Den Autofokus schalten Sie ab und stellen die Schärfe von Hand ein.

Auch wenn bei Freihandaufnahmen bisweilen gute Panoramen entstanden sind, sollten Sie jedoch ein Stativ bevorzugen. Kamera und Stativ sind gut auszurichten. Das Schwenken der Kamera muss um das optische Zentrum, den Nodalpunkt, geschehen. Ist das nicht der Fall, kommt es zum Versatz zwischen Vorder- und Hintergrund.

Nodalpunkt

Der Nodalpunkt wird auch als optisches Zentrum bezeichnet. Dies ist der Knotenpunkt des Objektivs, um den die Kamera gedreht werden muss. Bewegt man die Kamera nicht um diesen Punkt, kommt es zu sogenannten Parallaxefehlern. Diese erschweren das spätere Zusammensetzen der Bilder zu einem Panoramabild. Um ein exaktes Ausrichten der Kamera zu gewährleisten, werden spezielle Panoramastativköpfe angeboten.

Mit ihnen ist es möglich, die Kamera nach vorn bzw. hinten, nach rechts bzw. links und in der Höhe zu verschieben. So bestimmen Sie den Nodalpunkt:

1. Suchen Sie sich hierzu im Freien eine vertikale Linie im Nahbereich und eine weiter entfernte Linie. Diese beiden Linien werden später zur Deckung gebracht.
2. Nun richten Sie Ihr Stativ horizontal mittels Wasserwaage oder einer Libelle aus.

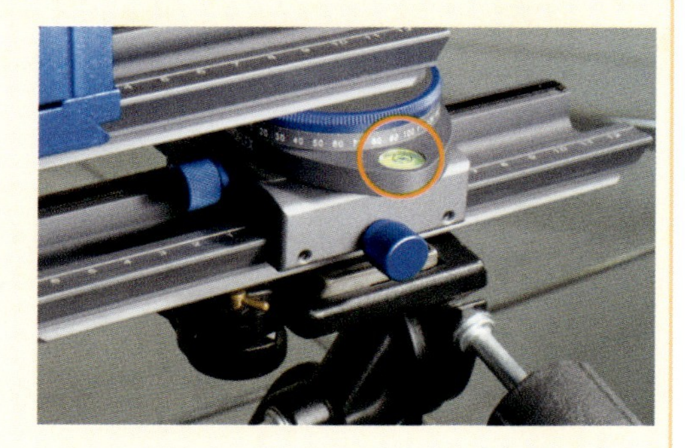

3. Nach der Befestigung der Kamera am Panoramakopf wählen Sie die gewünschte Brennweite aus (bei Zoomobjektiven).
4. Die Drehachse der α700 muss nun exakt der Drehachse des Panoramakopfes entsprechen. Nehmen Sie die entsprechende Einstellung am Panoramakopf vor.

▲ *Das Format von Panoramen erzeugt meist eine starke Wirkung, da es unserem natürlichen Sehen sehr nah ist.*

5. Schauen Sie durch den Sucher der α700 und visieren Sie beide vertikalen Linien aus Punkt 1 an. Diese Linien sollten nun außerhalb der Bildmitte z. B. rechts im Sucher dicht nebeneinanderliegen. Drehen Sie die Kamera weiter nach rechts, sodass die beiden Linien auf der linken Seite im Sucher erscheinen. Der Abstand beider Linien muss rechts und links identisch sein. Wenn Sie Glück haben, stimmt die Einstellung jetzt. Im Normalfall muss aber am Panoramastativkopf nachjustiert werden.
6. Für weitere Panoramabilder mit der gleichen Konfiguration ist es sinnvoll, die Werte festzuhalten. So erspart man sich die vorhergehenden Schritte und kann sofort mit der Fotografie beginnen.

Beginnen Sie nun mit den Aufnahmen im Uhrzeigersinn. Wichtig ist es hierbei, dass sich die einzelnen nebeneinanderliegenden Bilder mit ca. 20–30 % überlappen. Sind die Aufnahmen gelungen, fügen Sie sie mit einem Panoramaprogramm zusammen.

Über den Menüpunkt *Importieren* werden nun die einzelnen Bilder ausgewählt und ins Programm geladen. Nach dem Import werden die Bilder zunächst direkt aneinandergereiht dargestellt.

Für eine optimale Bildqualität benötigt das Programm noch einige Einstellungswerte. Über die Schaltfläche *Vorgaben* gelangt man zu Angaben wie Brennweite, Horizont etc. Diese Werte sollten möglichst genau eingetragen werden. Über den Menüpunkt *Eigenschaften/Panoramaeigenschaften* kann man nach der Bearbeitung Bildwinkel und Seitenverhältnisse ablesen.

Größe (Pixel)	8700x2675
Anzahl Pixel	23.27 Mio
Dateigröße unkomprimiert	66.58 MB
Zugeschnitten	nein
360°-Panorama	nein
Brennweite	61.48 mm
Horizontaler Bildwinkel (HFOV)	76.47°
Vertikaler Bildwinkel (VFOV)	23.18°
Bereich vertikales Sichtfeld	-10.69 bis 12.49°
Linsenkorrekturwert	-3
Vignettierungskorrektur (Radius)	65
Vignettierungskorrektur (Stärke)	2
Verwendete Bilder	3
Farbtiefe	24 Bit (16,7 Mio. Farben)
Projektion	Zylindrisch
Seitenverhältnis	3.25:1
Dateinamen Einzelbilder	
Bild 1	C:\Dokumente und Einstellungen
Bild 2	C:\Dokumente und Einstellungen
Bild 3	C:\Dokumente und Einstellungen

Nun kann es an das Zusammenführen (Stitchen) der Bilder gehen. Hierzu klicken Sie auf die Schaltfläche *Stitch/Berechnung starten*. Je nach Rechnerleistung und Bildermenge kann dieser Vorgang etwas Zeit in Anspruch nehmen.

Liegt das berechnete Panoramabild vor, können Sie sich nun an das weitere Bearbeiten des Bildes machen. Das Programm bietet hierfür die entsprechenden Tools wie Zuschneiden und manuelle Korrekturen an.

▲ *Fertig berechnetes Panorama, das nun noch zugeschnitten und eventuell weiter optimiert werden kann.*

9.4 Reisefotografie: die α700 im Gepäck

Die Investition in die α700 neben den Objektiven war sicherlich nicht unerheblich. Und gerade im Urlaub hat man Zeit und Muße, die Kamera einzusetzen und schöne Erinnerungen mit nach Hause zu bringen. Nimmt man nur eine Kompaktkamera mit in den Urlaub, braucht man sich sicher weniger Gedanken um die Reisevorbereitungen zu machen. Das Mitnehmen mehrerer Objektive entfällt, das leichte Gewicht und das relativ geringe Datenvolumen der Bilddaten bereiten ebenfalls kaum Schwierigkeiten. Als α700-Fotograf hat man indessen mit größeren Herausforderungen zu kämpfen: Das Gewicht der Gesamtausrüstung muss optimiert werden, um den Urlaubsgenuss nicht unnötig zu schmälern. Eventuelle Energieprobleme müssen im Vorfeld geklärt werden. Auch das Datenvolumen will vorher überschlägig ermittelt sein, um später nicht auf Aufnahmen verzichten zu müssen, weil die Speichermöglichkeiten erschöpft sind. Das Gleiche gilt für den Wetterschutz, Reinigungszubehör und Ähnliches. Die vorgenannten Aspekte werden im Folgenden besprochen, um ein Optimum zu erreichen.

▲ *Für längere Fototouren ist ein Fotorucksack sehr nützlich. Selbst ein Stativ kann so problemlos transportiert werden (Foto: Gerhard Exner).*

Fotorucksack oder doch die Fototasche?

Steht für Sie das Problem der Anschaffung einer geeigneten Transportmöglichkeit an, haben Sie die Wahl zwischen einem Rucksack oder einer Fototasche. Das Angebot ist in beiden Fällen fast unüberschaubar. Sony selbst bietet zwei Fototaschen in unterschiedlichen Größen an: die LCS-SC20 und die größere Variante LCS-AMSC30.

Taschen belasten uns relativ einseitig, während Rucksäcke beidseitig geschultert in dieser Hinsicht eine bessere Lastenverteilung gewährleisten. Außerdem bieten Rucksäcke den Vorteil, dass die Arme frei bleiben und die Bewegungsfreiheit nicht eingeschränkt ist. Selbst ein Notebook kann in einigen Rücksäcken problemlos mit untergebracht werden. Leider ist die Handhabung etwas aufwendiger, um an die Ausrüstung zu gelangen. Hier spielen die Fototaschen ihre Vorteile aus. Für kürzere Touren mit einer weniger schweren Ausrüstung und der Notwendigkeit, schnell Objektive wechseln zu müssen, sind Taschen besser geeignet als Rucksäcke.

▲ *Sony-Fototasche LCS-AMSC30.*

Bei längeren Tagestouren kommt man um einen Rucksack mit Verpflegung, Notebook und Kleidung nicht herum. Der Autor hat sich daher für einen Fotorucksack für Reisen entschieden.

Vor- und Nachteile einer Fototasche

Gegenüber einem Fotorucksack hat die Fototasche folgende Vorteile:

- Die Ausrüstung ist im permanenten Zugriff. Objektiv- und Kamerawechsel können jederzeit kurzfristig durchgeführt werden.
- Auch ein an der Fototasche befestigtes Stativ kann jederzeit entnommen und eingesetzt werden, ohne den Rucksack absetzen zu müssen.
- Der Rücken bleibt für weiteres Gepäck (Zelt o. Ä.) frei.

- Rucksäcke verschmutzen stärker, da sie im Allgemeinen flach auf dem Boden liegen.

Und dies sind die Nachteile einer Fototasche:

- Das Hauptproblem ist, dass bei höherem Gewicht der Gurt in die Schulter einschneiden kann.
- Beim Gehen oder Laufen kann die Tasche stören, die Gewichtsverteilung ist nicht optimal.
- Bei einer großen Fotoausstattung ist die Verteilung und Aufteilung in der Tasche nicht optimal, auch das Volumen ist begrenzt.

Auswahl der Objektive

Gerade auf Reisen, bei denen weniger Zeit für Objektivwechsel und langwierige Bildkompositionen zur Verfügung steht, man denke nur an Reisen mit der ganzen Familie, wäre es praktisch, ein Allround-Objektiv an der α700 mitzuführen. Gewicht und Größe sollten möglichst gering sein, um sich das Tragen einer schweren Ausrüstung und den Objektivwechsel zu ersparen.

Extremzoom empfehlenswert?

Der Markt - neben dem Hersteller Sony auch insbesondere Tamron und Sigma - hat auf den Wunsch nach einem Objektiv für alle Anwendungsfälle reagiert und bietet mittlerweile eine ganze Anzahl von Superzooms mit Brennweitenbereichen von 18 bis 200 mm oder 28 bis 200 mm bzw. 28 bis 300 mm an. Gleich vorweg: Ambitionierten Fotografen sollte klar sein, dass mit doch meist recht günstigen Objektiven im Vergleich zu hochwertigen Festbrennweiten nicht die Bildergebnisse möglich sind, wie man sie im semiprofessionellen Bereich erwartet. Befriedigende Ergebnisse sind meist möglich, wenn um 2 Blenden abgeblendet wird. Bei einer Anfangsblende von 5.6 oder schlechter landet man so schnell bei Blende 8. Hierfür sind dann schon gute Lichtverhältnisse notwendig. Etwas kann hier die α700 mit dem Super SteadyShot kompensierend wirken, aber eben nur in begrenztem Umfang, bei bewegten Bildern. Alternativ müsste der ISO-Wert erhöht werden, was der Bildqualität nicht zuträglich ist, oder ein Stativ eingesetzt werden. Das Freistellen von Objekten vor dem Hintergrund ist bei Blende 8 nahezu unmöglich.

Den benötigten individuellen Brennweitenbereich abdecken

Um die allgemein üblichen Brennweitenbereiche abzudecken, sollten die Objektivbrennweiten zwischen mindestens 28 und 200 mm (durch Cropfaktor werden Objektive im Bereich von 18 und 135 mm benötigt) liegen.

▲ *Kombination mit dem Sigma AF 18-50 F2,8 EX DC und dem Sigma AF 50-150 F2,8 EX DC.*

Diesen Bereich könnten Sie im mittleren Preissegment mit dem Sigma AF 18-50 F2,8 EX DC und dem Sigma AF 50-150 F2,8 EX DC abdecken. Die Investition für dieses Paar liegt etwa bei 1.300 Euro. Für den semiprofessionellen Bereich kann die Kombination aus Sony/Zeiss F3,5-4,5/16-80 DT und Sony F2,8/70-200 G SSM vorgeschlagen werden. Hier liegt man bei Preisen für beide Traumobjektive um die 3.000 Euro.

Kombination mit dem Sony AF F3,5-4,5/16-80 DT und dem Sony AF F2,8/70-200 G SSM.

Kombinationen aus weit günstigeren Objektiven sind sicher auch möglich. Abstriche bei der Bild- und Fertigungsqualität sind hier unumgänglich. Will man auch stärker in den Weitwinkel- und Telebereich vordringen, sind mindestens 18 mm im Weitwinkelbereich und 300 mm im Telebereich notwendig. Im Telebereich könnte man die beiden empfohlenen Objektive mit Telekonvertern erweitern. Leichte Abstriche bei der Bildqualität und der Lichtstärke sind dabei mit einzukalkulieren. Für das Sigma APO 50-150 F2,8 EX DC sind Sigmas APO-Telekonverter 1,4x EX DG und 2x EX DG einsetzbar. Man erhält so ein F4,0/70-210- bzw. F5,6/100-300-mm-Objektiv. Auch für das Sony F2,8/70-200 G SSM stehen zwei Konverter (1,4x- und 2x-Telekonverter) zur Verfügung. Hier erhält man eine F4,0/100-280- bzw. eine F5,6/140-400-mm-Objektivkombination.

1,4x-Konverter zur Brennweitenverlängerung.

Der Weitwinkelbereich lässt sich sehr gut entweder mit dem Sony AF F4,5-5,6/11-18 DT abdecken oder man nutzt z. B. das Sigma AF 12-24 F4,5-5,6 EX DG, das – im Gegensatz zum Sony AF F4,5-5,6/11-18 DT – später auch an einer Vollformatkamera eingesetzt werden könnte. Den Makrobereich erschließt man sich bereits mit einem Zwischenring oder einer Nahlinse. Echte Makrofotografie wird aber erst mit Objektiven möglich, die für den Nahbereich optimiert wurden: den Makroobjektiven. Sony bietet hierzu das AF F2,8/50- und das AF F2,8/100-Makroobjektiv an. Beide ermöglichen eine Darstellung bis zum Abbildungsmaßstab von 1:1. Wie Sie sich auch immer entscheiden, auf Reisen zählt jedes Gramm an Gewicht. Das sollte bei der Planung berücksichtigt werden.

Den extremen Weitwinkelbereich erschließen Sie sich mit dem Sony AF F4,5-5,6/11-18 DT, das aber ausschließlich für die APS-C-Sensorgröße ausgelegt ist. An einer Vollformatkamera kann es (wie alle DT-Objektive) nicht eingesetzt werden.

Lücken im Brennweitenbereich sind manchmal zu verschmerzen

Kommt es zu Lücken im Brennweitenbereich, kann man dies geschickt durch Veränderung des Standpunkts ausgleichen. Auch die bereits beschriebene Technik zur Panoramafotografie kann genutzt werden, falls nicht genügend „Weitwinkel“ zur Verfügung steht. Mehrere Aufnahmen werden später zu einer Gesamtaufnahme durch entsprechende Software zusammengeführt. Im Telebereich können Telekonverter gute Dienste leisten. Auch Makroobjektive ab 150 mm können bereits als leichte Teleobjektive eingesetzt werden.

Sicherung Ihrer Bilder

Fotografieren Sie 200 Bilder pro Tag auf einer dreiwöchigen Reise und benutzen das RAW-Format, produzieren Sie ein Datenaufkommen von etwa 75 GByte (cRAW 55 GByte, Extrafein 46 GByte). Dieses Speichervolumen können Sie im Moment wirtschaftlich nur mit mobilen Datenspeichern bewältigen. Um diese Datenmenge auf Speicherkarten unterzubringen, ist mit einer doppelt bis dreifach so hohen Investition wie für mobile Datenspeicher zu rechnen. Sind Fotofachgeschäfte mit Brennservice am Urlaubsort vorhanden, kann man auch alternativ die Bilddaten auf DVD sichern.

▲ *Mancher mobile Datenspeicher verfügt über ein extragroßes Display. Die RAW-Anzeigeunterstützung der Sony α700 ist jedoch nicht immer gewährleistet (Quelle: www.archos.com).*

Der optimale Datenspeicher

Mobile Datenspeicher werden im Moment mit Speichervolumen von 30 bis etwa 160 GByte angeboten. Sie bieten neben der reinen Datenspeicherfunktion noch weitere nützliche Eigenschaften. Hierauf sollten Sie besonders achten:

- **RAW-Dateianzeige**: Nicht alle Geräte unterstützen die RAW- bzw. cRAW-Dateien der α700. Vergewissern Sie sich beim Hersteller, dass das Dateiformat auch auf dem mobilen Datenspeicher dargestellt werden kann. Zur Bildkontrolle ist ohnehin das Display der α700 besser geeignet und nur die teuren Geräte verfügen über ein größeres Display als das der α700.
- **Datenkontrolle**: Sie sollten auf keinen Fall auf die Verify-Funktion verzichten. Nichts ist schlimmer, als wenn Sie später merken, dass keine Bilder gesichert wurden und Ihre Arbeit umsonst war. Mithilfe der Verify-Funktion wird der gesamte Kopiervorgang überprüft und die Daten auf dem mobilen Gerät werden mit den Daten auf der Speicherkarte verglichen.
- **Speicherkartenleser:** In den meisten Geräten ist eine CompactFlash-Kartenaufnahme vorhanden. Anders sieht es aus, wenn Sie mit Sonys Memory Sticks arbeiten. Nicht alle Geräte besitzen hierfür die Kartenaufnahme. Um trotzdem die Daten von Ihrem Memory Stick sichern zu können, können Sie z. B. den Adapter AD-MSCF1 von Sony verwenden.
- **Weitere Daten:** Nützlich sind weitere Funktionen wie die Möglichkeit der Darstellung von EXIF-Daten und Histogrammen. Auch diese Funktion bieten nicht alle Geräte.
- **Geschwindigkeit:** Besonders wichtig für ein mobiles Gerät ist die Geschwindigkeit der Datenübertragung. Achten Sie auf das Vorhandensein einer High-Speed-USB 2.0-Schnittstelle.

Weiteres Zubehör für die Reise

Nicht nur Objektive und Speichermedien gehören zur Grundausstattung ambitionierter Fotografen, sondern auch ein Stativ sollte mit auf Reisen gehen.

Die Stativauswahl

Wacklige und ultraleichte Alustative sind nichts für Ihre α700. Sparen Sie sich lieber das Geld hierfür und investieren Sie in ein Markengerät, das einen Kompromiss aus Preis und Leistung bietet. Als Beispiel ist hier das Manfrotto 055XPROB oder das Manfrotto 190XPROB zu nennen. Beide sind in Kombination mit einem guten Stativkopf für ca. 150 bis 200 Euro zu bekommen. Leichter wird es mit einem Karbonstativ. Einige 100 g sind hier an Gewichtsvorteil möglich. Die Preise für diese stabilen Leichtgewichte fangen allerdings erst ab 300 Euro an. Ist man viel mit dem Stativ unterwegs, zahlt sich die Investition in ein Karbonstativ recht schnell aus und man ist dafür dankbar, nicht an der falschen Stelle gespart zu haben.

Akku-Power

Der mitgelieferte Akku NP-FM500H reicht in der Regel aus, um die α700 ein bis zwei Tage lang bei recht starkem Gebrauch mit Power zu versorgen. Danach muss er für rund 2,5 Stunden ans Netz. Man sollte sich informieren, welche Stromnetzbuchse am Zielort unterstützt wird, und für das mitgelieferte Akku-Ladegerät BC-VM10 gegebenenfalls einen Steckadapter erwerben. Alternativ werden auch Akku-Ladegeräte, die sich über einen 12-Volt-Kfz-Zigarettenanzünder betreiben lassen, angeboten (z. B. unter dem Suchbegriff „Ladegerät BC-VM10" bei *http://www.ebay.de* zu finden).

Akku-Ladung in kühlen Regionen optimieren

Je kühler es ist, desto schneller geht der Akku „in die Knie". Falls die α700 in kühlen Gebieten einen leeren Akku moniert, kann man versuchen, den Akku zunächst z. B. mit den Handflächen oder in der Tasche zu wärmen. Meist schafft er dann noch einige Auslösungen mehr. Es empfiehlt sich generell vor einem Kameraeinsatz in der Kälte, die Akkus so lange wie möglich warm zu halten und erst im letzten Augenblick ins Batteriefach der α700 einzulegen.

▲ *Mit dem Doppel-Akku-Lader AC-VQ900AM können zwei Akkus geladen werden. Das Gerät informiert Sie ständig über die restliche Ladedauer. Die Akkus werden allerdings nacheinander und nicht parallel geladen.*

Reist man in ein Gebiet, in dem kein Netzstrom verfügbar ist, hat man die Alternative zwischen der Anschaffung mehrerer Akkus oder einem Ladegerät, das mit Solarenergie arbeitet. Entscheidet man sich für erstere Alternative, sind Akkus von Fremdanbietern eine günstige Alternative zu den Original-Akkus von Sony. Oft verfügen diese über einen höheren Wh-Wert und sorgen damit für eine längere Stromversorgung Ihrer α700 gegenüber den 11,8 Wh der hauseigenen Akkus. Obwohl man natürlich keine Ausfall- bzw. Schadensgarantie geben kann, sind uns keine Problemfälle mit solchen Drittanbieter-Akkus zu Ohren gekommen. Ob die höheren Kapazitätsangaben tatsächlich immer stimmen, muss zumindest infrage gestellt werden. Spezialanbieter haben Solarlösungen für Reisen fernab der Zivilisation. Hier wird man unter dem Stichwort „ISun" bei *http://www.ebay.de* fündig.

Schutz der Ausrüstung

Wie es bei Profimodellen üblich ist, verfügt die α700 über ein staub- und spritzwasserfestes Gehäuse. Die Kamera ist über spezielle Dichtungen nach außen hin abgeschottet. Trotzdem sollte man die α700 nicht im Regen stehen lassen. Generell sind Umwelteinflüsse wie Schnee, Sand und Regen jeglicher Elektronik und vor allem auch den Optiken gegenüber immer kritisch zu betrachten.

Regencape

So sollte auch die α700 vor extremeren Witterungseinflüssen in geeigneter Form geschützt werden. Professionellen Schutz bieten u. a. Hersteller wie Ewa Marine (*http://www.ewamarine.de*) und Aquatech an. Aquatech hat z. B. einen Regenschutz im Programm, der völlig wasserdicht verschweißt wurde und Gummidichtungen für die notwendigen Auslässe bietet. Der Frontlinsenauslass ist anpassbar auf das gerade benötigte Objektiv und dessen Durchmesser. Die Preise beginnen hier bei 300 Euro.

Reinigung des Sensors und der Objektive

Semiprofis werden sicher auch auf Reisen als bevorzugte Reinigungsmethode des Sensors auf die Feuchtreinigung zurückgreifen.

▲ *Falls noch nicht im Reisegepäck vorhanden, sollten Sie beim nächsten Tankstellenstopp nach einem Fensterleder oder Mikrofasertuch Ausschau halten. Damit lassen sich die Linsen des Objektivs gut reinigen.*

Mit den richtigen Tools sind hier die besten Ergebnisse zu erwarten. Möchte man diesen Aufwand umgehen, sollte zumindest ein Blasebalg zum Auspusten des Kameragehäuses mitgeführt werden. Auch Front- und Rücklinsen der Objektive können hiermit vom gröbsten Staub befreit werden. Ein Fensterleder oder ein Mikrofasertuch (nicht imprägniert und nicht mit Reinigungsflüssigkeit getränkt) sollte ebenfalls nicht im Reisegepäck fehlen.

Die Objektivlinsen können damit, nachdem sie von Staubkörnern durch Auspusten vorgereinigt wurden, sehr gut gereinigt werden. Ein paar Papiertücher von der Rolle sind ebenfalls ganz nützlich, falls die Ausrüstung durch Regen oder hohe Luftfeuchtigkeit nass geworden ist und getrocknet werden muss. Streulichtblenden sollten generell immer genutzt werden, da neben der besseren optischen Qualität der Bilder auch ein gewisser Schutz vor Regentropfen und Kratzern auf der Frontlinse gegeben ist.

▲ *Mit einem Lenspen gelangen Sie sehr gut an die tief eingelassenen Rücklinsen einiger Objektive bzw. Frontlinsen von Makroobjektiven heran.*

Einige Makro- und Teleobjektive besitzen tief eingelassene Rücklinsen. An diese kommt man mit einem Reinigungstuch schwer heran. Hierfür lohnt sich die Anschaffung eines sogenannten Lenspen.

9.5 Makrofotografie

Die Makrofotografie gehört mit zu den aufregendsten und beliebtesten Gebieten der Fotografie – erhält man hier doch mit relativ wenig Aufwand Einsichten in Größenordnungen, die ansonsten in ihrer Schönheit von uns kaum wahrgenommen werden. Selbst die im Set mit der α700 mitgelieferten Objektive AF DT F3,5-5,6/18-70, AF DT F3,5-5,6/16-105 und AF DT F3,5-4,5/16-80 besitzen leichte Makrofähigkeiten, mit denen man seine ersten Schritte im Makrobereich wagen kann. Mit diesen Objektiven ist ein Abbildungsmaßstab bis ca. 1:4 möglich, d. h., das Motiv würde auf dem Bildsensor mit einem Viertel der Größe wie in der Realität dargestellt werden. Speziell für den Makrobereich berechnete Objektive können meist einen Abbildungsmaßstab von 1:2 bzw. 1:1 darstellen.

Hat man erst einmal erste Versuche in der kleinen Welt unternommen, ist man vielleicht schon mit Bienen und Heuschrecken per Du oder kennt die Blütenvielfalt des eigenen Gartens plötzlich wie kein anderer, kommt schnell der Wunsch nach noch besserem Zubehör auf. Plötzlich sind Begriffe wie Nahlinsen, Vorsätze, Zwischenringe oder Makroobjektive interessant. Denn man möchte nun noch dichter an das Objekt der Begierde heran und eine noch größere Abbildung erhalten.

Makroobjektive

Mit normalen Objektiven gelangt man schnell an die Grenzen, wenn man sich einem Objekt nähert. Die Naheinstellgrenze dieser Objektive ist einfach zu groß, um in den Nah- bzw. Makrobereich vordringen zu können. Als Naheinstellgrenze wird dabei die kürzestmögliche Entfernung bezeichnet, ab der man scharf stellen kann.

Makroobjektive sind hingegen so konstruiert, dass man bedeutend näher herankommt und damit die Objekte wesentlich größer abgebildet werden können. Dies verlangt nach einer aufwendigeren Konstruktion, die sich im Preis niederschlägt. Makroobjektive können aber auch universell außerhalb des Nah- und Makrobereichs eingesetzt werden und erzielen auch hier hervorragende Bildergebnisse.

Ab einem Abbildungsmaßstab von 1:4 wird ein Objektiv als makrofähig eingestuft.

Sony hat derzeit neben den Setobjektiven mit einem Abbildungsmaßstab von 1:4 die Makroobjektive AF F2,8/100mm und AF F2,8/50mm im Angebot. Beide besitzen einen maximalen Abbildungsmaßstab von 1:1.

▲ *Makroobjektiv Sony AF F2,8/50mm.*

Um diesen Maßstab zu erreichen, muss man mit dem 50-mm-Objektiv 20 cm und mit dem 100-mm-Objektiv 35 cm an das Motiv heran. Es ist zu vermuten, dass Sony in absehbarer Zeit ein ähnliches Makroobjektiv auf den Markt bringt, wie es Konica Minolta zuvor im Programm hatte: das AF F4,0/200 APO, mit dem ebenfalls ein Abbildungsmaßstab von 1:1 erreicht wird, wenn man sich dem Objekt auf nur 50 cm nähert. Gerade in Bezug auf die Fluchtdistanz von Kleintieren ist es wichtig, einen möglichst großen Abstand zu halten, um die besonders scheuen Kandidaten nicht zu verschrecken.

Das 50-mm-Objektiv eignet sich da mehr für Blüten und Ähnliches oder zur Reproduktion von Gegenständen. Denn von den 20 cm, die man benötigt, um den Abbildungsmaßstab von 1:1 zu erhalten, müssen noch die Objektivlänge und die Länge der Streulichtblende (siehe Seite 85) abgezogen

▲ *Eines der beliebtesten Fotogebiete: die Makrofotografie.*

werden. Wenn das wie beim 50-mm-Objektiv nochmals ca. 10 cm sind, bleibt nicht mehr viel Raum für die Fluchtdistanz übrig. In einigen Fällen kann es aber auch nützlich sein, wenn man dicht an das Motiv herankommen kann. Zum Beispiel wenn das Platzangebot eingeschränkt ist und ein größeres Objektiv stören würde, bietet sich das 50-mm-Objektiv geradezu an.

◄ *Makroobjektiv Sony F2,8/100mm.*

Auch Sigma, Tokina und Tamron bieten interessante Makroobjektive an (siehe Tabelle „Marktübersicht über Makroobjektive für die α700“ auf Seite 302).

Ein besonders interessantes Objektiv stellt das AF-Makrozoom 1,7-2,8/1x-3x dar. Dieses von Konica Minolta gebaute und bisher noch nicht wieder von Sony neu aufgelegte Objektiv erlaubt Vergrößerungen bis zum Abbildungsmaßstab von 3:1. Das heißt, auf dem Sensor wird das Objekt dreifach vergrößert dargestellt. Die Arbeitsabstände liegen bei diesem Objektiv bei 2,5 bis 4 cm, je nach Vergrößerung.

Das Objektiv wird mit einem Makroständer ausgeliefert, kann aber auch an einem Dreibeinstativ befestigt werden. Der Makroringblitz 1200 ist ohne Adapter an diesem Objektiv einsetzbar. Der Sony-Zwillingsblitz 2400 kann hingegen mit diesem Objektiv nicht genutzt werden. Schon der Preis schließt eine Benutzung für „nur mal so" aus. Für den, der professionell in den Makrokosmos eindringen will, ist es eine ausgezeichnete Wahl. Im Einsatz mit der α700 sollte der Super SteadyShot abgeschaltet werden.

▲ *Makrozoom mit bis zu dreifacher Vergrößerung.*

Der Abbildungsmaßstab

Der Abbildungsmaßstab ist das Verhältnis zwischen dem zu fotografierenden Objekt und der Größe, wie es auf dem CCD-Bildsensor erscheint. Bei einem Abbildungsmaßstab von 1:1 wird das Objekt auf dem Bildsensor so dargestellt wie in der Realität. Eine 1 cm lange Ameise wird also auf dem Bildsensor auch eine Länge von 1 cm besitzen, auf einem Bildabzug von üblichen 15 x 10 cm immerhin schon 6,3 cm. Fotografiert man die Ameise mit einem Makroobjektiv mit dem maximalen Abbildungsmaßstab von 1:2, wäre sie auf dem Bildabzug halb so groß, also 3,15 cm.

▲ *Abbildungsmaßstäbe im Vergleich, mit 1:4, 1:2 und 1:1 aufgenommen.*

Der Abbildungsmaßstab des Objektivs bleibt natürlich trotz Formatfaktor von 1,5 erhalten.

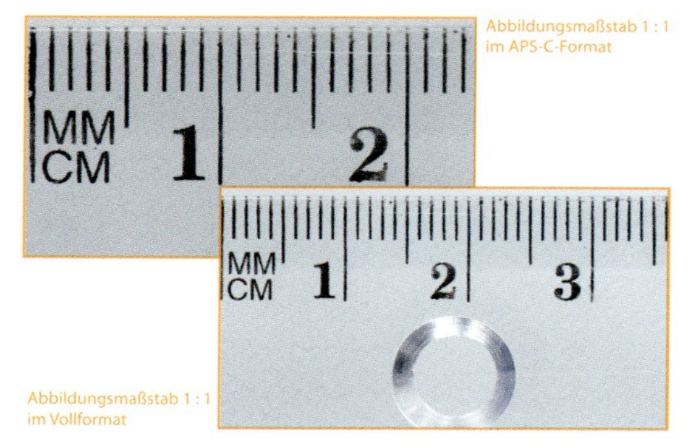

▲ *Aufnahme mit Vollformatgröße und zum Vergleich mit APS-C-Formatgröße der α700 jeweils im Abbildungsmaßstab 1:1. Die Sensorbreite wurde hier durch Aufnahme eines Lineals abgebildet.*

Der Kampf mit der Schärfentiefe

Je größer der Abbildungsmaßstab, desto geringer ist leider die Schärfentiefe. Und da man im Makrobereich mit großen Abbildungsmaßstäben arbeitet, fällt die Schärfentiefe entsprechend gering aus. Um sich eine Vorstellung davon machen zu können, wie stark sich dies auswirkt, hier ein Beispiel: Bei Blende 8 und maximalem Abbildungsmaßstab von 1:4 beträgt die Schärfentiefe z. B. des Setobjektivs AF F3,5-5,6/18-70 ca. 7 mm, was schon ziemlich gering ist. Nimmt man nun das F2,8/100-Makroobjektiv zur Hand und stellt es so dicht wie möglich am Objekt scharf, erhält man den Abbildungsmaßstab 1:1 und eine Schärfentiefe von nur noch 0,7 mm.

Da in den meisten Situationen mehr Schärfentiefe gewünscht ist, bleibt nur die Möglichkeit, noch weiter abzublenden. Mit der α700 und einem 180-mm-Makroobjektiv lassen sich noch bis ca. 1/45 Sekunde Belichtungszeit dank Super SteadyShot scharfe Aufnahmen erreichen. Da aber der Bildstabilisator nur in horizontaler und vertikaler Richtung ausgleichen kann, ist ein stabiles Dreibeinstativ in diesem Bereich Pflicht.

Telekonverter

Im Makrobereich bieten sich Telekonverter an, um den Abbildungsmaßstab nochmals zu erhöhen. Diese werden zwischen der α700 und dem eigentlichen Makroobjektiv angesetzt. Die beiden von Sony angebotenen Konverter, der 1,4x- und der 2x-Konverter, können im Makrobereich nur am – im Moment nicht mehr produzierten – AF F4/200 APO-Makroobjektiv von Konica Minolta bzw. Minolta genutzt werden. Die Verwendung des Autofokus ist nicht möglich. Was aber auch nicht sehr schlimm ist, denn in diesem Bereich muss ohnehin manuell scharf gestellt werden. Die Wege, um scharf zu stellen, sind dabei so gering, dass Fingerspitzengefühl gefragt ist. Mit dem 1,4x-Konverter sind Abbildungsmaßstäbe von 1,4:1 und mit dem 2x-Konverter von 2:1 möglich.

Telekonverter der Fremdhersteller

Kenko bietet in der DG-Reihe ebenfalls Telekonverter für das A-Bajonett der α700 an. Die DG-Reihe ist dabei für den Einsatz an Digitalkameras optimiert worden und mehrschichtvergütet. Das Sortiment umfasst den 1,4x-Konverter DG Pro300, der die Brennweite um den Faktor 1,4 verlängert, den 2x-Konverter mit einer Verlängerung um 2 und den 3x-Konverter, der eine Verdreifachung der Brennweite ergibt. Der Lichtverlust beträgt entsprechend beim 1,4x-Konverter 1 Blende, beim 2x-Konverter 2 Blenden und beim 3x-Konverter 3 Blenden. Als Abbildungsmaßstäbe sind erreichbar: 1,4:1, 2:1 und 3:1. Der 3x-Konverter ist generell nur im manuellen Fokussiermodus verwendbar. Zu beachten ist, dass sich beim Einsatz der Kenko-Konverter Abweichungen bei der Datenübermittlung ergeben. So zeigt der 1,4x-Konverter die Arbeitsblende des Objektivs an, der 2x-Konverter die richtige resultierende Blende und der 3x-Konverter die resultierende Blende des 2x-Konverters. Die Brennweite wird mit dem 1,4x- und 2x-Konverter richtig übertragen, der 3x-Konverter gibt die Werte des 2x-Konverters wieder. Die exakte Belichtung ist aber in allen drei Fällen gewährleistet.

Theoretisch kann man mehrere Kenko-Telekonverter hintereinander platzieren. Kenko rät aber hiervon ab. Außerdem sollte man die Konverter nicht mit Zwischenringen kombinieren. Sigma bietet ebenfalls zwei Telekonverter für die α700 an: den 1,4x-Konverter EX DG und den 2x-Konverter EX DG. Die beiden Telekonverter gehören bei Sigma zur Profischiene (erkennbar an der EX-Kennzeichnung) und besitzen auch eine Mehrfachvergütung, optimiert für den Digitaleinsatz. Diese sollten Sie aber (wie von Sigma) empfohlen nur an geeigneten Objektiven der EX-Serie verwenden.

1:1-Makroaufnahme.

Zum Vergleich dasselbe Motiv mit vorgeschaltetem 3x-Konverter.

Nahlinsen

Nahlinsen dienen ebenfalls dem Vergrößern des Abbildungsmaßstabs. Im Gegensatz zu Konvertern schraubt man diese aber auf das Filtergewinde des jeweiligen Objektivs. Bei Konvertern bleibt zudem die Naheinstellgrenze gleich. Bei der Nahlinse gilt: näher ran für größere Abbildungen. Je stärker die Nahlinse, umso weiter kann man an das Motiv heran. Um maximale Bildergebnisse zu erzielen, muss mit Nahlinsen abgeblendet werden.

Ein wesentlicher Vorteil von Nahlinsen besteht darin, dass sie keinen Lichtverlust verursachen. Mit der α700 arbeitet der Autofokus einwandfrei, ebenso die Belichtungsmessung. Als Nachteil ist zu sehen, dass man für jeden Filterdurchmesser eine gesonderte Linse benötigt. Für beide Setobjektive der α700 benötigt man z. B. aber nur eine Filtergröße, nämlich 55 mm. Das Maß der Stärke einer solchen Linse wird in Dioptrien angegeben und definiert die Brechkraft. Der Hersteller B+W (Jos. Schneider Optische Werke GmbH, *www.schneiderkreuznach.com*) liefert hierzu Nahlinsen im Bereich von +1 bis +5, NL 1 bis NL 5. Die Nahlinse NL 1 ist dabei vor allem für Tele- und Zoomobjektive bis 200 mm geeignet. NL 2 kann an Normalobjektiven bis 50 cm Naheinstellgrenze eingesetzt werden. NL 3 und 4

Zum Vergleich: links eine Makroaufnahme mit dem Kit-Objektiv F3,5-5,6/18-70mm und rechts zusätzlich mit Nahlinse NL 3.

vermindern erneut die Naheinstellgrenze, wobei NL 4 auch für Weitwinkelobjektive geeignet ist. NL 5 erweitert diesen Bereich nochmals.

◂ B+W-Nahlinse NL 3 zum Aufschrauben auf das Filtergewinde des Objektivs. Achten Sie beim Kauf auf den zu Ihrem Objektiv passenden Durchmesser. Hier ist ein Filter mit 55 mm Durchmesser abgebildet, der z. B. auf das Kit-Objektiv AF F3,5-5,6/18-70 passen würde.

Ab NL 3 ist die Schärfentiefe bereits minimal. Bei NL 5 ist ein besonders starkes Abblenden unerlässlich. Besitzt man das Setobjektiv AF F3,5-5,6/18-70, lohnen sich Versuche mit dem Nahfilter NL 3. Die Naheinstellgrenze ändert sich von 38 auf 26 cm.

Dioptrienzahl ermitteln

Mit der Angabe der Dioptrien wird die Brechkraft einer Nahlinse gekennzeichnet. Dabei handelt es sich um den Kehrwert (in Metern) der Brennweite.

1 m : Objektivbrennweite = Brechkraft in Dioptrien

Eine Nahlinse mit der Dioptrienzahl von +1 hat demnach eine Brennweite von 1.000 mm (1 m : 1), eine mit +2 hat eine Brennweite von 500 mm (1 m : 2) etc. Wenn man mit einer Nahlinse von +2 arbeitet, muss man also (bei eingestellter Schärfe auf Unendlich) auf 500 mm an das Objekt heran, um scharf abzubilden. Ist die Einstellungsentfernung allerdings geringer, kann man entsprechend dichter heran.

Marktübersicht über Makroobjektive für die α700

	Max. Abbildungsmaßstab	Naheinstellgrenze (cm)	Maße (mm)	Gewicht (g)	Filtergröße (mm)
Sony AF F2,8/50	1:1	20	71,5 x 60	295	55
Sony AF F2,8/100	1:1	35	75 x 98,5	505	55
Sigma AF F2,8/50 EX DG	1:1	18,5	71,4 x 64	315	55
Sigma AF F2,8/70 EX DG	1:1	25	76 x 95	527	62
Sigma AF F2,8/105 EX DG	1:1	31,3	74 x 95	450	58
Sigma AF F2,8/150 EX DG	1:1	38	79,6 x 137	859	72
Sigma AF F3,5/180 EX DG	1:1	46	80 x 179,5	960	72
Tamron SP AF F2,8/90 Di	1:1	29	71,5 x 97	405	55
Tamron SP AF F3,5/180 Di	1:1	47	84,8 x 165,7	920	72
Tokina AT-X M100 AF Pro D F2,8/100	1:1	30	73 x 95,1	540	55
Konica Minolta AF F4/200 APO*	1:1	50	79 x 195	1.130	72
Konica Minolta Zoom F1,7-2,8/ 3x-1x*	1:1–3:1	4 (1x)–2,5 (3x)	76 x 117 x 94,5	1.100	46
Voigtländer AF Dynar F3,5/100	1:2	43	68 x 70,5	208	49

* Wird nicht mehr hergestellt, es ist zu vermuten, dass Sony die beiden zukünftig ins Lieferprogramm aufnimmt.

Zwischenringe

Nahlinsen sind recht günstig, die erreichbaren Bildergebnisse befriedigen aber unter Umständen nicht ganz. Zwischenringe stellen einen preislichen Kompromiss zu Makroobjektiven und der erreichbaren Bildqualität dar. Auch mit ihnen lässt sich der Abbildungsmaßstab vergrößern. Zwischenringe werden (wie die Telekonverter) zwischen die Kamera und das Objektiv gesetzt. Selbst besitzen sie kein optisches System, sind also „hohl". Die optische Leistung des jeweiligen Objektivs wird somit im Gegensatz zur Nahlinse nicht gemindert. Auch kann man sie an allen Objektiven nutzen – ein weiterer Vorteil. Zwischenringe werden in unterschiedlichen Längen hergestellt, was einen flexiblen Einsatz gestattet. Dabei unterscheidet man zwischen Ringen, die alle Daten des Objektivs an die Kamera weitergeben, und manuellen Systemen. Bei manuellen Zwischenringen muss man u. a. die Blende manuell einstellen, deshalb sind sie eigentlich nicht zu empfehlen.

▲ *Kenko-Zwischenring mit A-Bajonett. Kenko bietet drei unterschiedliche Baulängen dieser Zwischenringe an: 12, 20 und 36 mm.*

Ebenfalls nicht zu empfehlen ist der Einsatz an Zoomobjektiven. Die Bildergebnisse sind meist nicht befriedigend. Zu beachten ist weiterhin, dass man mit Auszugsverlängerungen wie den Zwischenringen nicht mehr auf Unendlich scharf stellen kann, was sie wirklich nur für den Nah- und Makrobereich einsetzbar macht. Kenko bietet z. B. einen Zwischenringsatz für das A-Bajonett der α700 an. Dieser Satz enthält einen 12-mm-, einen 20-mm- und einen 36-mm-Zwischenring. Man sollte auf den Zusatz DG achten. Die damit gekennzeichneten Zwischenringsätze sind für digitale Systeme optimiert. Die Ringe kann man problemlos untereinander kombinieren. Setzt man alle drei Ringe aneinander vor ein 50-mm-Objektiv, erhält man immerhin einen Abbildungsmaßstab von ca. 1,5:1. Alle notwendigen Daten werden dabei von den Zwischenringen an die Kamera übertragen. Ein problemloser Einsatz ohne langwierige manuelle Einstellungen ist garantiert.

Abbildungsmaßstab mit Zwischenringen

Möchte man den minimalen und maximalen Abbildungsmaßstab mit Zwischenringen errechnen, benutzt man folgende Formeln:

Max. Abbildungsmaßstab = Abbildungsmaßstab Objektiv + Zwischenringstärke : Brennweite

Min. Abbildungsmaßstab = Zwischenringstärke : Brennweite

Balgengeräte nutzen

Balgengeräte verlängern ähnlich den Zwischenringen den Auszug und werden somit ebenfalls zur Abbildungsmaßstabsvergrößerung eingesetzt. Der Vorteil gegenüber Zwischenringen ist die stufenlose Einstellung des Auszugs.

Novoflex bietet ein Automatik-Balgengerät an, das direkt an Kamera und Objektiv angeschlossen werden kann. Der minimale Auszug beträgt hier etwa 45 mm, der maximale 125 mm. An der α700 wird die automatische Blendensteuerung nicht übertragen. Die Belichtungsverlängerung wird aber durch die Innenmessung (TTL) gewährleistet.

▲ *Automatik-Balgengerät von Novoflex.*

Weil der Autofokus hier keine Funktion ausübt, sollte man mithilfe des Funktionsrads den MF-Modus einstellen. Da Balgengeräte doch recht unhandlich sind, sollte man den Einsatz auf statische Motive beschränken.

Retroadapter für extreme Makros

Retro- oder auch Umkehradapter bieten eine weitere Möglichkeit, weiter in die Tiefen des Mikrokosmos einzutauchen.

Nimmt man sich z. B. das zur α700 mitgelieferte Objektiv AF F3,5-5,6/18-70 und schaut durch die Frontlinse hindurch, wird man eine hohe Verstärkung ähnlich einer Lupe feststellen können. Dazu sollte der Abstand zum Motiv ungefähr 5 cm betragen. Um sich diesen Effekt zunutze machen zu können, muss das Objektiv falsch herum an die α700 angeschraubt werden. Hier kommt der Umkehradapter ins Spiel.

▲ *Umkehradapter passend zum A-Bajonett der α700.*

Zunächst ist dabei ein Problem zu lösen. Die Autofokusobjektive verfügen über eine Springblende, die nur bei der Auslösung auf die gewählte Blende von der Kamera eingestellt wird. Danach springt sie wieder zurück und gibt die gesamte Blendenöffnung frei. Damit ist ein helles Sucherbild gewährleistet. Im abgebauten Zustand ist dagegen die Blende geschlossen.

Theoretisch könnte man auch ein solches Objektiv in Umkehrstellung benutzen. Dabei müssten aber alle Aufnahmen mit komplett geschlossener Blende durchgeführt werden, oder es müsste eine Möglichkeit gefunden werden, um die gewünschte Blende zu arretieren.

▲ *Zunächst stellen Sie die größte Blende (Bild oben), in diesem Fall Blende F3.5, ein, um ein möglichst helles Sucherbild zu erhalten. Die eigentliche Aufnahme kann dann mit der gewünschten Blende (Bild unten, hier als Beispiel mit Blende 22) durchgeführt werden.*

Leichter ist es, den recht großen manuellen Objektivpark für das A-Bajonett zu nutzen. Im Folgenden kam das MD Zoom F3,5-4,8/28-70mm zum Einsatz. Diese Objektive verfügen über die Möglichkeit, die Blende von Hand einzustellen. Dafür ergibt sich ein weiterer sonst unüblicher Arbeitsschritt: Die Blende muss zunächst geöffnet werden, um ein helles Sucherbild zu erhalten.

▲ α700 mit in Umkehrstellung aufgesetztem MD-Objektiv. Zwischen Kamera und Objektiv befindet sich der Umkehradapter.

Hat man den entsprechenden Bildausschnitt gewählt und scharf gestellt, kann die Arbeitsblende gewählt werden. Diese sollte bei dem starken Abbildungsmaßstab möglichst groß sein. Der Umkehradapter besitzt auf der einen Seite das Kamerabajonett und auf der anderen Seite ein Filtergewinde, das dem Filtergewinde des zu benutzenden Objektivs entsprechen muss. Für Objektive mit unterschiedlichen Filterdurchmessern ist somit jeweils ein separater Umkehrring notwendig. Der mögliche Abbildungsmaßstab ist vom verwendeten Objektiv abhängig. Je stärker man dabei in den Weitwinkelbereich gelangt, umso stärker ist der Lupeneffekt und damit der Abbildungsmaßstab

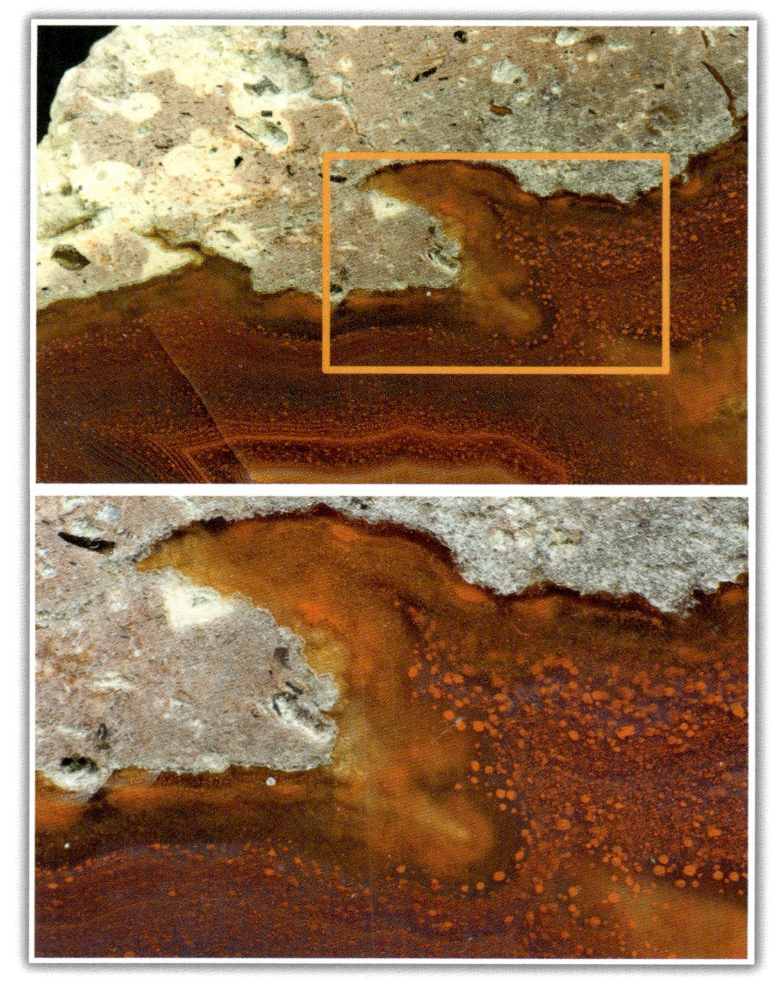

▲ Vergleichsaufnahme oben im Abbildungsmaßstab 1:1. Unten Supermakro mit dem MD Zoom F3,5-4,8/28-70mm in Umkehrstellung. Der Abbildungsmaßstab beträgt hier etwa 2:1.

Die Blendenwerte werden natürlich nicht zur Kamera übertragen und können somit nicht auf dem Display abgelesen werden. Außerdem funktioniert der Autofokus nicht, wobei es in diesem Bereich ohnehin sinnvoller ist, manuell scharf zu stellen. Da die Belichtungsmessung durch das Objektiv erfolgt, ist eine korrekte Belichtung gewährleistet. Wichtig ist, dass Sie der α700 mitteilen, dass sie auch ohne Objektiv auslösen darf. Denn da keine Kontakte für die Verbindung von Kamera und Objektiv genutzt werden können, verhält sich die α700 so, als wäre kein Objektiv angesetzt. Stellen Sie also im Benutzermenü (2) die Option *Ausl. O. Obj.* auf *Aktivieren*.

Die Abbildungsleistung ist in Umkehrstellung erstaunlich gut. Dies hängt damit zusam-

Diese Aufnahme entstand mit Einbeinstativ und gezielter Scharfstellung per Hand auf das Auge dieses Insekts.

men, dass nur der innere Bildkreis des Objektivs genutzt wird.

Sinnvolles Makrozubehör

Auf jeden Fall zu empfehlen sind im Makrobereich vor allem ein Stativ, ein Einstellschlitten und ein Fernauslöser. Es sollte schon ein stabiles Dreibeinstativ sein, wenn man nicht gerade z. B. Libellen verfolgt. Hier tut es auch ein Einbeinstativ, weil man damit wesentlich flexibler und schneller ist. Für präzise Makroarbeiten sind ein Dreibeinstativ und ein belastbarer Stativkopf unerlässlich. Manfrotto, Giotto, Slik, Gitzo und Berlebach z. B. bieten eine gute Auswahl an hochwertigen Stativen an. Die Mittelsäule sollte nach Möglichkeit demontiert und kopfüber montiert werden können, um auch den Bereich am Boden gut zu erreichen.

Am Stativkopf kann der Einstellschlitten montiert werden. Dieser besitzt die Aufgabe, möglichst feinfühlig den bildwichtigen Schärfepunkt einzustellen. Aufgrund der geringen Schärfentiefe von nur Millimetern wäre das Umsetzen des Stativs der ungünstigere Weg.

Novoflex-Einstellschlitten Castel-L. Feinste Kameraverschiebungen sind mit diesem Einstellschlitten möglich.

Winkelsucher

Auch ein Winkelsucher kann wertvolle Dienste leisten, wenn es darum geht, bodennah zu arbeiten. Man erspart sich so das flache Hinlegen, um durch den Sucher zu schauen. Teilweise ist eine Aufnahme aufgrund von Platzmangel erst mit einem Winkelsucher möglich.

An der α700 kann z. B. der Winkelsucher FDA-A1AM von Sony zum Einsatz kommen. Dieser besitzt einen Dioptrienausgleich und die Möglichkeit, zwischen einfacher und doppelter Vergrößerung zu wechseln. Eine interessante, aber doch recht kostenintensive Anschaffung ist der elektronische Winkelsucher von Zigview. Er besitzt ein 2,5-Zoll-Display und erlaubt die Livevorschau des Sucher-

Für bodennahes Arbeiten bietet sich ein Stativ wie dieses Manfrotto-Stativ an. Die Mittelsäule kann hier kopfüber montiert werden.

bildes. Das Display ist dabei in alle Richtungen schwenkbar. Mit dem Zigview sind außerdem Intervallaufnahmen, Langzeitbelichtungen und das Auslösen über Bewegungsmelder möglich.

Durch Sucheradapter kann der Zigview an unterschiedliche Kameratypen angepasst werden. Für die α700 ist das Adaptermodell S2B (Nr. 6241) notwendig.

▲ *Bei bodennahen Aufnahmen besonders wertvoll: der Winkelsucher.*

Schärfentiefe durch Verschmelzung mehrerer Schärfeebenen

Die Schärfentiefe stellt im Makrobereich meist ein größeres Problem dar. Trotz starker Abblendung erstreckt sich der Bereich der Schärfe – je größer der Abbildungsmaßstab wird – nur auf wenige Millimeter.

Hat man die Möglichkeit, vom gleichen Motiv mehrere Aufnahmen zu machen, bieten sich hier Softwaretools wie CombineZ5 oder Helicon Focus an. An dieser Stelle schauen wir uns die notwendigen Arbeitsschritte am Beispiel von Helicon Focus näher an.

▲ *Trotz weit geschlossener Blende ist das Motiv nicht durchgängig scharf. Abhilfe schafft ein spezielles Softwareprogramm (Originalgröße 5,5 cm).*

Zunächst stellen Sie die α700 auf manuelle Fokussierung und den Blendenprioritätsmodus ein. Als Blende wählen Sie die „förderliche Blende“, also die Blende, bei der noch keine Unschärfe durch Beugung auftritt.

Diese ist objektivabhängig. Ist diese nicht genau bekannt, wird empfohlen, eine Blende im Bereich zwischen 14 und 16 zu wählen. Wichtig ist ebenfalls eine gleichbleibende Motivbeleuchtung. Ein stabiles Stativ ist hier ohnehin Pflicht.

Nun stellen Sie den Schärfepunkt so ein, dass der Anfang des Motivs scharf abgebildet wird, und machen hiervon eine Aufnahme. Danach werden weitere Aufnahmen in kleinen, regelmäßigen Schritten so angefertigt, dass man das gesamte Motiv erfasst. Anschließend werden die Bilder auf den Computer übertragen, im Programm Helicon Focus über *Datei/Neue Punkte hinzufügen* ausgewählt und geladen. Sind alle Einzelbilder geladen worden, wählen Sie *Korrigieren/Starten* bzw. [F3].

Nun startet der Vorgang zum Kombinieren der Bilder, der je nach Computerleistung und Anzahl der Bilder mehrere Minuten dauern kann.

▲ Scharf von vorn bis hinten, dank Software. Sechs Einzelbilder wurden automatisch zu einem durchgängig scharfen Bild verrechnet.

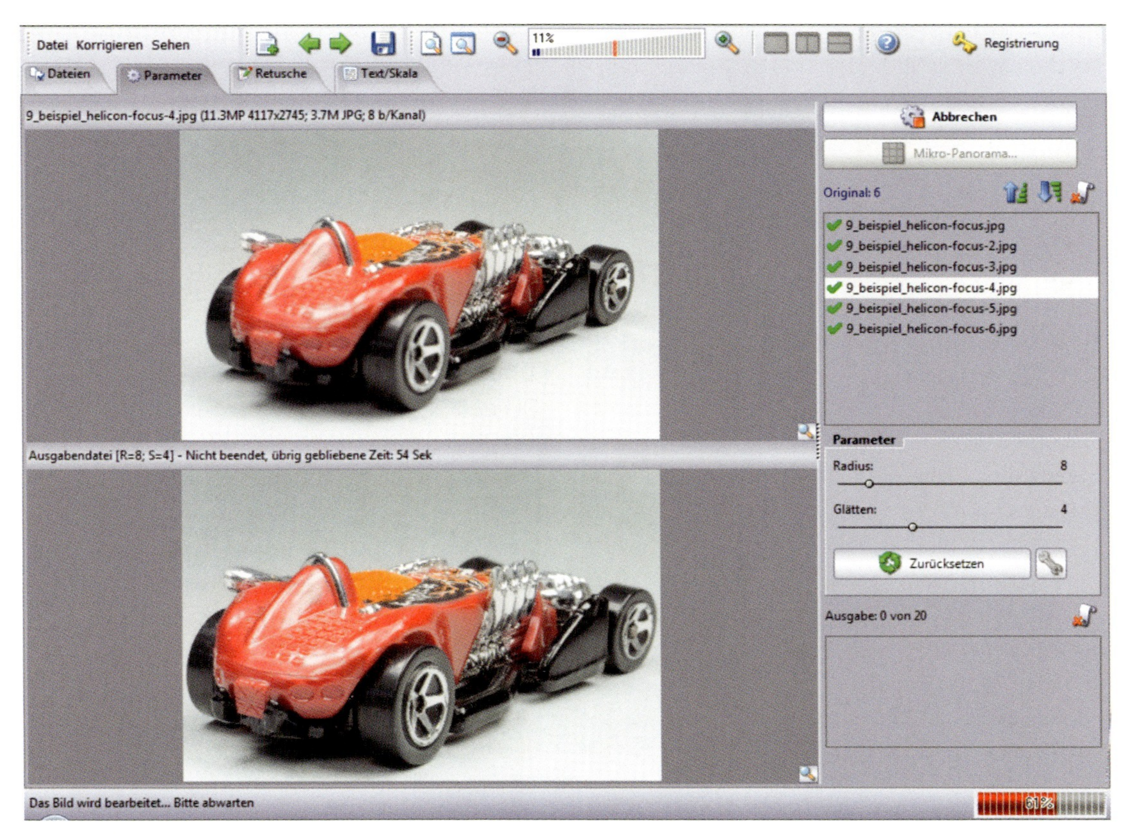

▲ Helicon Focus bei der Bearbeitung von sechs Einzelaufnahmen.

In den nächsten Schritten *Retusche* sowie *Text/Skala* sind weitere Korrekturen bzw. das Einfügen von Text und einer Skala möglich.

Zum Abschluss bleibt noch das Speichern des fertigen Bildes und eine eventuelle Weiterverarbeitung in Helicon Filter. Diese Option steht über das Register *Speichern* zur Verfügung (siehe Bilder auf der gegenüberliegenden Seite).

Optimale Kameraeinstellungen für den Makrobereich

Auch im Makrobereich empfiehlt sich der Blendenprioritätsmodus, um die Blende entsprechend der gewünschten Schärfentiefe wählen zu können.

Mit der Abblendtaste kann die Schärfentiefe überprüft werden. Dabei verringert sich, je weiter die Blende geschlossen wird, die Sucherhelligkeit. Zusätzliches Licht, z. B. durch eine Taschenlampe, kann hier hilfreich sein.

◂ *Der Blendenprioritätsmodus (A) ist erste Wahl auch im Makrobereich. Per Einstellrad kann die gewünschte Blende gewählt werden.*

Benutzt man ein Dreibeinstativ, sollte der Super SteadyShot an der α700 abgeschaltet werden, da er hier keine Wirkung erzielt. Ein Kabelfernauslöser oder der Funkauslöser bieten sich an, um Verwacklungen durch das Drücken des Auslösers zu vermeiden. Handelt es sich um statische Motive, kann alternativ auch die Spiegelvorauslösung genutzt werden. Zur Verkürzung der Belichtungszeit kann an der α700 der ISO-Wert bis ISO 3200 (6400) angehoben werden. Um das Rauschen im Griff zu behalten, sollte man diese Option aber nur bis ISO 1600 nutzen.

▴ *Zur Überprüfung der Schärfentiefe besitzt die α700 die hier abgebildete Abblendtaste.*

Vorsicht bei Langzeitbelichtung

Sind Langzeitbelichtungen ab 1 Sekunde notwendig, sollte man darauf achten, dass der Serienbildmodus nicht eingeschaltet ist. Die Rauschunterdrückung arbeitet in diesem Modus nicht und man erhält unkorrigierte Bilder. Das Gleiche gilt für Serienbildreihen. Die Rauschunterdrückung sorgt dafür, dass nach der eigentlichen Aufnahme ein Dunkelbild mit der gleichen Belichtungszeit angefertigt wird. Mit diesen Informationen rechnet die α700 das Rauschen heraus, das sonst durch die lange Belichtungszeit entstehen würde.

Blitzen im Makrobereich

Die ab Seite 193 beschriebenen Blitze, das Sony-Ringlicht HVL-RLAM und der Sony-Zwillingsblitz HVL-MT24AM, sind speziell für den Makrobereich entwickelt worden. Sigma bietet für die α700 ebenfalls einen Makroringblitz an, den EM 140 DG. Diese Blitzgeräte werden über Adapterringe am Filtergewinde befestigt. Die Blitzsteuereinheit sitzt auf dem Blitz- bzw. Zubehörschuh der α700. Besitzt man ein Objektiv mit drehender Frontlinse beim Fokussieren, ist man gezwungen, zuerst scharf zu stellen und danach die Blitzeinheit auszurichten.

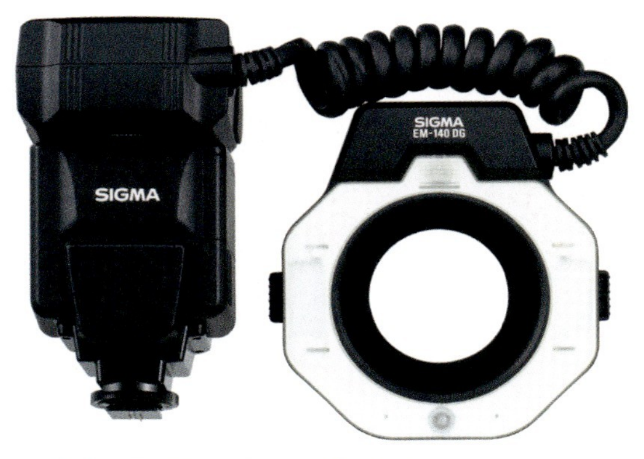

▲ *Makroringblitz EM-140 DG von Sigma.*

Auch das interne Blitzgerät der α700 ist recht „makrotauglich“. Im Zusammenspiel mit dem Kit-Objektiv AF F3,5-5,6/18-70 kann es uneingeschränkt eingesetzt werden. Selbst die mitgelieferte Streulichtblende liefert keine Abschattung auf den Bildern.

Förderliche Blende

Mit förderlicher Blende bezeichnet man die Blende, bis zu der man ohne Einbußen in der Abbildungsleistung des Objektivs abblenden kann. Ab einer bestimmten Blende machen sich Beugungsunschärfen aufgrund der geringen Blendenöffnung bemerkbar. Gerade im Makrobereich ist es wichtig, auf die förderliche Blende zu achten, da der Abbildungsmaßstab ein wichtiges Kriterium darstellt. Dabei gilt: je größer der Abbildungsmaßstab, desto geringer die förderliche Blende.

▼ *α700-Makro mit 50-mm-Makroobjektiv und entfesseltem Programmblitz.*

▲ Mit Stativ und Kabelfernauslöser gelingen gut komponierte Makroaufnahmen.

Bei Objektiven, die den Abbildungsmaßstab 1:2 bzw. 1:1 darstellen können, führt das interne Blitzgerät zwangsläufig zu Abschattungen. Eleganter ist das drahtlose Blitzen mit den externen Programmblitzgeräten.

Folgende Programmblitze sind zum drahtlosen Blitzen an der α700 geeignet:

- Sony HVL-F36AM
- Sony HVL-F56AM
- Metz Mecablitz 44 MZ-2
- Metz Mecablitz 45 CL-4
- Metz Mecablitz 48-AF1
- Metz Mecablitz 54 MZ-3
- Metz Mecablitz 54 MZ-4
- Metz Mecablitz 54 MZ-4i
- Metz Mecablitz 70 MZ-4
- Metz Mecablitz 70 MZ-5
- Metz Mecablitz 76 MZ-5
- Sigma EF-500 DG ST
- Sigma EF-530 DG ST

Praxistipps im Makrobereich auf einen Blick

- Verwenden Sie nach Möglichkeit generell ein Stativ mit Stativkopf und Einstellschlitten.
- Beim Einsatz eines Stativs schalten Sie den Super SteadyShot aus.
- Die Spiegelvorauslösung und den Fernauslöser sollten Sie benutzen, um Verwacklungen zu vermeiden.
- Um maximale Schärfe und Brillanz zu erhalten, sollten Sie nur bis zur förderlichen Blende abblenden.
- Bei eingestelltem RAW-Format stehen einem alle Möglichkeiten zur Nachbearbeitung offen.
- Für Belichtungszeiten ab 1 Sekunde schalten Sie die automatische Rauschunterdrückung ein.

9.6 Porträt und Studio

Sicher gehören Aufnahmen von Menschen zu den häufigsten Fotomotiven. Wir halten so Erinnerungen fest, an denen wir uns Jahre später noch erfreuen. Man merkt aber schnell, dass es sich um ein doch recht schwieriges Themengebiet handelt. Nicht allzu viele Aufnahmen schaffen es und gelangen gerahmt an die Wand oder in die Vitrine. Schwierig ist es vor allem, in einem Foto das Typische von Personen festzuhalten. Auch der Bildaufbau ist wichtig, um ein Bild ansprechend zu gestalten. Warum gefällt uns eigentlich ein Bild? Studiert man Bildbände oder ist in Ausstellungen von Künstlern unterwegs, stellt man immer wieder fest, dass bestimmte Aufnahmen den Betrachter fesseln. Hier kann man ansetzen und überlegen, wie die Aufnahmen entstanden sind und warum sie diese Bildwirkung ausstrahlen. Vielleicht stellt man nach einer gewissen Zeit fest, dass sich hinter vielem gewisse Gesetzmäßigkeiten verbergen. Andererseits wird man ebenso sehen, dass auch Bilder dazugehören, die keiner dieser Regeln entsprechen und trotzdem in unseren Augen als „gute" Bilder erscheinen. Die folgenden Tipps stellen aus diesem Grund nur eine Empfehlung dar.

Nah zeigt Wirkung

Seien Sie mutig und gehen Sie möglichst nah ans Motiv heran. Hier werden wohl die meisten Fehler

Bei dieser Teleaufnahme wirken diagonaler Aufbau und leicht nach links verschobenes Gesicht. Zudem wird die Bildwirkung durch den kontrastreichen Lichteinfall verstärkt. ▸

gemacht. Übersichtsaufnahmen von Porträtierten lassen sie meist wirkungslos erscheinen. Haben Sie also keine Scheu. Bei fremden Menschen ist es wichtig, sich angemessen zu nähern. Hat man hier das richtige Fingerspitzengefühl, lassen sie sich meist recht gern fotografieren. Wichtig ist hierbei vor allem, dass sich der Porträtierte wohlfühlt und das auch ausstrahlt.

Bildmitte meiden

Nicht weniger selten sieht man Aufnahmen, in denen das Motiv genau in der Bildmitte mit Platz ringsherum platziert wurde. In den allermeisten Fällen wirken diese Bilder langweilig. Es genügt schon, die Kamera leicht zu schwenken. Lassen Sie dabei etwas mehr Platz in Blick- bzw. Bewegungsrichtung.

▲ *Der Porträtierte befindet sich außerhalb der Bildmitte. In Bewegungsrichtung ist ausreichend Platz. Diese beiden Punkte sind wichtig für die Bildwirkung.*

Spannung durch die Drittel-Regel

Die Aufteilung der Autofokussensoren wurde von den Sony-Ingenieuren geschickt gewählt. So ist es für den Fotografen einfach, die wichtigen Punkte für die Drittel-Regel zu finden. Wenn Sie das Sucherbild in drei horizontale und drei vertikale Flächen einteilen, erhalten Sie an den Schnittstellen die entsprechenden Punkte. Hier sollten die Blickpunkte angeordnet sein. Welchen Schnittpunkt Sie hierbei wählen sollten, hängt von der Szene ab, die dargestellt werden soll.

▲ *Die Drittel-Regel kann im Sucher der α700 sehr gut eingeschätzt werden. Genau über und unter den beiden mittleren AF-Messfeldern liegen die wichtigen Punkte.*

Die Drittel-Regel stellt eine Vereinfachung des Goldenen Schnitts dar, der bereits seit der Antike bekannt ist und für Harmonie im Bild steht.

▲ *Die Kamera wurde so geschwenkt, dass die Drittel-Regel eingehalten wird.*

Die richtige Ausrüstung

Klassische Brennweiten für Porträts sind 50 mm, 85 mm, 135 mm und 200 mm. Ideal für Brustbildporträts sind 85 bis 135 mm. Sony bietet hierfür die beiden Objektive AF F1,4/50 und AF F1,4/85 G an. Beide sind hoch lichtstark, womit ein Freistellen vor dem Hintergrund problemlos möglich ist. Aber auch das Zeiss/Sony SonnarT* AF F1,8/135 und

▲ *Die Aufnahme entstand mit dem Sony/Zeiss AF F3,5-4,5/ 16-80 mit aufgesetztem Sony-Blitz HVL-F56AM. Bei Bühnenaufnahmen hat man es meist mit Mischlicht zu tun. Das Blitzlicht sollte dabei nicht im Vordergrund stehen, um nicht die Atmosphäre zu zerstören. Wichtig ist hier die Einstellung auf Spotmessung.*

das Sony SFT F2,8[4,5]/135 bieten sich für Porträts an. Letzteres muss zwar manuell fokussiert werden, bietet dafür aber ein herausragendes Bokeh. Zu bedenken ist bei diesen sehr lichtstarken Objektiven, dass, je größer die Blende ist, die Schärfentiefe abnimmt. Wenn also neben dem Auge auch die Nase scharf sein soll, muss die Blende entsprechend gewählt werden, um ausreichend Schärfentiefe zu erhalten. Ein Stativ ist immer dann nützlich, wenn längere Brennweiten eingesetzt werden und der Fotograf dadurch nicht zu stark in seiner Bewegungsfreiheit eingeschränkt wird.

▲ *Studioblitz der Firma Dörr. Er kann mit einem Fernauslöser durch die α700 gezündet werden.*

Reflektoren und Blitzgeräte kommen bei nicht idealen Lichtverhältnissen zum Einsatz. Drahtloses Blitzen mit mehreren Blitzgeräten ist mit der α700 ja ohne Weiteres möglich, was die Arbeit stark erleichtert. Möchte man professioneller arbeiten, kommt man um die Anschaffung von Studiobeleuchtung nicht herum. Um genügend Reserven bei der späteren Bildbearbeitung zu haben, sollte das RAW-Format erste Wahl sein. Ein Weißabgleich ist so ebenfalls nachträglich im RAW-Konverter möglich (siehe Bild auf der gegenüberliegenden Seite).

Der noch für die α100 benötigte Adapter (FA-CS1AM) ist an der α700 nicht mehr erforderlich, da sie über einen eigenen Blitzsynchronanschluss verfügt. Studioblitzanlagen können nun direkt angeschlossen werden. Über Funkblitzauslöser, z. B. Dörr RF-125, lässt sich auch die Studioblitzanlage per Funk durch die α700 auslösen.

▲ *Die Einbeziehung des Hintergrunds kann zur Bildwirkung beitragen, wie hier die sehr schöne farbliche Abstimmung (Foto: Lars Müller, www.larsmueller.com).*

Selbst mit mehreren Baustrahlern ab 300 Watt ist es möglich, ein kleines Studio aufzubauen. Hierbei ist aber zu beachten, dass diese mit Halogenstäben arbeiten, die sehr heiß werden. Um das Licht angenehm weicher zu machen, können Styropor- oder Plexiglasplatten zum Einsatz kommen.

▲ *Mit einem Studioblitz und Funkfernauslöser wählen Sie das Programm M und stellen Blende und Belichtungszeit nach vorher ermittelten Werten ein. Ein Blitzbelichtungsmesser ist hierfür sinnvoll.*

Groß rauskommen mit Ministudio

Für kleinere Gegenstände reicht meist auch ein Ministudio oder ein Aufnahmetisch aus. Man denke z. B. nur an perfekt ins Bild gesetzte Artikel für Onlineauktionshäuser. Das eingesetzte Objektiv sollte aber Makrofähigkeiten besitzen. Bei einem Abbildungsmaßstab von 1:4 können Sie anfangen und erzielen bei nicht allzu kleinen Gegenständen gute Ergebnisse.

▲ *Für die Produktfotografie gut geeignet: ein Ministudio. Mit den Reflektoren können Sie das Licht gezielt führen.*

Ein Stativ ist in jedem Fall ratsam, da die Blende möglichst weit geschlossen werden sollte, um genügend Schärfentiefe zu erhalten. Trotz Super SteadyShot wären Verwacklungen unvermeidbar. Mit zwei Neonlampen, die meist eine Farbtemperatur von 4.000 Kelvin besitzen, kann für ausgeglichene oder akzentbetonte Ausleuchtung gesorgt werden. Die Lampen lassen sich in fast alle Richtungen schwenken, und mit Abschirmklappen kann das Licht fein dosiert werden. Falls Sie Aufnahmen nicht im RAW-Format anfertigen, stellen Sie nach gedrückter WB-Taste im Menü die Farbtemperatur fest auf 5.000 Kelvin ein. Auch wenn der automatische Weißabgleich der α700 sehr gut funktioniert, kann es doch zu leichten Abweichungen kommen.

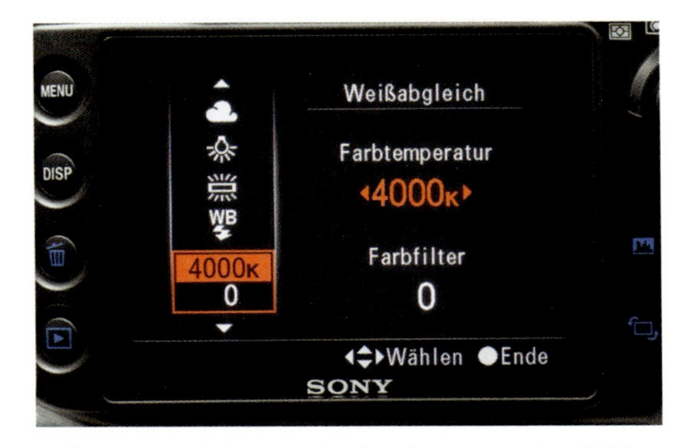

▲ *Entsprechend der von den Leuchten erzeugten Farbtemperatur wählen Sie diese im Menü Weißabgleich.*

9.7 Speichertechnologien

Was bringen High-End-CompactFlash-Karten wirklich?

Die Sony α700 unterstützt das hauseigene Speicherkartenformat, den Memory Stick Duo, und die allgemein bei Profikameras üblichen CompactFlash-Karten. Microdrives, kleine Festplatten, können an der α700 ebenfalls eingesetzt werden. Diese sind aber nicht mehr letzter Stand der Technik. Sie verbrauchen weit mehr Strom und sind anfälliger gegen Erschütterungen, da sie bewegte Teile besitzen.

▲ *Die α700 unterstützt die Speicherkartenformate Memory Stick Duo und CompactFlash.*

Die Preise für CompactFlash-Karten sind zudem in den letzten Jahren so weit gesunken, dass man getrost auf Microdrives verzichten kann. α700-Fotografen, die gern im RAW-Format arbeiten, wird die Preisentwicklung bei CompactFlash-Karten freuen. Etwa 18 MByte nimmt eine RAW-Datei ein, was bei einer 2-GByte-Karte etwa 100 Bildern entspricht. 4- oder sogar 8-GByte-Karten sind hier schon angebracht, denn 200 bis 400 Bilder sind pro Aufnahmetag keine Seltenheit. 30 % und mehr Einsparpotenzial steckt in den verlustfrei komprimierten cRAW-Dateien. Besteht Speichermangel, können Sie hier, ohne auf Qualität verzichten zu müssen, diese Option nutzen.

Geschwindigkeit der Speicherkarten

Die Speicherkartenhersteller kennzeichnen ihre Karten mit Aufschriften wie z. B. 120- oder 300-fach. Als Grundwert wird hier von der Speichergeschwindigkeit von CD-ROM-Laufwerken der ersten Generation ausgegangen. Die Speichergeschwindigkeit betrug hier 150 KByte/Sekunde. Eine „120x"-Speicherkarte unterstützt also eine Übertragungsgeschwindigkeit von 120 x 150 KByte/Sekunde = 18.000 KByte/Sekunde, was in etwa 17,6 MByte/Sekunde entspricht.

Die Sony α700 verfügt über eine sehr gute Serienbildgeschwindigkeit. Fünf Bilder pro Sekunde mit 12 Megapixel Auflösung benötigen einen entsprechend schnellen Signaltransport und schnelle Speicher. Das heißt, auch die Geschwindigkeit der Speicherkarte sollte der Kamera angepasst sein, um das Potenzial auch wirklich zu nutzen. Unnötig lange Pausen beim Speichervorgang können so verhindert werden. Hingegen ist es fraglich, ob teure, extrem schnelle Karten auch von der Kamera genutzt werden können. Nachfolgend wurden fünf Speicherkarten im Serienbildmodus Hi getestet.

Geschwindigkeit von Speicherkarten an der α700

Die Transcend-CompactFlash-120x-Karte liegt im Test an letzter Stelle, wenn es um die Geschwindigkeit an der α700 geht. Im RAW-Modus wurde eine Leistung von 8,26 MByte/Sekunde gemessen, was durchaus einen recht guten Wert darstellt. Im cRAW-Modus ergaben sich 8,81 und im *Fein*-Modus 7,91 MByte/Sekunde. Die etwas niedrige Geschwindigkeit resultiert aus der Rechengeschwindigkeit, die die α700 benötigt, um die Daten zu komprimieren bzw. „zu entwickeln".

Leicht bessere Werte erreicht man mit einer SanDisk Ultra II-Karte. Im RAW-Modus wurden hier 9,06, im cRAW-Modus 8,81 und im *Fein*-Modus 7,91 MByte/Sekunde gemessen. Auch hier vergeht einige Zeit, bis der Fotograf wieder die gesamte Serienbildkapazität zur Verfügung hat. Wie bei der Transcend-120x-Karte vergehen im RAW-Modus bis zu 20 Sekunden, bis der Kamerapufferspeicher geleert ist und die gesamte Kapazität wieder zur Verfügung steht.

Mit der Sony-300x-Karte gelangt man gleich in ganz andere Dimensionen: 45 MByte/Sekunde Datendurchsatz. Kann das die α700 umsetzen? Nicht ganz, aber immerhin werden 29,81 MByte/Sekunde im RAW-Modus erreicht. Im cRAW-Modus sind es 27,57 und im *Fein*-Modus 20,84 MByte/Sekunde Datendurchsatz. Das Arbeiten macht an der α700 mit dieser Karte gleich noch mal so viel Spaß. Denn auch das Löschen vieler Bilder von der Karte oder das Durchblättern im Wiedergabemodus ist beschleunigt.

Ähnliche Werte wie die Sony-300x-Karte erreicht die SanDisk Extreme IV. Diese Karte schafft laut Hersteller einen Datendurchsatz von bis zu 40 MByte/Sekunde. Im Test erzielte sie im RAW-Format 30,26, im cRAW-Format 29,46 und im *Fein*-Modus 23,41 MByte/Sekunde. Die Sony 300x und die SanDisk Extreme IV lassen den Fotografen nur noch etwa 5 Sekunden (im RAW-Modus) warten, bis der Kamerapufferspeicher geleert ist und die Daten auf der Karte gesichert wurden. Im cRAW-Modus sind es nur etwa 4 Sekunden.

Die Sony α700 besitzt zusätzlich zum normalen Kartenfach einen Slot für Memory Sticks. Sie können so bei Bedarf jederzeit das Speichermedium wechseln. Es wurde der Memory Stick Pro-HG Duo getestet. Er erreicht im RAW-Format 22,45, im cRAW-Format 21,2 und im *Fein*-Modus 22,6 MByte/Sekunde. Im RAW-Format wartet der Fotograf durchschnittlich etwa 7 Sekunden, bis der Kamerapufferspeicher wieder komplett zur Verfügung steht. Sie können Memory Sticks auch bei Bedarf an vielen anderen Sony-Geräten wie Camcordern und MP3-Playern nutzen.

Fazit

Die α700 besitzt ein sehr schnelles Speicherkarten-Interface. Schnelle Speicherkarten werden somit unterstützt, wenn auch noch nicht völlig ausgereizt. Die Empfehlung liegt ganz klar bei schnellen Speicherkarten. Die gesamte Performance wird bei der Bildbetrachtung am Monitor, beim Löschen größerer Bildbestände auf der Karte etc. gesteigert. Das Arbeiten gestaltet sich so insgesamt flüssiger und angenehmer. Auch das spätere Überspielen der Daten auf den PC bringt mit schnellen Karten Zeitvorteile. Arbeiten Sie vorwiegend im *Fein*-Modus, können Sie sicher auf teure Karten verzichten. Im Serienbildmodus kann hier so lange ausgelöst werden, bis die Karte voll ist. Aufgrund der geringeren Dateigröße ist die Handhabung auch mit nicht ganz so schnellen Karten ausreichend gut.

9.8 Sinnvolles Zubehör für die α700

Sony versucht momentan, sein Zubehörprogramm für die Alpha-Serie Schritt um Schritt auszubauen. Als wichtigstes Zubehör für die α700 ist neben den Objektiven sicher der Hochformathandgriff zu nennen.

Sicher und komfortabel im Hochformat arbeiten

Alle Fotografen, die an der α100 den Hochformatgriff vermisst haben und bereits an der Dynax 7D oder den analogen Minolta-Modellen mit einem fotografiert haben, werden sicher zum Sony-Hochformathandgriff VG-C70AM greifen.

▲ *Praktisch: Der Hochformathandgriff bietet neben der erweiterten Funktionalität noch Platz für zwei Akkus (NP-FM500H). Eine Verdopplung der Energiekapazität ist auf diese Weise möglich.*

Auch Einsteiger ins Alpha-System mit großen Händen oder häufiger Arbeit im Hochformat sollten sich den Handgriff einmal genauer ansehen. Der Handgriff ist ebenso wie die α700 gegen Staub und Feuchtigkeit geschützt. Somit ist er unter den gleichen Einsatzbedingungen wie die α700 verwendbar. Durch die Möglichkeit, zwei der NP-FM500H-Akkus zu benutzen, verdoppeln Sie die zur Verfügung stehende Kapazität und erreichen so bis zu 1.300 Aufnahmen – ohne Akku-Wechsel.

▲ *Akku-Anzeige bei zwei eingelegten Akkus. Zuerst wird immer der Akku mit der niedrigen Kapazität entladen.*

Die α700 benutzt zuerst immer den Akku, der die niedrige Ladung besitzt, und schaltet erst bei einem entladenen ersten Akku den zweiten Akku dazu. Das ist natürlich auch sinnvoll, da Sie so den entladenen Akku schnell wieder nachladen können und Ihnen ein voll geladener Akku zur weiteren Benutzung zur Verfügung steht. Bis dieser dann wieder entladen ist, dürfte in jedem Fall der andere Akku erneut geladen mit voller Kapazität bereitstehen. Auch wenn Sie den Hochformatgriff über den Schalter On/Off abschalten, stehen der α700 beide Akkus zur Verfügung.

Bilddrehung verhindern

Standardmäßig merkt sich die α700 die Bilder, die im Hochformat aufgenommen wurden, und stellt sie um 90° gedreht bei der Bildwiedergabe dar. Auch Bildbearbeitungsprogramme können die Information auswerten und drehen das Bild entsprechend richtig. Vielleicht ärgert Sie genau diese positive Eigenschaft, wenn Sie mit dem Hochformatgriff arbeiten. Denn nun werden die Bilder ebenfalls gedreht. Wenn Sie auf die Wiedergabe-Taste drücken, sehen Sie das Bild bei Hochformatnutzung der α700 gedreht und müssen erst die α700 drehen. Sie haben aber die Möglichkeit, diese Bilddrehung abzuschalten und das Bild bei Bedarf von Hand zu drehen. Stellen Sie hierzu im Benutzermenü (3) die Option *Bildorientierg.* auf *Keine Aufnahme* um.

Im Wiedergabemodus können Sie das Bild dann jederzeit mit der Fn-Taste manuell drehen.

Bauartbedingt kann es u. a. mit den beiden Objektiven AF F2,8/70-200 und AF F2,8/300 zu Problemen im Bereich der Stativschelle und in der Griffposition mit den Fingern kommen. Drehen Sie in diesem Fall die Stativschelle einfach um 180° nach oben, und zwar nach dem Lösen der Befestigungsschraube. Nutzen Sie hingegen zusätzlich einen Telekonverter, brauchen Sie nichts zu verändern, da in diesem Fall genügend Platz vorhanden ist. Der Handgriff bietet alle notwendigen Bedienelemente ergonomisch für das Hochformat angebracht an. Die Stellung Ihrer Hand und der Finger muss somit bei Hochformataufnahmen nicht geändert werden. Ein entspanntes Arbeiten ist gewährleistet. Ob das zusätzliche Gewicht von 285 g zuzüglich etwa 70 g für den weiteren Akku als negativ gewertet werden soll, müssen Sie nach Ihren Bedürfnissen selbst entscheiden. Profis werden die Arbeit mit dem Hochformathandgriff zu schätzen wissen.

▲ *Teilweise kommt es zu Problemen mit dem Platz im gekennzeichneten Bereich. Drehen Sie in diesem Fall die Stativschelle um 180°.*

Die α700 immer im Griff mit der Handschlaufe

Unter der Bezeichnung STP-GB1AM_01 bietet Sony eine Handschlaufe für die α700 an. Mit dieser Schlaufe haben Sie die Kamera sicher in der Hand. Sie ist zum einen am Stativgewinde und zum anderen an der rechten Öse befestigt. Sie können diese rutschfeste Schlaufe auch im Zusammenhang mit dem Hochformatgriff verwenden.

Winkelsucher

Ebenfalls sehr nützlich dürfte in vielen Situationen der Winkelsucher sein. Sony bietet mit dem FDA-A1AM einen Winkelsucher, bei dem man zwischen normaler und zweifacher Vergrößerung wählen kann. Bodennahes Arbeiten und Überkopfarbeiten erleichtert der Winkelsucher ungemein. Auch fällt das Fotografieren mit einer Kombination aus der α700 und dem Winkelsucher nicht so stark auf. Etwa bei Aufnahmen auf Partys schaut man ja in Richtung Boden beim Fotografieren und nicht direkt in die Richtung der Personen. Sie können so eventuell etwas länger unentdeckt agieren und die Personen in ihrem natürlichen Verhalten fotografieren – und die Aufnahmen wirken weniger gestellt. Der Minolta-Winkelsucher VN ist übrigens baugleich und kann an der α700 ebenfalls verwendet werden.

Als weitere Alternative bietet die Firma Seagull einen ähnlichen Winkelsucher (ebenfalls mit Vergrößerungsoption) an.

Elektronische Winkelsucher wie der Zigview R und neu der Zigview S2B sind ebenfalls an der α700 einsetzbar. Der Zigview S2B ist von der Abbildungsleistung dem Zigview R überlegen, kostet aber leider auch etwa das Doppelte.

Suchervergrößerung

Mit dem FDA-M1AM bietet Sony einen Adapter zur Vergrößerung des Sucherbildes an. Er besitzt zudem einen Dioptrienausgleich. Eine Vergrößerung um etwa 2,3x ist möglich.

Dioptrienausgleich

Korrekturlinsen zum Aufsetzen auf den Sucher sind von Sony in den Stärken +0,5, +1,0, +1,5, +2,0, +3,0, -1,0, -2,0, -3,0 und -4,0 lieferbar. Der Dioptrienausgleich ist zwar auch an der α700 direkt und stufenlos einstellbar. Der Einstellungsbereich liegt aber nur im Bereich von -3 bis +1 dpt. Durch entsprechendes Kombinieren von Korrekturlinse und kameraseitiger Verstellung sind so auch stärkere Korrekturen möglich.

Display-Schutz

Sicher möchten Sie gern das hochauflösende und brillante Display Ihrer α700 vor Kratzern und Schlägen schützen. Haben Sie die α700 wirklich im harten Einsatz, können Sie zwischen zwei Optionen von Sony wählen.

▲ *Mit der Kunststoffabdeckung PCK-LH1AM geschütztes Display. Die Brillanz bleibt erhalten.*

Zum einen bietet Sony eine spezielle Schutzfolie (PCK-LS1AM) an, die vor allem vor Kratzern schützen soll. Zum anderen können Sie eine Kunststoffabdeckung (PCK-LH1AM) einsetzen. Diese schützt dann zusätzlich vor gröberen Einflüssen. Beide trüben den Genuss des sehr guten Displays kaum und können somit empfohlen werden.

Fernauslöser

Sony liefert mit der α700 einen Infrarot-Fernauslöser aus. Man könnte meinen, dass damit ein Kabelfernauslöser wie der RM-S1AM (0,5 m Kabellänge) oder der RM-L1AM (5 m Kabellänge) überflüssig wird. Dem ist aber nicht so, da der IR-Fernauslöser einige Einschränkungen besitzt.

Zur Benutzung der IR-Fernbedienung an der α700 sind für die Aufnahme nur die beiden Tasten SHUTTER und 2 SEC relevant. Mit SHUTTER lösen Sie die α700 sofort aus, mit der 2-SEC-Taste nach 2 Sekunden. Alle anderen Tasten sind für die Wiedergabe bei angeschlossener α700 an Fernsehgeräte gedacht.

Zum Beispiel müssen Sie die Schärfe bei Nutzung der IR-Fernbedienung zuvor an der α700 einstellen. Mit der Kabelfernbedienung haben Sie hingegen die Möglichkeit, einen halb durchgedrückten Auslöser zu simulieren und damit von ferne scharf zu stellen. Zudem können Sie nur mit der Kabelfernbedienung die Spiegelvorauslösung nutzen. Lassen Sie sich nicht von der Taste 2 SEC der IR-Fernbedienung täuschen. In diesem Fall wartet die Kamera nach Betätigung der Taste 2 Sekunden mit der Auslösung. Der Spiegel wird aber nicht zuvor hochgeklappt.

Kabelfernauslöser, hier in der 5 m Variante.

Filter

Neu ist das von Sony und Carl Zeiss ins Leben gerufene Filterprogramm. Für Filterdurchmessergrößen von 49 bis 77 mm stehen Ihnen hochwertige Filter zur Verfügung. Drei Bereiche werden hier zurzeit abgedeckt.

Mit der Endung CPAM liefert Sony zirkulare Polfilter aus. Hinter der Endung NDAM verbergen sich die Neutral(dichte)graufilter. MPAM ist die Endbezeichnung für die reinen Schutzfilter (MC Protector). Allen gemeinsam ist die T*-Beschichtung von Carl Zeiss, die für hervorragende optische Leistung steht. In Kapitel 8.12 wird weiter auf diese Filter eingegangen.

Sonys neues Filterprogramm: Pol-, Grau- und Schutzfilter.

G

H

I

J

K

L

M

N

O

P

R

S

T

U

V

W

Z